普通高等院校机电工程类规划教材

工程制图
与计算机绘图

主　编　郭钦贤
副主编　顾东明　王农　戚美　袁义坤

清华大学出版社
北京

内容简介

本书是经过多年的工程制图和计算机绘图教学实践改革，并经集体探讨分析整合后，针对非机类少学时专业而编写的通用教材。

本书旨在满足工科院校非机类少学时各相关专业的实际教学需要，在保留工程制图基础知识的同时，增加了计算机绘图部分的内容。因此，全书包括工程制图基础和AutoCAD计算机绘图两大部分内容。主要包括：工程制图的基本知识、工程制图投影理论、基本形体的三视图、组合体的构成及三视图、轴测投影图的画法、机件图样的表达方法、计算机绘图基础、AutoCAD修改命令、AutoCAD文字注释及尺寸标注、AutoCAD三维绘图基础等。

本书可作为高等工科学校本科和高职、高专少学时专业的工程制图和计算机绘图课程的通用教材，也可供其他专业师生和工程技术人员学习参考。

图书在版编目(CIP)数据

工程制图与计算机绘图/郭钦贤主编. —北京：清华大学出版社，2009.9(2024.9重印)
(普通高等院校机电工程类规划教材)
ISBN 978-7-302-21014-6

Ⅰ. 工…　Ⅱ. 郭…　Ⅲ. ①工程制图—高等学校—教材 ②计算机制图—高等学校—教材　Ⅳ. TB23　TP391.72

中国版本图书馆CIP数据核字(2009)第161830号

责任编辑：庄红权
责任校对：王淑云
责任印制：杨　艳

出版发行：清华大学出版社
网　　址：https://www.tup.com.cn，https://www.wqxuetang.com
地　　址：北京清华大学学研大厦A座　　**邮　　编**：100084
社 总 机：010-83470000　　**邮　　购**：010-62786544
投稿与读者服务：010-62776969，c-service@tup.tsinghua.edu.cn
质 量 反 馈：010-62772015，zhiliang@tup.tsinghua.edu.cn
印 装 者：涿州市般润文化传播有限公司
经　　销：全国新华书店
开　　本：185mm×260mm　　**印　张**：14.75　　**字　　数**：354千字
版　　次：2009年9月第1版　　**印　　次**：2024年9月第18次印刷
定　　价：42.00元

产品编号：034918-05

前　言

本书是多年来在对一些非机类少学时专业课堂教学实践的基础上，经过认真研究分析、整合后而编写的实用性较强的通用教材。随着高等教育教学改革的深化，大学课堂内的教学时数逐渐压缩，而学生需要的知识和技术信息量不断增加。要求学生既掌握必需的工程制图基本理论和技能，又拥有很好的计算机绘图技术实用能力。因此，必须将工程制图和计算机绘图进行有效整合，删去专业性较强的零部件制图内容，使少学时的工程制图课程体系更加完善。

本教材主要适用于工业艺术设计、材料、化工、电子信息和教育理学等相关专业。在培养学生利用所学工程图学知识正确表达构形设计能力的同时，进一步借助计算机绘图技术提升自己的创新思维能力和想象空间，从而培养学生创造性学习的综合素质。

所以，本教材不仅保证了基本的工程制图知识，又对内容的基本点和重点、难点作了更加科学的整合与归纳，尽可能发挥学生的空间思维优势和充分利用计算机绘图技术表达个人思维创造能力的兴趣，并为后续专业课程的学习铺垫较为扎实的技术基础。

本教材共分10章，前6章主要介绍工程制图的基本知识和基本理论、基本形体三视图和组合体构成、轴测图绘制和机件表达方法；后4章的计算机绘图部分，主要介绍AutoCAD基本绘图和修改命令、文字注释和尺寸标注、三维图形及编辑。其中的工程制图基本理论和基本形体三视图部分主要以特殊实用性为主，即线面的相对位置以投影面的垂直元素为主，平面截切和两立体表面相交以棱柱和圆柱体为主，其次可根据实际情况要求学生掌握球体截切和圆锥体截切。对于两立体表面相交的一般情况虽有介绍，但不作重点叙述。

与本教材配套的《工程制图与计算机绘图习题集》(郭钦贤，清华大学出版社，2009)可以帮助读者在学习完每一部分内容后及时检查、巩固所学的知识。同时，习题集后面附有AutoCAD绘图能力测试题目和工程制图考试试题样卷，以供课程学习之后自我测试。

本教材是大家长期实践教学研究的结晶。由于编者水平有限，时间紧迫，错误在所难免，恳请广大读者及时来信批评指正。来信请发到 guoqinx@126.com。

编　者

2009年9月

目　录

第0章　绪　　论

1. 工程制图课程的研究对象

工程制图是工科学生必须掌握的一门技术基础课。随着计算机绘图技术的广泛应用,还要求学生必须具有一定的计算机绘图能力。工程制图以图样作为研究对象,主要研究如何准确表达工程对象的形状、大小和技术要求。在产品设计过程中,图样是表达设计者思想的综合性信息载体,也是制造、检验、调试产品应严格遵守的技术文件。因此,图样是国内外工程技术人员进行技术交流的一种特殊工程语言。

随着现代科学技术的不断出现,要求每一个工程技术人员必须掌握完整的工程制图理论,同时还要具备绘制专业图样的各种技术能力。尤其是计算机绘图的普及使得计算机辅助设计具有更高的效率,使得工程技术人员在表达设计思想方面更加快捷完善,从而大大缩短了产品更新换代的周期。本课程主要研究工程制图的基本理论和基本方法以及计算机绘图基本技术,是一门实践性较强的技术基础课。读者在学习期间,应很好地掌握工程图学的基本知识、投影理论和机件的表达方法,并具备较好的计算机绘图能力。

2. 工程制图课程的主要任务

工程制图运用投影理论研究基本几何元素和立体的投影规律,以及空间形体与二维视图之间的转化规律,要求学生通过画图、读图实践,训练对工程制图的思维方式和掌握绘制工程图样的技术。同时,在具备计算机绘图能力的同时,可以更好地帮助学生运用工程图学的思维方式和构形表达识别形体形状。因此,学习本课程的主要任务是要求学生:

(1) 掌握国家技术制图标准的有关规定;

(2) 学习正投影法的基本原理,培养空间想象和构思能力;

(3) 培养使用仪器绘制图样和计算机绘图的基本能力;

(4) 培养自学能力和创新审美能力;

(5) 培养认真负责的工作态度和严谨细致的工作作风。

3. 投影的基本概念

1) 投影的形成

工程图样是利用投影方法得到的。如图0.1所示,用光线照射物体,在预设的平面上绘制出被投射物体轮廓形状的方法称为投影法。光源 S 称为投射中心,光线 SA 称为投射线,预设的平面 P 称为投影面,投影面上所绘的图形$\triangle abc$ 称为空间几何图形$\triangle ABC$ 的投影。

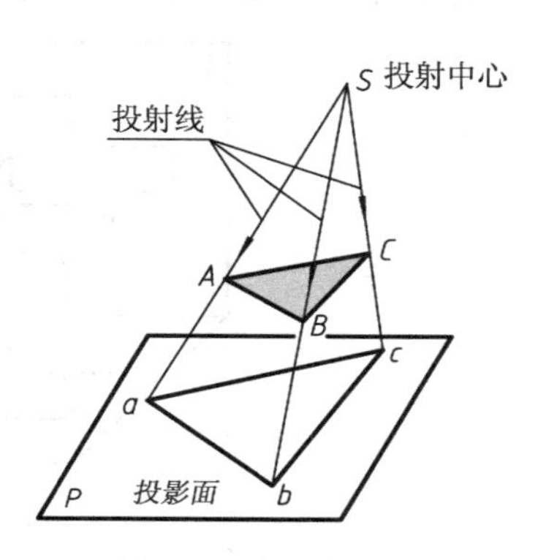

图0.1　中心投影法

工程上常用的投影方法有两大类:中心投影法和平行投影法。

2) 中心投影法

投射线汇交于一点的投影方法称为中心投影法,如

图 0.1 所示。

3) 平行投影法

投射线相互平行的投影方法称为平行投影法，如图 0.2 所示。

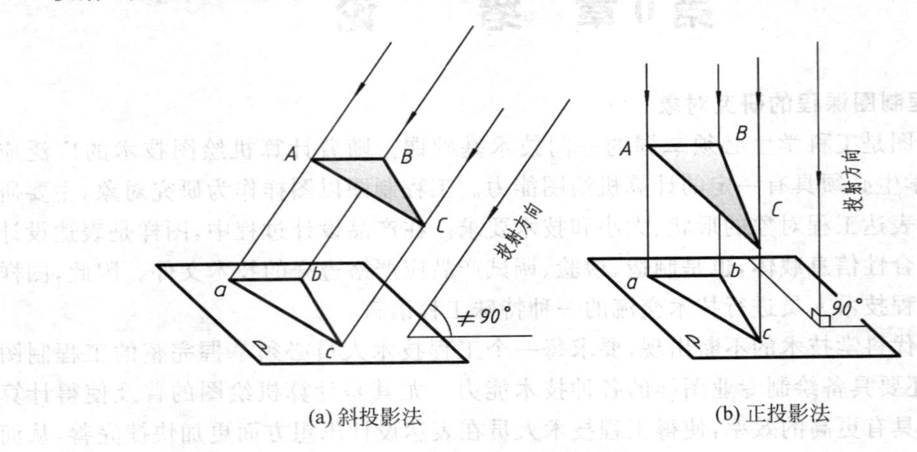

(a) 斜投影法　(b) 正投影法

图 0.2　平行投影法

根据投射方向与投影面是否垂直，平行投影法又分为两类：

(1) 斜投影法——投射线倾斜于投影面，如图 0.2(a)所示；

(2) 正投影法——投射线垂直于投影面，如图 0.2(b)所示。

用正投影法得到的图形称为正投影图；用斜投影法得到的图形称为斜投影图。工程图样一般都是采用正投影法绘制的。

4. 工程上常用的投影图

虽然工程制图的基本理论是共同的，但根据这些理论可以绘制不同的图样以满足不同工程专业的实际需要。下面是工程上常用的几种投影制图。

1) 多面正投影图

用正投影法将物体投影在按一定要求配置的几个投影面上，由两个以上正投影组合的图称为多面投影图，如图 0.3 所示。正投影图作图简便，度量性好，广泛应用在机械、电子、化工等工程设计行业；其缺点是图样直观性差。

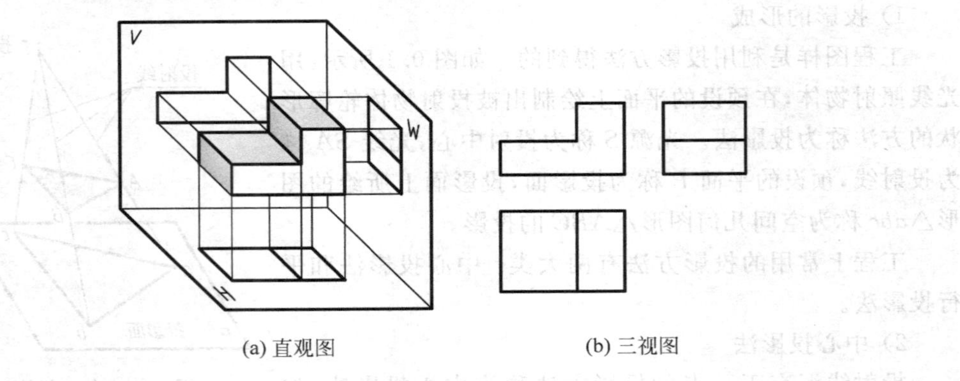

(a) 直观图　(b) 三视图

图 0.3　正投影图

2）轴测投影图

用平行投影法将物体及确定该物体的直角坐标轴 OX、OY、OZ，沿不平行于任何坐标轴的方向投射在单一投影面上，所得的具有立体感的图形称为轴测投影图。轴测投影图直观性较好，容易看懂，但度量性较差且作图较繁，如图0.4所示。轴测投影图常作为正投影图样的辅助工程图表达设计者的思维。

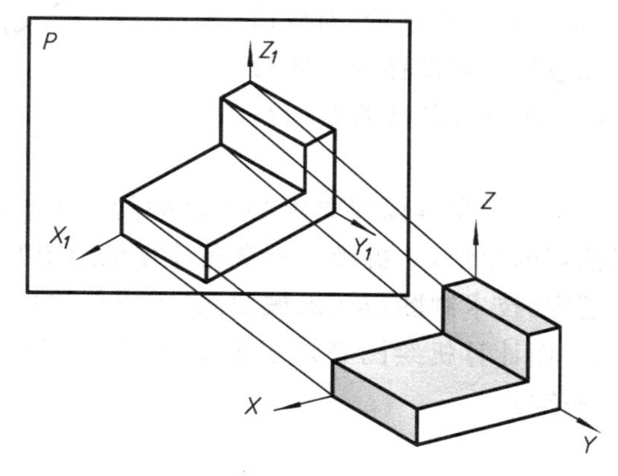

图0.4 轴测投影图

3）标高投影图

用正投影法把物体投射在水平投影面上，为了在投影图上确定物体的高度，图中画出一系列标有数字的等高线。所标尺寸为等高线对投影面的距离，又称为物体的标高。这样的投影图称为标高投影图，如图0.5所示。标高投影图常用于土建、水利、地质图样及不规则曲面设计中。

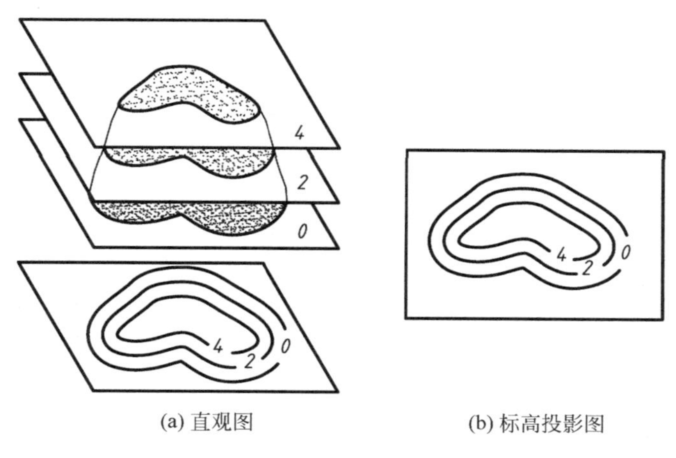

(a) 直观图　　(b) 标高投影图

图0.5 标高投影图

4）透视投影图

用中心投影中的透视投影法将物体投射到单一投影面上所得到的立体感较强的图形称为透视投影图。透视图与人的视觉相符，形象逼真，直观性强，但作图较繁，度量性差，如图 0.6 所示。透视投影图常用于广告及建筑效果图中。

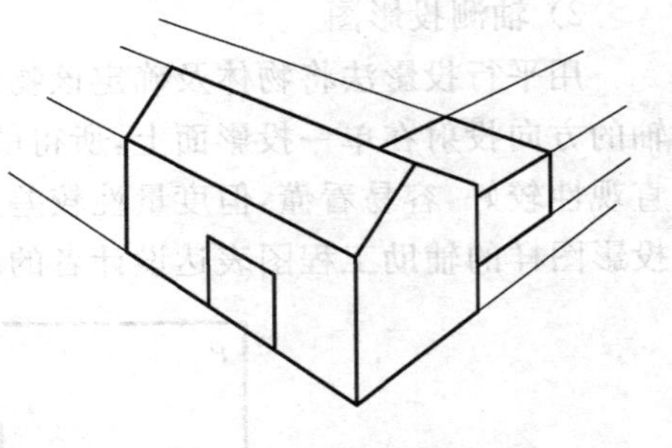

图 0.6 透视投影图

5. 工程制图课程的学习方法

工程制图是一门实践性较强的课程，读者要树立理论联系实际的学风。只有通过一系列绘图和读图的实践，正确运用正投影的规律，不断地由物画图、由图想物，分析和想象平面图样与空间形体之间的对应关系，才能迅速提高自己的空间想象能力和空间构思能力。

手工仪器绘图和计算机绘图是本课程要求必须掌握的基本技能。手工作图时，应养成正确使用绘图工具和仪器的习惯，上机操作应掌握计算机绘图的技能和技巧。同时，读者在设计制图时应严格遵守《技术制图》及《机械制图》国家标准的有关规定，培养认真负责、一丝不苟的工作作风。而计算机绘图必须多上机绘图才可以熟练掌握 AutoCAD 各种命令的使用方法和绘图技巧。

第1章　工程制图的基本知识

图样是设计者表达设计思想的信息载体，也是生产过程的技术文件。要学会绘制和阅读工程图样，就必须掌握工程制图的基本知识和图样绘制技能。

1.1　国家技术制图标准的基本规定

图样既然是工程界交流技术思想的共同语言，就必须有统一的理论和严格的标准要求才有利于制图和阅读。同时，为了科学地进行生产和管理，必须对图样的内容、画法、格式做出统一的规定。我国于1959年首次发布了《机械制图》国家标准，对图样作了统一的技术规定。随着科学技术的发展先后于1970年、1974年、1984年重新修订了《机械制图》国家标准。进入20世纪90年代后，为了与国际技术接轨，我国发布了《技术制图》国家标准。每位工程技术人员在绘制图样时，必须严格遵守《技术制图》国家标准的各项规定和准则。

本节摘要介绍《技术制图》国家标准中有关图幅、比例、字体、图线、尺寸标注的基本规定，其余部分将在以后有关章节中分别叙述。

1.1.1　图纸幅面及格式(GB/T 14689—1993)

1. 图纸幅面尺寸

绘制样图时，应优先采用表1.1中规定的5种基本图纸幅面尺寸。其中，A4为基本装订幅面。如果不能满足实际绘图需要，应根据标准规定扩大图纸幅面。

表1.1　图纸幅面尺寸　　mm

幅面代号	A0	A1	A2	A3	A4
$B \times L$	841×1189	594×841	420×594	297×420	210×297
a	25				
c	10			5	
e	20		10		

2. 图框格式

图幅的粗实线框内为有效作图区域，幅面格式分为留有装订边或不留装订边两种，如图1.1和图1.2所示。

3. 标题栏

每张图纸的右下角均应有标题栏，标题栏的格式和尺寸按GB 10609.1—1989的规定，边框为粗实线，内部分格为细实线。制图作业中建议采用图1.3所示的格式。

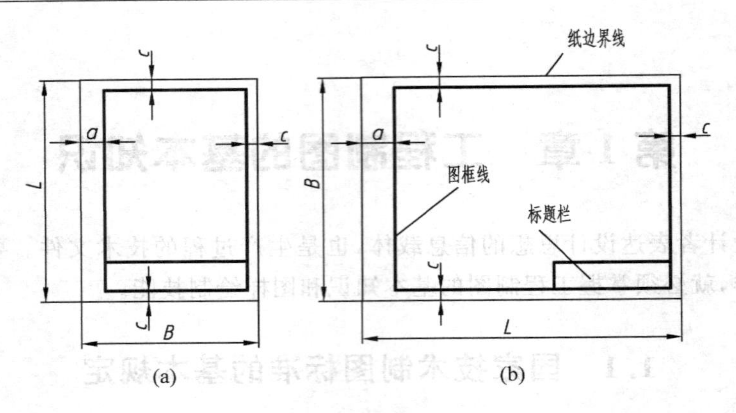

图 1.1　图框格式(一)

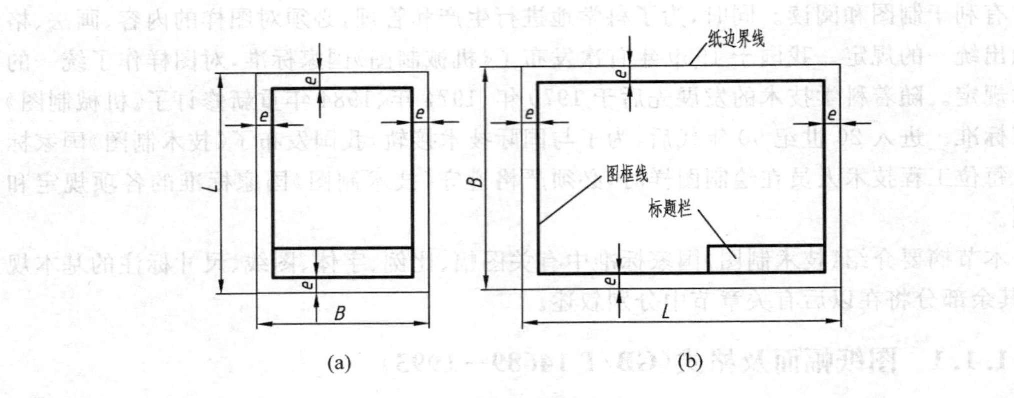

图 1.2　图框格式(二)

(图　名)			比 例		(图　号)
			件 数		
制 图		(日期)	重 量		材 料
描 图		(日期)	(校　名)		
审 核		(日期)			

图 1.3　标题栏的格式与尺寸

一般情况下，看图方向与标题栏中的文字方向应一致。当两者不一致时，为看图方便可采用方向符号，如图 1.4(a)所示，即方向符号的尖角对着读图者。方向符号是用细实线画出的等边三角形，如图 1.4(b)所示。

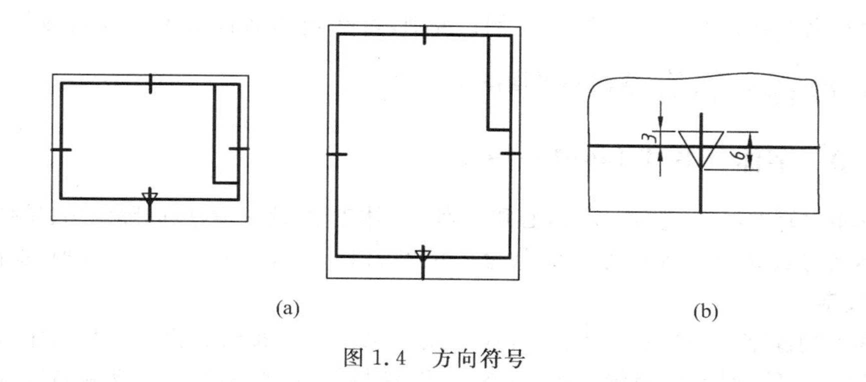

图 1.4　方向符号

思考要点：绘制图样前应根据所绘图形大小选择合适的图纸幅面，而填写标题栏中的每一项内容是技术制图的最后一道程序，必须认真完成。

1.1.2　比例(GB/T 14690—1993)

图样中图形与其机件相应要素的线性尺寸之比称为比例。绘制图样时，应尽可能按机件实际大小采用 1∶1 的比例画出，以便从图样上看出机件的真实大小。由于机件的大小及结构复杂程度不同，作图时对于大而简单的机件可采用缩小比例；对于小而复杂的机件则可采用放大比例。绘制图样时，应优先从表 1.2 规定的系列中选取适当的比例，必要时也可选用表 1.3 中所给出的比例。一般情况下，工程设计人员不得自行规定标准系列以外的比例进行绘图。

表 1.2　比例系列(Ⅰ)

种　　类	比　　例		
原值比例		1∶1	
放大比例	5∶1 5×10^n∶1	2∶1 2×10^n∶1	 1×10^n∶1
缩小比例	1∶2 1∶2×10^n	1∶5 1∶5×10^n	 1∶1×10^n

注：n 为正整数。

表 1.3　比例系列(Ⅱ)

种　　类	比　　例				
放大比例		4∶1 4×10^n∶1		2.5∶1 2.5×10^n∶1	
缩小比例	1∶1.5 1∶1.5×10^n	1∶2.5 1∶2.5×10^n	1∶3 1∶3×10^n	1∶4 1∶4×10^n	1∶6 1∶6×10^n

注：n 为正整数。

绘制图样时，所选用的比例应在标题栏“比例”一栏中注明。标注尺寸时，不论选用放大比例还是缩小比例，都必须标注机件形体的实际尺寸。

机件的各视图应尽量选取同一比例；否则，可在视图名称的上方或右侧标注比例，如：$\frac{I}{2:1}$、$\frac{A}{1:100}$、$\frac{B—B}{1:200}$，或注释平面图 1：100。

1.1.3　字体(GB/T 14691—1993)

图样中书写的汉字、数字、字母，必须做到：字体工整、笔画清楚、间隔均匀、排列整齐。

字体的号数即为字体的高度 h，分为 1.8、2.5、3.5、5、7、10、14、20 等 8 种，单位 mm。

1. 汉字

图样上的汉字应写成长仿宋体，并应采用国家正式公布的简化字。长仿宋体的特点是：字形长方、笔画挺直、粗细一致、起落分明、撇挑锋利、结构均匀。汉字高度 h 不应小于 3～3.5mm，其字宽度 b 一般为 $h/\sqrt{2}(\approx 0.7h)$，如图 1.5 所示。

字体工整 笔画清楚 间隔均匀 排列整齐

横平竖直 注意起落 结构均匀 填满方格

技术制图 计算机绘图 工业设计 材料化工 地质工程 广告艺术

图 1.5　长仿宋体汉字示例

2. 数字和字母

数字和字母可写成斜体和直体。斜体字头应向右倾斜，与水平线约成 75°。当与汉字混合书写时，可采用直体。如图 1.6 和图 1.7 所示。

0 1 2 3 4 5 6 7 8 9

0 1 2 3 4 5 6 7 8 9

Ⅰ Ⅱ Ⅲ Ⅳ Ⅴ Ⅵ Ⅶ Ⅷ Ⅸ Ⅹ

Ⅰ Ⅱ Ⅲ Ⅳ Ⅴ Ⅵ Ⅶ Ⅷ Ⅸ Ⅹ

图 1.6　数字示例

ABCDEFGHIJKLMNOPQ

RSTUVWXYZ

abcdefghijklmnopq

rstuvwxyz

图 1.7　拉丁字母示例

3. 字体应用示例

用作指数、分数、注脚、尺寸偏差的字母和数字，一般采用比基本尺寸数字小一号的字体，如图 1.8 所示。

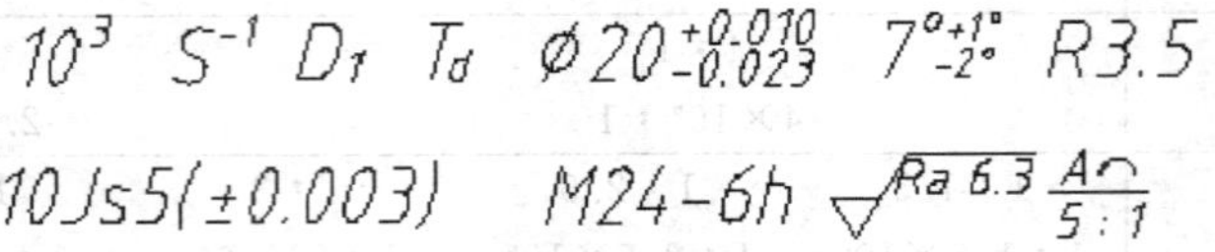

10^3　S^{-1}　D_1　T_d　$\phi 20^{+0.010}_{-0.023}$　$7^{\circ}{}^{+1^{\circ}}_{-2^{\circ}}$　R3.5

10Js5(±0.003)　M24-6h　Ra 6.3　$\frac{A}{5:1}$

图 1.8　字体应用示例

思考要点：字体的训练是一个长期过程，首先应书写好图样中经常使用的尺寸数字和字母，以保证读图时清晰准确。例如 R、ϕ 等字母。

1.1.4　图线(GB/T 17450—1998)

绘制图样时，应采用技术制图标准所规定的图线，如表 1.4 所示。图线宽度(用 d 表示)尺寸系列为 0.13、0.18、0.25、0.35、0.5、0.7、1、1.4、2mm，使用时按图形的大小和复杂程度选定。图线的宽度分为粗线、中粗线、细线 3 种。粗线、中粗线、细线的宽度比率为 4∶2∶1。在同一图样中，同类图线的宽度应一致。一般粗线和中粗线宜在 0.5～2mm 之间选取，应尽量保证在图样中不出现宽度小于 0.15mm 的细图线。

表 1.4　常用图线(摘自 GB/T 17450—1998)

No.	线型		名称	一般应用	实例
01	实线		粗实线	1. 可见轮廓线	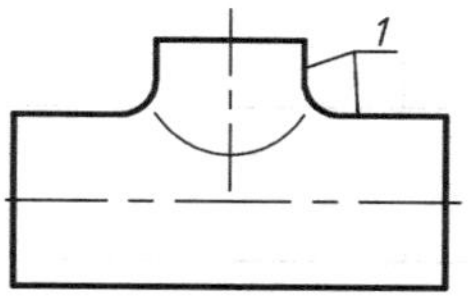 1
			细实线	1. 尺寸线及尺寸界线 2. 剖面线 3. 分界线及范围线 4. 可见过渡线	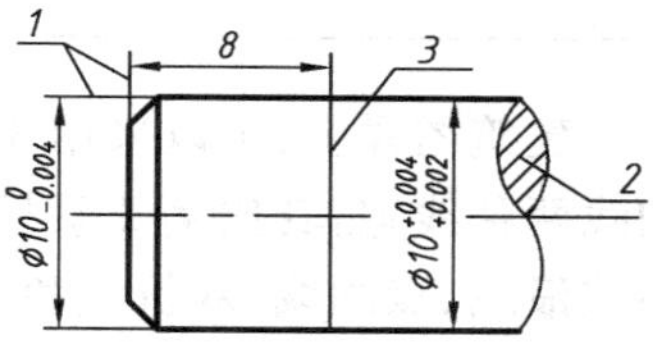 1　8　3　2　$\phi10_{-0.004}^{0}$　$\phi10_{+0.002}^{+0.004}$
			波浪线	1. 断裂处边界线 2. 视图和剖视图分界线	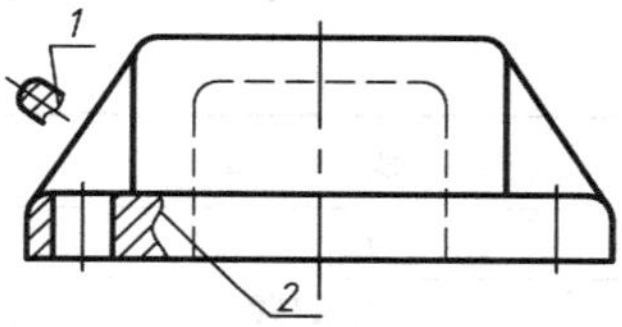 1　2
			双折线	1. 断裂处边界线	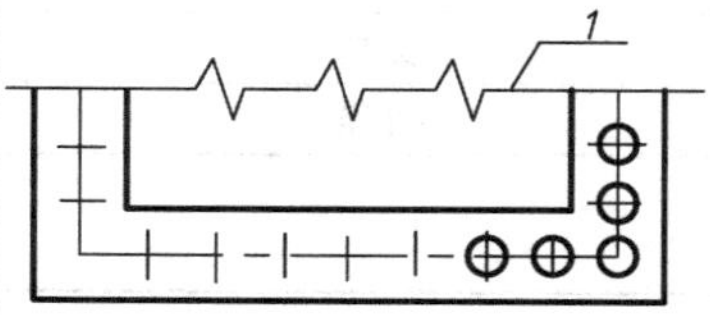 1
02			虚线	1. 不可见轮廓线 2. 不可见过渡线	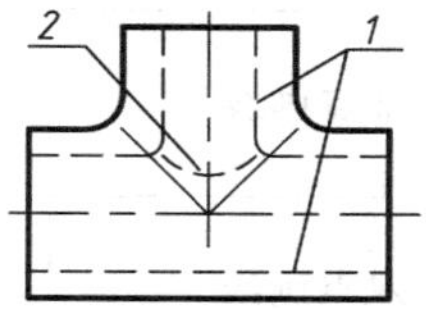 2　1

续表

No.	线型		名称	一般应用	实例
10	点画线	———— — ————	细点画线	1. 轴线 2. 对称中心线 3. 节圆和节线	3 2 1
		——— · ———	粗点画线	1. 有特殊要求的线或表面的表示线	镀铬 a 1
12		——— - - ———	双点画线	1. 相邻辅助零件轮廓线 2. 极限轮廓线	1

建筑图样上，可以采用3种线宽，其比例关系是4∶2∶1；机械图样上，采用粗实线和细线两种线宽，其比例关系是2∶1或3∶1。机械图样上常用的线型为：粗实线、细实线，而波浪线、点画线、双折线和虚线均为细线，有些图样中还需要粗点画线。

绘图时，各线素的长度应符合表1.5的规定，在使用CAD绘制图样时易于满足这些规定，手工绘图时建议采用表1.6的图线规格。图线画法见表1.7所列。

表1.5　图线的构成

线　　素	线型号	长　　度
点	04～07,10～15	≤0.5d
短间隔	02,04～15	3d
短画	08,09	6d
画	02,03,10～15	12d
长画	04～06,08,09	24d
间隔	03	18d

表1.6　图线规格

虚线	≈1　4～6
细点画线	≈3　15～20
双点画线	≈5　15～20

表1.7　图线画法

正　确	不　正　确	说　明
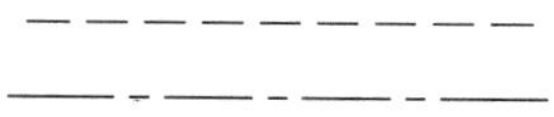	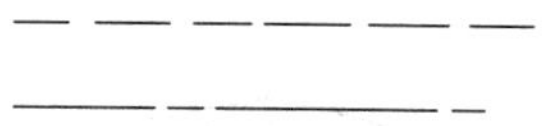	虚线、点画线、双点画线的长度和间隔应各自大致相等
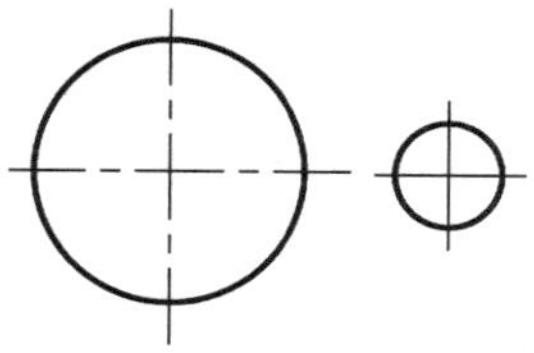	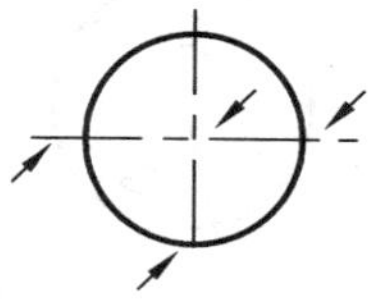	绘制圆的对称中心线时，圆心应为线的交点。首末两端应是线段而不是点，其长度应超过轮廓线2～5mm；在较小的图形上绘制点画线或双点画线时，应用细实线代替
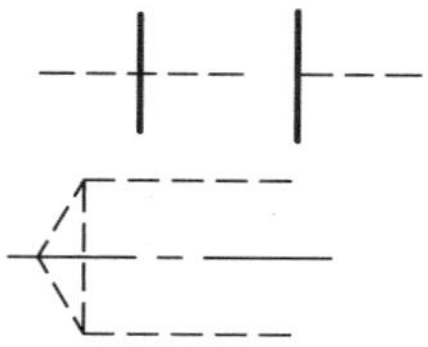	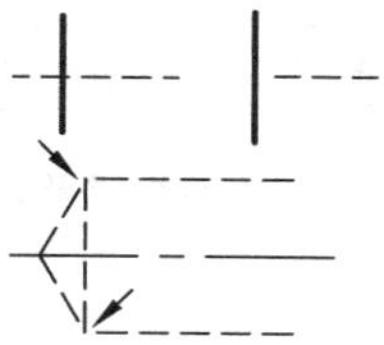	点画线、虚线和其他图线相交或虚线与虚线相交时，应线段相交，不应在空隙处相交
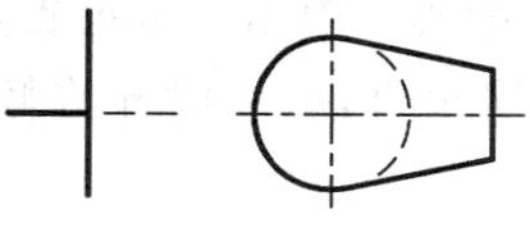	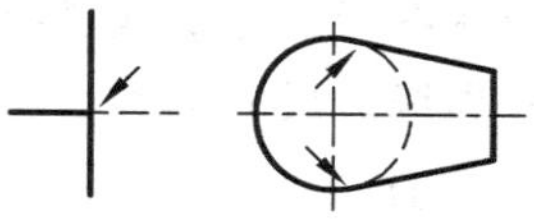	当虚线是粗实线的延长线时，粗实线应画到分界点，而虚线应留有空隙
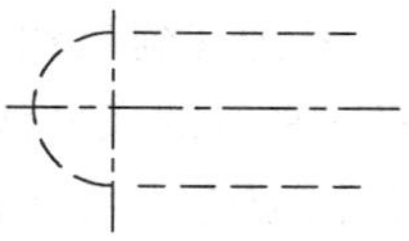	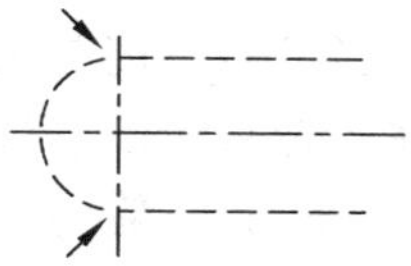	当虚线圆弧和虚线直线相切时，虚线圆弧的线段应画到切点，虚线直线应留有空隙

思考要点：手工绘制各种图线的关键技巧一是多加训练；二是要削制好铅笔和圆规的铅芯形状，线宽由铅芯的厚度决定。

1.1.5　尺寸标注(GB 4458.4—2003)

图形只能表达机件的形状，而机件的大小则由所标注的尺寸确定。标注尺寸是一项极为重要的工作，必须严格遵守标准规定，并做到认真细致、一丝不苟。如果尺寸有遗漏或错误，都会给阅读图样和生产加工带来困难和损失。

1. 基本规则

(1) 机件的真实大小应以图样上所注的尺寸数值为依据，与图形的大小及绘图的准确性无关。

(2) 图样中的尺寸以毫米(mm)为单位时，不需标注计量单位的代号或名称。如果采用其他单位，则必须注明相应的度量单位代号或名称。

(3) 图样中所标注的尺寸应为该图样所示机件的最后完工尺寸；否则，应另加说明。

(4) 机件结构的每一尺寸，一般只标注一次，并应标注在反映结构最清晰的图形上。

2. 尺寸组成

如图 1.9 所示，一个完整的尺寸一般由尺寸界线、尺寸线、尺寸线终端及尺寸数字 4 个要素组成。

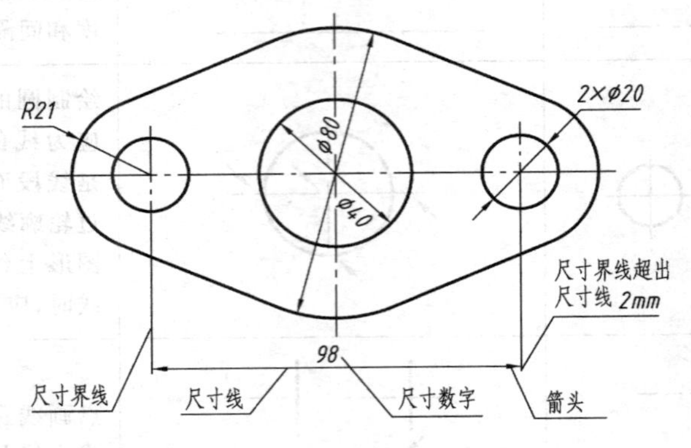

图 1.9 尺寸的组成及标注示例

1) 尺寸界线

尺寸界线用细实线绘制，并应从图形的轮廓线、轴线或对称中心线引出。也可直接用轮廓线、轴线或对称中心线作尺寸界线。尺寸界线一般与尺寸线垂直，必要时允许倾斜。尺寸界线应超出尺寸线终端 2mm 左右。

2) 尺寸线

尺寸线必须单独画出并用细实线绘制，不能与其他图线重合或画在其延长线上。标注线性尺寸时，尺寸线必须与所标注的轮廓线段平行。当有几条相互平行的尺寸线时，各尺寸线的间距要均匀，间隔设置 5～10mm，一般为 7mm 左右。同时，应将小尺寸布置在内，大尺寸布置在外，尽量避免尺寸线之间或尺寸线与尺寸界线之间相交。在圆或圆弧上标注直径或半径时，尺寸线一般应通过圆心或延长线通过圆心，也可以指向圆心。

3) 尺寸线终端

尺寸线终端有两种形式：箭头和斜线，如图 1.10 所示。

(1) 箭头适用于各种类型的图样。箭头的尖端与尺寸界线接触，不得超出也不得离开，如图 1.10(a)所示，图中 d 为粗实线的宽度。

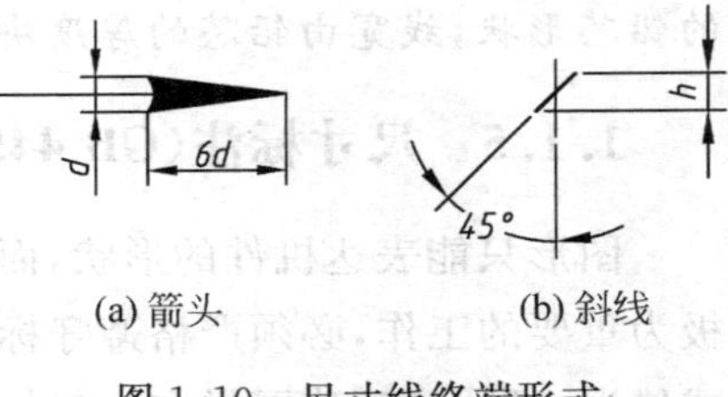

(a) 箭头 (b) 斜线

图 1.10 尺寸线终端形式

(2) 斜线终端用细实线绘制，方向和画法如图 1.10(b)所示，图中 h 为字体高度。当采用该斜线终端形式时，尺寸线与尺寸界线必须相互垂直。一般应用于建筑图样中。

同一张图样中只能采用一种尺寸线终端形式。采用箭头时，在地方不够的情况下，允许用圆点或斜线代替箭头。一般情况下，设计人员应使用绘图模板绘制箭头或尺寸终端。

4) 尺寸数字

线性尺寸数字一般标注在尺寸线的上方或中断处，在同一张图样中尽可能采用一种数字注写方法，其字号大小应一致，地方不够可引出标注。

尺寸数字的方向，应以看图方向为准。水平方向尺寸数字的字头朝上，垂直方向尺寸数字的字头朝左，倾斜方向的字头应保持朝上的趋势。

在图样上，不论尺寸线方向如何，也允许尺寸数字一律水平书写，如图1.11所示。这种标注样式一般在建筑图样中使用。

但必须注意，尺寸数字不得被任何图线通过，当无法避免时，应该将图线断开。

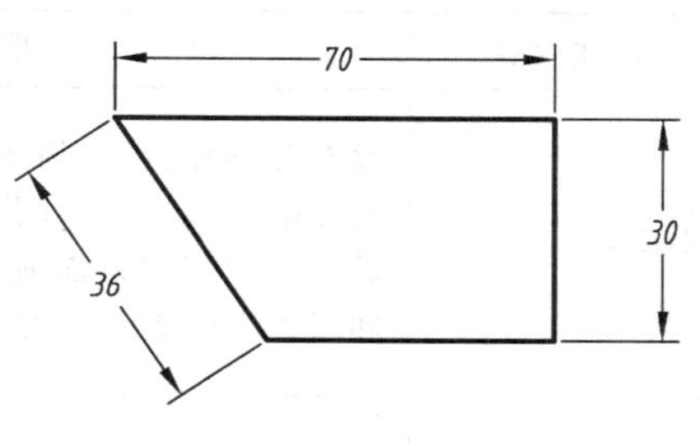

图1.11　尺寸数字示例

3. 尺寸注法示例

表1.8中列出了国家标准规定的一些常见尺寸注法，读者应该很好地分析理解并掌握。

表1.8　尺寸的标注形式

标注内容	说　明	示　例
线性尺寸的数字方向	尺寸数字应按左图所示方向书写并尽可能避免在图示30°范围内标注尺寸，当无法避免时可按右图的形式标注	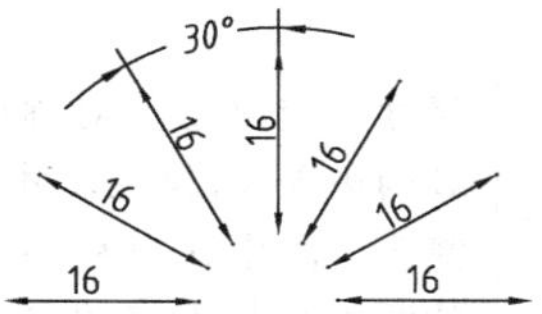 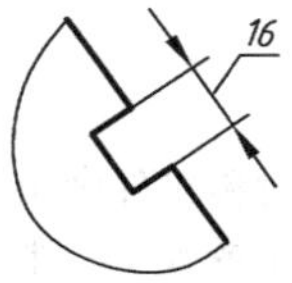
角度	尺寸数字一律应水平书写，尺寸界线应沿径向引出，尺寸线应画成圆弧，圆心是角的顶点。一般注在尺寸线的中断处，必要时允许写在外面或引出标注	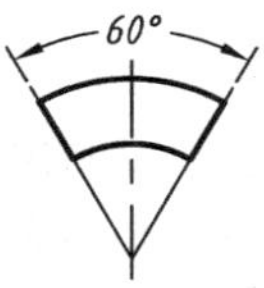 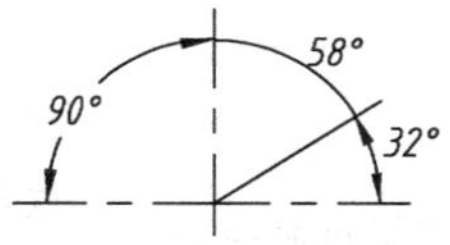
圆	标注圆的直径尺寸时，应在尺寸数字前加注符号“ϕ”，尺寸线一般按这两个图例绘制	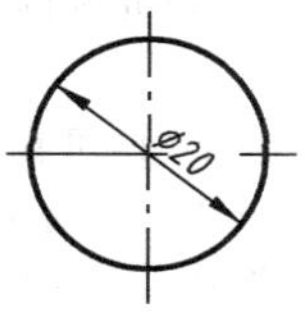 
圆弧	标注半径尺寸时，在尺寸数字前加注“R”，半径尺寸一般按这两个图例所示的方法标注	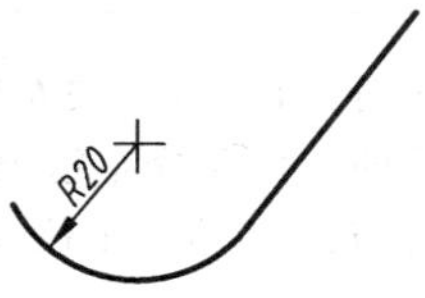 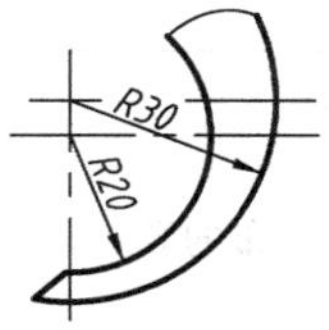
大圆弧	在图纸范围内无法标出圆心位置时，可按左图标注；不需标出圆心位置时，可按右图标注	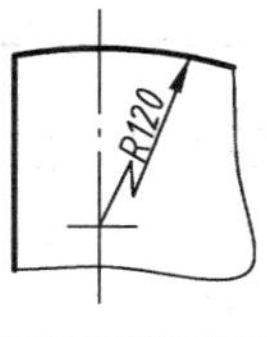 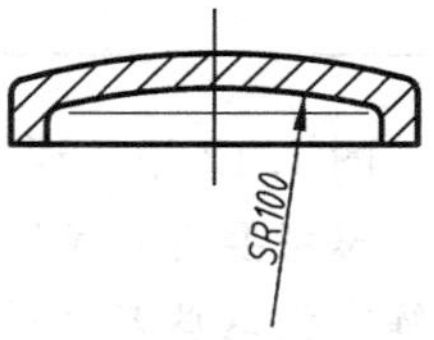

续表

标注内容	说　明	示　例
小尺寸	没有足够地位时，箭头可画在外面，允许用小圆点或斜线代替箭头；尺寸数字也可写在外面或引出标注。圆和圆弧的小尺寸，可按这些图例标注	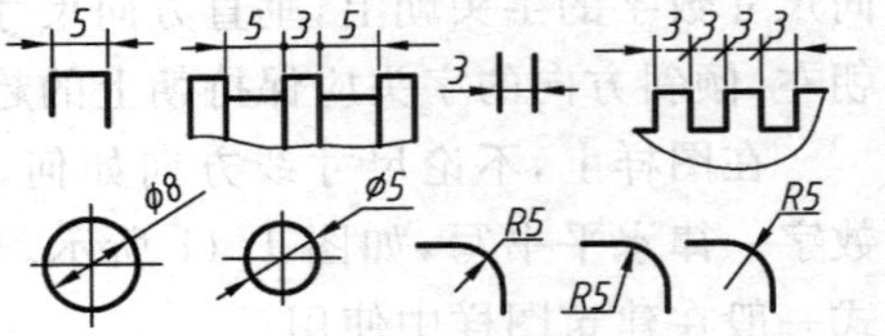
球面	应在 ϕ 或 R 前加注“S”。在不致引起误解时，则可省略，如右图中的右端球面	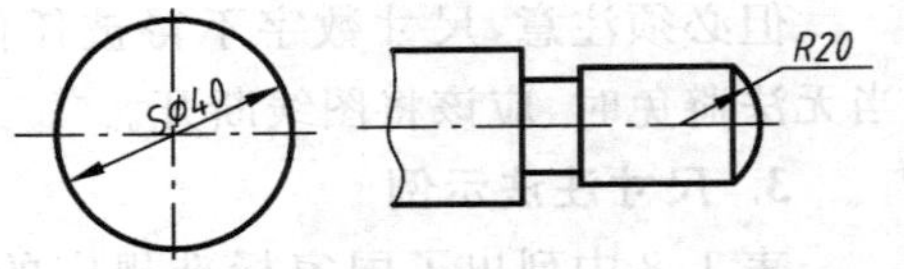
弧长和弦长	标注弦长时，尺寸线应平行于该弦，尺寸界线应平行于该弦的垂直平分线；标注弧长尺寸时，尺寸线用圆弧，尺寸数字上方应加注符号“⌒”	
对称机件画出一半或大于一半	尺寸线应略超过对称中心线或断裂处的边界线，仅在尺寸界线一端画出箭头。图中在对称中心线两端画出的两条与其垂直的平行细实线是对称符号	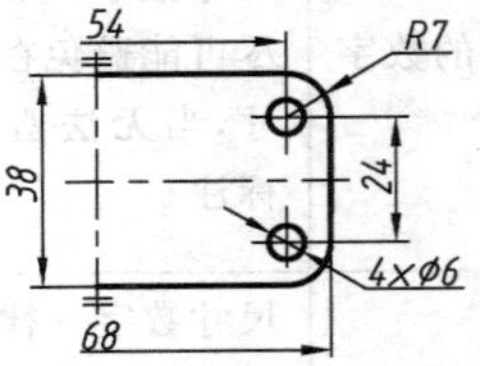
光滑过渡线处	在光滑过渡处，必须用细实线将轮廓线延长，并从它们的交点引出尺寸界线。尺寸界线如垂直于尺寸线，则图线不清晰，所以允许倾斜	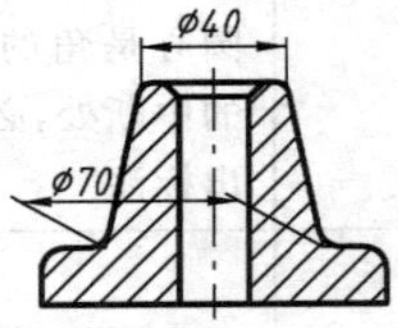
正方形结构	剖面为正方形时，可在边长尺寸数字前加注符号“□”，或用 14×14 代替“□14”。图中相交的两细实线是平面符号	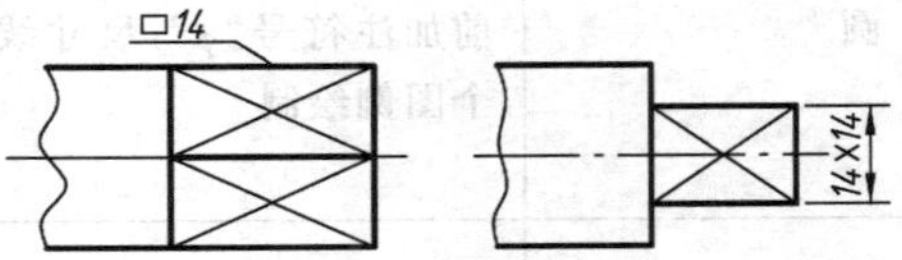
均布的孔	均匀分布的孔，可按左图所示标注。当孔的定位和分布情况在图中已明确时，允许省略其定位尺寸和缩写词 EQS(均布)	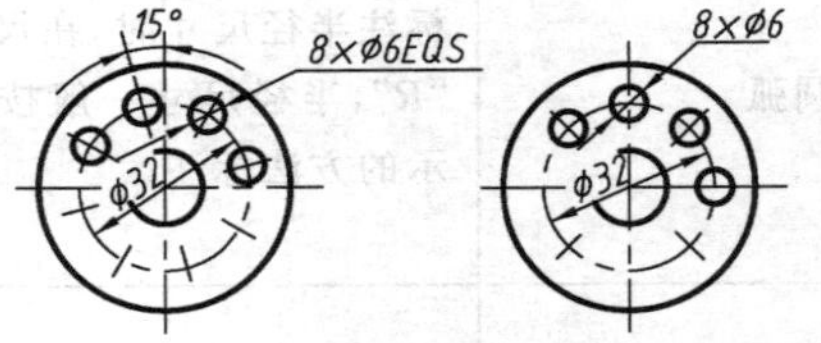

图 1.12 用正误对比的方法，指出了初学者标注尺寸时常见的一些错误。

思考要点：线性尺寸以及半径、直径、角度和对称尺寸是最常用的标注尺寸，读者应熟练掌握这些尺寸的标注形式。

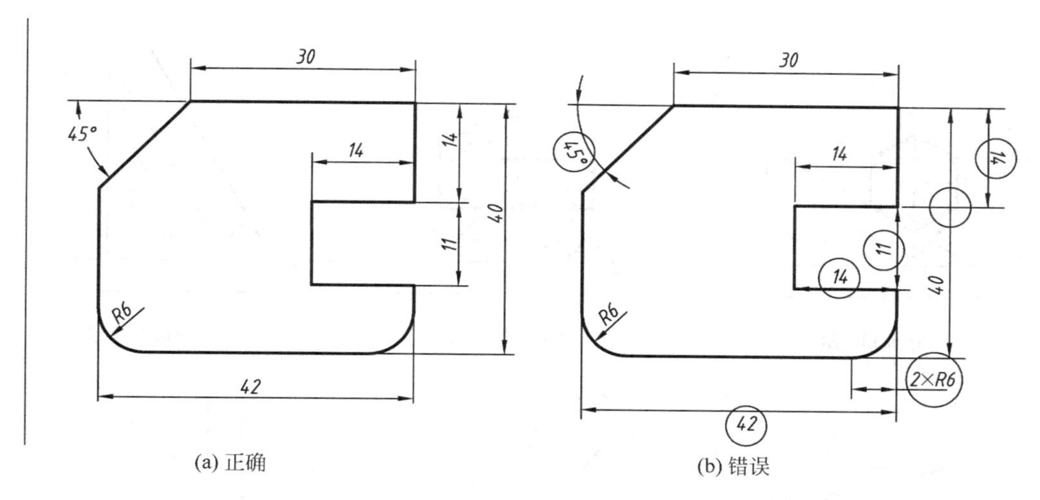

图 1.12 尺寸标注的正误对比

1.2 绘图工具及使用方法

掌握和运用几何作图的方法和正确使用绘图工具是提高绘图速度、保证图样质量的一个重要方面。下面介绍几种常用工具及其使用方法。

1. 图板

图板是画图时的垫板，要求表面必须平坦、光滑，左右两导边必须平直。

2. 丁字尺

丁字尺是用来画水平线的，画图时应使尺头紧靠图板左侧导边，自左向右画水平线，如图 1.13 所示。

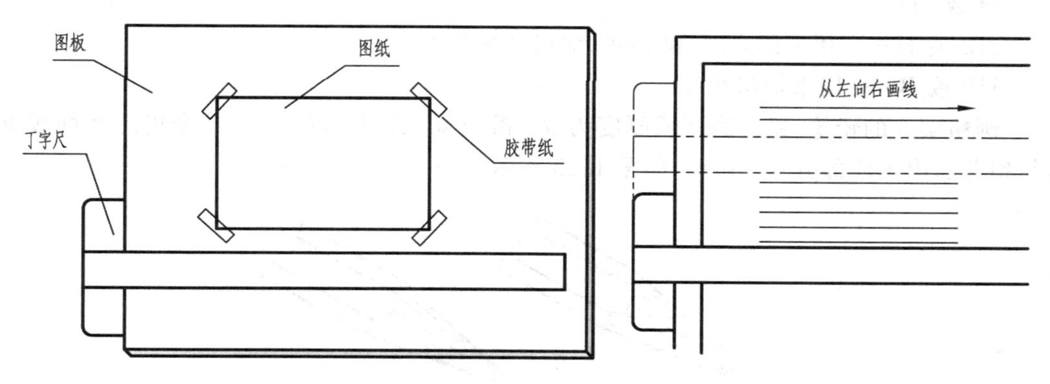

图 1.13 图板与丁字尺的用法

3. 三角板

三角板分 45°和 30°-60°两块，与丁字尺配合使用可画垂直线和 15°、30°、45°、60°、75°等倾斜线，如图 1.14 所示。

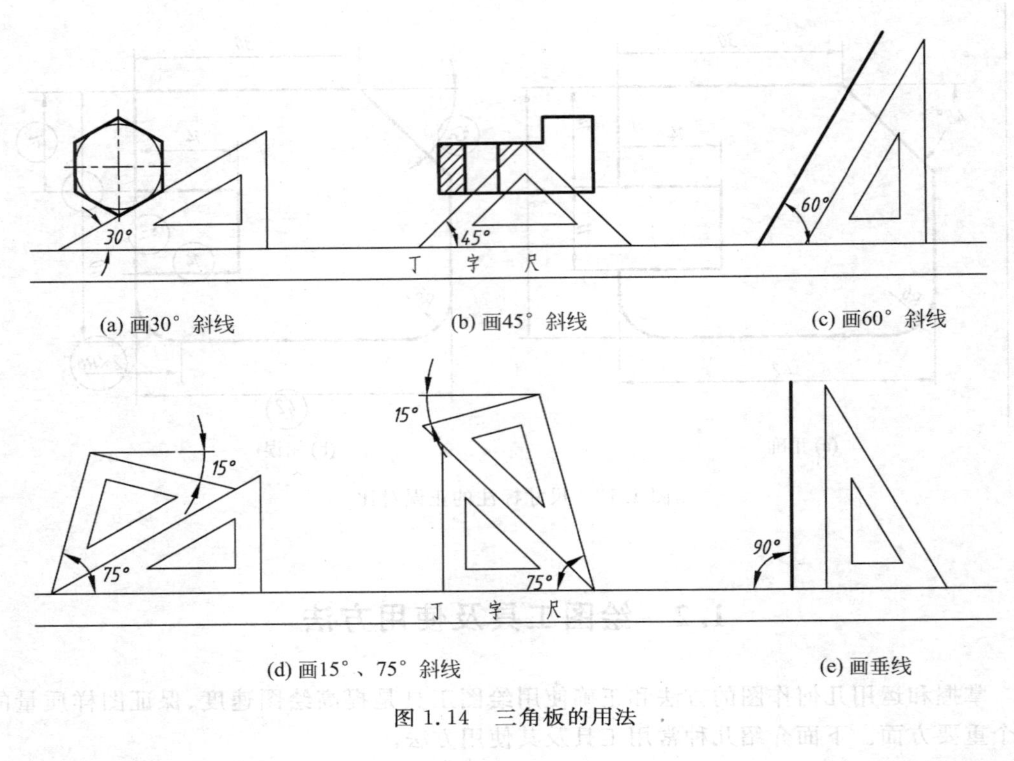

图 1.14　三角板的用法

4. 铅笔

绘图时要求使用“绘图铅笔”。铅笔铅芯的软硬分别用 B 和 H 表示，B 前的数值越大表示铅芯越软(黑)，H 前的数字越大表示铅芯越硬。根据使用要求不同，应准备以下几种硬度不同的铅笔：

H 或 2H——用来画底稿。

HB 或 H——用来画虚线、细实线、细点画线及写字。

HB 或 B——用来加深粗实线。

画粗实线的铅笔，铅芯磨削成厚度为 d（粗线宽）的扁四棱柱形，其余铅芯磨削成锥形，铅芯超出木质部分 6～8mm，如图 1.15 所示。

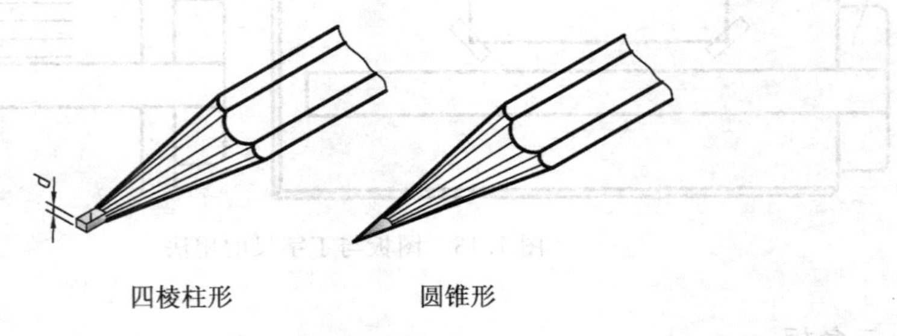

图 1.15　铅笔的削法

5. 圆规

圆规用来画圆和圆弧，它的固定腿上装有钢针，钢针两端形状不同，使用时应将带有台阶的一端朝外，扎入图板，这样在画同心圆时钢针台阶可以防止圆心变大而产生误差。同时，圆规的铅芯均应削制成扁形状，如图 1.16 所示。在画圆时圆规的铅芯端应基本上与钢针的台阶端保持平齐。

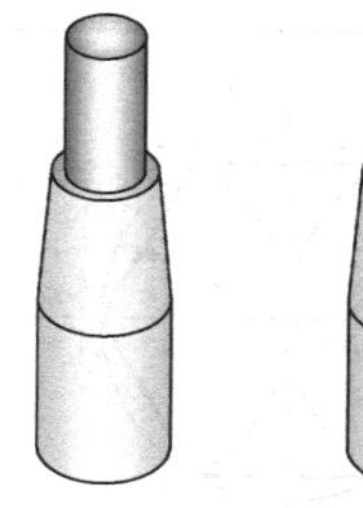
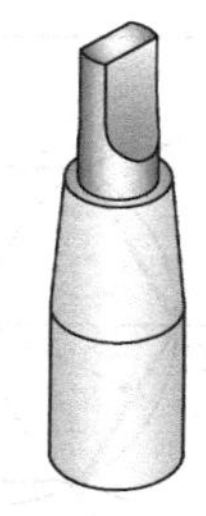

图 1.16　圆规铅芯的削法

6. 分规

分规主要用来量取尺寸和等分线段。

思考要点：耐心细致地削制好铅笔和圆规的铅芯是制图的基本功，也是画好图样的必要技术保证，读者应认真训练掌握这一技巧。

1.3　几何作图

虽然机件的轮廓形状是多种多样的，但它们的图样基本上都是由直线、圆弧和其他一些曲线所组成的几何图形。因而在绘制图样时，经常要运用一些最基本的几何作图方法。

1.3.1　正多边形的画法

各种正多边形的画法如表 1.9 所列。

表 1.9　正多边形的画法

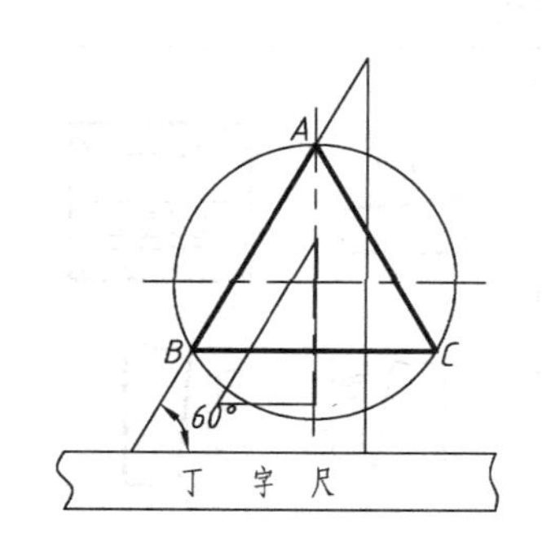	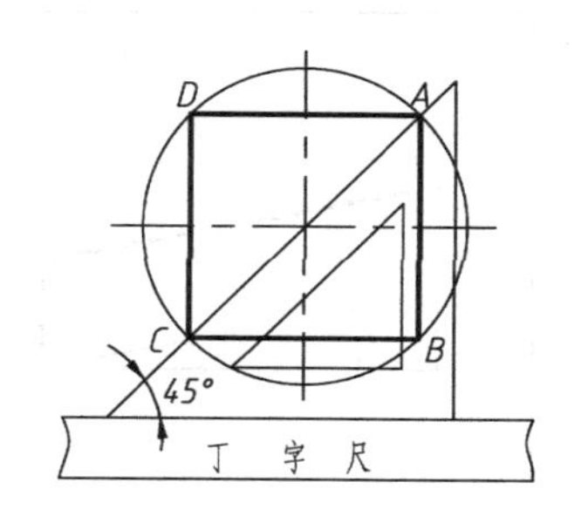	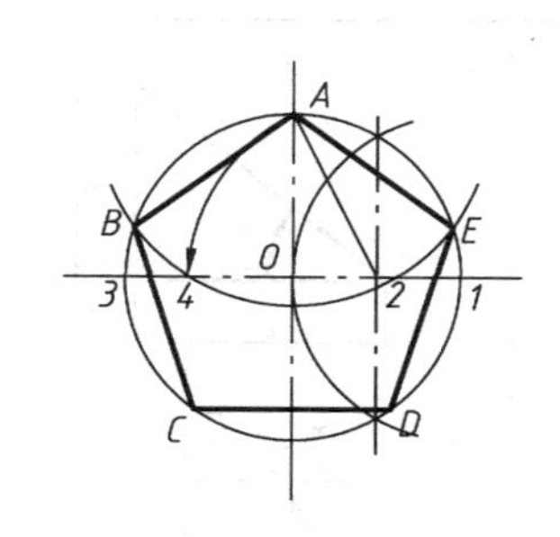
等边三角形：用 60°三角板的斜边过顶点 A 画线，与外接圆交于 B，过 B 点画水平线交外接圆于 C，连接三边即成	正方形：用 45°三角板的斜边过圆心画线，与外接圆交于 A、C 两点，分别过 A、C 作水平线交外接圆于 D、B 两点，连接两边即成	正五边形：作半径 $O1$ 的中点 2；以 2 为圆心、$2A$ 为半径画弧 $O3$ 于 4；以 A4 为边长，用它在外接圆上截取得到顶点 B、C、D、E、A，连接完成

续表

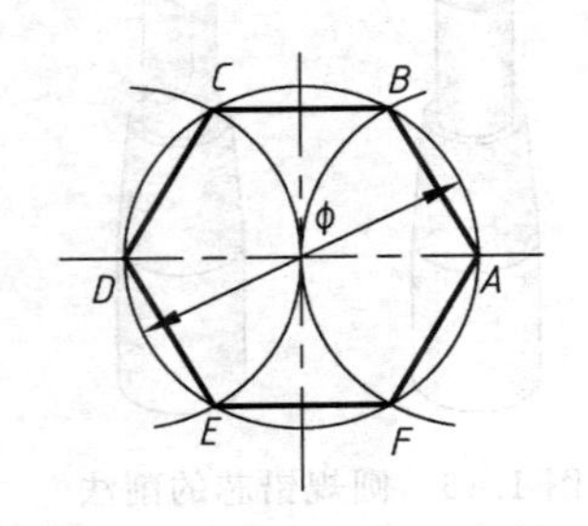	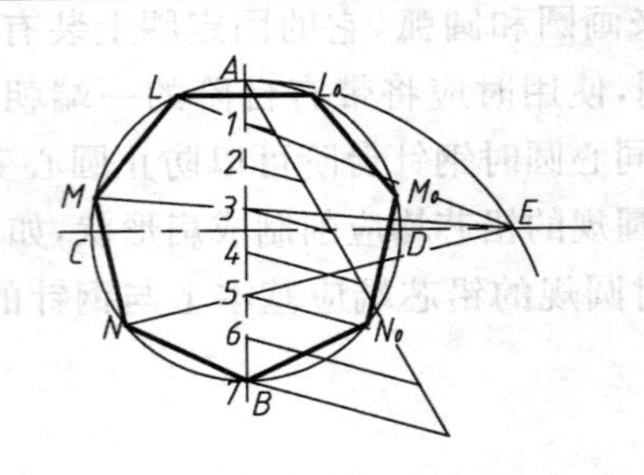
正六边形：因边长等于外接圆半径，可分别以 A、D 为圆心以 $\phi/2$ 为半径圆弧交于 B、C、E、F4 点，与 A、D 共为 6 个顶点，连边完成	正七边形(正 n 边形) • 分直径 AB 为七等份(n 等份)； • 以 A 为圆心、AB 为半径画弧交直径 CD 的延长线于 E 点； • 过 E 点分别与直径 AB 上的奇数分点(或偶数分点)相连并延长，与外接圆交于 L、M、N，作出对称点 L_0、M_0、N_0； • 依次连接 L、M、N、B、N_0、M_0、L_0 完成正七边形(正 n 边形)

1.3.2　斜度和锥度

1. 斜度

斜度是指一直线或一平面对另一直线或平面的倾斜程度，在不同的工程图样中斜度又称为倾度或坡度。其大小用其夹角的正切来表示，并把比值转为 $1:n$ 的形式。斜度的表示符号、作图方法及标注如表 1.10 所列。

表 1.10　斜度、锥度的表示符号、作图与标注

斜	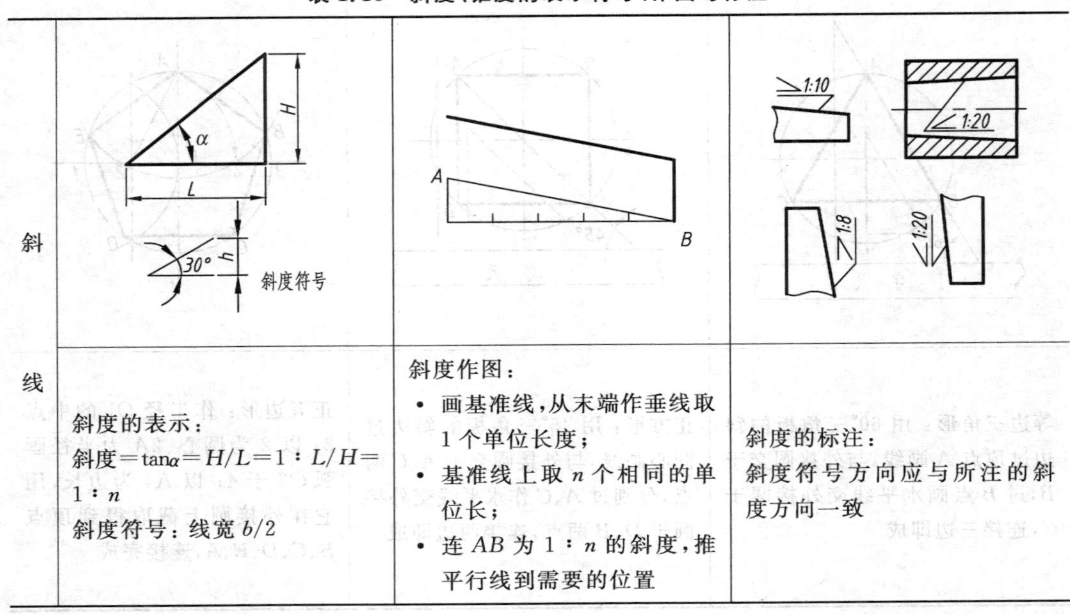		
线	斜度的表示： 斜度 $=\tan\alpha=H/L=1:L/H=1:n$ 斜度符号：线宽 $b/2$	斜度作图： • 画基准线，从末端作垂线取 1 个单位长度； • 基准线上取 n 个相同的单位长； • 连 AB 为 $1:n$ 的斜度，推平行线到需要的位置	斜度的标注： 斜度符号方向应与所注的斜度方向一致

续表

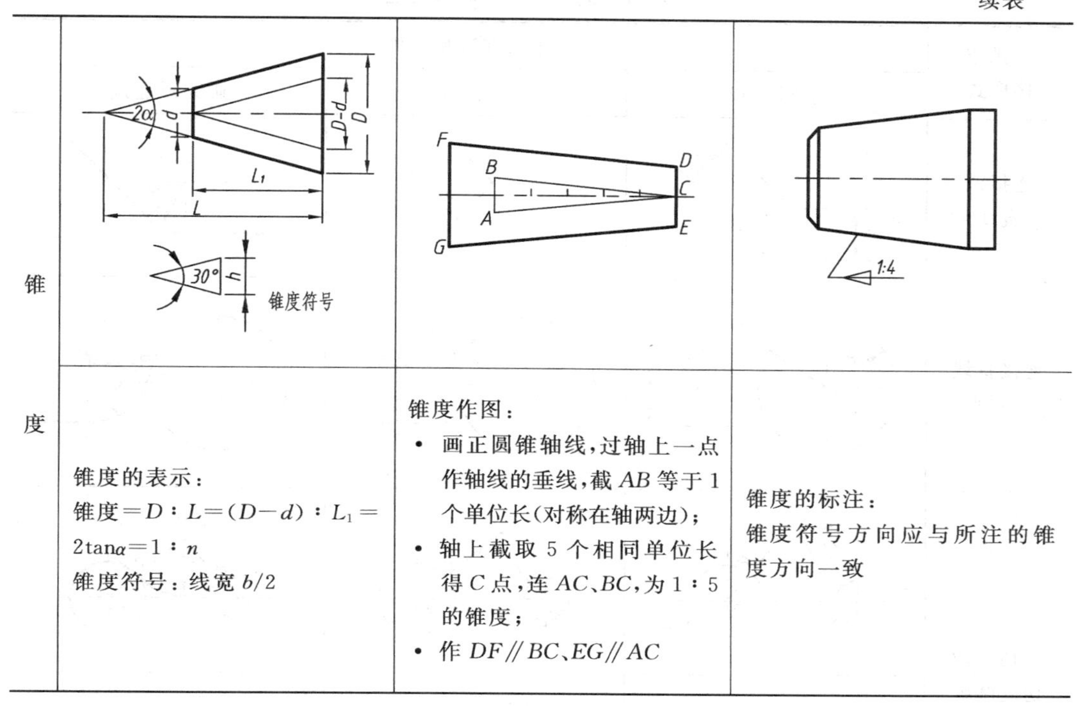

锥度	锥度的表示： 锥度 $=D:L=(D-d):L_1=2\tan\alpha=1:n$ 锥度符号：线宽 $b/2$	锥度作图： • 画正圆锥轴线，过轴上一点作轴线的垂线，截 AB 等于 1 个单位长(对称在轴两边)； • 轴上截取 5 个相同单位长得 C 点，连 AC、BC，为 $1:5$ 的锥度； • 作 $DF/\!/BC$、$EG/\!/AC$	锥度的标注： 锥度符号方向应与所注的锥度方向一致

2. 锥度

锥度是指正圆锥体的底圆直径与其高度之比。若为圆台，则为两底圆直径之差与台高之比。同样将比值转化为 $1:n$ 的形式，如表 1.12 所列。

思考要点：在注斜度和锥度尺寸时，其符号最好用模板正确标注。

1.3.3 圆弧连接

在绘制几何图形时，常遇到用已知半径的圆弧光滑地连接两条已知线段(直线或圆弧)的情况，这种作图方法称为圆弧连接，而且圆弧与线段在连接处应光滑相切。

圆弧连接的作图原理如下。

(1) 与已知直线相切的连接圆弧(半径为 R)，其圆心轨迹是与已知直线平行，距离为 R 的两条直线，该二直线的交点处为连接圆弧的圆心。切点是由选定圆心向已知直线作垂线的垂足之处。

(2) 与已知圆弧(圆心为 O_1，半径为 R_1)内切或外切的连接圆弧(半径为 R)，其连接圆弧的圆心轨迹是以 O_1 为圆心，以 $R-R_1$(内切)或 $R+R_1$(外切)为半径的已知圆弧的同心圆，切点是所确定的圆心 O 与 O_1 的连心线或其延长线与已知圆弧的交点之处。

思考要点：为保证圆弧连接作图的准确性，正确寻找连接圆弧的圆心和切点的位置是作图的基本技能，应很好掌握。

表 1.11 列出了圆弧连接的 3 种基本形式。

表 1.11 圆弧连接的基本方法

圆弧连接形式	作图方法和步骤		
	求圆心 O	求切点 m、n	画圆弧连接
连接两直线	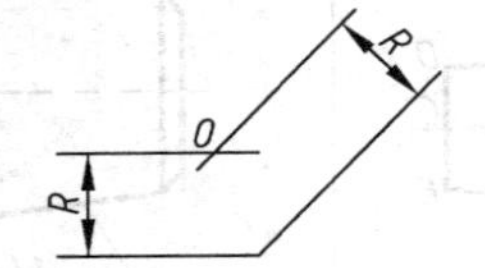	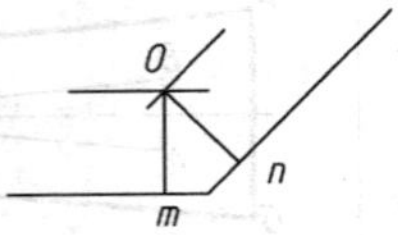	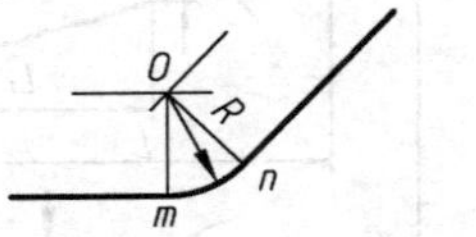
连接直线与圆弧	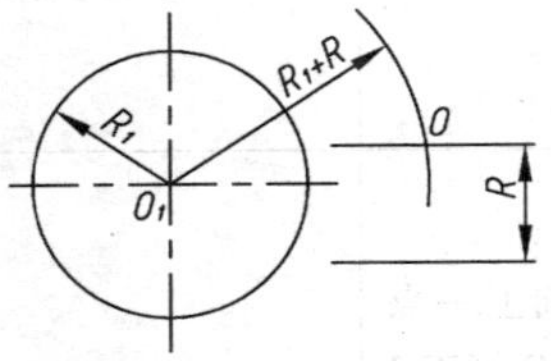	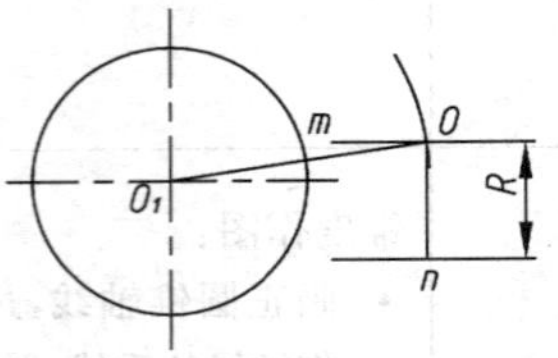	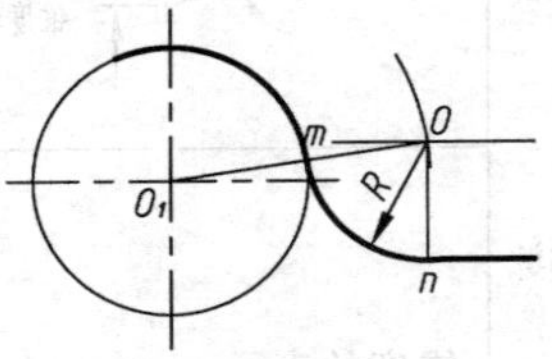
外切或内切两圆弧	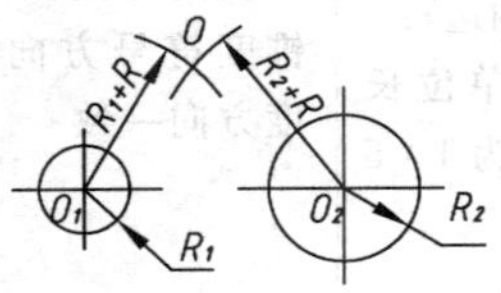	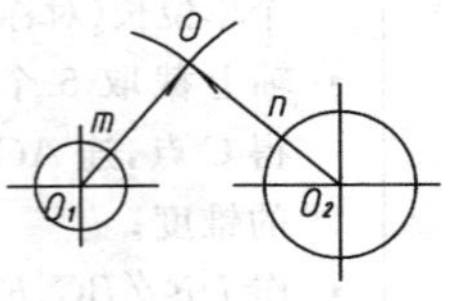	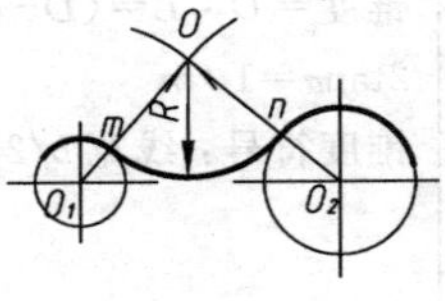
	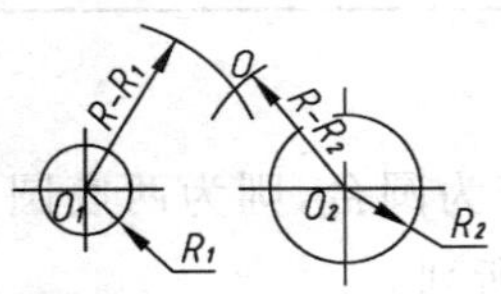	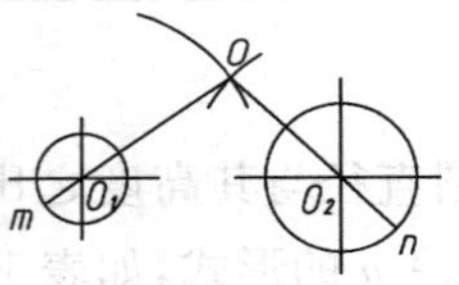	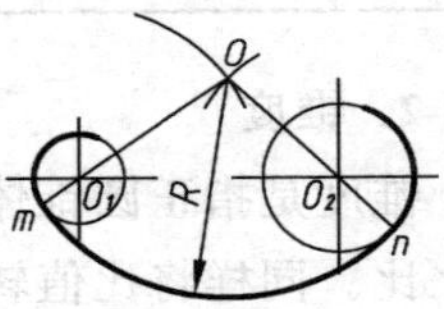

1.4 平面图形的分析及画法

平面图形一般都是由若干直线或曲线连接而成的。要正确绘制一个平面图形，首先检查尺寸是否齐全，然后对平面图形进行尺寸分析和线段分析，并确定画图步骤。

1. 平面图形尺寸分析

根据尺寸在平面图形中所起的作用，可以分为定形尺寸和定位尺寸两类。同时，要想确定平面图形中线段的相对位置，必须引入基准的概念。

(1) 定形尺寸：确定平面图形各线段形状大小的尺寸，如直线长度、角度的大小以及圆弧的直径或半径等。如图 1.17 所示，尺寸 $\phi20$、15、$\phi5$、$R15$、$R12$、$R50$、R 10 等均是定形尺寸。

(2) 基准：标注定位尺寸的起点。对于二维平面图形需要两个方向的基准，即水平方向和竖直方向。可以用作平面图形基准的要素有：①对称图形的对称中心线；②较大圆的中心线；③较长的直线。在标注定位尺寸之前必须选择好基准，如图 1.17 所示，手柄是以水平的对称线和较长的竖直线作为两个方向的定位基准线。

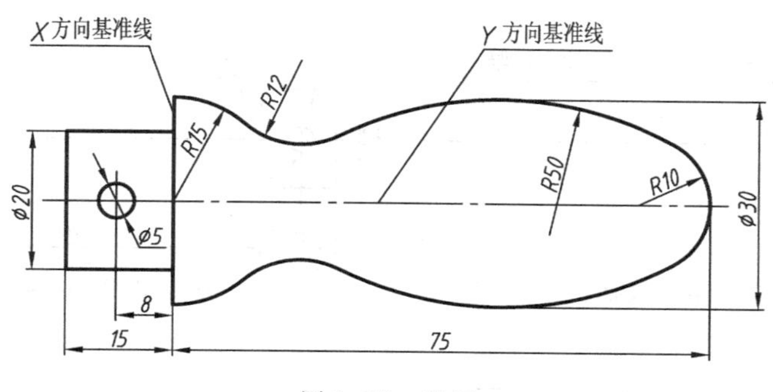

图 1.17　手柄

(3) 定位尺寸：确定平面图形中线段或线框间相对位置的尺寸。如图 1.17 所示，尺寸 8、75、$\phi30$ 均为定位尺寸。

思考要点：在分析平面图形时，要掌握定形尺寸的正确标注形式，认真分析定位基准选择和定位尺寸的注法。

2. 平面图形的线段分析

要正确、快速地绘制一个平面图形，必须进行线段分析。根据线段在图形中所给的定形尺寸和定位尺寸是否齐全，可以分为 3 类。

(1) 已知线段：定形尺寸和定位尺寸标注齐全，作图时根据所给尺寸可直接画出的线段。

(2) 中间线段：已知定形尺寸和一个定位尺寸，而另一个方向的定位尺寸必须依靠与已知线段的作图才能画出的线段。

(3) 连接线段：只有定形尺寸而无定位尺寸，其定位尺寸需要依靠作图来确定的线段。

3. 平面图形的画图步骤

通过以上对平面图形的尺寸分析和线段分析，可归纳出平面图形的画图步骤。

画出图形基准线后，先画已知线段，再画中间线段，最后画连接线段。画中间线段和连接线段所缺的条件由作图确定，因此在作图过程中应该准确求出中间弧和连接弧的圆心和切点。同一个图形的尺寸注法不同，画图的步骤也会随之改变。

下面以图 1.17 所示手柄为例，分析各条线段的性质，并确定正确的画图步骤。

(1) 画基准线，如图 1.18(a)所示。

(2) 画已知线段：如图 1.18(b)所示。

(3) 画中间线段：尺寸 $R50$ 的线段需借助尺寸 $\phi30$，并与 $R10$ 相内切找出圆心和切点才能画出，如图 1.18(c)所示。读者应认真分析 $R50$ 圆弧的圆心和切点的作图方法。

(4) 画连接线段：$R12$ 的圆弧，应借助与 $R15$、$R50$ 外切的几何条件确定圆心和切点后才可以画出，如图 1.18(d)所示。

(5) 最后经整理和检查无误后，按规定线型加粗或加深，并标注尺寸，如图 1.18 所示。

思考要点：绘图之前，认真细致地对平面图形进行尺寸和线段分析，可以提高作图的准确性和效率。

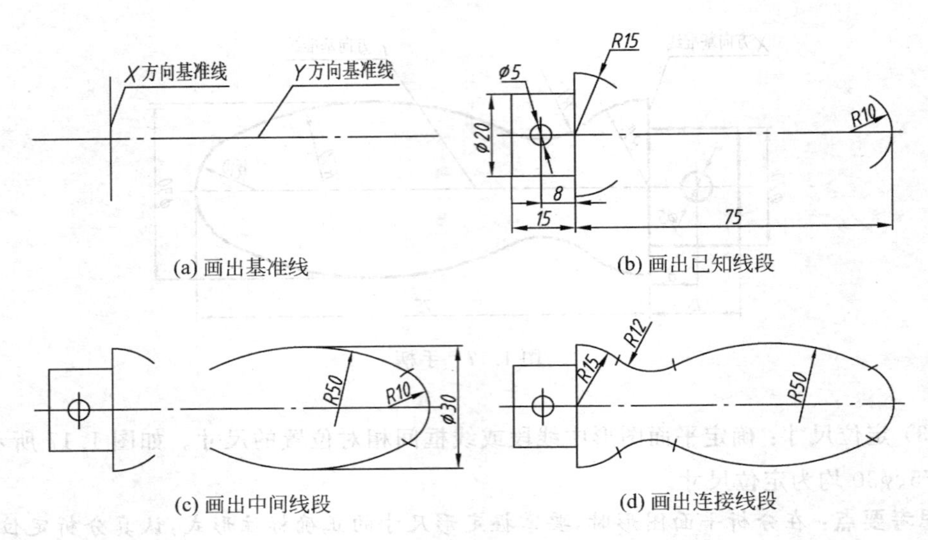

图 1.18　画手柄的步骤

1.5　绘图技法

绘制图样时，为了提高绘图速度和质量，除了必须熟悉制图标准并掌握几何作图的方法和正确使用绘图工具外，还需要一定的绘图技能。绘图技能包括使用仪器绘图和徒手绘图，其绘图步骤如下。

1. 充分做好各项准备工作

(1) 准备好必需的制图工具和仪器；

(2) 确定图样采用的比例和图纸幅面大小；

(3) 分析所画图形的尺寸作用和对应线段的性质，确定画图的先后顺序。

2. 固定图纸

(1) 将图纸固定在图板左下方，并使图纸底边与图板下边的距离大于丁字尺的宽度；

(2) 用细线画出图框和标题栏。

3. 确定图形在图纸上的位置

图形在图纸上，要上下、左右布局匀称美观，且留有标注尺寸的地方。

4. 用细实线画图形底稿

画底稿一般用较硬的铅笔，例如 H 或 2H 来画。底稿要轻画以便修改，但各种图线要清晰分明，视图布局适中，尺寸大小要准确。先画基准线，再画主要轮廓，然后画细节部分。底稿完成之后，要认真检查有无遗漏结构，并擦去多余的线。

5. 铅笔加深

加深图线时，铅笔要用力均匀。各种线型要正确、粗细分明。同样的线型要宽度一致、连接光滑，并保证图面的整洁。

(1) 加深粗实线：粗实线一般用 HB 或 B 铅笔加深，圆规用的铅芯应比画直线用的铅笔软一号。加深粗实线时，要先加粗曲线，后加粗直线，其顺序应先上后下、先左后右，尽量减少绘图仪器在图样上的摩擦次数，最好用洁净的纸张覆盖住已经画好的图线或没有加粗描深的图面区域，以保证图面的整洁。

(2) 加深细线：按粗实线的加深顺序用H和HB铅笔顺次加深所有细线，例如，先画虚线、细点画线，再画细实线等。虚线或点画线在描深时切忌不要出现“虚影”现象。

6. 画箭头、标注尺寸等

绘制完图形后再标注尺寸。尺寸箭头最好使用绘图模板画，以保证大小一致。最后认真填写标题栏中的各项内容，从而高质量完成图样的绘制工作。

思考要点：作为初学者，在画图时切忌每画一条线段进行加粗或描深，如果画错将给修改带来不便，同时也很难保证图面的整体高质量。

第2章　工程制图投影理论

点、直线、平面是构成空间形体最基本的几何元素，也是研究工程制图投影理论的基础所在。本章主要讨论这些元素的投影规律和作图特性，同时解决各元素之间的几何度量和定位问题。

2.1　投影面体系的建立

用一个投影面只能画出形体某个方向的投影图。如图2.1所示，若两个形体对应部分的长和高分别相等，则它们的投影图完全相同，实际上两形体的形状并不一样。因此，为了表示形体的形状和大小，必须从几个不同的方向观察并画出形体的每个投影图。

三面投影体系由3个互相垂直的平面构成，然后将形体置于其中并分别向3个投影面投影，这样可准确地反映出形体的大小和结构形状，如图2.2所示。

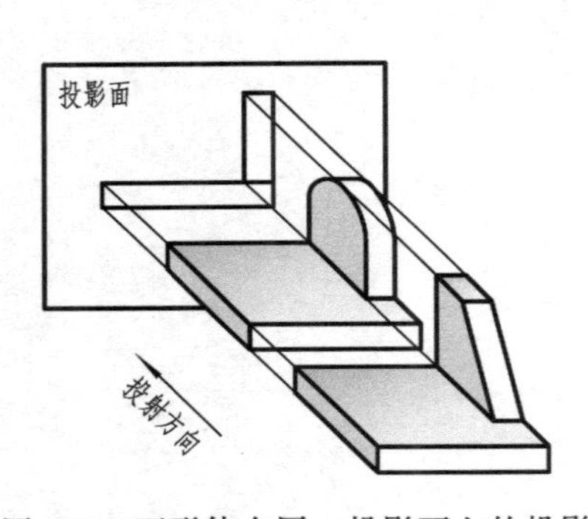

图2.1　两形体在同一投影面上的投影

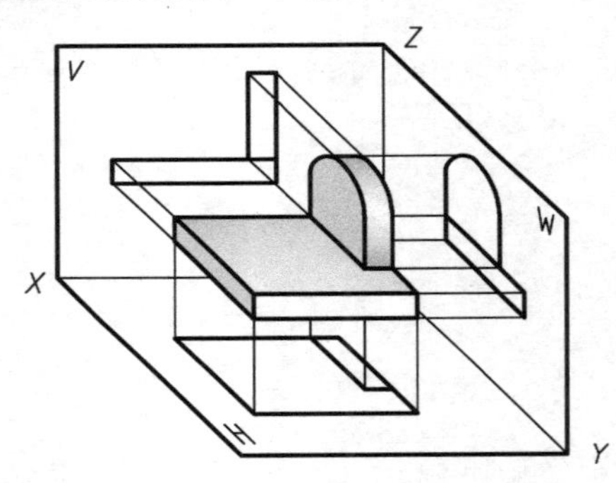

图2.2　形体在三投影面体系中的投影

三投影面体系中的3个投影面分别称为：

正立投影面——简称正面或V面；

水平投影面——简称水平面或H面；

侧立投影面——简称侧面或W面。

两个投影面之间的交线称为投影轴，分别用OX、OY、OZ表示。各投影面上的投影名称约定为：形体在正面上的投影称为正面投影；在水平面上的投影称为水平投影；在侧面上的投影称为侧面投影。

下面主要讨论点、直线、平面在三投影面体系中的投影及投影特性。

2.2　点的投影

2.2.1　点在三投影面体系中的投影

如图2.3(a)所示，点$A(x,y,z)$处于投影体系中的空间位置，由A点分别向3个投影面作垂线，其垂足即为 A 点在 3 个投影面上的投影。X、Y、Z 分别是空间点到 W、V、H 投影面的距离。

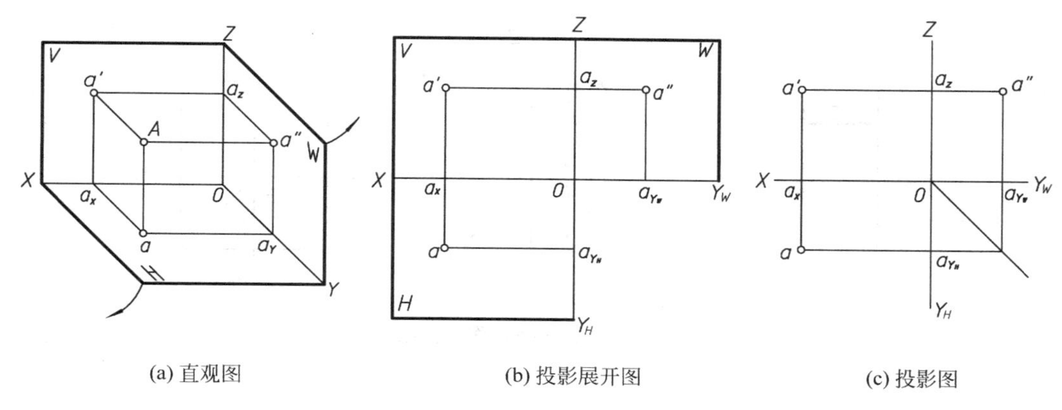

(a) 直观图　(b) 投影展开图　(c) 投影图

图 2.3　点在三投影面体系中的投影

思考要点：空间点用大写字母表示。点的水平投影用小写字母表示，点的正面投影用小写字母加一撇表示，点的侧面投影用小写字母加两撇表示。

为了便于画图，需要把 3 个投影面展开在一个平面上，即由空间转换到平面作图。展开时规定正面 V 不动，将水平面 H 绕 OX 轴向下旋转 90°；侧面 W 绕 OZ 轴向右旋转 90°，使 3 个投影面处在同一平面上，如图 2.3(b)所示。投影面展开后，OY 轴一分为二，规定在 H 面上的为 OY_H，在 W 面上的为 OY_W。

在实际画图时，不必画出投影面的边框线，如图 2.3(c)所示。在后续的学习讨论中，主要采用 V/H 两投影面体系来图示、图解空间几何元素问题或表达形体的结构。

如图 2.3 所示，分析得出点在三投影面体系中的投影特性：

(1) 点 A 的正面投影和水平投影的连线垂直于 OX 轴，即 $a'a \perp OX$ 轴；且 $a'a$ 到原点 O 的距离 Oa_x 反映点 A 的 X 坐标，也表示空间点 A 到 W 面的距离；

(2) 点 A 的正面投影和侧面投影的连线垂直于 OZ 轴，即 $a'a'' \perp OZ$；且 $a'a''$ 到原点 O 的距离 Oa_z 反映点 A 的 Z 坐标，也表示空间点 A 到 H 的距离；

(3) 点 A 的水平投影 a 到 OX 轴的距离等于点 A 的侧面投影 a'' 到 OZ 轴的距离，即 $aa_x = a''a_z$，反映点 A 的 Y 坐标，也表示空间点 A 到 V 面的距离。

思考要点：点的两面投影连线分别垂直于相应的投影轴，是其基本作图特性；每一个投影到坐标轴的距离(即对应坐标大小)分别反映空间点到各自投影面的距离，是度量特性。因此，作图时必须牢记这一特性。

例 2.1　已知空间点 $A(15,15,20)$，试作出 A 点的三面投影。

如图 2.4 所示，其作图过程如下。

(1) 画投影轴：先分别画出两正交直线，其交点为原点。然后在 X 轴上量取坐标值 15mm，并过该点作 OX 轴的垂线；

(2) 在垂线上，由 X 轴向下量取 y 坐标值 15mm 得 a，再从 X 轴向上量取 z 坐标值 20mm 得 a'；

(3) 同样道理，作出 $a'a'' \perp OZ$，由 Z 轴向右量取 x 坐标值 15mm 得 a''。即可完成 A 点的三面投影。

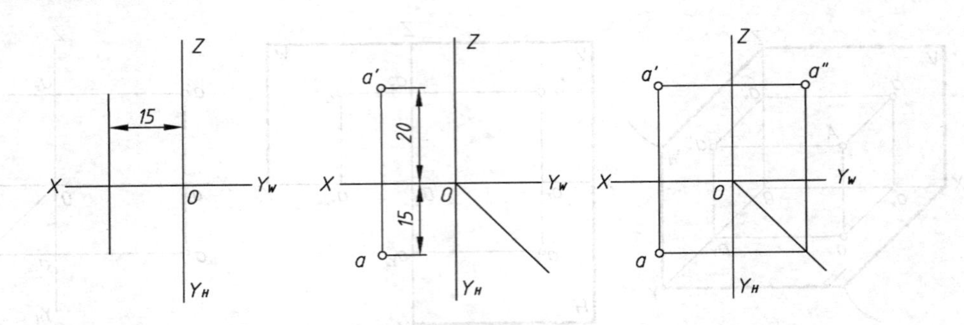

图 2.4　由点的坐标作三面投影

2.2.2　投影面和投影轴上的点

当空间点的 X、Y、Z 坐标有一个为 0 时，空间点必位于相应的某一投影面上；有两个坐标为 0 时，空间点必在相应的某一投影轴上。

如图 2.5 所示，点 A 的 Y 坐标为 0，则在 V 面上；点 B 的 Z 坐标为 0，则在 H 面上；而点 C 除 X 坐标不为 0，另两坐标为 0，则必在 OX 轴上。从图中分析坐标和投影得知，投影面和投影轴上的点具有下述特性。

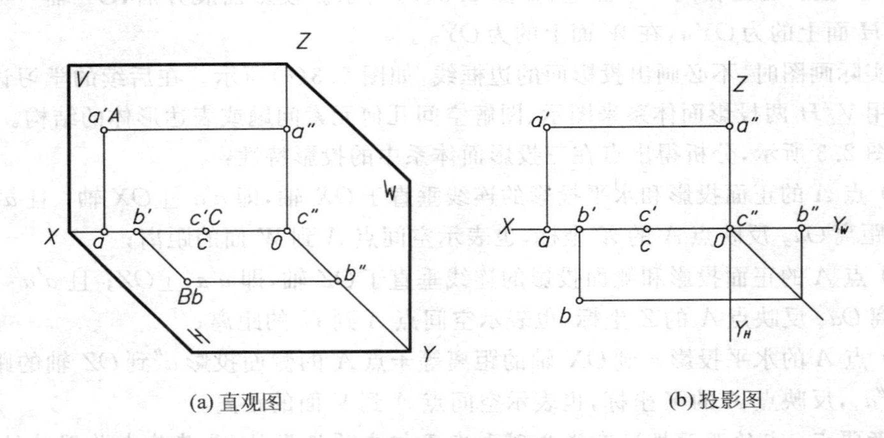

(a) 直观图　(b) 投影图

图 2.5　投影面和投影轴上的点

(1) 投影面上的点：点相对某一投影面的坐标为零，在该投影面上的投影与该点重合，另外两投影面上的投影分别在相应的投影轴上。值得注意的是，如图 2.5 所示，H 面上的点 B 的 W 面投影 b'' 虽然在 OY 轴上，由于 Y 轴分成 Y_H 和 Y_W，故 b'' 应属于 Y_W 轴。

(2) 投影轴上的点：点相对某两投影面坐标为零，在包含这条轴的两个投影面上的投影都与该点重合，而另一投影面上的投影则与原点重合。

2.2.3　两点的相对位置及重影点

1. 两点的相对位置

如图 2.6 所示，空间两点在同一投影体系中的相对位置分左右、前后和上下 3 个方向，可以利用两点在 3 个方向的坐标差来确定两点的相对位置。反之，若已知两点的相对位置以及其中一个点的投影，也能作出另一点的投影。实际上，由投影图判断空间两点的位置主要是通过投影关系，再比较其对应坐标的大小来确定。

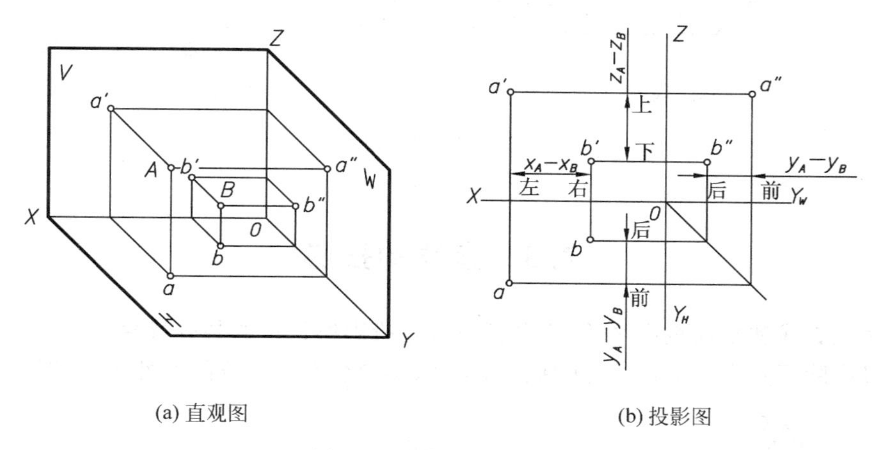

图 2.6　两点的相对位置

如图 2.6 所示，点 A 的 X 坐标比点 B 的 X 坐标大 Δx，说明点 A 在点 B 之左；点 A 的 Y 坐标比点 B 的 Y 坐标大 Δy，说明 A 在 B 之前；点 A 的 Z 坐标比点 B 的 Z 坐标大 Δz，说明 A 在 B 之上。从而最终确定点 A 在点 B 的左前上方。

思考要点：由空间两点的同名坐标可知，X 值大的点在左，值小的在右；Y 值大的点在前，值小的在后；Z 值大的点在上，值小的在下。记住这一规则，可以保证两点相对位置作图的正确性。

2. 重影点

所谓重影点就是位于同一条投射线上的各点，若它们的两对同名坐标值相同，则它们在与该投射线对应的投影面上的投影必然重合，我们称这两点为对该投影面的重影点。

由图 2.7 可知，点 C 在点 A 正后方 Y_A-Y_C 处，两点在 X 方向和 Z 方向的坐标值相等，其正面投影 a'、c'重合，故 A、C 是对正面投影的重影点。同理，若一点在另一点的正下方或正上方，即 X、Y 坐标相等是对水平投影的重影点；若一点在另一点的正左方或正右方，即 Y、Z 坐标相等则是对侧面投影的重影点。

判断对正面投影、水平投影或侧面投影的重影点可见性，其规律应分别是前遮后、上遮下、左遮右，即由两点的另一对不相等的坐标值大小来决定。例如在图 2.7 中，应该是较前的点 A 的正面投影 a'可见，而后面的点 C 的投影 c'被遮住不可见。必要时，不可见点的投影可以加括号表示，如图 2.7 中的(c')。

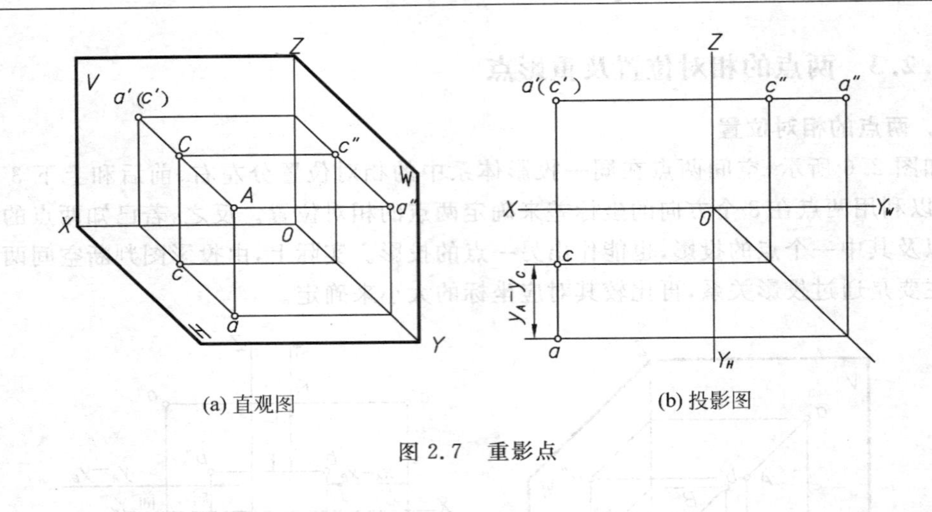

(a) 直观图　　(b) 投影图

图 2.7　重影点

2.3　直线的投影

在讨论直线和平面投影之前，应分析掌握正投影所具备的共有特性。

正投影除了具有相似性外，还具有积聚性、实形性和定比分隔的性质，如图 2.8 所示。

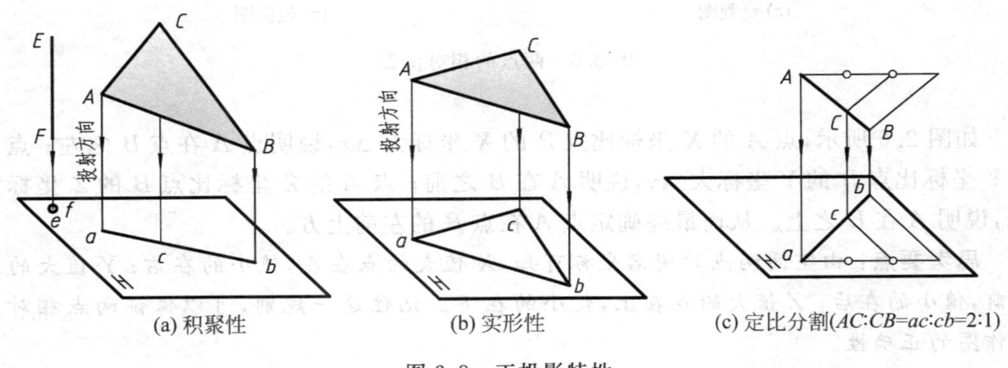

(a) 积聚性　　(b) 实形性　　(c) 定比分割($AC:CB=ac:cb=2:1$)

图 2.8　正投影特性

由图 2.8 分析可知，直线的投影一般仍为直线，特殊情况下积聚为一点。直线的两面投影能唯一地确定直线在投影体系中的位置。由几何定理可知，两点确定一直线，因此直线的投影就是两已知点同名投影的连线，如图 2.9 所示。

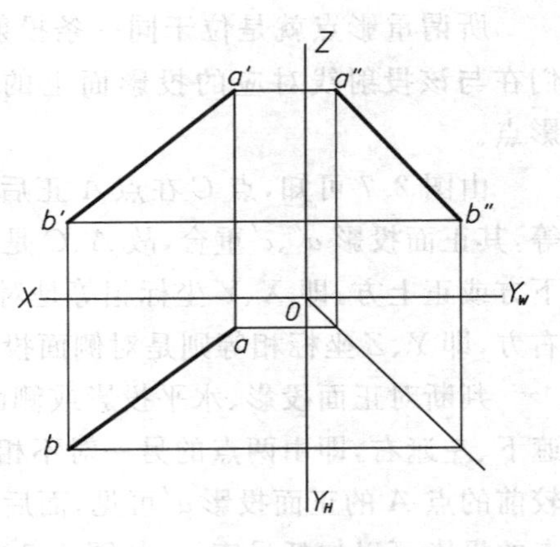

图 2.9　直线投影

2.3.1　各种位置直线及投影特性

为讨论问题方便，我们将直线段简称为直线。在三投影面体系中直线的位置可分为 3 大类型：一般位置直线、投影面平行线、投影面垂直线。投影面平行线和投影面垂直线统称为特殊位置直线，我们先从特殊到一般讨论各种位置直线。

直线与 H 面、V 面、W 面的倾角，分别用 α、β、γ 表示。当直线平行于投影面时倾角为 0°；垂直于投影面时倾角为 90°；直线倾斜于投影面时，则倾角在 0°～90°之间。

思考要点：读者可以根据直线上两端点的同名坐标大小，分析理解各种直线在空间的位置或投影作图特性，从而提高空间逻辑的思维分析能力。

1. 投影面平行线

平行于一个投影面与另两个投影面倾斜的直线，称为投影面平行线。它们分别有一对端点的同名坐标值相等。

平行于 H 面的直线，称为水平线；平行于 V 面的直线，称为正平线；平行于 W 面的直线，称为侧平线。

各种投影面平行线的投影图及投影特性，见表 2.1 所列。

表 2.1　投影面平行线

名称	正平线（//V 面，与 H、W 面倾斜）	水平线（//H 面，与 V、W 面倾斜）	侧平线（//W 面，与 H、V 面倾斜）
直观图	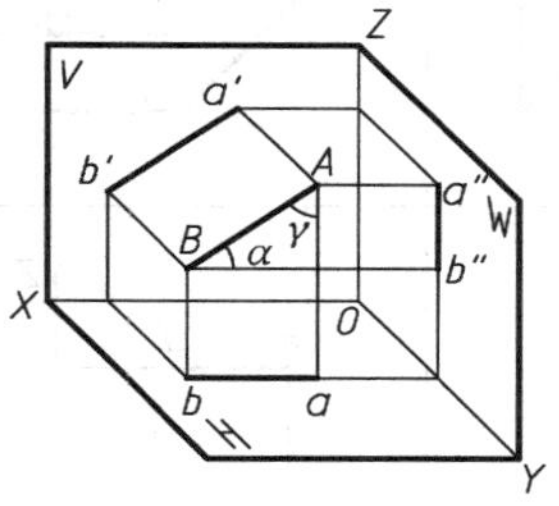	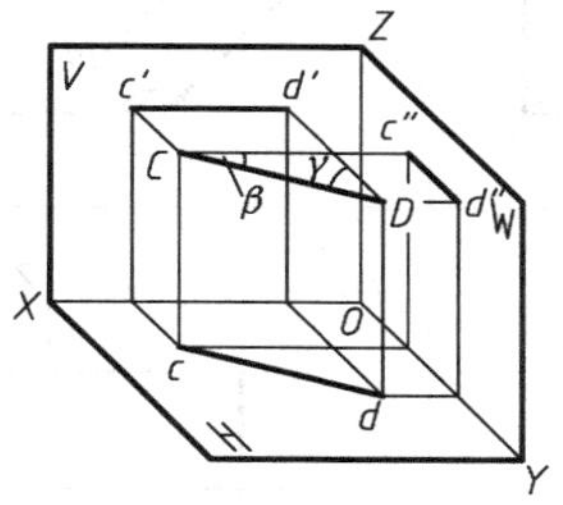	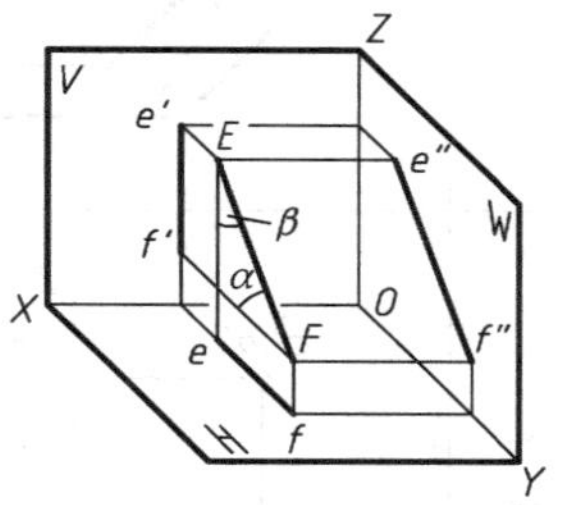
投影图	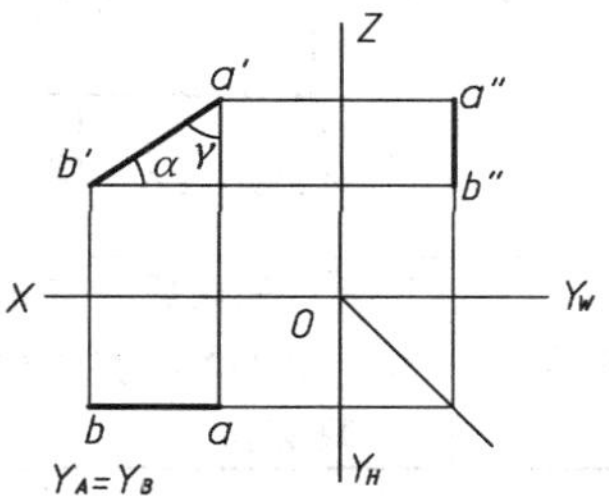 $Y_A=Y_B$	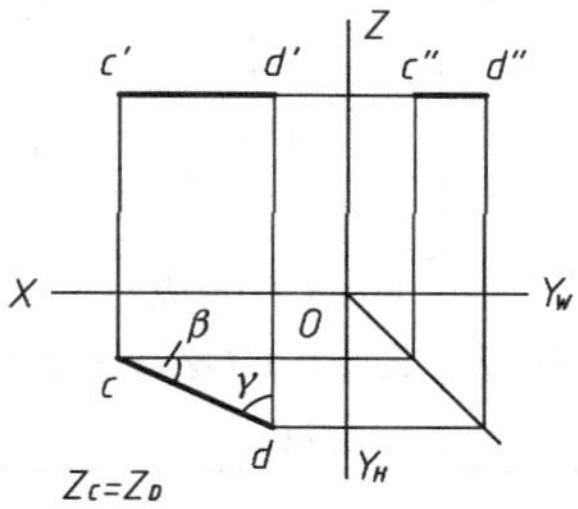 $Z_C=Z_D$	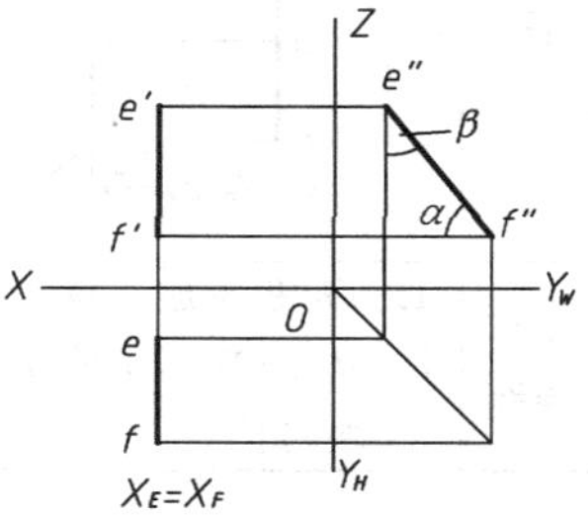 $X_E=X_F$
投影特性	1. $a'b'$ 反映实长和真实倾角 α、γ 2. ab // OX，$a''b''$ // OZ，长度缩短	1. cd 反映实长和真实倾角 β、γ 2. $c'd'$ // OX，$c''d''$ // OY，长度缩短	1. $e''f''$ 反映实长和真实倾角 α、β 2. $e'f'$ // OZ，ef // OY_H，长度缩短

从表 2.1 中，可以概括出投影面平行线的投影特性。

(1) 在直线所平行的投影面上的投影，反映实长；该投影与投影轴的夹角分别反映直线对另两投影面的真实倾角，这是平行线的度量特性。

(2) 在另外两个投影面上的投影则平行于相应的投影轴，且长度缩短。这也是平行线投影作图或判断其位置的主要特性。

2. 投影面垂直线

垂直于一个投影面与另两个投影面平行的直线，称为投影面垂直线。投影面垂直线的两端点的同名坐标值相等。

垂直于 H 面的直线，称为铅垂线；垂直于 V 面的直线，称为正垂线；垂直于 W 面的直线，称为侧垂线。

各种投影面垂直线的投影图及投影特性，见表 2.2。

表 2.2　投影面垂直线

名称	正垂线（⊥V 面，与 H、W 面倾斜）	铅垂线（⊥H 面，与 V、W 面倾斜）	侧垂线（⊥W 面，与 H、V 面倾斜）
直观图			
投影图	$X_A=X_B$; $Z_A=Z_B$	$X_C=X_D$; $Y_C=Y_D$	$Y_E=Y_F$; $Z_E=Z_F$
投影特性	1. $a'b'$ 积聚成一点 2. $ab \parallel OY_H$，$a''b'' \parallel OY$ 都反映实长	1. cd 积聚成一点 2. $c'd' \parallel OZ$，$c''d'' \parallel OZ$ 都反映实长	1. $e''f''$ 积聚成一点 2. $ef \parallel OX$，$e'f' \parallel OX$ 都反映实长

从表 2.2 中可概括出投影面垂直线的投影特性：

(1) 直线在所垂直的投影面上的投影积聚成一点，这是垂直线投影作图或判断的主要特性；

(2) 在另外两投影面上的投影则平行于相应的投影轴，并且反映实长；

(3) 投影面垂直线与 3 个投影面的夹角一个为 90°，另两个均为 0°。所以，垂直线的度量特性较为明显。

3. 一般位置直线

一般位置直线与 3 个投影面都倾斜，因此它的 3 个投影长度都小于直线本身的实长，在投影图中 3 个投影都倾斜于投影轴，且投影与投影轴的夹角不反映直线与投影面的夹角，如图 2.10 所示。

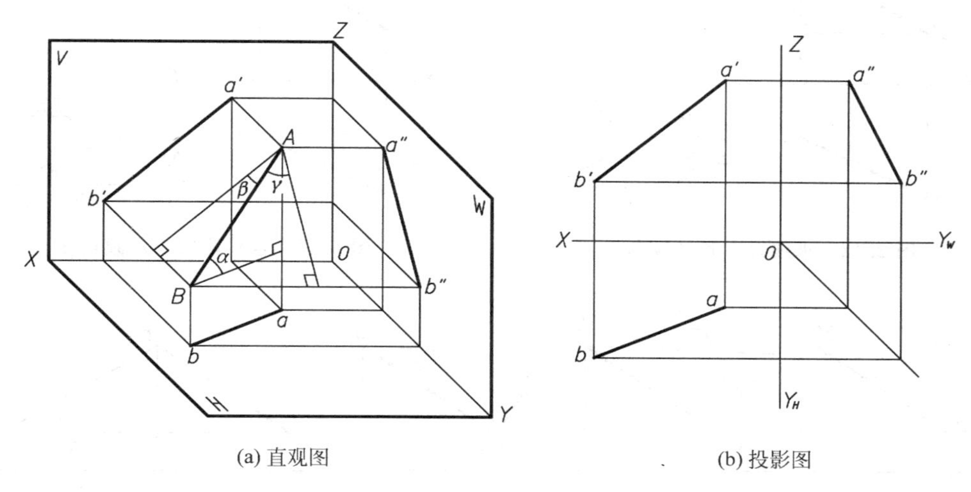

(a) 直观图　(b) 投影图

图 2.10　一般位置直线

2.3.2　求一般位置直线段的实长及其与投影面的倾角——直角三角形法

综上所述，只有特殊位置的直线在投影中才可以知道其实长以及与投影面的夹角大小，而在一般位置直线的投影中则不可知。由于一般位置直线段的两个投影就完全确定该直线段在空间的位置(由两端点坐标值确定)，因此，可以根据这两个投影通过图解法求出直线段的实长及其与某一投影面的夹角。这一作图方法称为直角三角形法。

如图 2.11 所示，一般位置直线 AB，它的水平投影为 ab，对水平投影面的倾角为 α。在垂直于 H 面的 $ABba$ 平面内，将 ab 平移至 AB_1，则△AB_1B 便构成一直角三角形。在该直角三角形中：一直角边 $AB_1=ab$，即直线 AB 的水平投影长度；另一直角边 $B_1B=Z_B-Z_A=\Delta Z$，即为 A 和 B 两端点的 Z 坐标差；斜边 AB 即为实长；$\angle BAB_1=\alpha$，即为直线段 AB 对水平投影面的倾角，其作图方法如图 2.12 所示。这一过程，就是利用直角三角形法图解求一般位置直线的实长及倾角问题的方法之一。

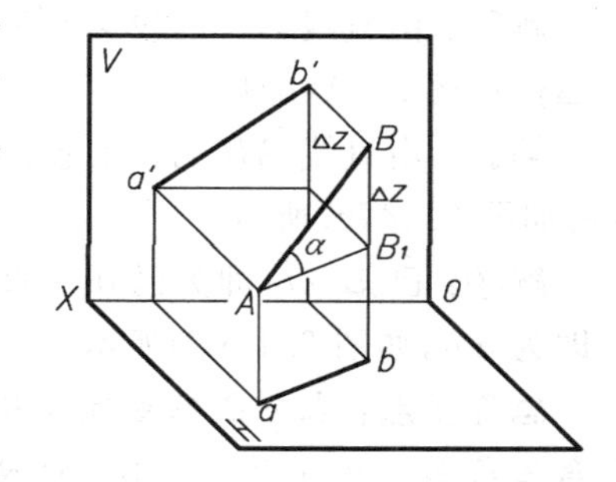

图 2.11　投影、倾角与实长的关系

同理，通过直线 AB 的其他投影，也可求出其实长以及与 V 或 W 投影面的倾角 β 或 γ。如图 2.13 所示，为求直线段实长及与投影面的倾角 β 的作图方法。求 γ 角的直角三角形作图条件请读者自行分析。

例 2.2　如图 2.14(a)所示，已知 AB 的正面投影 $a'b'$ 和点 A 的水平投影 a，且点 B 比点 A 靠前。若已知：①实长为 25mm；②$\beta=30°$；③$\alpha=30°$，试分别完成直线段 AB 的水平投影。

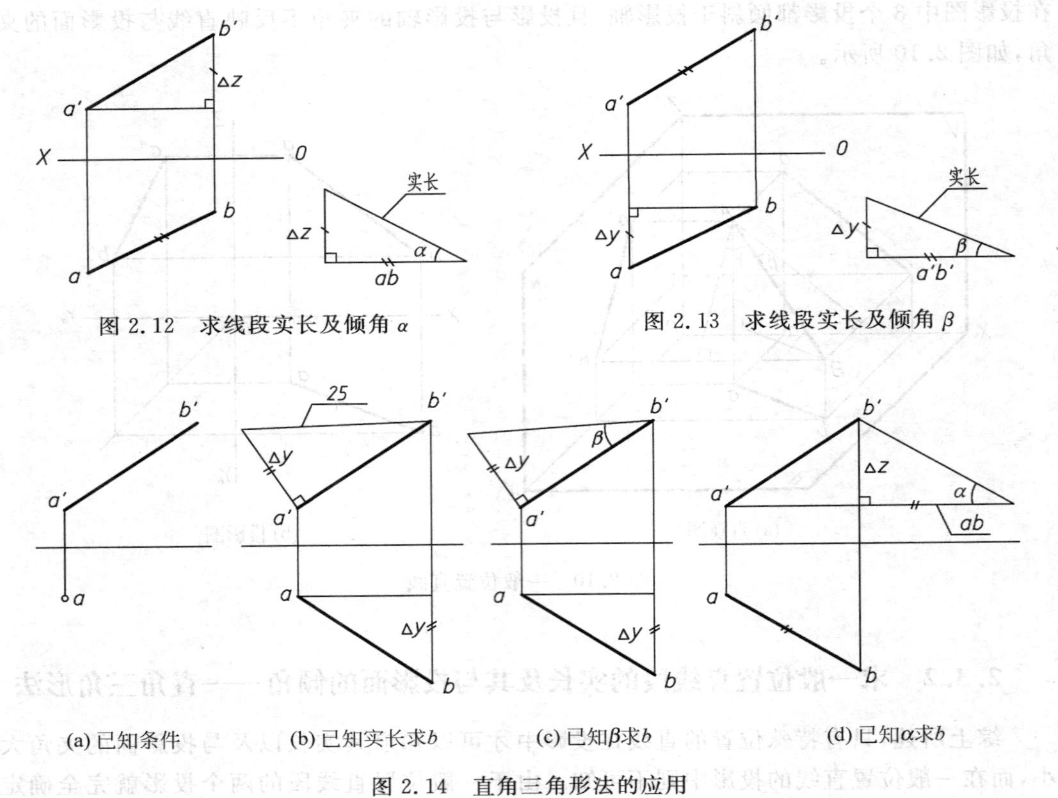

图 2.12　求线段实长及倾角 α

图 2.13　求线段实长及倾角 β

图 2.14　直角三角形法的应用

分析与作图：

解①：由直线 AB 的投影 $a'b'$ 和实长 25mm 可确定一个直角三角形，另一直角边即为 Δy，如图 2.14(b)所示。

解②：由直线 AB 的正面投影 $a'b'$ 和 $\beta(30°)$ 可确定一直角三角形，另一直角边即为 Δy，如图 2.14(c)所示。

解③：已知 $a'b'$ 即为已知一直角边，Δz 和 $\alpha=30°$ 即可确定一直角三角形，另一直角边即为 ab，如图 2.14(d)所示。

思考要点：求一般位置直线与投影面的 3 个夹角，需要分别作出每一个对应夹角的直角三角形。即直角三角形中的两个直角边参数各不相同，作图时应记住其求法。

2.3.3　直线上点的投影特性

根据正投影的从属性：直线上的点其投影必在直线的同面投影上，如图 2.15 中的 K 点。直线上点的投影还具有定比性：直线上的点分线段之比等于其投影之比，即

$$AK : KB = ak : kb = a'k' : k'b' = a''k'' : k''b''$$

利用直线上定点的作图方法可以解决一些直线的度量或定位问题。

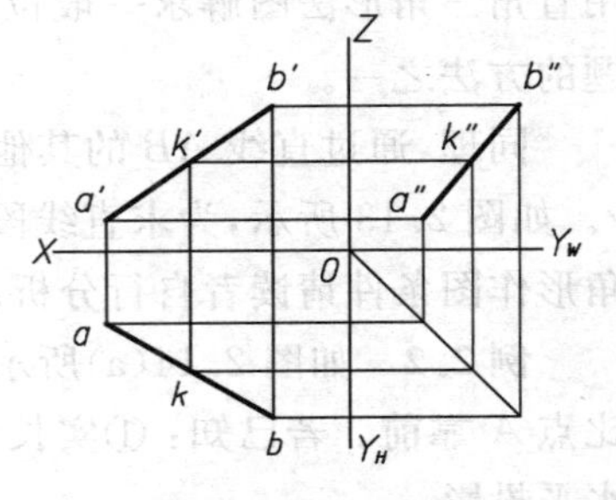

图 2.15　直线上的点

例 2.3　已知直线 AB 上有一点 C，点 C 把直线分为两段，且 $AC:CB=3:2$。试作点 C 的投影，如图 2.16(a)所示。

分析与作图：

根据直线上的点分线段之比投影后保持不变的性质，可直接作图，如图 2.16(b)所示。

(1) 由水平投影点 a 作任意直线，在其上量取 5 个单位长度得 B_0，在 aB_0 上取 C_0，使 $aC_0:C_0B_0=3:2$；

(2) 连 B_0 和 b，过 C_0 作 bB_0 的平行线交 ab 于 c；

(3) 由 c 作投影连线与 $a'b'$ 交于 c'。

例 2.4　已知直线 AB 和点 K 的正面投影和水平投影，试判断 K 点是否在直线上。如图 2.17 所示。

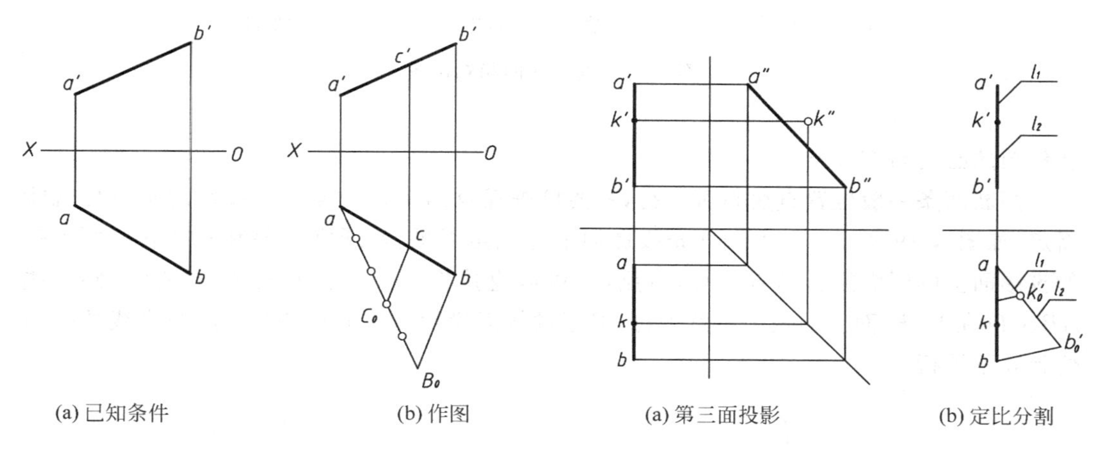

(a) 已知条件　(b) 作图

图 2.16　应用定比分隔

(a) 第三面投影　(b) 定比分割

图 2.17　点在直线上的判断

分析与作图：

因为 AB 是侧平线，所以在已知的两面投影中不能直接断定 K 点的位置，需通过作图确定。

解法①：作出直线 AB 和点 K 的侧面投影，从而判断点 K 是否属于直线 AB。从图 2.17(a)的侧面投影中可以看出，k'' 不在 $a''b''$ 上，因此点 K 不在直线 AB 上。

解法②：用点分割线段成定比的方法，在水平投影上作辅助线 $a\,b_0'$，并在其上截取 $a'k'$ 和 $k'b'$，由作图可知，证明 K 点不在直线 AB 上，如图 2.17(b)所示。

2.3.4　两直线的相对位置及投影特性

如图 2.18 所示，空间两直线的相对位置有 3 种情况：平行、相交、交叉。平行和相交两直线都属于共面直线，交叉两直线属于异面直线。在相交和交叉直线两种类型中，又有垂直相交和异面垂直的特殊情况。

1. 平行两直线的投影特性

若空间两直线平行，则它们的同面投影均互相平行，如图 2.19 所示。反之，若两直线的同面投影互相平行，则此两直线在空间也一定互相平行。这也是空间平行两直线命题

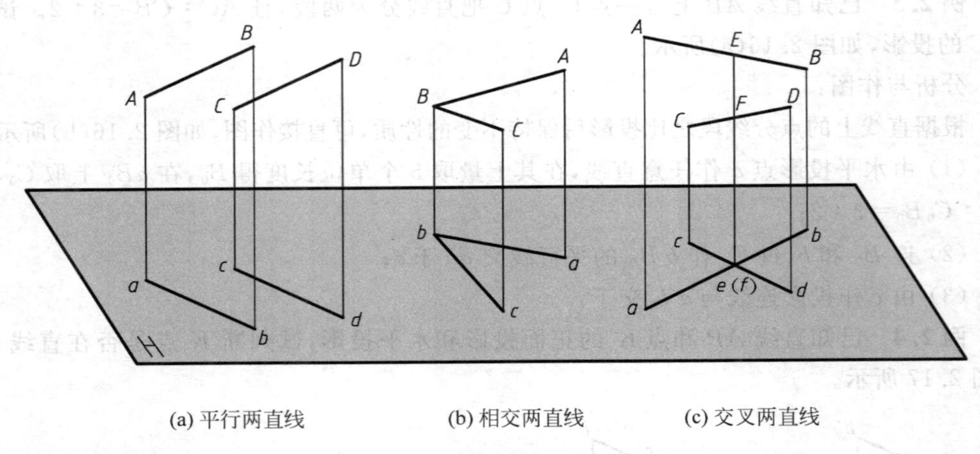

(a) 平行两直线　(b) 相交两直线　(c) 交叉两直线

图 2.18　两直线的相对位置

和作图的必要与充分条件。

判断两条一般位置直线是否平行，只要检查任意两个投影面上的投影的平行性就能断定，如图 2.19 所示。若判断两条投影面平行线是否平行，通常需要判断在它们所平行的投影面上的同面投影是否平行，否则，不可以直接确定平行。如图 2.20 所示，侧平线 AB、CD 在 V、H 面上的投影虽然平行，但通过侧面投影可以看出 AB、CD 两直线的空间位置并不平行。

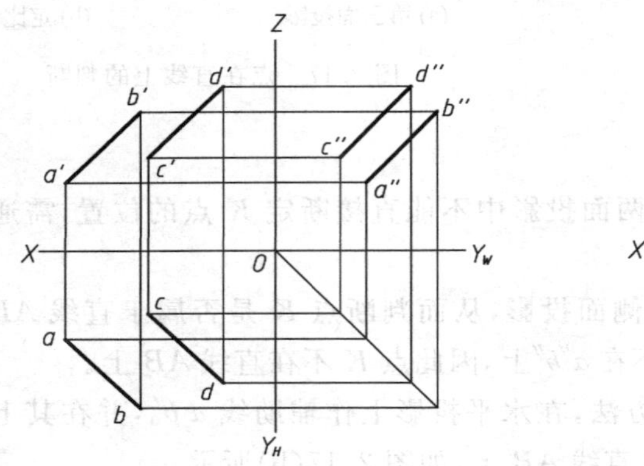

图 2.19　平行两直线

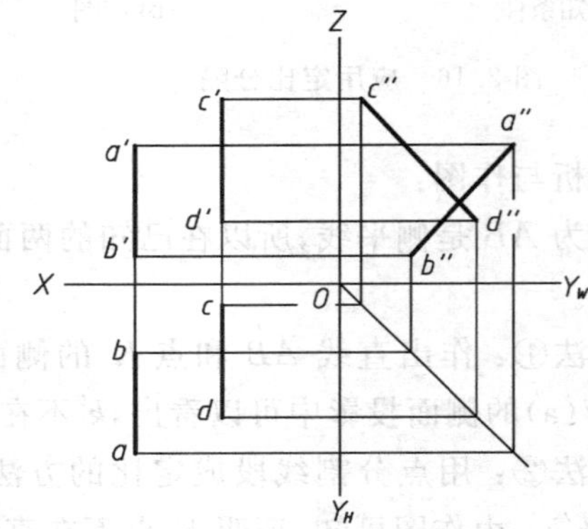

图 2.20　判断两直线是否平行

2. 相交两直线的投影特性

若空间两直线相交，则它们的每个同面投影也一定相交，且交点的投影符合点的投影特性，这就是空间相交两直线命题和作图的必要与充分条件。如图 2.21 所示。

3. 交叉两直线的投影特性

空间既不平行也不相交的两条直线，称为交叉两直线。其投影既不满足平行两直线的投影特性，也不满足相交两直线的投影特性，如图 2.22 所示。

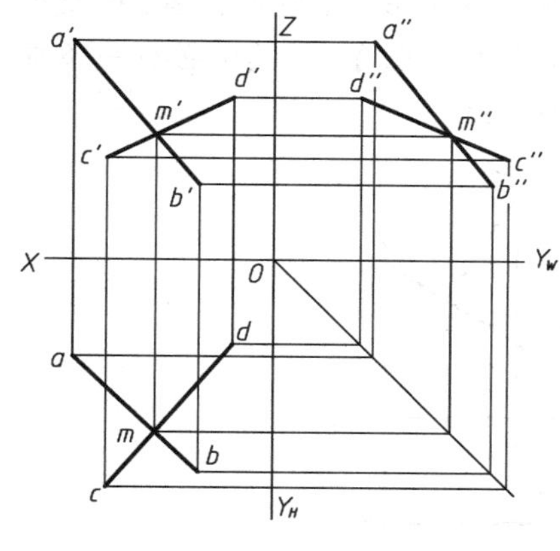

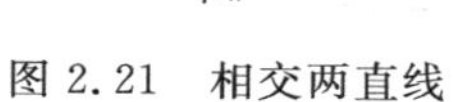
图 2.21　相交两直线

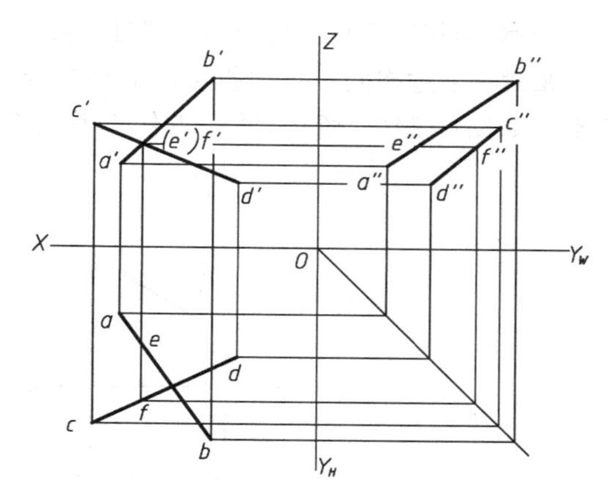

图 2.22　交叉两直线

交叉两直线同面投影的交点是一对重影点，重影点的可见性，可根据重影点的另外两个投影按照前遮后、上遮下、左遮右的原则，判断两直线在空间相对于某一投影面的位置。如图 2.22 所示，直线 AB、CD 的正面投影 $a'b'$ 与 $c'd'$ 相交，设 E 点在 AB 上，F 点在 CD 上，E、F 两点的正面投影重合，从它们的水平投影或侧面投影可知，F 点在前为可见，E 点在后为不可见，则两直线相对 V 面时 CD 在 AB 之前。用同样的方法可以判别水平投影重影点的可见性，从而确定交叉两直线相对于 H 投影面的空间位置关系。

思考要点：读者可以根据空间两直线平行、相交或交叉的投影作图特性，自行练习命题求解，约束条件由简到繁逐个添加，从而培养空间分析思维的深度。

4. 垂直两直线的投影特性——直角投影定理

两直线垂直包括相交垂直和交叉垂直，属于相交两直线和交叉两直线的特殊情况。

直角投影定理的必要与充分条件是：两直线互相垂直，且其中一直线平行于某一投影面时，则两直线在该投影面上的投影仍反映直角，我们将这一投影特性称为直角投影定理。

如图 2.23 所示，对直角定理的证明：设直线 $AB \perp BC$，且 $AB /\!/ H$ 面。BC 倾斜于 H 面。由于 $AB \perp BC$，$AB \perp Bb$，所以 $AB \perp$ 平面 $BCcb$，又 $AB /\!/ ab$，故 $ab \perp$ 平面 $BCcb$，因而 $ab \perp bc$。

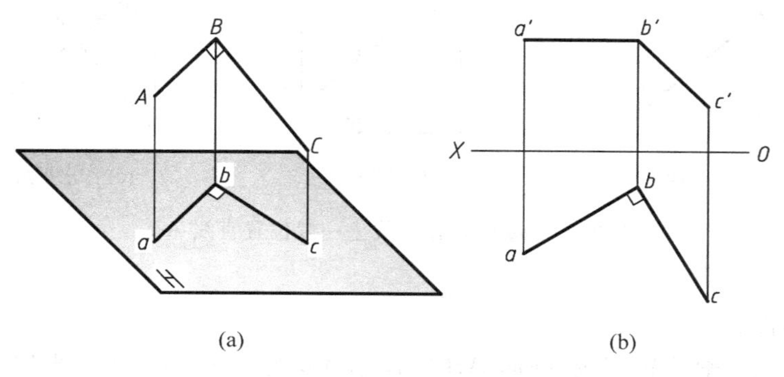

(a)　　(b)

图 2.23　直角投影定理

当然，两相互垂直的直线如果同时平行于投影面，则在该投影面上的投影必反映直角。

推理一： 过空间一点向投影面的平行线作垂线，可以作无数条，但其中必有一条垂直相交。如图 2.24(a)所示，过 C 点作正平线 AB 的垂线 CD。

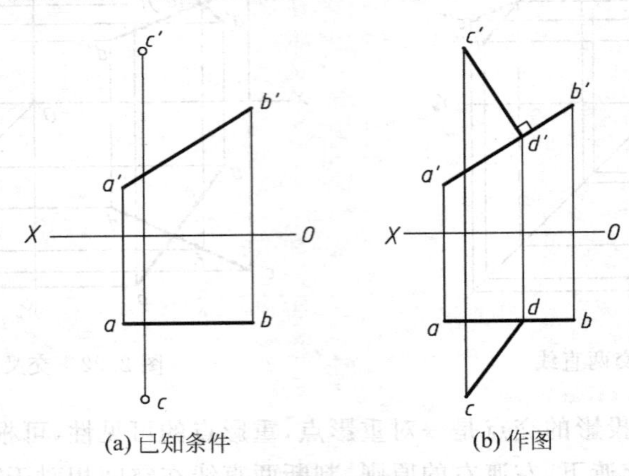

图 2.24 过点 C 作直线⊥正平线 AB

分析与作图：

由于 AB 是正平线，故可以用直角投影定理求之。作图过程如图 2.24(b)所示。

(1) 过 c' 作 $c'd' \perp a'b'$。完成此步已经满足直角投影定理。

(2) 由 d' 求出 d。过 d' 可以任意作一直线，但与 AB 垂直相交的只有 CD 一条。

(3) 连 cd，则直线 $CD \perp AB$，$c'd'$、cd 即为所求。

推理二： 过空间一点向一般位置直线作垂线，只能成为交叉垂直。如图 2.25(a)所示，过 C 点作一般位置直线 AB 的垂线 CD。

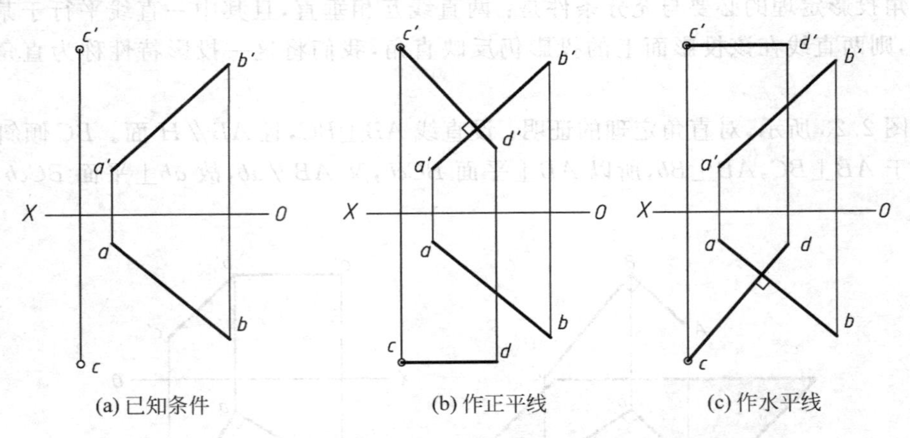

图 2.25 过点 C 作直线⊥一般位置直线 AB

分析与作图：

由于 AB 是一般位置直线，则向 AB 所作垂线必定为水平线或正平线。作图过程如图 2.25(b)和(c)所示。

(1) 过 c' 作正平线 $c'd' \perp a'b'$，则 cd 必平行于 X 轴。CD 与 AB 是交叉垂直，如图(b)所示；

(2) 过 c 作水平线 $cd \perp ab$，则 $c'd'$ 必平行于 X 轴。CD 与 AB 也是交叉垂直，如图(c)所示。

例 2.5　如图 2.26(a)所示，求作两交叉直线 AB、CD 的公垂线以及两者之间的距离。

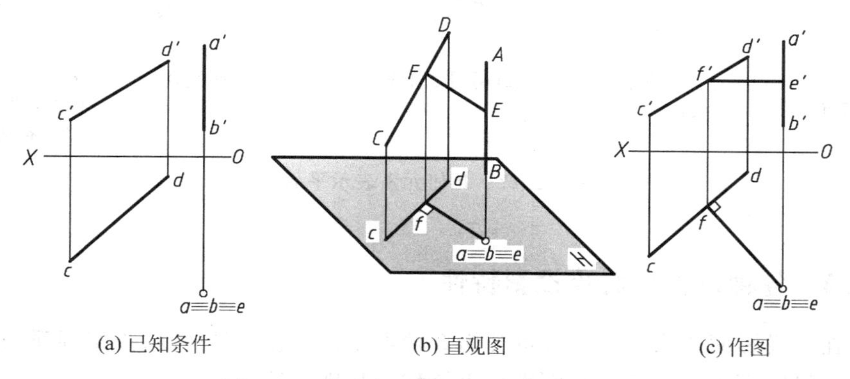

(a) 已知条件　(b) 直观图　(c) 作图

图 2.26　求交叉两直线的公垂线和距离

分析与作图：

从图 2.26(b)中可以看出：AB、CD 的公垂线 EF，是与 AB、CD 都垂直相交的直线，设垂足分别为 E 和 F，则 EF 的实长就是交叉两直线 AB、CD 之间的距离。

因为 AB 为铅垂线，其水平投影积聚为一点，所以 E 点的水平投影一定与该点重合。又因为 $EF \perp AB$，所以 EF 为水平线，而 CD 是一般位置直线，根据直角投影定理，则必须满足 $ef \perp cd$ 作图，同时 ef 反映 AB、CD 两直线间的真实距离。作图过程如图 2.26(c)所示。

(1) 在水平投影上作 $ef \perp cd$，与 cd 交于 f；

(2) 由 f 作投影连线，在 $c'd'$ 上求出 f'，再由 f' 作 $e'f' /\!/ OX$ 与 $a'b'$ 交于 e'。$e'f'$、ef 即为所求。ef 为 AB、CD 两直线间的真实距离。

思考要点：对于求解综合性问题(两个以上几何元素相对位置)时，读者可以先两两之间分析，如果其中一对有无数解，则再附加一个条件就成为唯一解。

2.4　平面的投影

2.4.1　平面的表示法

平面的表示法有几何元素平面法和迹线平面法两种，我们只讨论前者。

根据初等几何学所述平面的基本性质可知，确定平面的空间位置如图 2.27 所示。

思考要点：从图中看出，各种平面的表示法可以相互之间转换，其中三点确定一空间平面是最基本的表示法；平面在空间是不透明的，大小可以根据作图需要进行拓展。

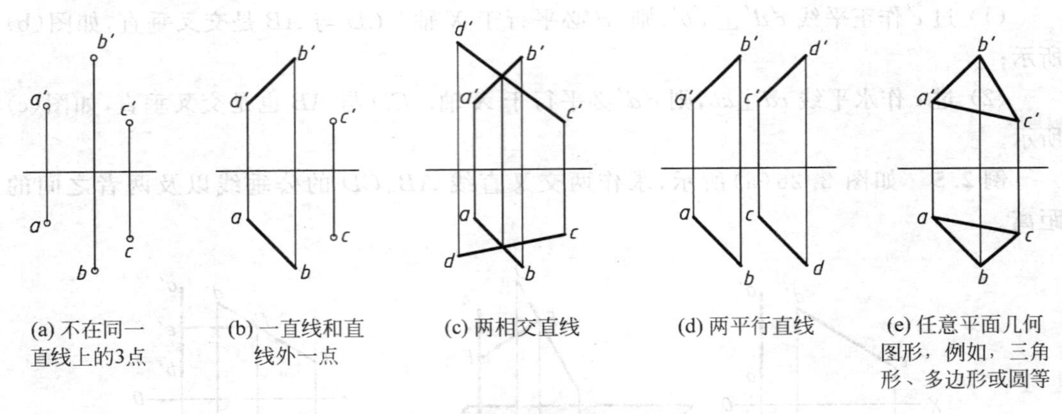

(a) 不在同一直线上的3点
(b) 一直线和直线外一点
(c) 两相交直线
(d) 两平行直线
(e) 任意平面几何图形，例如，三角形、多边形或圆等

图 2.27　几何元素表示平面

2.4.2　各种位置平面及投影特性

平面在三投影面体系中的位置可分为 3 种类型：一般位置平面、投影面垂直面、投影面平行面。投影面垂直面和投影面平行面统称为特殊位置平面。

为了讨论平面的度量特性，规定空间平面与 H 面、V 面、W 面的两面夹角分别用 α、β、γ 表示。

1. 一般位置平面

一般位置平面是指对 3 个投影面都倾斜的平面。如图 2.28 所示，是一般位置平面 $\triangle ABC$ 的直观图和投影图，由于平面对 V、H、W 面都倾斜，所以它的 3 个投影均为三角形，且面积缩小；在投影图上不反映平面对投影面的真实夹角大小。

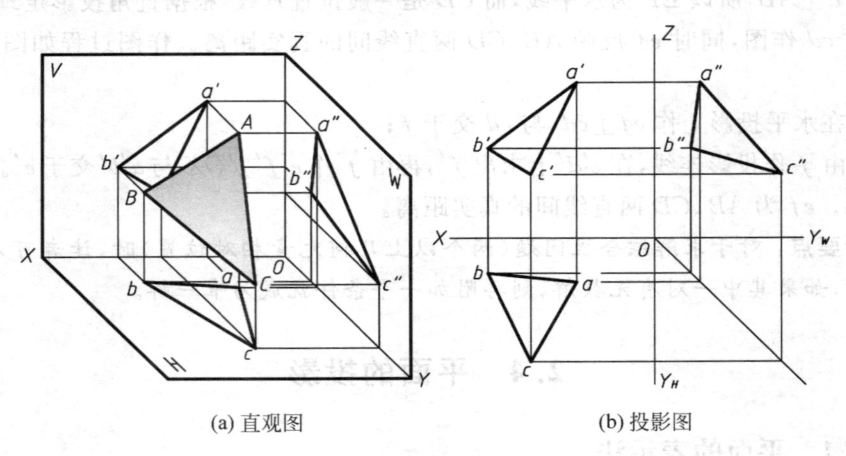

图 2.28　一般位置平面

2. 投影面垂直面

在空间垂直于一个投影面，与另两个投影面倾斜的平面称为投影面垂直面。

垂直于 H 面的平面称为铅垂面；垂直于 V 面的平面称为正垂面；垂直于 W 面的平

面称为侧垂面。

各种投影面的垂直面的投影图及投影特性，见表2.3。

表2.3　投影面垂直面

名称	正垂面(⊥V面，与H、W面倾斜)	铅垂面(⊥H面，与V、W面倾斜)	侧垂面(⊥W面，与H、V面倾斜)
直观图	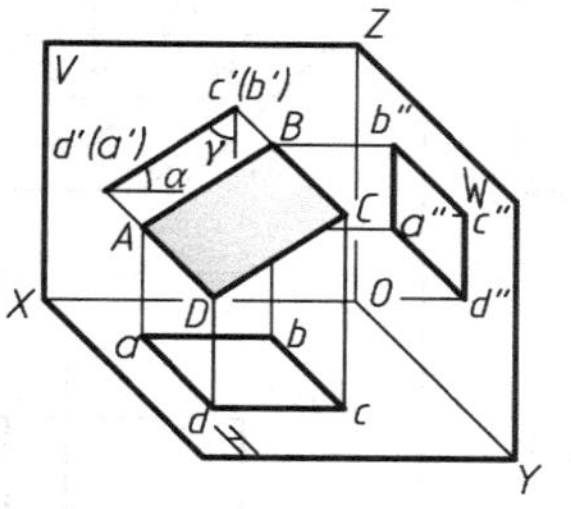	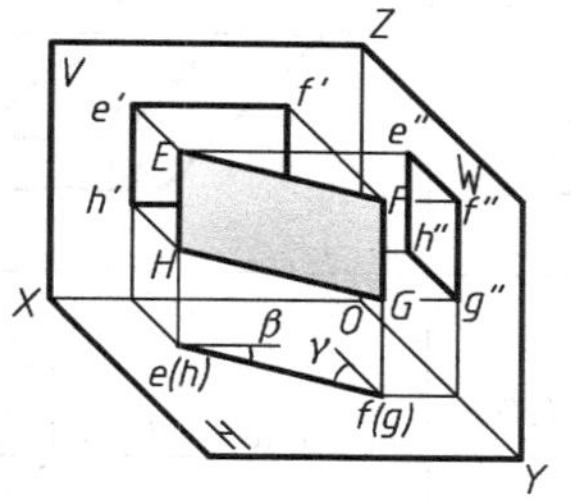	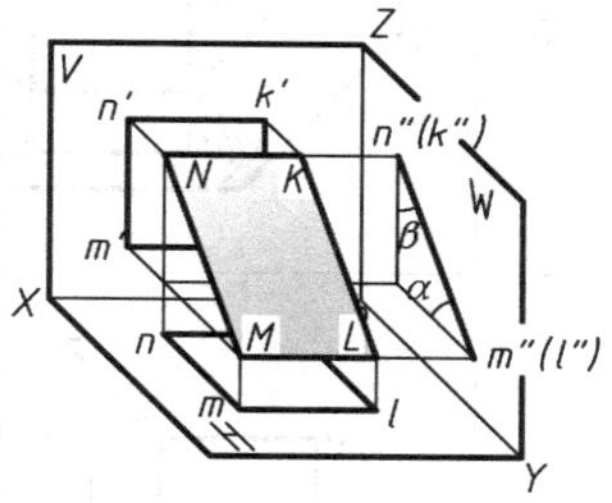
投影图	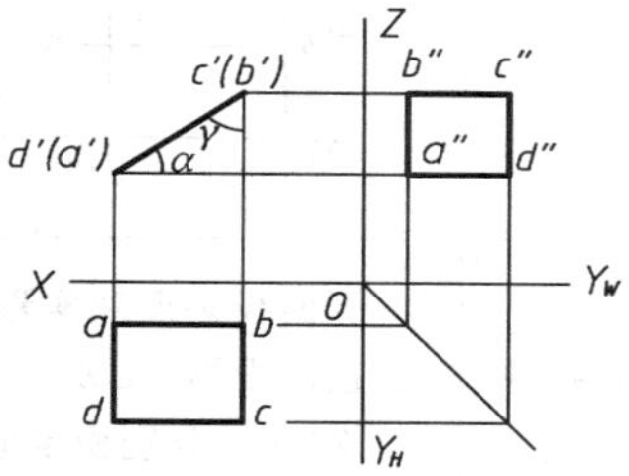	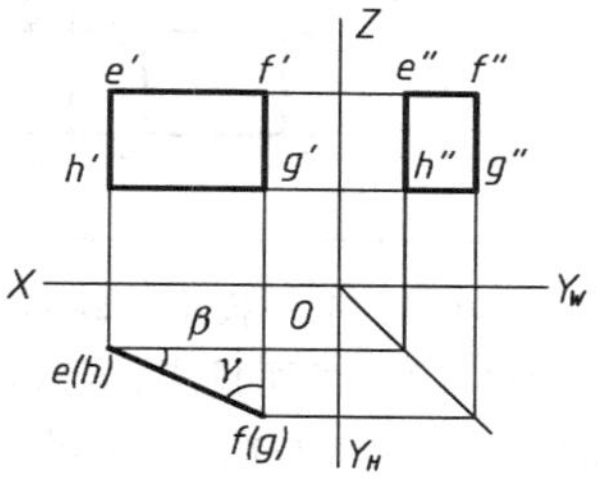	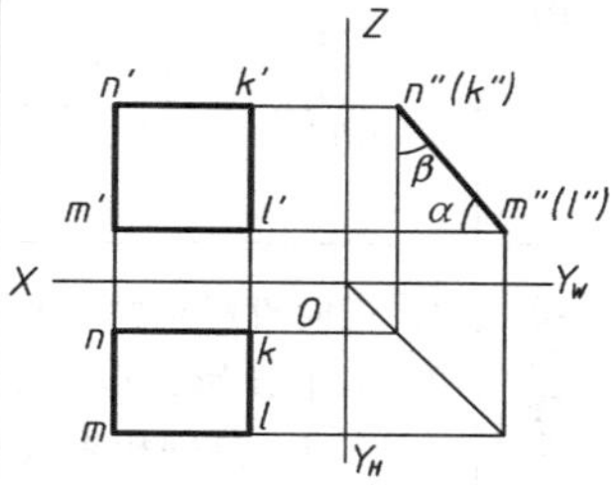
投影特性	1. 正面投影积聚成直线，并反映真实倾角 α、γ 2. 水平投影、侧面投影仍为平面相似图形，面积缩小	1. 水平投影积聚成直线，并反映真实倾角 β、γ 2. 正面投影、侧面投影仍为平面相似图形，面积缩小	1. 侧面投影积聚成直线，并反映真实倾角 β、α 2. 正面投影、水平投影仍为平面相似图形，面积缩小

从表2.3中可概括出投影面垂直面的投影特性：

(1) 平面在所垂直的投影面上的投影积聚成直线，该直线与投影轴的夹角，分别反映平面对另两投影面的真实倾角；

(2) 在另外两个投影面上的投影具有类似性，不反映平面真实大小。

思考要点：投影面垂直面的一个投影有积聚性，另外两个投影具有类似性是作图特性，而夹角大小是它唯一的定位度量特性。

3. 投影面平行面

在空间平行于一个投影面的平面，称为投影面平行面。该平面必垂直于另两个投影面。

平行于H面的平面，称为水平面；平行于V面的平面，称为正平面；平行于W面的平面，称为侧平面。

各种投影面平行面的投影图及投影特性，见表2.4。

表 2.4　投影面平行面

名称	正平面(//V 面)	水平面(//H 面)	侧平面(//W 面)
直观图	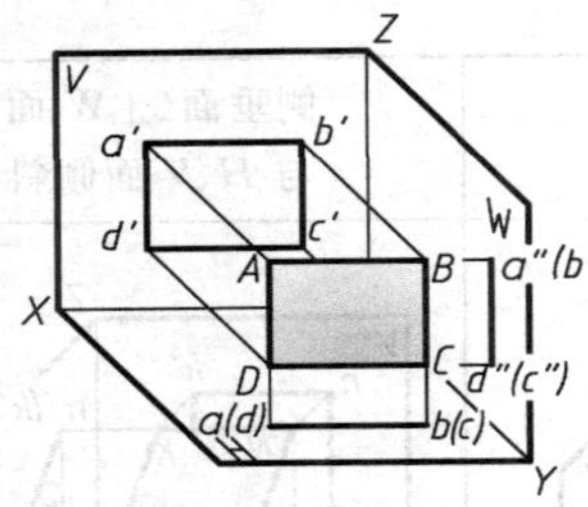	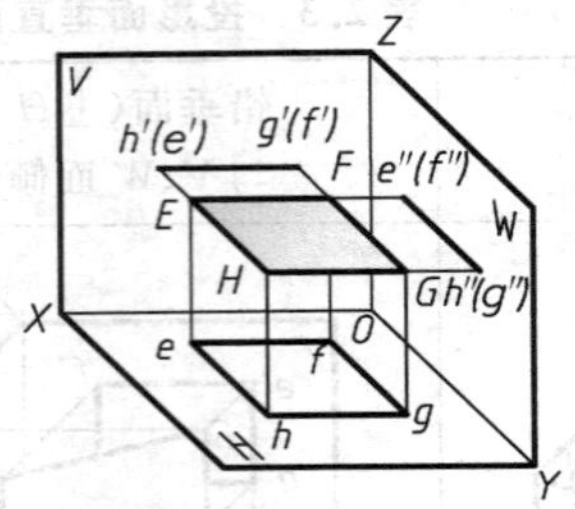	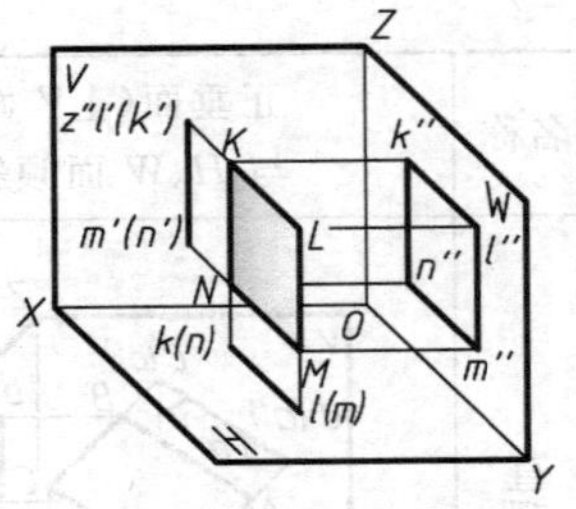
投影图	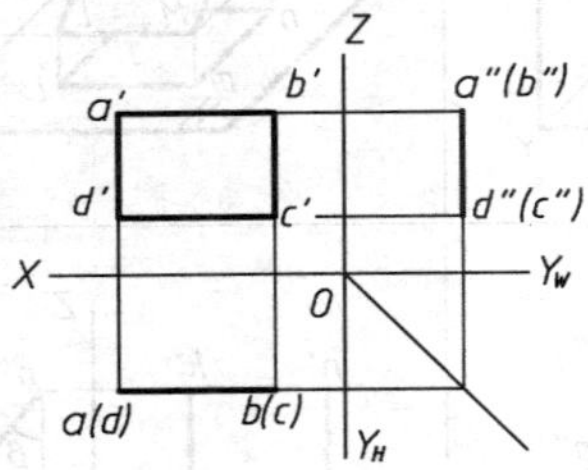	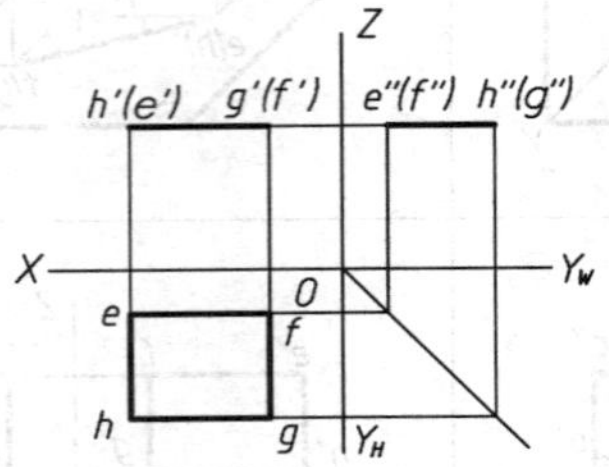	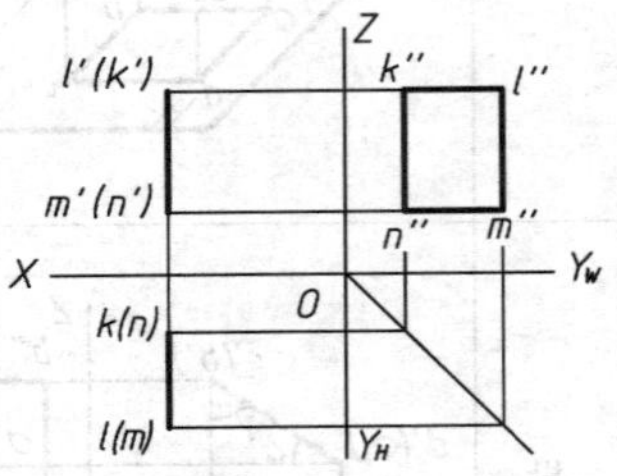
投影特性	1. 正面投影反映实形； 2. 水平投影//OX,侧面投影//OZ,分别积聚成直线	1. 水平投影反映实形； 2. 正面投影//OX,侧面投影//OY_W,分别积聚成直线	1. 侧面投影反映实形； 2. 正面投影//OZ,水平投影//OY_H,分别积聚成直线

从表 2.4 可概括出投影面平行面的投影特性：

(1) 在平面所平行的投影面上的投影反映实形。因此,平行面的实形和夹角可以度量；

(2) 在另外两个投影面上的投影,分别积聚成直线且平行于相应的投影轴,这也是平行面最明显的投影作图特性。

思考要点：若在空间平面内确定一点或一直线的方向和长度,只能在平行面的实形投影中才可以作图完成。

2.4.3　平面内的点和直线

在平面内确定一点或一直线是最基本的投影作图方法。

1. 平面内的点

点在平面内的几何条件是：点必在该平面内的一条直线上,如图 2.29(a)所示。

2. 平面内的直线

直线在平面内的几何条件是：直线通过平面内两点或直线通过平面内一点且平行于平面内的一条直线,如图 2.29(b)和(c)所示。

例 2.6　如图 2.30(a)所示,已知平面由两平行直线 AB、CD 确定,试判断点 M 是否在该平面内。

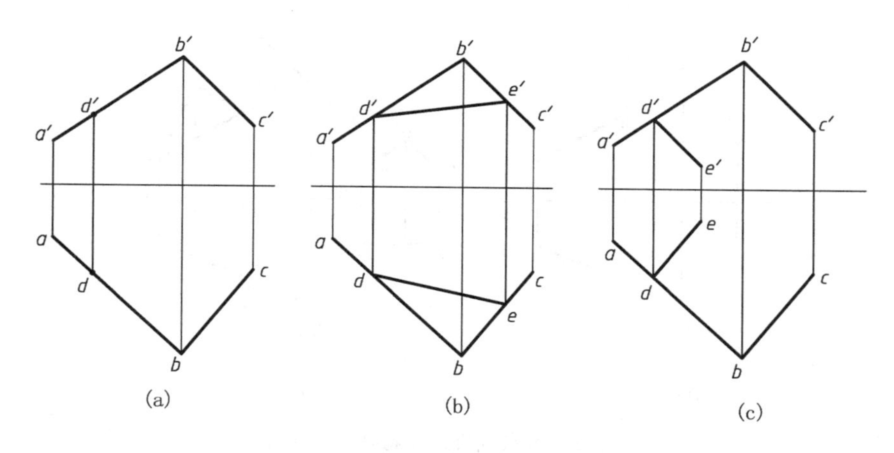

(a)　(b)　(c)

图 2.29　平面内的点和直线

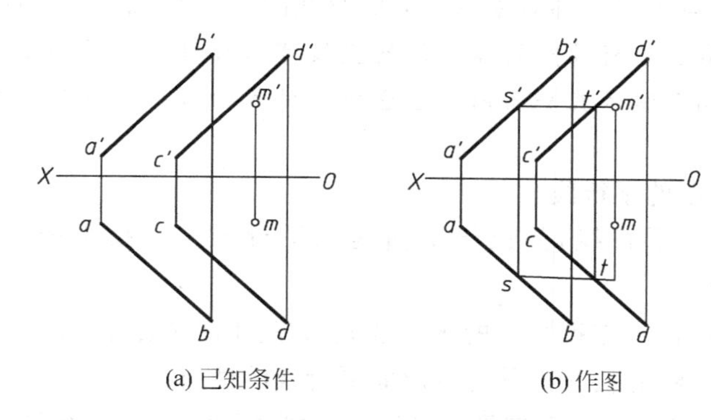

(a) 已知条件　(b) 作图

图 2.30　判断点是否属于平面

分析与作图：

判断点是否属于平面的依据，是看点能否属于平面内的一条直线上。为此，过 M 点的正面投影 m' 作属于平面 $ABCD$ 的辅助直线（st，$s't'$），再检验 M 点的水平投影 m 是否在 st 直线上。由作图可知，M 点不在该平面内，如图 2.30(b)所示。

3. 特殊位置平面内的点和直线

因为特殊位置的平面在它所垂直的投影面上的投影积聚成为直线，所以，特殊位置平面上的点、直线或平面图形，在该投影面上的投影都位于平面有积聚性的这条直线上。

例 2.7　如图 2.31(a)所示，已知点 A、点 B 和直线 CD 的两面投影。

(1) 试过点 A 作正平面；

(2) 过点 B 作正垂面，使 $\alpha=45°$；

(3) 过直线 CD 作铅垂面。

分析与作图：

包含点或直线作特殊位置平面，该平面必有一投影与点或直线的某一投影重合。因此，过 A 点所作的正平面，其水平投影一定与 a 重合，正面投影可包含 a' 作任一平面图

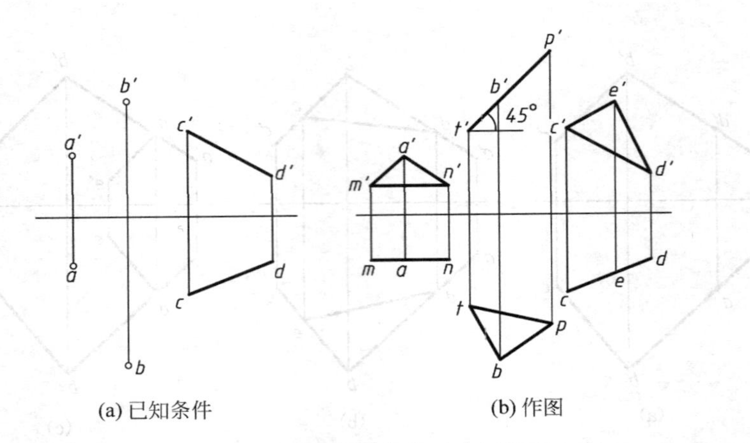

(a) 已知条件　　(b) 作图

图 2.31　过点或直线作特殊位置平面

形；同理，可作包含点 B 的正垂面和包含 CD 直线的铅垂面，如图 2.31(b)所示。

思考要点：读者应分析过空间各种位置直线可以作哪些位置的平面，并思考如何表达；或者分析在空间各种位置平面内又包含哪些位置的直线并如何作图，这是训练空间思维能力的最好方法。

4. 平面内投影面的平行线

平面内投影面的平行线，是位于平面内且平行于某一投影面的直线，如图 2.32 所示。

在一般位置平面内求作投影面的平行线是最常用的方法，而且有 3 种：平面内的水平线、正平线和侧平线，它们又都具有投影面平行线的性质。

例 2.8　如图 2.33 所示，已知平面 $ABCD$ 的两面投影，在其上取一点 K，使点 K 在 H 面之上 10mm，V 面前 15mm。

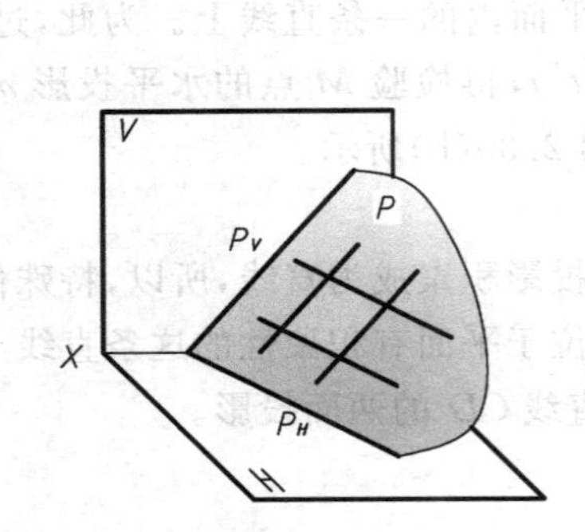

图 2.32　平面内投影面的平行线

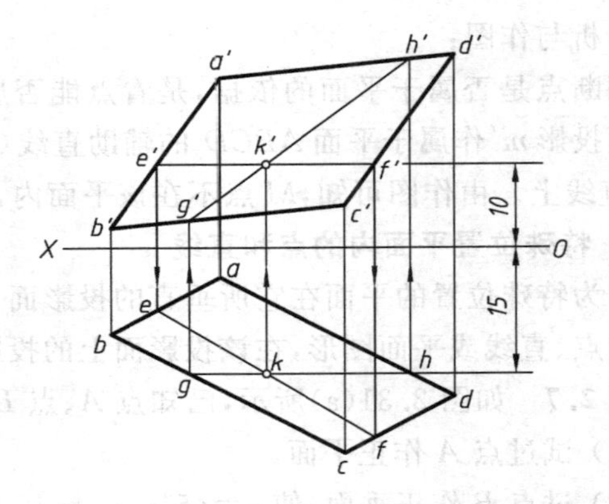

图 2.33　在平面上求一定点 K

分析与作图：

因为已知平面 $ABCD$ 是一般位置平面，所以在该平面内 3 种投影面的平行线都有。分析得知，在平面内距 H 面为 10mm 点的轨迹为平面内的一条水平线，即 EF 直线；而平

面内距 V 面为 15mm 点的轨迹为平面内的一条正平线，即 GH 直线。EF 与 GH 两直线的交点 K 即为所求。切记：K 点的两面投影作图必须符合点的投影规律。

2.5　几何要素之间的相对位置

几何元素之间的相对位置除了包括两点之间的相对位置外，还包括两直线之间、直线与平面之间以及两平面之间的相对位置。前两种相对位置情况在前面已叙述，本节主要介绍直线与平面以及两平面之间的相对位置情况。

直线与平面及两平面间的相对位置有相交和平行两种，垂直是相交的特例。下面分别讨论它们的投影特性和作图方法。

2.5.1　直线与平面及两平面平行

1. 直线与平面平行

直线与平面平行，其几何条件为：如果空间一直线与平面内任一直线平行，则此直线与平面平行。如图 2.34 所示，直线 AB 平行于平面 P 内的直线 CD，那么直线 AB 与平面 P 平行。反之，如果直线 AB 与平面 P 平行，那么在平面 P 内必定可以找到与直线 AB 平行的直线 CD。

在投影作图中，若平面的投影中有一个具有积聚性时，则判别直线与平面是否平行只需看平面有积聚性的投影与已知直线的同面投影是否平行就可以。反之，若直线与平面的同面积聚性投影平行，则直线和平面在空间一定平行。如图 2.35 所示，平面 $CEDF$ 垂直于 H 面，故在 H 面上有积聚性，由于 $cdef$ 平行于直线 AB 的同面投影 ab，所以直线 AB 平行于平面 $CDEF$。由于直线 MN 和平面 $CDEF$ 均垂直于 H 面，并具有积聚性，故直线 MN 也平行于平面 $CDEF$。

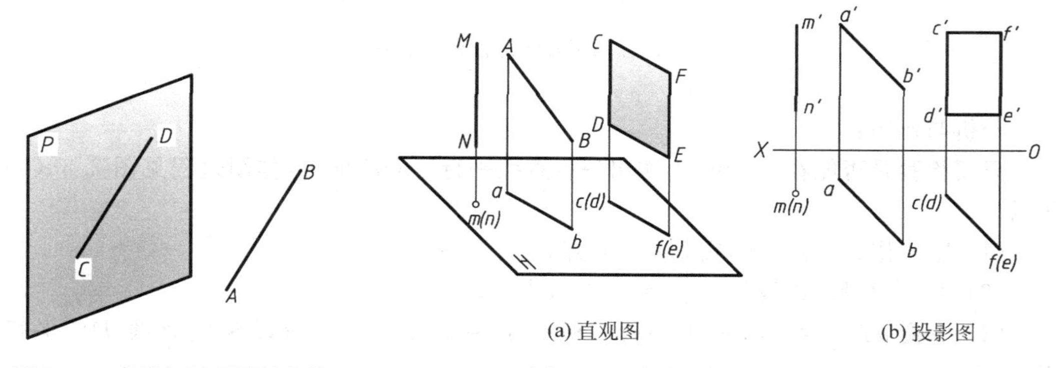

(a) 直观图　　(b) 投影图

图 2.34　直线与平面平行条件　　图 2.35　直线平行于投影面的垂直面

例 2.9　过点 C 作平面平行于直线 AB，如图 2.36(a)所示。

分析与作图：

该问题求解较为简单，如图 2.36(b)所示，欲使直线 AB 与平面平行，应保证 AB 平行于平面内一直线。所以，过 C 点作 $CD /\!/ AB$（即作 $cd /\!/ ab$，$c'd' /\!/ a'b'$），再过点 C 任作一

直线 CE，则相交两直线 CD、CE 决定的平面即为所求。显然，由于 CE 是任意作出，这样可以作出无数个一般位置的平面平行于已知直线。

假如过点 C 作一铅垂面平行于已知直线，那么只能作一个平面，即过点 C 的水平投影 c 作平面 P（相交二直线 CD 和 CE）平行于 ab，如图 2.37 所示。

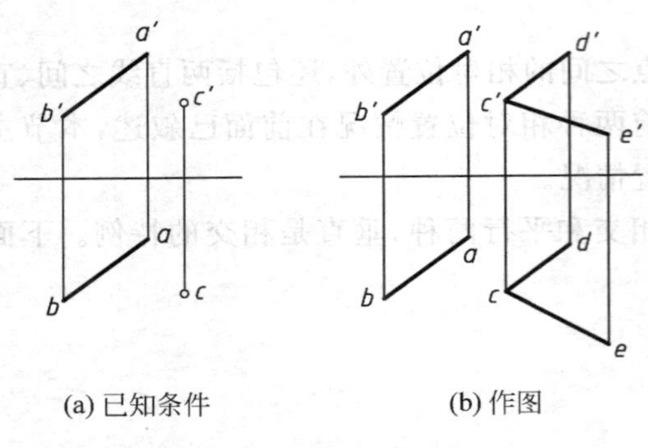

(a) 已知条件　　　　(b) 作图

图 2.36　过点作平面平行于直线　　　　图 2.37　过点作铅垂面平行于直线

例 2.10　如图 2.38(a)所示，判断直线 DE 是否平行于△ABC。

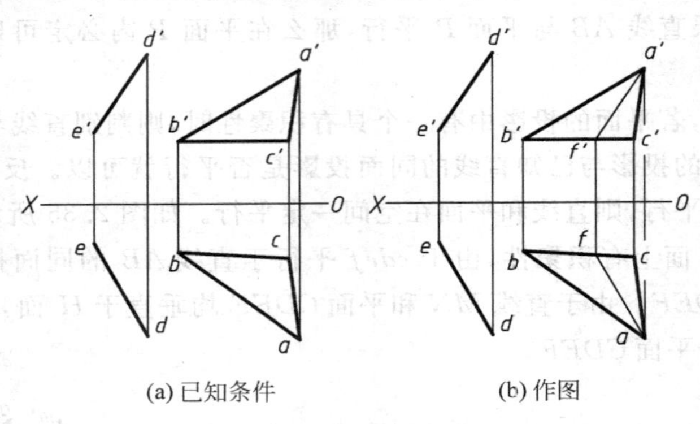

(a) 已知条件　　　　(b) 作图

图 2.38　判断直线是否平行于平面

分析与作图：

只要检验是否能在△ABC 上作出一条直线平行于 DE 即可，作图过程见图 2.38(b)所示。

(1) 过 a' 作 $a'f' /\!/ d'e'$，交 $b'c'$ 于 f' 点；

(2) 由 f' 引投影连线与 bc 交于 f，连 a 与 f；

(3) 检验 af 是否与 de 相平行。检验结果是 $af /\!/ de$，所以断定直线 DE 平行于△ABC。

例 2.11　如图 2.39(a)所示，已知直线 DE 平行于△ABC，试补全△ABC 的正面投影。

分析与作图：

通过直线 AB 上的任一点作 DE 的平行线 BC，它与 AB 确定一个△ABC 平面，于是可按已知平面内直线的一个投影，求作另一投影的方法完成△ABC 的正面投影。作图过

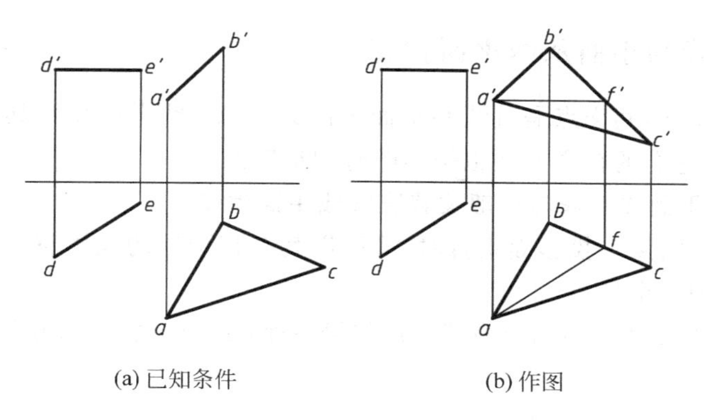

(a) 已知条件　　(b) 作图

图 2.39　补全与已知直线平行的平面

程如下：

(1) 如图 2.39(b)所示，过 a 和 a' 分别作 de 和 $d'e'$ 的平行线，其水平投影与 bc 交于 f，由 f 作投影连线得 f' 点；

(2) 连 b' 与 f' 并延长交于 c' 点；

(3) 连 a' 与 c' 补全△ABC 的正面投影△$a'b'c'$ 即可。

2. 两平面平行

两平面平行的几何条件是：如果平面内两条相交直线分别与另一平面内的两条相交直线平行，那么该两平面必然互相平行。

如图 2.40 所示，平面 P 上有一对相交直线 AB、AC 分别与平面 Q 上一对相交直线 DE、DF 平行，即 $AB//DE$，$AC//DF$，那么平面 P 与 Q 亦平行。

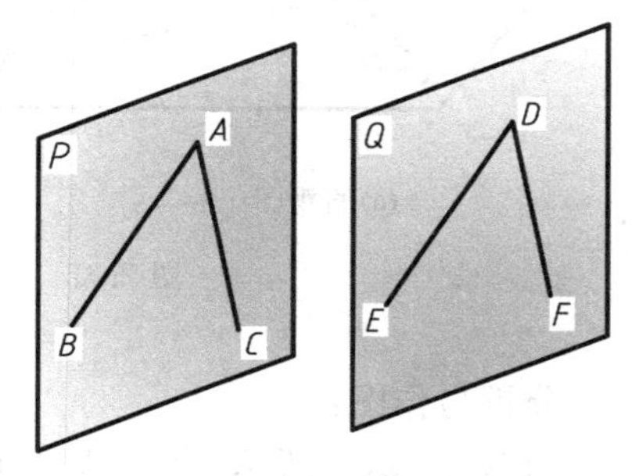

图 2.40　两平面平行的几何条件

若两平面都垂直于同一投影面，且两个平面具有积聚性的同面投影互相平行，则该两平面在空间也必定互相平行。如图 2.41 所示，因为 $abcd // efgh$，则平面 $ABCD // EFGH$。

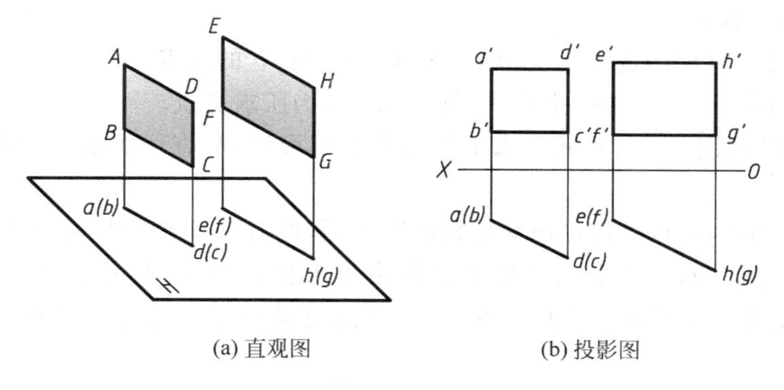

(a) 直观图　　(b) 投影图

图 2.41　两铅垂面互相平行

2.5.2　直线与平面及两平面相交

直线与平面相交，其交点是直线和平面上的共有点；两平面相交其交线是两平面的共有直线，这既是它们的投影特性也是作图时的从属性。

1. 特殊位置平面或直线与一般位置直线或平面相交

当直线或平面与某一投影面垂直时，可利用其有积聚性的投影直接确定与另一直线交点或平面交线的一个投影。

例 2.12　如图 2.42 所示，求直线 AB 与铅垂面 $CDFE$ 的交点，并判断直线 AB 的可见性。

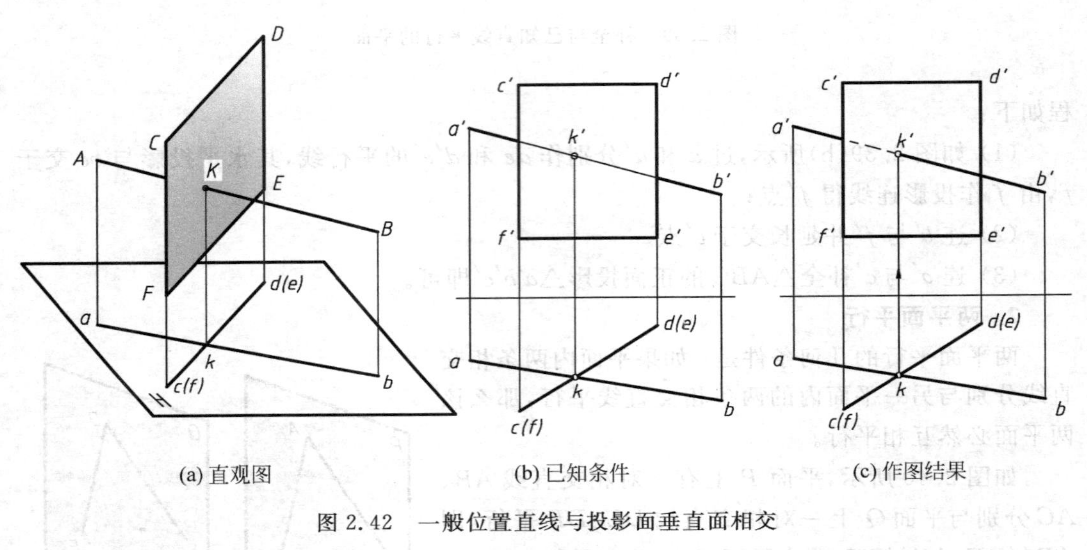

(a) 直观图　　(b) 已知条件　　(c) 作图结果

图 2.42　一般位置直线与投影面垂直面相交

分析与作图：

如图 2.42(a)所示，直线 AB 与铅垂面 $CDEF$ 相交于点 K，交点 K 是两者的共有点。根据平面投影的积聚性及直线上点的投影特性，可知交点的水平投影 k 必在平面的水平投影 $cdef$ 和直线的水平投影 ab 的交点处，再根据 K 在直线上的特性求出交点 K 的正面投影 k'。作图步骤如下：

(1) 在图 2.42(b)中的水平投影上，求出 $cdef$ 与 ab 的交点 k；

(2) 作出 $a'b'$ 上 K 的正面投影 k'，则 $K(k,k')$ 为所求交点；

(3) 可见性判别：由于平面的水平投影具有积聚性，故直线的水平投影不需判断其可见性。

在正面投影中，假设平面由前向后投影不透明，则凡位于平面之前的线段为可见，即 $k'b'$ 可见画成实线；而位于平面之后的线段为不可见，即 $k'a'$ 不可见，但超出平面范围外的直线仍可见。不可见线段画成虚线，交点是可见与不可见的分界点。作图结果见图 2.42(c)。

例 2.13　如图 2.43(a)所示，求正垂线 MN 与平面 ABC 的交点，并判别直线 MN 的可见性。

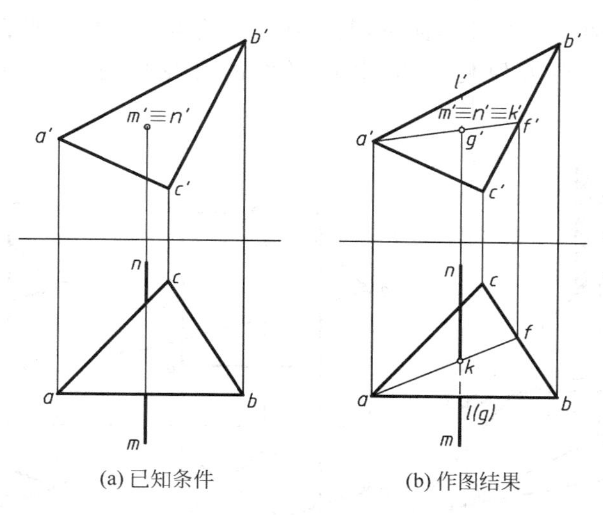

图 2.43　正垂线与一般位置平面相交

分析与作图：

由于 MN 是正垂线，交点 K 的正面投影 k' 必定与 $m'n'$ 重合。又因点 K 是 MN 与 $\triangle ABC$ 的共有点，利用面内取点的方法，在 mn 上作出 K 点的水平投影 k。作图过程如图 2.43(b)所示。

(1) 由题可知，k' 与 $m'n'$ 重合，作辅助线 $a'k'$，并延长交 $b'c'$ 交于 f'，由 $a'f'$ 得 af，af 与 mn 的交点即为所求 k；

(2) 可见性判别：取交叉两直线 AB、MN 对 H 面投影的重影点，AB 上的点 L 的正面投影 l' 在 $a'b'$ 上，MN 上的点 G 的正面投影 g' 重合于 $m'n'$。因为 l' 比 g' 高，所以 AB 上的点 L 的水平投影 l 可见，于是 kn 画成实线。MN 上的 G 的水平投影 g 不可见，于是 km 不可见，画成虚线，超出平面范围的直线仍为可见，应画成实线。

2. 特殊位置平面与一般位置平面相交

根据两平面相交的交线是直线且为两平面的共有线这一特性，求交线只需求出交线上的两个共有点，即问题可转化为一般位置直线与特殊位置平面求交点的问题。

例 2.14　如图 2.44(a)所示，求铅垂面 $STUV$ 与 $\triangle ABC$ 的交线，并判别可见性。

分析与作图：

$\triangle ABC$ 与铅垂面相交，可看成是直线 AB 和 CB 分别与铅垂面相交，利用例 2.12 的作图方法，可方便地求出交点 K 和 L，连接 K、L 即为所求交线。作图过程如图 2.44(c)所示。

(1) 作出 $\triangle ABC$ 的 AB 边与平面 $STUV$ 的交点 K 的两面投影 k 和 k'；

(2) 同理作出 $\triangle ABC$ 的 BC 边与平面 $STUV$ 的交点 L 的两面投影 l 和 l'；

(3) 连 k' 与 l'，而 kl 就积聚在 $STUV$ 平面内，所以 $k'l'$、kl 即为所求交线 KL 的两面投影；

(4) 由 $\triangle ABC$ 和平面 $STUV$ 的水平投影，可看出 $\triangle ABC$ 在交线 KL 的右下部分位于平面 $STUV$ 之前，因而在正面投影中的 $b'k'l'$ 部分为可见，画成实线。而 $a'k'l'c'$ 重影于 $STUV$ 的部分不可见，画成虚线。

当两平面均垂直于同一投影面时，其交线也一定与两平面所垂直的投影面垂直，利用有积聚性的投影，可方便地求出，其两平面的可见性也较容易判断。如图 2.45 所示。

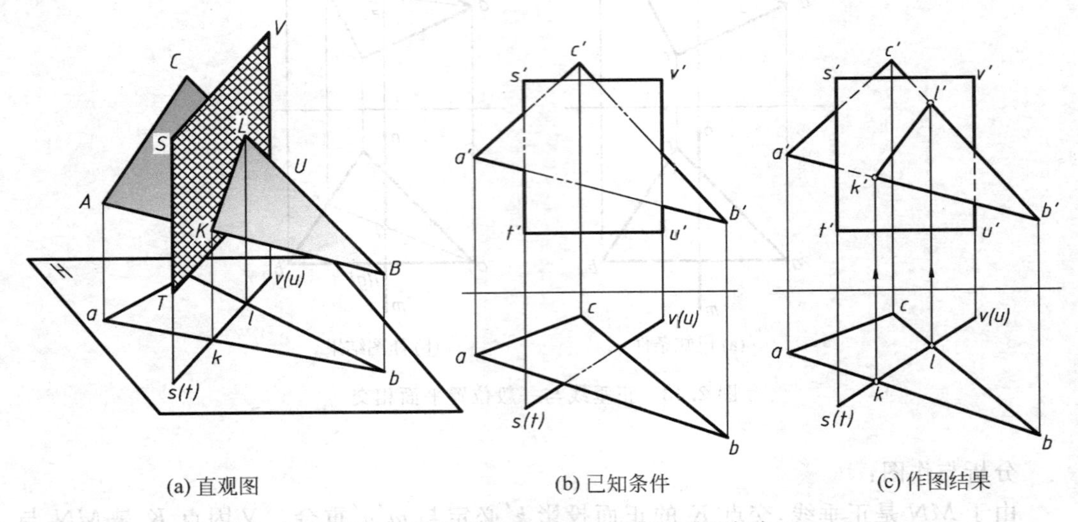

图 2.44　特殊位置平面与一般位置平面相交

思考要点：虽然特殊位置平面与一般位置直线或平面求交点比较容易，其作图原理和步骤为解决后续复杂相交问题提供了作图的基础条件。

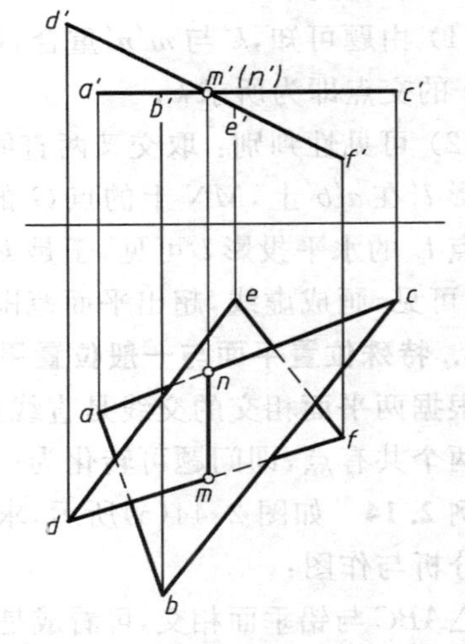

图 2.45　两垂直同一投影面的平面相交

2.5.3　直线与平面及两平面垂直

1. 直线与平面垂直

直线与平面垂直的几何条件为：直线垂直于平面内任意两条相交直线，该垂线也叫平面的法线。反之，若一直线垂直于另一平面，则直线必定垂直于该平面内的所有直线。

根据直角投影定理可分析直线与平面垂直最简便的作图条件是：直线的正面投影垂直于这个平面内的正平线的正面投影；直线的水平投影垂直于这个平面内的水平线的水平投影，如图 2.46 所示。

由此可知，在投影作图时要确定平面法线的方向，必须先确定平面内两条投影面平行线的方向。

例 2.15　如图 2.47(a)所示，试过点 S 作△ABC 的法线 ST。

分析与作图：

该题是由已知点向平面作垂直线的命题，只要求出法线 ST 的方位即可。为此，只需

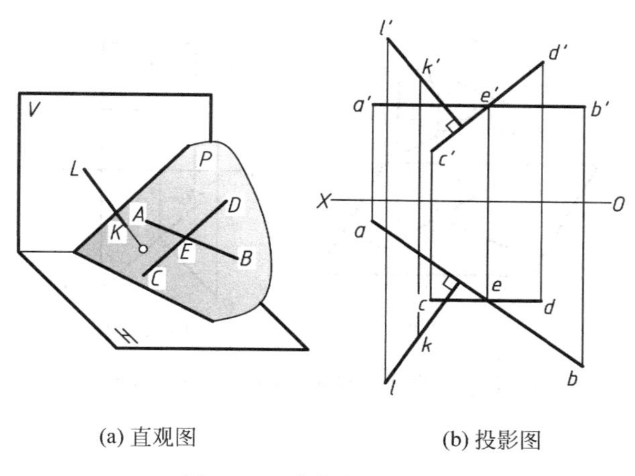

(a) 直观图　　(b) 投影图

图 2.46　直线与平面垂直

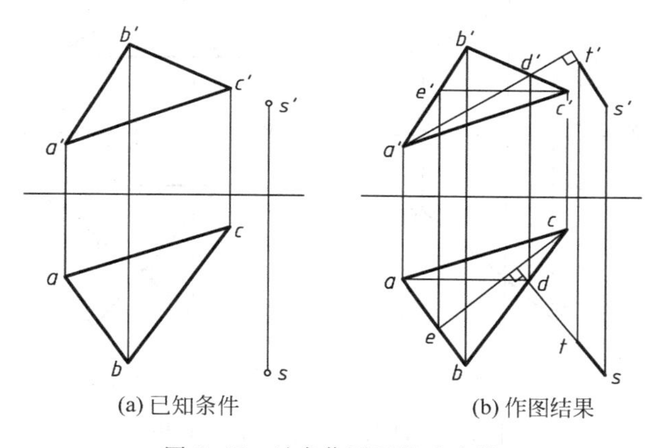

(a) 已知条件　　(b) 作图结果

图 2.47　过点作平面的垂直线

要作出两投影 st 和 $s't'$。作图步骤如下：

(1) 先作出△ABC 内的水平线 $CE(c'e',ce)$ 和正平线 $AD(a'd',ad)$；

(2) 分别过 s'引 $a'd'$的垂线 $s't'$,过 s 引 ce 的垂线 st,即为所求。

应当注意,所求法线与平面内的正平线和水平线是交叉垂直,在投影图上不反映垂足位置,而垂足是法线和平面的交点。因此,若想得到垂足,只有按一般位置直线与平面求交点的 3 个作图步骤才能求得,若想知道 S 点到△ABC 的距离还应再作图求出 S 点和垂足间的实长。

若直线垂直于投影面的垂直面,则直线必平行于该平面所垂直的投影面,在该投影面上直线的投影垂直于平面有积聚性的投影,另两投影平行于投影轴。例如在图 2.48 中,直线 AB 与 H 面的垂直平面 $CDEF$ 相互垂直,则 AB 必为水平线。

例 2.16　如图 2.49(a)所示,过点 A 作平面垂直于直线 BC。

分析与作图：

根据直角定理的推理二,可以过 A 点分别作正平线和水平线与 BC 相垂直,则相交两

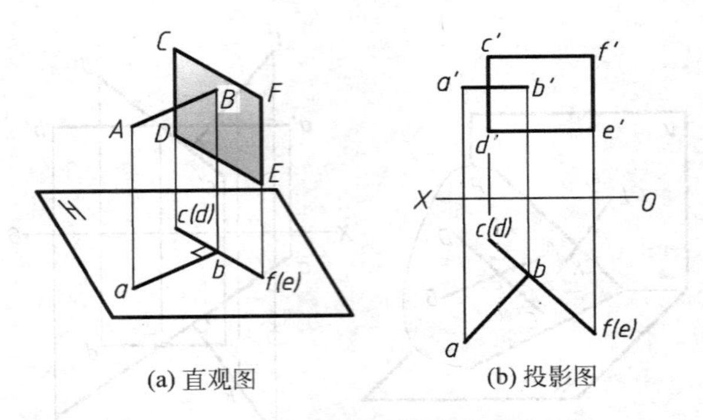

(a) 直观图　　(b) 投影图

图 2.48　直线与投影面的垂平面相垂直

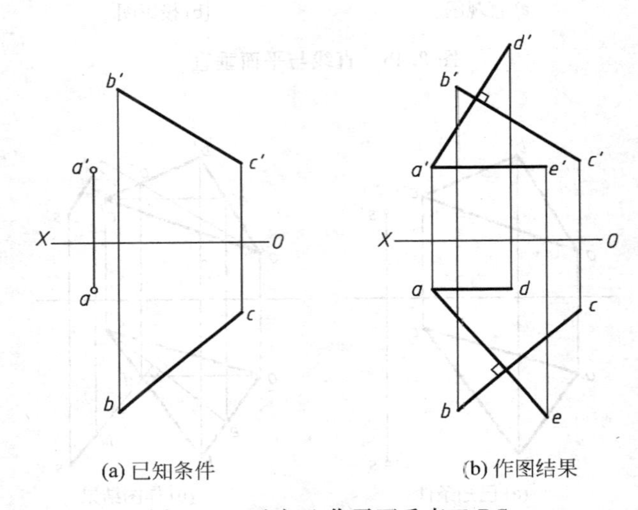

(a) 已知条件　　(b) 作图结果

图 2.49　过点 A 作平面垂直于 BC

直线所确定的平面即为所求。作图过程如图 2.49(b)所示。

(1) 作正平线：过 a 作 $ad // OX$，过 a' 作 $a'd' \perp b'c'$；

(2) 作水平线：过 a' 作 $a'e' // OX$，过 a 作 $ae \perp bc$。

正平线 AD 和水平线 AE 所确定的平面 DAE 即为所求。

例 2.17　已知菱形 $ABCD$ 的正面投影和一对角线 AC 的水平投影，如图 2.50(a)所示。试完成该菱形的水平投影。

分析与作图：

此题的目的在于求 BD 的水平投影。根据菱形的对角线互相平分且垂直相交的特性，则 BD 必位于 AC 的中垂面上，因此，只要作出 AC 的中垂面并在其上求作 BD 的水平投影，问题便得解。作图过程如图 2.50(b)所示。

(1) 由菱形对角线的正面投影的交点 e' 作投影连线交 ac 的中点得 e；

(2) 过 E 点作 AC 的垂面 ⅠEⅡ（即正平线 ⅠE 和水平线 EⅡ），在垂面上取 bd，并依次连接 $abcd$ 即为所求。

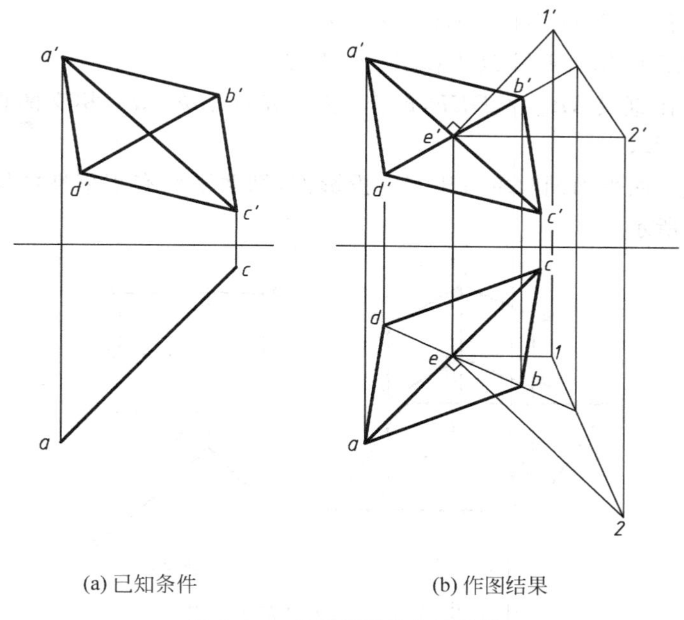

(a) 已知条件　　(b) 作图结果

图 2.50　完成菱形的水平投影

2. 两平面互相垂直

两平面互相垂直的几何条件是：一个平面上有一条直线垂直于另一平面。由此可知，求作直线垂直于平面是两平面垂直作图的必要条件。

例 2.18　如图 2.51(a)所示，过点 A 作平行于直线 CJ 且垂直△DEF 的平面。

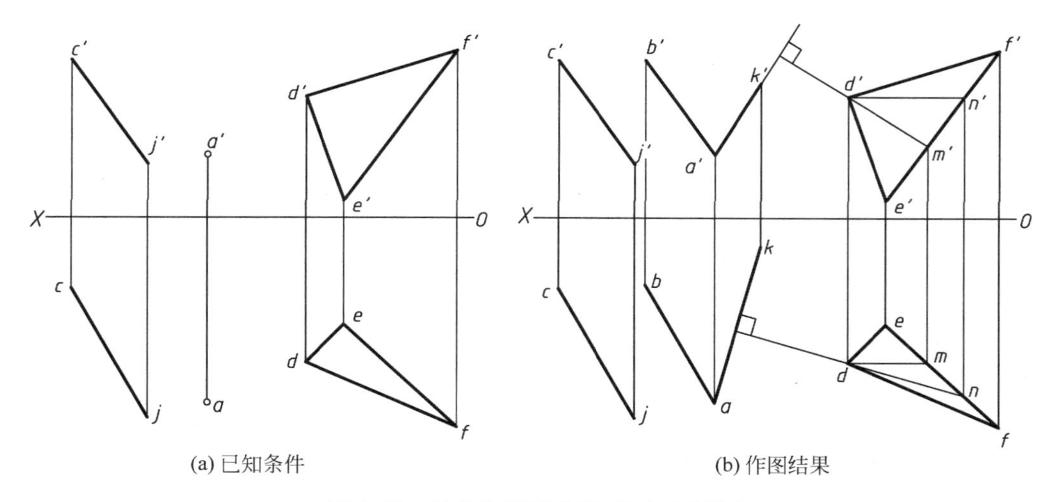

(a) 已知条件　　(b) 作图结果

图 2.51　过点作平面∥CJ，且⊥△DEF

分析与作图：

只要过点 A 分别作平行于 CJ 和垂直于△DEF 的两直线，则相交两直线确定的平面即为所求。作图过程如图 2.51(b)所示。

(1) 过点 A 作直线 $AB//CJ$，即作 $a'b'//c'j'$，$ab//cj$；

(2) 在$\triangle DEF$ 中作水平线 DN 和正平线 DM；

(3) 过点 A 作直线 $AB\perp\triangle DEF$，即作 $a'k'\perp d'm'$，$ak\perp dn$，相交两直线 AB、AK 所确定的平面即为所求。

若相互垂直的两平面同时垂直于某一投影面，则两平面有积聚性的同面投影必互相垂直，如图 2.52 所示。

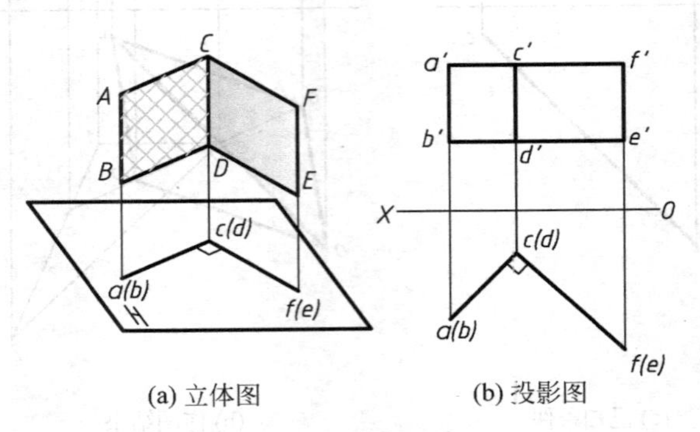

(a) 立体图　　(b) 投影图

图 2.52　两投影面垂直面相互垂直

思考要点：综上所述，有关一般性垂直的问题必须根据直角投影定理作图，即直线垂直于另一平面内的水平线和正平线。而特殊问题虽然作图比较简单，但在后续内容中应用性强。

第3章　基本形体的三视图

本章主要介绍一些基本形体三视图的画法和形体表面上取点，以及形体被截切后的截交线和两形体表面的交线（又称相贯线）画法，并介绍形体的尺寸标注。

3.1　三视图的形成及投影规律

如图3.1所示，将形体放置于三面投影体系中，分别向V、H、W面投影。然后画出形体的正面投影、水平投影和侧面投影图。并根据投影可见性将不可见的棱线画成虚线，可见棱线画成粗实线。

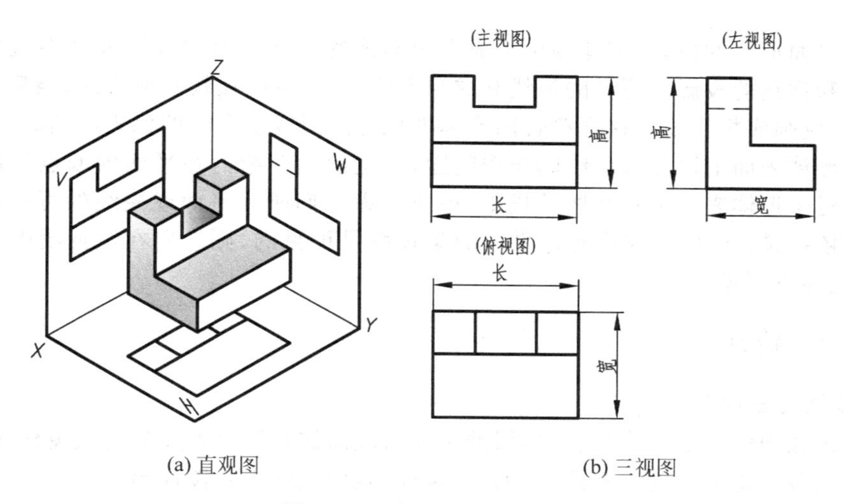

(a) 直观图　　(b) 三视图

图3.1　三视图形成及配置

从这节开始在投影图中均不再画投影轴。只要按照点的投影规律，即各点、线、面的正面投影和水平投影在一竖直的连线上；正面投影和侧面投影在一水平的连线上；以及形体上任意两元素的水平投影和侧面投影保持前后方向对应关系不变，可以利用Y坐标差来绘图，因此不必画出投影轴。这也符合工程图样的标准要求。

思考要点： *在绘制形体三面投影图时，可以不画投影轴是因为形体上每一个局部结构的定位都可以相互作参考基准，从而确定彼此的方向和位置。*

根据技术制图标准规定，用正投影法绘制物体所得图样又称为视图，因此我们将三面投影称为三视图。正面投影为主视图，水平投影为俯视图，侧面投影为左视图。三视图的配置如图3.1(b)所示，图3.1(a)为直观图。

在图样中，将与投影轴OX、OY、OZ 3个方向一致的方位分别称为形体的长、宽、高，从而可知主视图反映形体的长和高，俯视图反映形体的长和宽，左视图则反映形体的宽和高。由此可得到三视图的投影规律：

主、俯两视图应保持——长对正(在 X 方向)；

主、左两视图应保持——高平齐(在 Z 方向)；

俯、左两视图应保持——宽相等(在 Y 方向)，并要前后对应。

三视图的投影规律不仅适用于整个形体的投影，而且形体的每一局部结构形状的点、线、面投影也符合这一投影规律。在应用三视图投影规律画图和看图时必须注意形体的前后位置在视图中的反映。在俯视图和左视图中，远离主视图的一边(外)反映形体的前面，靠近主视图的一边(内)反映形体的后面。因此在根据“宽相等、前后对应”作图时，要注意量取尺寸的方向。

3.2 平面形体及表面取点

物体表面全部由平面围成的形体称为平面形体。最常见的平面基本形体是棱柱和棱锥两类。

绘制平面形体的投影，就是画出围成平面形体的所有平面的投影或画出组成平面形体的棱线和顶点的投影。可见的棱线画成粗实线，不可见的棱线画成虚线，当粗实线与虚线重合时，应画成粗实线。这也符合国家标准规定的图线重合时的优先原则。

平面形体表面上取点和取线的作图问题，就是前面介绍的在平面内取点和取线作图的应用。对于形体表面上点和线的投影，还应考虑它们所在平面或棱线的可见性。判别可见性的依据是：如果点或线所在平面的某投影是可见的，则它们在该视图中的投影也可见，否则为不可见。

3.2.1 棱柱

1. 棱柱的三视图

棱柱按底面多边形的边数命名，根据棱线与底面的相互位置又分为正棱柱或斜棱柱。我们只讨论各种正棱柱的三视图，例如，三棱柱、四棱柱或正六棱柱等。

如图 3.2 所示，为一正五棱柱的直观图和三视图。把五棱柱置于三面投影体系中，使顶面和底面处于水平位置，它们的边分别是 4 条水平线和 1 条侧垂线，棱面是 4 个铅垂面和 1 个正平面。5 条棱线都是铅垂线，俯视图为正五边形，反映上、下底面的实形，这 5 条边也是 5 个棱面具有积聚性的投影，每个顶点是 5 条棱线有积聚性的投影。展开后的三视图如图 3.2(b)所示。

作图时先画出俯视图的正五边形，再按照三视图的投影规律画出主、左两视图。这里必须注意俯视图和左视图之间应符合宽相等和前后对应的关系，作图时可用分规直接量取宽相等，亦可利用 45°辅助线作图，但 45°辅助线必须画准确。

思考要点：根据工程图样的绘图原则，建议在绘制三视图时应使用分规直接度量俯、左视图宽相等的作图方法，这样绘图快捷并准确。

2. 棱柱表面取点取线

由于正棱柱的表面有积聚性，因此，根据三视图的投影规律在其表面上取点、取线很容易作图求解。

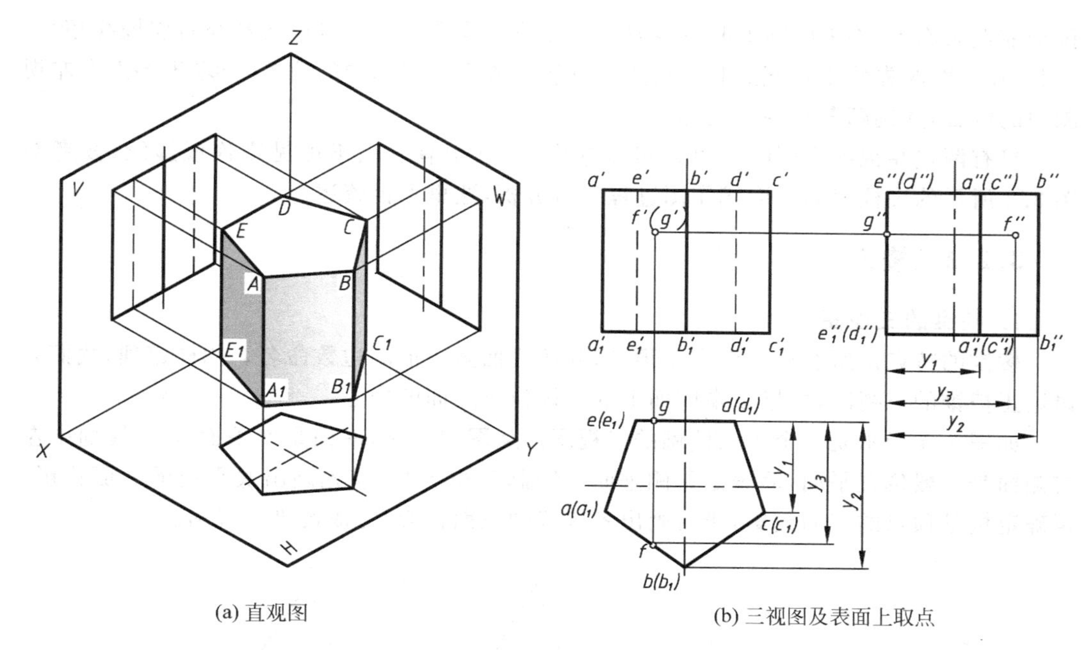

(a) 直观图　　(b) 三视图及表面上取点

图 3.2　棱柱的三视图及表面上取点

(1) 在棱柱表面上取点：如图 3.2(b)所示，已知五棱柱表面上的点 F 和 G 的正面投影 $f'(g')$，试确定其水平投影和侧面投影。

首先，分析棱柱的每一个表面投影有无积聚性，然后判断已知点或线位于哪个表面上，再通过平面内取点、取线的方法完成投影作图，并判别可见性。由已知条件可知，F 点属于平面 A_1AB_1B 上的点，该平面的正面投影和侧面投影可见，则 f'、f'' 也可见；所属表面水平投影具有积聚性，因此 F 点的水平投影 f 积聚到 aa_1bb_1 线上，根据平面上取点的方法，求得 f 和 f''。而 G 点的正面投影(g')不可见，是因为 G 点属于平面 DD_1E_1E 上的点，该平面的水平投影和侧面投影均具有积聚性，根据平面上取点的方法求得 g 和 g''。

(2) 在棱柱表面上取线：如图 3.3 所示，已知五棱柱的主视图的前左右两侧面上有直线 AB、BD，试完成在棱柱俯、左两视图上的作图。

求取棱柱表面上的直线，实际上是在棱柱表面上确定直线起止点和转折点的位置，然后以此连线，并根据表面在各视图中的可见性确定直线是否可见。因此，在作图之前应对形体进行线面分析，明确各直线所在的形体表面位置，并找出直线穿过两个表面时的转折点位置。

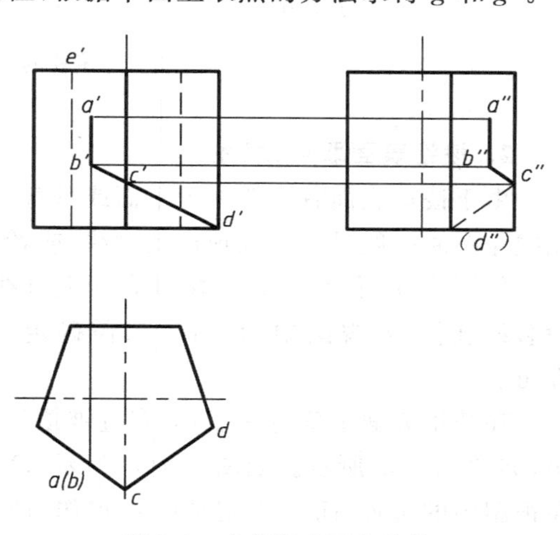

图 3.3　在棱柱表面上取线

在图 3.3 中，AB 和 BD 的一部分线段位于前左表面上，而 BD 则由前左表面经过最前的棱线上的 C 点连线到与右前棱线相交。因此，在作图时先确定各端点和转折点在五棱柱表面俯视图中的位置，再求出各点在左视图中的位置，并判断各点的可见性。

只有两点在视图中同时可见才可以连实线，其中有一点不可见则连成虚线，读者对图 3.3 所示的棱柱表面上取线作图过程自行分析，这里不再赘述。

3.2.2 棱锥

1. 棱锥的三视图

棱锥的特点是所有棱线汇交于顶点，并按底面多边形的边数命名。同样道理，我们只讨论正棱锥的三视图，即锥顶在底面上的投影位于底面的中心。

如图 3.4 所示是一个正三棱锥的三视图。从图中可见，底面是水平面，3 个棱面中左右侧面是一般位置平面，后表面是侧垂面。绘制三视图时，应先画出底平面的三面投影，再确定棱锥顶点的三面投影，最后画出各棱线的三面投影，完成棱锥三视图。

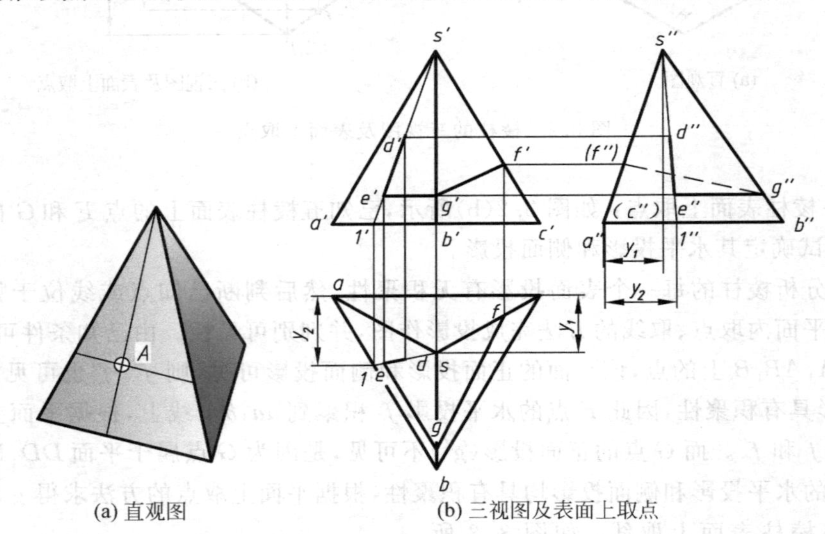

(a) 直观图　　(b) 三视图及表面上取点

图 3.4　棱柱的三视图及表面上取点

2. 棱锥表面取点、取线

由于棱锥表面有一般位置平面或垂直平面以及投影面平行面，因此在其表面上取点、取线作图时一般过点和锥顶作辅助线，或者是过点作底边的辅助平行线。

如图 3.4 所示，已知三棱锥表面上直线 DE、EG、GF 在主视图上的投影，要完成各段直线在俯、左视图中的投影，只需确定各点在两视图中的位置，并判断可见性连线即可。

在棱锥表面上确定一点，只有过锥顶与底面相交或过点作与底边平行的直线最为简单，如图 3.4(a)所示。如图 3.4(b)所示，D、E 两点是过锥顶所作的辅助线 $1s$ 确定在俯、左视图中的位置，而 G 点则是过 E 点作与底边平行的直线交于棱锥的前棱线即可。F 点在右棱线上可以直接作出。详细作图请读者自行分析。

思考要点：虽然在平面形体上确定点和直线的投影作图较为简单，但读者应熟练掌握，因为这是后面求解形体截切问题最基本的作图方法。

3.3　曲面形体及表面取点

我们将表面由曲面或曲面与平面围成的形体统称为曲面形体。常见的曲面形体一般为回转体，包括圆柱、圆锥、圆球和圆环。

回转体的曲面可看作是母线绕一轴线作回转运动而形成的。母线在曲面上任一位置称为素线。如果曲面上任意一点随母线运动的轨迹为圆，该圆称为纬圆并垂直于回转轴线。将回转曲面向某投影面进行投影时，曲面上可见部分与不可见部分的分界线称为回转曲面对该投影面的转向轮廓线。

在画曲面形体的三视图时，除了画出形体的轴线和表面之间的交线以及曲面形体的顶点投影外，还要画出曲面投影的转向轮廓线。因为转向轮廓线是对某一投影面而言，所以它们在其他视图中的投影不应画出。

在曲面形体表面上取点、取线，应遵守"点在线上，线在面上"的原则。此时的"线"可能是直线，也可以是纬圆。在曲面形体表面上取线，除了曲面上可能存在的直线以及平行于投影面的圆可以直接作出外，通常需要作出表面曲线上的许多点才可以连接完成投影作图。

3.3.1　圆柱体

虽然圆柱体有正圆柱体、斜圆柱体或椭圆柱体，但我们只讨论轴线垂直于上、下底面的正圆柱体的三视图，简称圆柱体。

1. 圆柱体的形成及三视图

圆柱体是由圆柱面和上、下底面所围成。圆柱面可看作是一直线绕与它平行的轴线旋转一周而成。

圆柱体轴线垂直于投影平面有 3 种位置，如图 3.5(a)所示。圆柱体的轴线放置为铅垂位置，因此俯视图投影为一个圆，此面也是上、下底面的真实投影，而且整个圆柱面的水平投影积聚在该圆周上。主视图和左视图是大小相同的矩形，$a'a'_0$、$c'c'_0$是圆柱面正面投影的转向轮廓线，在俯视图中为圆周上最左、最右两点，在左视图中与轴线重合，它也是可见的前半柱面和不可见的后半柱面的分界线；$b''b''_0$、$d''d''_0$是圆柱面侧面投影的转向轮廓线，在俯视图中为圆周最前、最后两点，在主视图中与轴线重合，它也是可见的左半柱面和不可见的右半柱面的分界线。如图 3.5(b)所示。

思考要点：画圆柱体三视图时，首先画出圆柱的轴线和投影为圆视图的正交中心线，再画出投影为圆的视图，然后画出其他两个视图。

2. 圆柱表面上取点、取线

圆柱面上的点必然位于其上的一条素直线上。

(1) 在圆柱面上取点：如图 3.5(b)所示，已知圆柱面上点 M 的正面投影 m' 和点 N 的侧面投影(n'')，可确定该两点的其他投影。因为圆柱面的水平投影具有积聚性，可以利

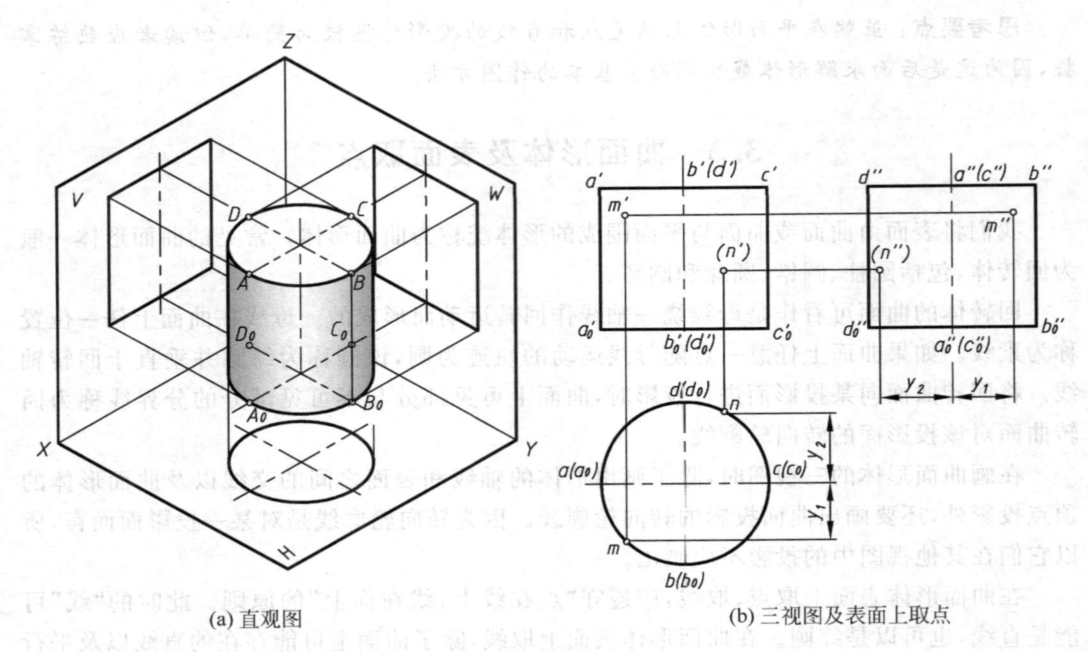

(a) 直观图　　(b) 三视图及表面上取点

图 3.5　棱柱的三视图及表面上取点

用积聚性求出两点的水平投影 m 和 n，然后根据三视图投影特性求得第三投影 m'' 和 n'。可见性判别：由于已知点 $M(m)$在圆柱的左前柱面上，故 m'' 可见；而点 N 在圆柱的右后柱面，故 n'不可见，即(n')。

(2) 在圆柱面上取线：圆柱面上的线有直线、圆和椭圆 3 种类型，如图 3.6(a)所示。如图 3.6(b)所示，已知圆柱体主视图表面上有 3 段线，试完成其在俯、左视图中的作图。由于线段 AB 是直线，线段 BC 是圆曲线，而线段 CD 是椭圆曲线，首先根据表面上取点作图确定线段各端点在俯、左视图中的位置，并确定 C 点在左视图中不可见。

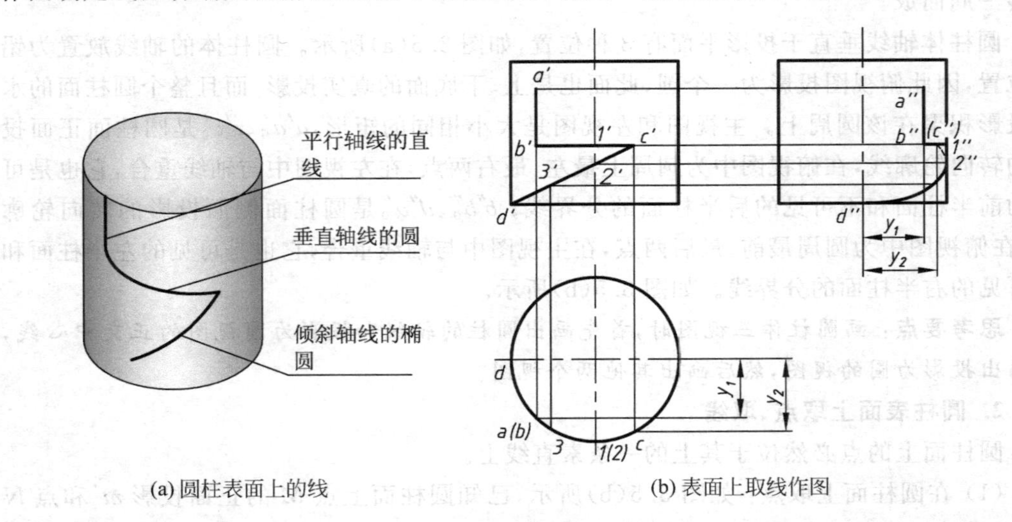

(a) 圆柱表面上的线　　(b) 表面上取线作图

图 3.6　圆柱表面上的线及其作图

而椭圆曲线 CD 是由圆柱体的右侧面到达左侧面，因此，应确定其在左视图中可见性的转折点 2，为了使绘制的椭圆曲线的弯曲方向和作图精确，需要确定若干个一般点，例如 3 点。在连线时同样要分析可见性，不可见的连虚线，如 $C2$ 段。

思考要点：圆柱面上 3 种取线作图是以后圆柱体截切作图的基本方法，也是下一节的重点内容，所以读者要熟练掌握。

3.3.2　圆锥体

圆锥体与圆柱体的类型相同，我们只讨论正圆锥体的作图问题。虽然按圆锥体轴线垂直于投影面也是分为 3 种位置，但按圆锥底面和顶点的相对位置每个视图的可见性是不同的。

1. 圆锥体的形成及三视图

圆锥体由圆锥面和底面围成，圆锥面可看作由直线绕与它相交的轴线旋转一周而成。因此，圆锥面的素线都是通过锥顶的直线。

如图 3.7 所示，将圆锥的轴线放置为铅垂位置，即底面圆平行投影面 H，故俯视图仍是圆。该圆既是圆锥底面的投影，又是整个圆锥面的投影区域。主视图和左视图均为等腰三角形，但必须画出轴线，其底边是圆锥底面的积聚性投影，转向轮廓线分别为圆锥面上左右 SA、SB 和前后 SC、SD 素线位置的投影，其意义与对圆柱体投影相同，读者可自行分析。

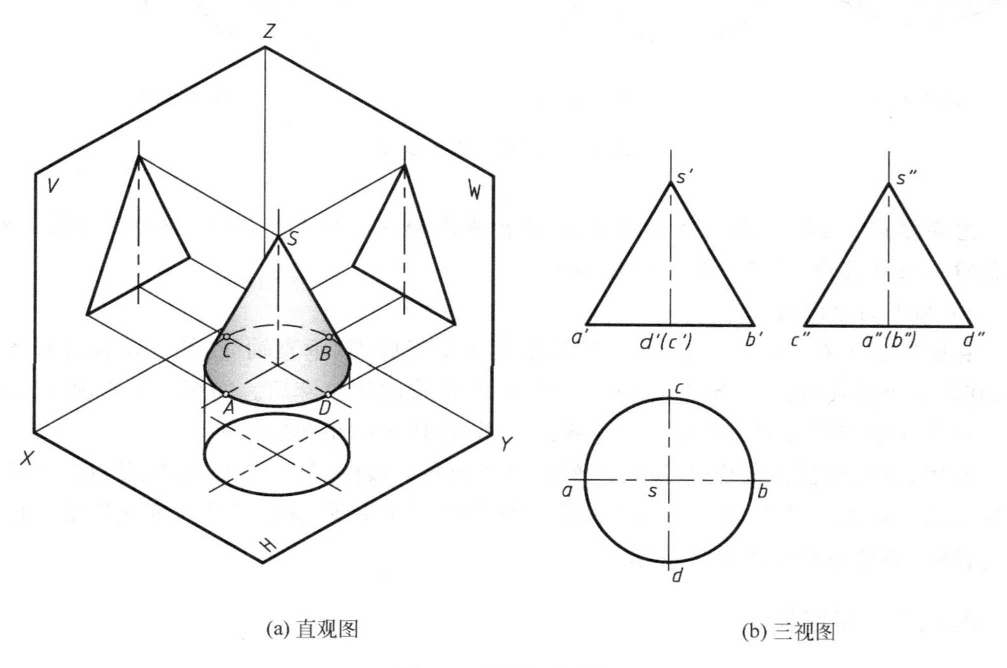

(a) 直观图　　(b) 三视图

图 3.7　圆锥三视图

2. 圆锥表面上取点—素线法和纬圆法

1）圆锥面上取点

由于圆锥面的 3 个投影都没有积聚性，求表面上的点时需采用辅助线法。虽然在圆锥面上有多种线，但是为了作图简便，在其上作图时辅助线应尽可能是直线或平行于投影面的圆。主要采用如下两种方法。

（1）辅助素线法：如图 3.8(a)所示，过锥顶 S 和 M 点作一辅助素线 ST，即在图 3.8(b)中连接 $s'm'$ 并延长与底圆的正面投影相交于 t'，求得 $s\,t$ 和 $s''t''$，再根据 m' 点在线上的投影特性作出 m 和 m''。

（2）辅助纬圆法：如图 3.8(a)所示，在锥面上过点 M 作一纬圆，即在图 3.8(c)中过 m' 作一水平线（纬圆的正面投影）与两条转向轮廓线相交于 k'、l' 两点，以 $k'l'$ 为直径作出纬圆的水平投影，并求出点在纬圆上的 m，再由 m' 和 m 求 m''。

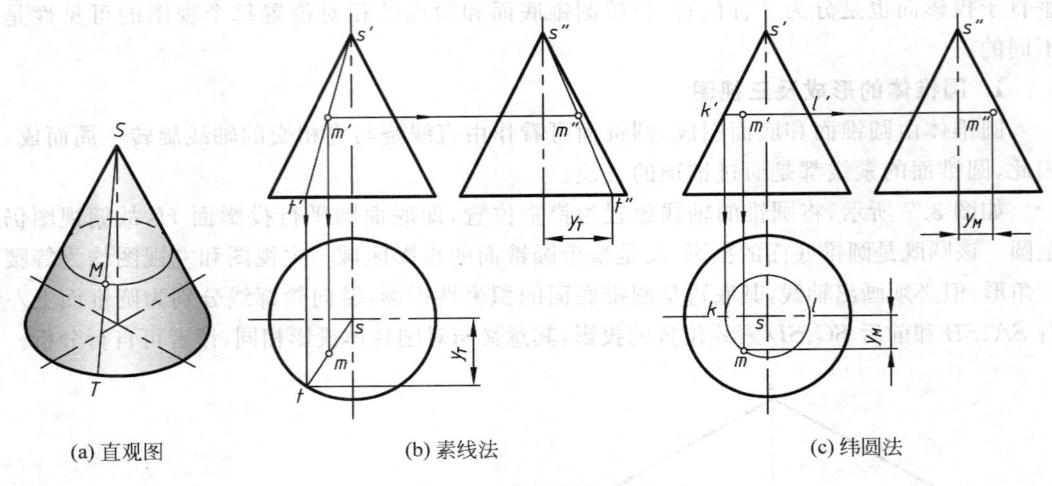

(a) 直观图　　(b) 素线法　　(c) 纬圆法

图 3.8　圆锥表面上取点

思考要点：在圆锥面上取点、取线除了素线法和纬圆法之外，其他辅助线均为曲线，不仅难以准确画出，而且使得作图复杂化。

2）圆锥面上取线

在圆锥面上有 5 种线，除了过锥顶的直线和平行底面（垂直轴线）的圆比较容易作图外，其他 3 种曲线分别为椭圆、抛物线和双曲线，但作图比较麻烦。如图 3.9 所示，已知圆锥三视图并给定圆锥面上各段线的主视图投影，求作另两视图的投影。

同理，要先分析各段线是什么线，然后先作出各段线的起止点（S、A、B、C 点），再求转向轮廓线上的点（2 点），确定凹凸方向的一般点（3 点），最后根据可见性依次连成光滑的虚、实线。具体分析作图不再赘述。

3.3.3　圆球体

1. 圆球体的形成及三视图

圆球体由球面围成，球面可看作是由半圆绕其直径旋转一周而成。

圆球体的 3 个视图都是与球的直径相等的圆，如图 3.10 所示。主视图中的 A 圆是前后半球的分界圆，也是球面最大的正平纬圆；俯视图中 B 圆是上、下半球的分界圆，也是球面上最大的水平纬圆；左视图中的 C 圆是左右半球的分界圆，也是球面上最大的侧

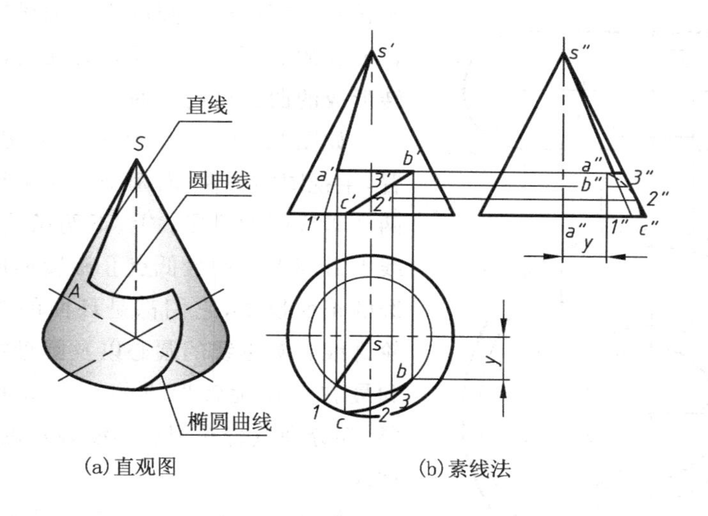

(a)直观图　　(b)素线法

图 3.9　在圆锥表面上取线

平纬圆。三视图中的 3 个圆分别是球面对 V 面、H 面和 W 面的转向轮廓线，用点画线画它们的对称中心线，各中心线亦是转向轮廓圆的积聚性投影位置。

2. 球面上取点——纬圆法

球面的 3 个视图都没有积聚性。为作图方便，球面上取点常选用平行于投影面的圆作为辅助纬圆，否则，在球面上作任何位置的线都是不可取的。

如图 3.10 所示，已知属于球面的点 M 的正面投影 m'，求其他两面投影。

根据给出的 m'的位置和可见性，可判定 M 点在上半球的右、前、上表面上，因此 M 点的水平投影可见，侧面投影不可见。作图采用辅助纬圆法，即过 m'作一辅助水平纬圆，则点的投影必属于辅助纬圆的同面投影上。由此纬圆可求出 m，再由 m'和 m 求出 m''。该问题也可采用过 m'作正平纬圆或侧平纬圆来解决，这里不再赘述。

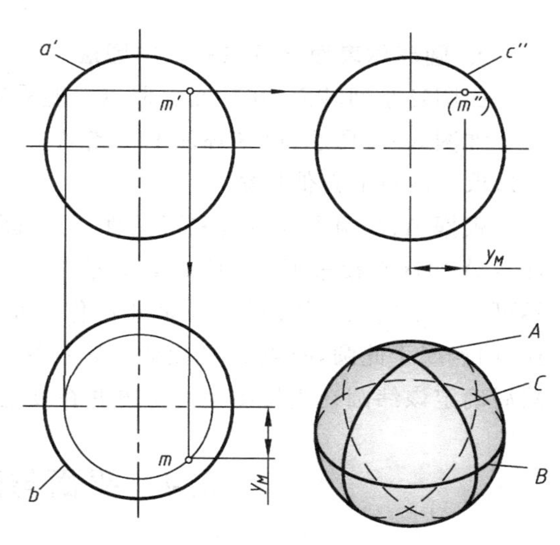

图 3.10　球三视图及球面上取点

思考要点：球面上只有圆曲线，在视图中根据其位置不同可以投影成为直线、圆弧或椭圆曲线，其作图的实质就是在球面上取点。

3.3.4　圆环体

1. 圆环体的形成及视图

圆环体由环面围成。圆环面可看作是以圆为母线，绕与其共面但不通过圆心的轴线

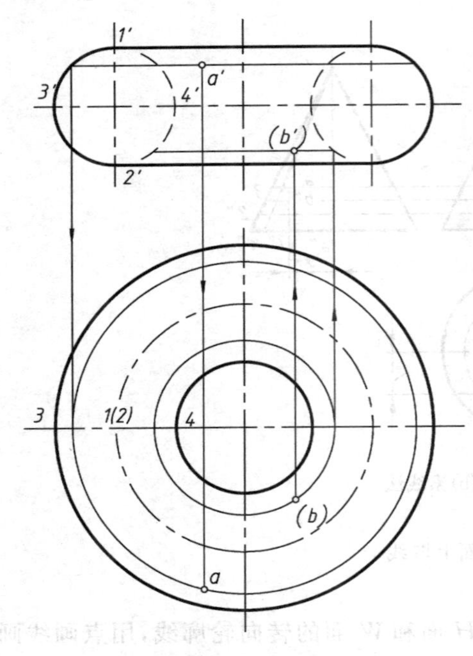

图 3.11　圆环体及环面上取点

旋转一周而形成。圆母线离轴线较远的半圆旋转形成的曲面是外环面；离轴线较近的半圆旋转形成的曲面是内环面。

如图 3.11 所示，圆环体的轴线为铅垂位置，主视图中的左、右两个圆是平行于正平面的两个素线圆的投影；上、下两条公切线，是圆母线上最高点Ⅰ和最低点Ⅱ旋转形成的两个水平圆的正面投影，它们都是环面的主视图的转向轮廓线。圆母线的圆心以及圆母线上最左点Ⅲ和最右点Ⅳ旋转形成的 3 个水平圆的正面投影，都分别重合在用点画线表示的环的上、下对称线上。

俯视图中的最大和最小两个圆，是圆母线上最左点Ⅲ和最右点Ⅳ旋转形成的两个水平圆的水平投影，也是环面俯视图的转向轮廓线；点画线圆是母线圆的圆心旋转形成的水平圆的水平投影。

2. 圆环体表面上取点——纬圆法

因圆环是回转面，在环面上取点只能采用垂直轴线的辅助纬圆法作图。

如图 3.11 所示，已知环面上一点 A 在主视图中的投影 a' 和点 B 在俯视图中的投影 (b)，求该两点的其他投影。

根据 A、B 两点的位置和可见性，可以断定点 A 在上半环面的前半部的外环面上，因此点 A 的水平投影可见；而点 B 在前半环面的下半部的内环面上，所以点 B 的正面投影不可见。采用辅助纬圆作图，即过 a' 作一水平纬圆，其正面投影是垂直于轴线的一条直线，因点属于此圆，故点 A 的投影一定在纬圆的同面投影上；同理，过 (b) 作一水平纬圆，然后确定该纬圆在主视图中的位置并在其上求出 (b')。

3.4　平面与形体表面相交

所谓平面与形体表面相交，就是用各种位置的平面截切形体，这也是形体结构设计的基础。如图 3.12 所示。当平面截切形体时，在形体表面所产生的各种交线，称为截交线；截切形体的平面，称为截平面；形体上截交线所围成的平面图形，称为截断面；被截切后的形体，称为截割体，如图 3.13 所示。

从图中可以看出，截交线具有如下基本性质。

(1) 截交线既在截平面内，又在形体表面上，因此，截交线上的每一个点都是截平面和形体表面的共有点，这些共有点的连线形成截交线。

(2) 截交线是属于截平面内的线，所以截交线应是封闭的平面图形。

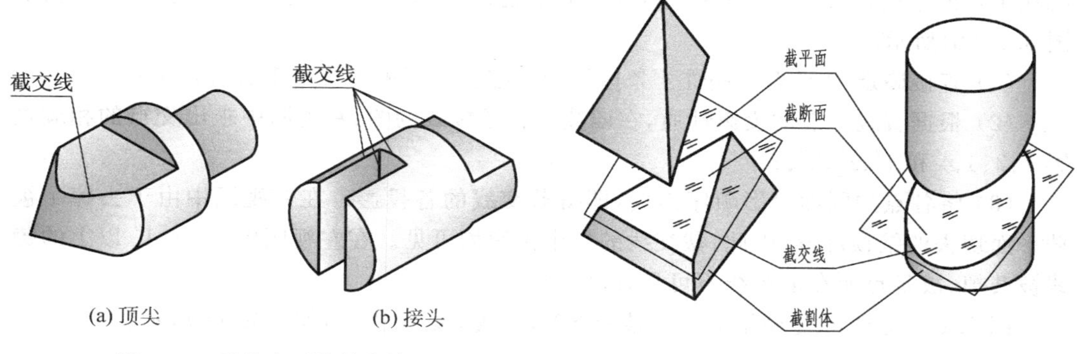

(a) 顶尖 (b) 接头

图 3.12 形体表面的截交线

图 3.13 平面切割立体

根据上述性质，截交线的基本画法可归结为求解平面与形体表面共有线的作图问题。

3.4.1 平面与平面形体表面相交

平面形体被截平面切割后所得的截交线，是由直线段组成的平面多边形，多边形的各边是形体表面与截平面的交线，而多边形的顶点是形体的棱线与截平面的交点，或者是截平面与形体某一表面的交线的端点。如图 3.14(a)所示。

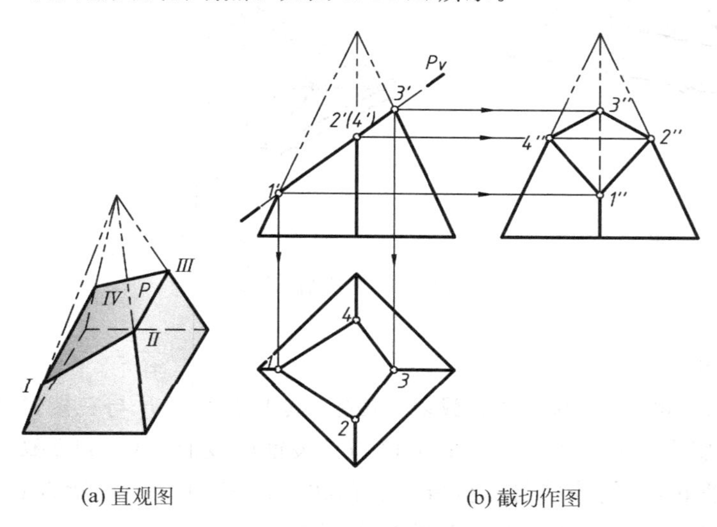

(a) 直观图 (b) 截切作图

图 3.14 平面切割四棱锥

因此，作平面形体的截交线就是求出截平面与平面形体上每条被截棱线的交点，然后依次连接各点即得截交线。如果是两个以上的截平面截切形体，除了求得截交线的形状，还要画出两截平面之间的交线。

例 3.1 求四棱锥被正垂面 P 切割后，求截交线的投影，如图 3.14 所示。

分析与作图：

由图 3.14(a)得知，截平面 P 与四棱锥的 4 个棱和棱面都相交，所以截交线为四边形，四边形的 4 个顶点是 4 条棱线与截平面 P 的交点。由于截平面 P 是正垂面，故截交线在主视图中的投影积聚为直线，然后再求出俯视图和左视图的投影即可。作图步骤如图 3.14(b)所示。

(1) 直接确定 P 平面与棱锥 4 条棱线交点在主视图中的投影 $1'$、$2'$、$3'$、$4'$；

(2) 根据直线上点的投影性质，在四棱锥各条棱线的俯、左视图中求出交点的相应投影 1、2、3、4 和 $1''$、$2''$、$3''$、$4''$；

(3) 将各点的同面投影顺序连接，即得截交线的各投影。在俯视图中由于去掉了被截平面切去的锥顶部分，因此，截交线的 3 个投影均可见。在左视图中，由于 $1''$ 以上的棱线被截掉，故Ⅲ点所在的棱线不可见，画成虚线。

例 3.2　试求 P、Q 两平面与三棱锥 $SABC$ 截交线的投影，如图 3.15 所示。

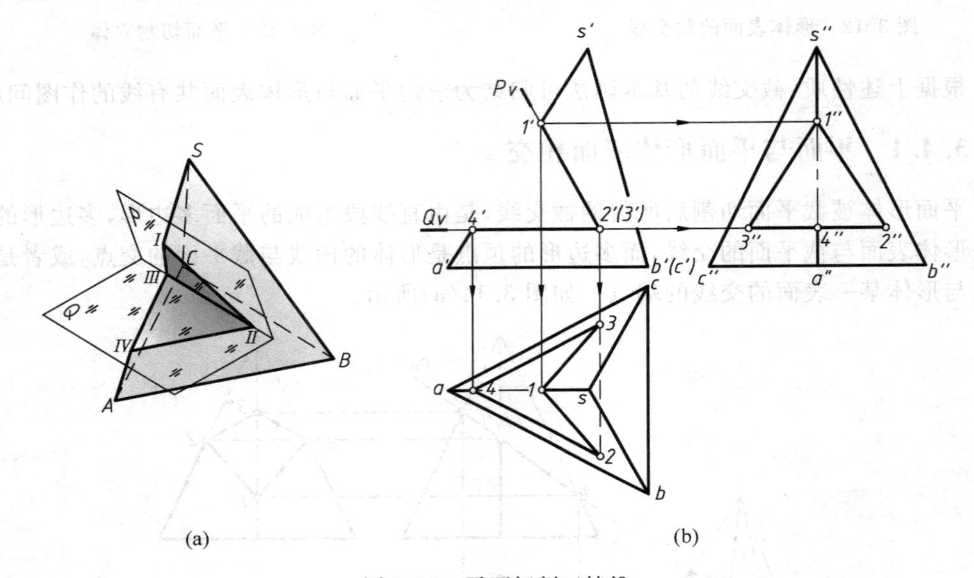

图 3.15　平面切割三棱锥

分析与作图：

由图 3.15(a)可见，是两个平面截切三棱锥，其中正垂面 P 与三棱锥两棱面 SAB 和 SAC 的交线分别为ⅠⅡ和ⅠⅢ。水平面 Q 与三棱锥两棱面 SAB 和 SAC 的交线分别为水平线ⅡⅣ和ⅢⅣ，它们分别与三棱锥底面的边 AB 和 AC 平行，所以它们的方向为已知。P、Q 两平面相交于直线ⅡⅢ。作图步骤如图 3.15(b)所示。

(1) 先求出 P、Q 两平面与 SA 棱线交点的各投影 1、$1'$、$1''$，4、$4'$、$4''$，以及 P、Q 两平面交线的 V 面投影 $2'(3')$；

(2) Q 面与三棱锥两棱面 SAB、SAC 的交线为水平线，画出其水平投影 $42 /\!/ ab$、$43 /\!/ ac$。并由正面投影 $2'(3')$点引垂线，求出Ⅱ、Ⅲ 两点的水平投影 2 和 3；

(3) 由 2、$2'$求出 $2''$；由 3、$3'$求出 $3''$；

(4) 顺序连接各点的同面投影，即得截交线的投影；

(5) 判别可见性，P、Q 两平面的交线在俯视图中的投影被上部锥面遮住，因此 23 为不可见，画成虚线；其他交线均可见，画成粗实线。

3.4.2　平面与回转体表面相交

截平面与回转体的截交线一般是封闭的平面曲线，也可能是由曲线和直线围成的平面图形或平面多边形，其形状取决于回转体的几何特性，以及回转体与截平面的相对位置。截交线也是截平面与回转体表面的共有线。

当截平面为特殊位置时，截交线在相应视图中的投影具有积聚性，可以根据在曲面形体表面上取点、取线的作图方法求作截交线。作图时应先求出特殊点，因为特殊点能确定截交线的形状和范围，如最高和最低点、最前和最后点、最左和最右点等，这些点一般都在转向轮廓线上，有时又是某个视图中截交线投影时可见性的分界点。要想准确地作出截交线的投影，还应在特殊点之间作出一定数量的一般点，以确定截交线的凹凸方向，最后光滑连成截交线的投影并注意线段的可见性。

1. 平面与圆柱体相交

如表 3.1 所示，平面截切圆柱体时，根据截平面与圆柱轴线所处的不同的相对位置，截交线有 3 种不同的形状：当截平面平行于圆柱轴线时，它与圆柱面相交于两素线，与上、下底相交于两直线，故截交线是矩形；当截平面垂直于圆柱轴线时，截交线是直径与圆柱相同的圆；当截平面倾斜于圆柱轴线时，截交线是椭圆，它的短轴垂直于圆柱的轴线，其长度等于圆柱直径，长轴倾斜于圆柱轴线，其长度将随截平面对圆柱轴线的倾斜程度而变化。

表 3.1　平面与圆柱体相交

	截平面与轴线平行	截平面与轴线垂直	截平面与轴线倾斜
立体图	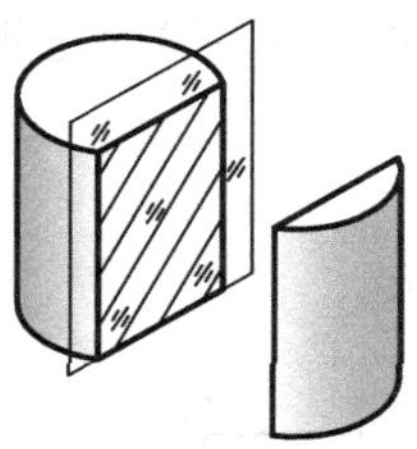	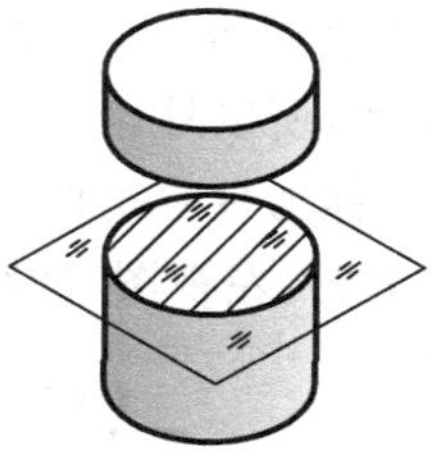	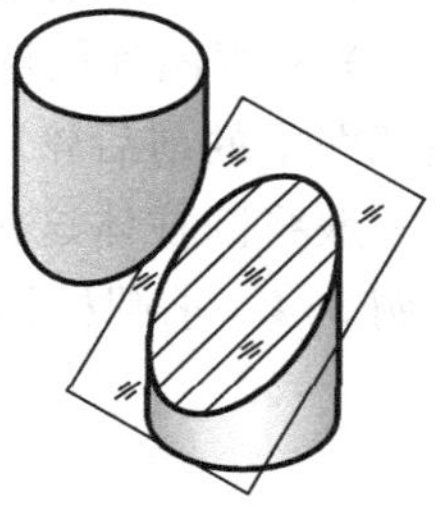
投影图	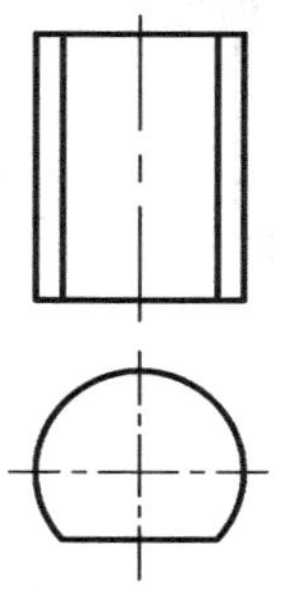	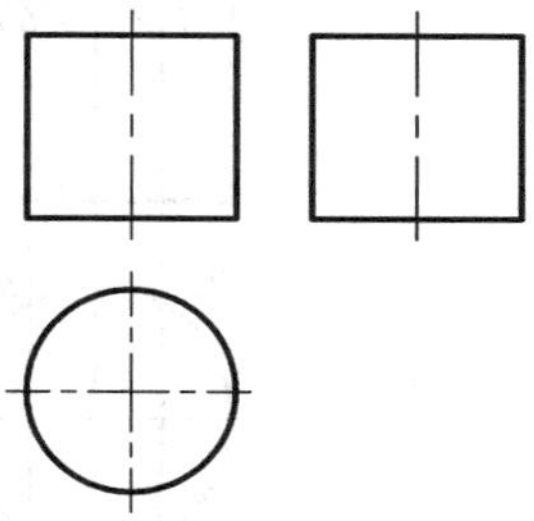	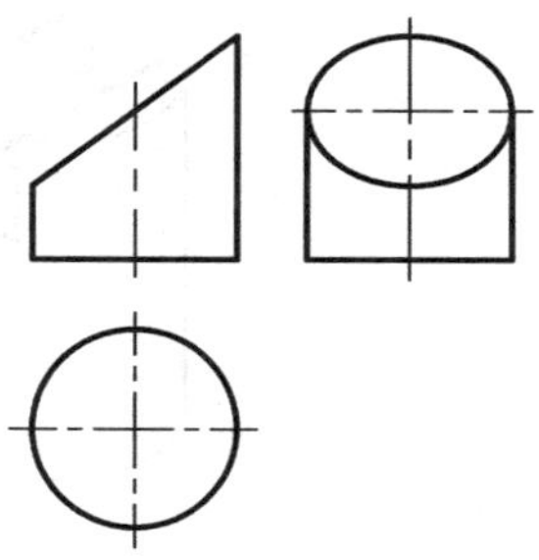
	截交线为直线	截交线为圆	截交线为椭圆

例 3.3 求作圆柱体被切块后的俯、左视图中的截交线，如图 3.16 所示。

分析与作图：

由图 3.16(a)可知，该圆柱体分别被与轴线平行的侧平面和与轴线垂直的水平面截切，其断面分别为矩形和圆平面，截交线由直线ⅠⅢ、ⅢⅣ、ⅢⅣ和圆弧组成，两截平面的交线为一正垂线ⅠⅡ。作图步骤如图 3.16(b)所示。

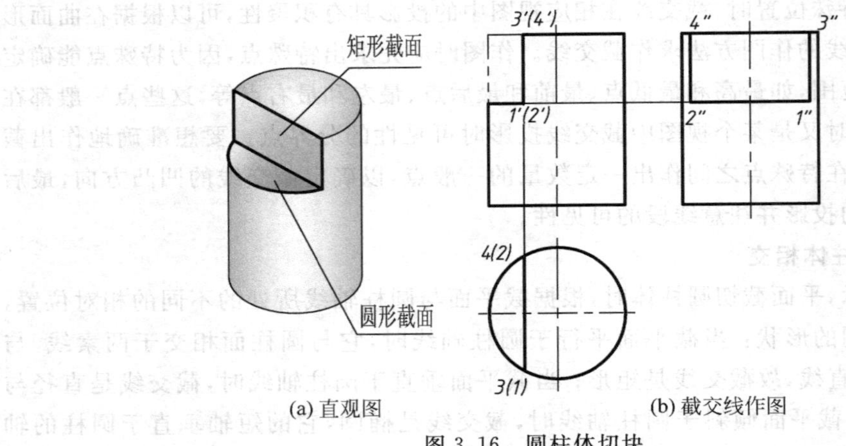

(a) 直观图　　(b) 截交线作图

图 3.16　圆柱体切块

(1) 俯视图作图：由分析可知，截断面矩形积聚为一直线，圆截面反映实形，所有的截交直线积聚成一条直线。因此，在俯视图圆轮廓内只需按长对正添加一直线即可。

(2) 左视图作图：水平截面在左视图中为积聚性的直线，而矩形截面反映实形。为此，只需要根据俯、左视图宽相等的原则，确定 1、2、3、4 点的位置，然后依次连线即可。

(3) 左视图外轮廓分析：由主视图可知，侧平面的位置位于中心线的左侧，则圆柱体在左视图中的前后轮廓线继续保留，所以外轮廓应当加粗。

一般将圆柱体这种切块形式，称为台阶挖切。

例 3.4 求圆柱体被开槽后的俯、左视图，如图 3.17 所示。

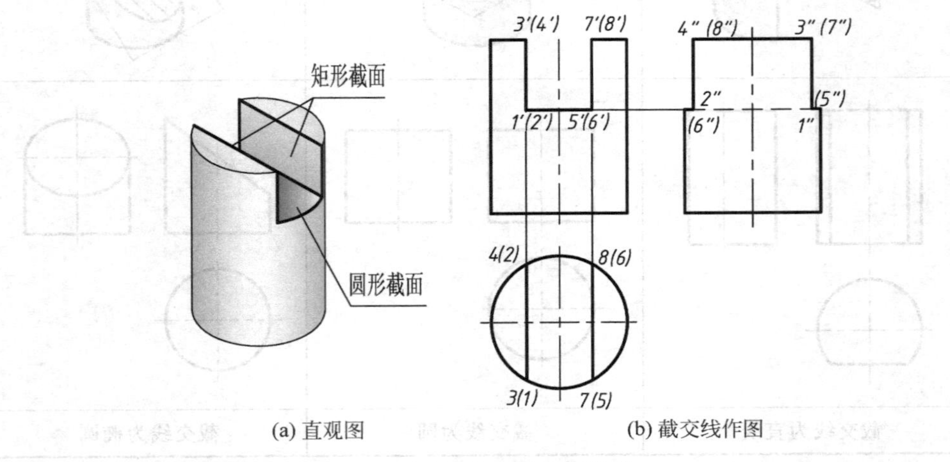

(a) 直观图　　(b) 截交线作图

图 3.17　圆柱体开槽

分析与作图：

同理，由图 3.17(a)所示，该圆柱体分别被与轴线平行的两个侧平面和与轴线垂直的一个水平面截切，其断面分别为两个矩形和一个圆平面，截交线有直线Ⅰ Ⅲ、Ⅱ Ⅳ、Ⅲ Ⅳ、Ⅴ Ⅶ、Ⅶ Ⅷ、Ⅷ Ⅵ和前后两段圆弧组成，3 个截平面的交线分别为两正垂线Ⅰ Ⅱ和Ⅴ Ⅵ。作图步骤如图 3.17(b)所示。

(1) 俯视图作图：由分析可知，在圆轮廓线内只需要画出两截断面为矩形的积聚性直线即可。

(2) 左视图作图：由于是开槽，所以读者首先应按照高平齐画出水平截面在左视图中虚线的直线，然后根据俯、左视图宽相等求出 1″3″、3″4″、4″2″ 截交线，截交线 5″7″、7″8″、8″6″和截平面的交线 1″2″、5″6″不可见。

(3) 左视图外轮廓分析：由主视图可知，圆柱体在左视图中的前后轮廓线上部被切去，因此不应再加粗，其外轮廓由 1″3″、3″4″、4″2″加粗。同时，水平截断面前后有一部分可见也应加粗，从而完成左视图外轮廓的粗实线封闭。

用平行于和垂直于轴线截切圆柱体是最常见的形式，读者要在掌握实体圆柱体截切的基础上，自行研究分析空心圆柱体的切块、开槽和穿孔作图。如图 3.18 所示。

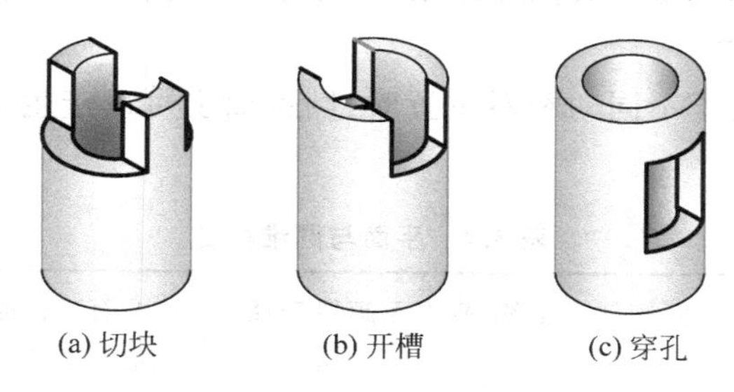

(a) 切块　　(b) 开槽　　(c) 穿孔

图 3.18　常见圆柱体截切形式

例 3.5　求作圆柱与正垂面 P 的截交线，如图 3.19 所示。

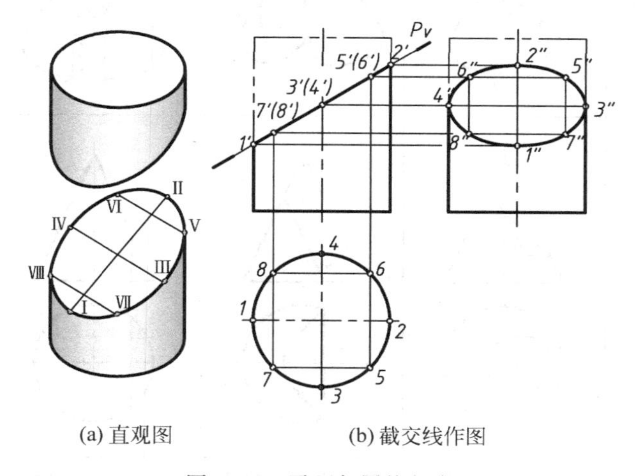

(a) 直观图　　(b) 截交线作图

图 3.19　平面与圆柱相交

分析与作图：

截交线主视图有积聚性与正垂面 P 的投影重合成一段直线；由于圆柱面的俯视图投影具有积聚性，所以截交线的投影与该圆也重合；截交线的侧面投影应是一个椭圆，需要求出一系列的共有点才可以作出。因此，本题只需求出截交线的侧面投影即可。作图步骤如图 3.19(b)所示。

(1) 作特殊点：由分析可知，截交线的最低、最高点分别是Ⅰ点和Ⅱ点；最前、最后点分别是Ⅲ点和Ⅳ点。选主视图上的 1′、2′、3′、(4′)为特殊点，由此可作出它们在左视图中的投影 1″、2″、3″、4″。1″2″、3″4″分别是截交线椭圆长轴和短轴的侧面投影。

(2) 作一般点：为准确作出椭圆的侧面投影，在主视图上取 5′、(6′)、7′、(8′)点为一般点，其俯视图的投影 5、6、7、8 在圆柱面具有积聚性的投影上，由此可求出侧面投影 5″、6″、7″、8″。一般点的多少可根据截交线作图的准确程度要求而定。

(3) 依次光滑连接 1″、7″、3″、5″、2″、6″、4″、8″、1″，即得截交线在左视图中的投影。最后将不到位的轮廓线延长到 3″ 和 4″ 即可。

思考要点： 虽然圆柱体的截交线只有直线、圆和椭圆 3 种形式，但圆柱体截切是机械零件中最常见的结构形体之一，读者应熟练掌握圆柱体的截切形式及投影作图。

2. 平面与圆锥相交

当截平面与圆锥处于不同的相对位置时，圆锥面上可以产生形状不同的截交线，见表 3.2。

表 3.2　平面与圆锥相交

	截平面垂直于轴线	截平面倾斜于轴线 $\theta>\alpha$	截平面倾斜于轴线 $\theta=\alpha$	截平面平行或倾斜于轴线 $\theta=0°$ 或 $\theta<\alpha$	截平面过锥顶
立体图	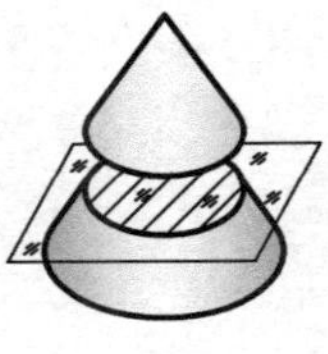	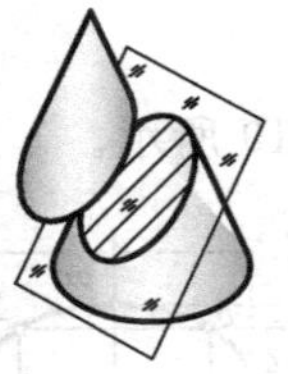	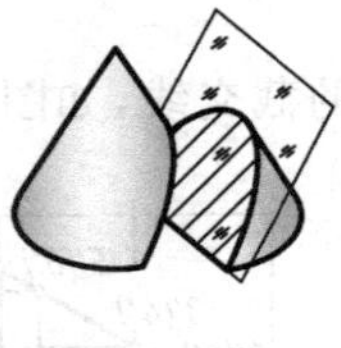	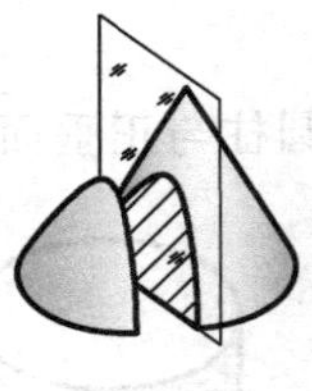	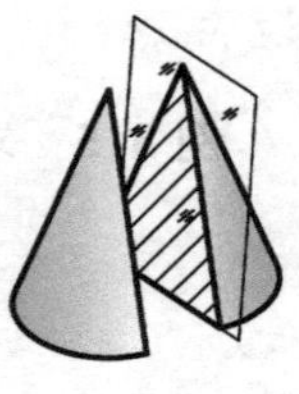
投影图	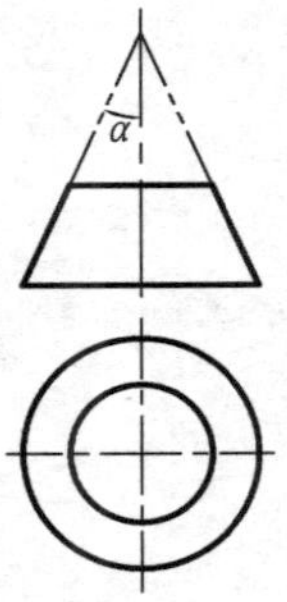	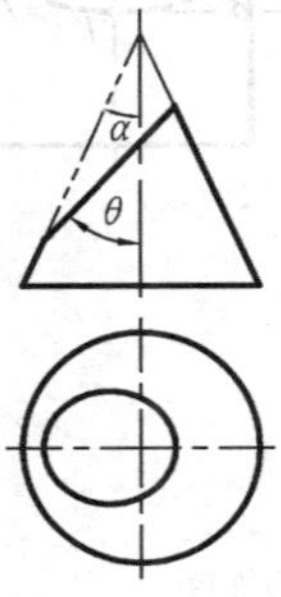	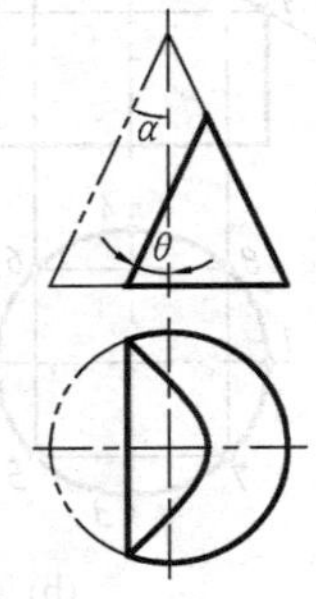	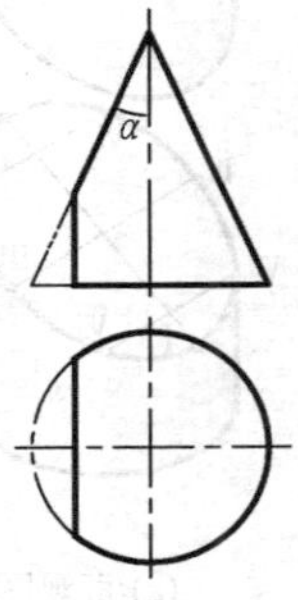	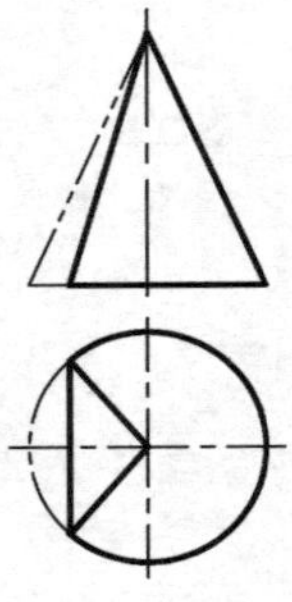
	截交线为圆	截交线为椭圆	截交线为抛物线	截交线为双曲线	截交线为两素线

例 3.6　求正垂面和圆锥的截交线，如图 3.20 所示。

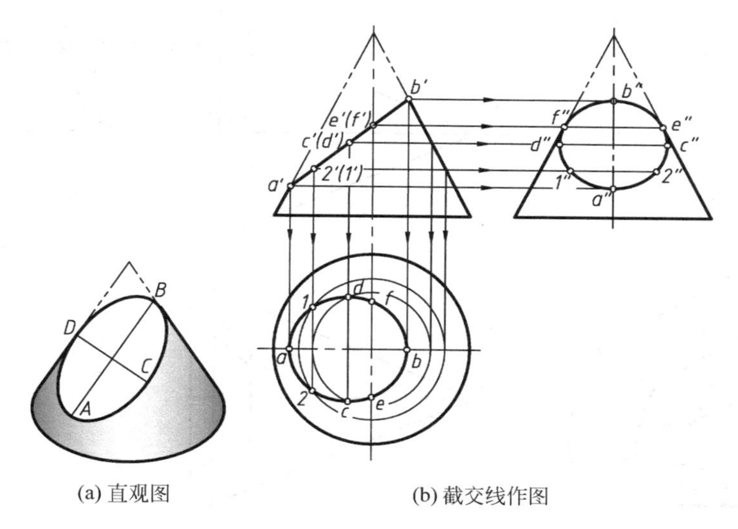

(a) 直观图　　(b) 截交线作图

图 3.20　正垂面截切圆锥

分析与作图：

根据截平面与圆锥的相对位置关系，可知截交线为椭圆。由于截平面为正垂面，所以截交线在主视图中的投影与平面 P 的集聚性投影重合为一直线，椭圆的长轴 AB 与之重合，其短轴 CD 是一正垂线，并位于该直线的中点处。截交线在俯、左视图中的投影均为椭圆。作图步骤如下所述。

(1) 求作特殊点：求转向线上的点 A、B、E、F。先在主视图上确定其投影 a'、b'、e'、f'，然后求出它们在俯、左视图中的投影 a、b、e、f 和 a''、b''、e''、f''。其中 A、B 两点是最左、最右点，又是空间椭圆长轴的端点，如图 4.20(b)所示。

(2) 求椭圆短轴 CD 的投影：由于截交线在主视图中的投影 c'，d' 重合于 $a'b'$ 的中点，为求出 C、D 的水平投影，过 $c'(d')$ 作纬圆，作出纬圆的水平投影，则 c、d 位于该纬圆上。由 c、d、c'、d'，可求出 c''、d''。点 C、D 也是截交线的最前、最后点。

(3) 求作一般点：为了较准确地作出截交线在俯、左视图中的投影，在已作出的截交线上点的稀疏处作一般点Ⅰ、Ⅱ。在主视图上取 $1'$、$2'$，过 $1'$、$2'$ 作纬圆求出水平投影 1、2，从而可得侧面投影 $1''$、$2''$。

(4) 将作出的 a、2、c、e、b、f、d、1、a 依次连接起来即为截交线的水平投影，将 a''、$2''$、c''、e''、b''、f''、d''、$1''$、a'' 依次连接起来即为截交线椭圆的侧面投影。

在左视图上，椭圆与圆锥的侧面转向线切于 e''、f'' 点。圆锥的转向线在 E、F 上端被切去不再画出。

例 3.7　求作圆锥被 3 个平面截切后的水平投影和侧面投影，如图 3.21 所示。

分析与作图：

该圆锥截切体是被两个水平面 P 和 R，侧平面 Q 3 个平面截切所得。从主视图可以

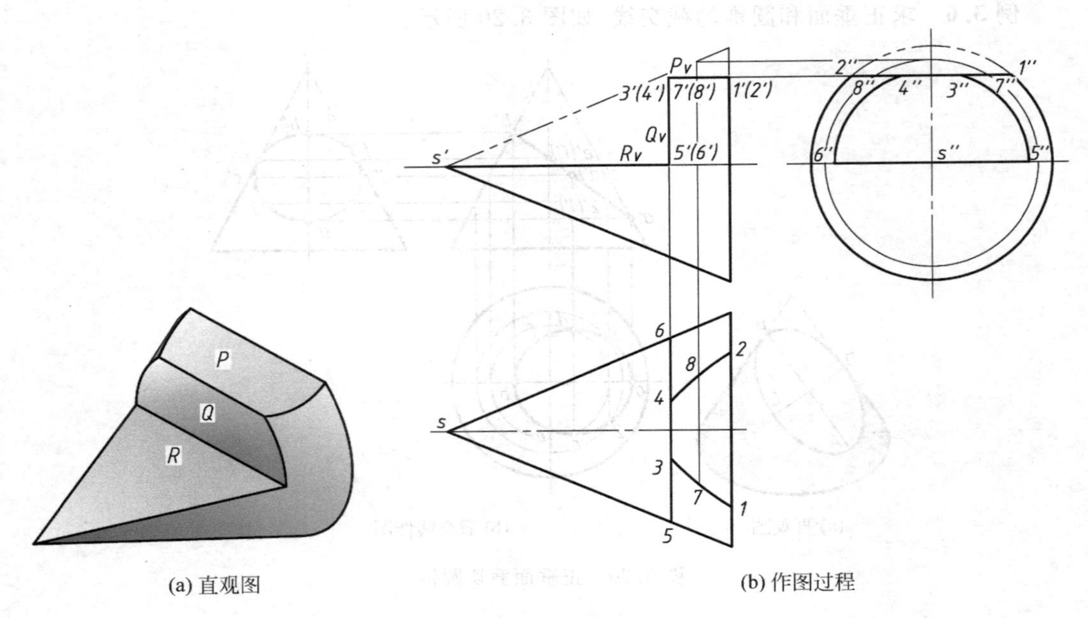

(a) 直观图　　(b) 作图过程

图 3.21　圆锥截割体的画法

看出，只要作出截平面 P、Q、R 与圆锥面的交线以及截平面 P 与锥底的交线，并作出相邻两截平面的交线，即满足解题要求。

显然，截切后的圆锥仍前后对称，所有截交线在主视图中的投影都积聚成为直线，它们在俯、左视图中投影都可见。作图步骤如图 3.21(b)所示。

(1) 作水平面 P 与圆锥的截交线：截平面 P 平行圆锥的轴线，它与锥底的交线为正垂线ⅠⅡ，与锥面的交线为两段双曲线弧ⅠⅢ和ⅡⅣ，与截平面 Q 的交线为正垂线ⅢⅣ。由主视图中的投影可作出ⅠⅡⅢⅣ点左视图中的投影 $1''$、$2''$、$3''$、$4''$ 和俯视图中的投影 1、2、3、4，为确定双曲线的弯曲方向再作出Ⅶ、Ⅷ两点的投影 $7''$、$8''$ 和 7、8。连 1、7、3 和 2、8、4 完成双曲线弧作图。

(2) 作侧平面 Q 与圆锥的截交线：截平面 Q 与圆锥轴线垂直，截ⅢⅣ交锥面所得的侧平纬圆两段圆弧 $\overset{\frown}{\mathrm{III\,V}}$、$\overset{\frown}{\mathrm{IV\,VI}}$，在主视图中的投影 $3'5'$、$4'6'$ 互相重合且积聚为直线，与截平面 R 的交线为正垂线ⅤⅥ。在侧面投影上，以 s'' 为圆心，过 $3'4'$ 作两段纬圆圆弧 $\overset{\frown}{3''5''}$、$\overset{\frown}{4''6''}$，与最前、最后素线的侧面投影交得 $5''$、$6''$；连 $5''$ 和 $6''$ 得 Q 与 R 的交线的侧面投影。由正面和侧面投影即可求得 $\overset{\frown}{\mathrm{III\,V}}$、$\overset{\frown}{\mathrm{IV\,VI}}$ 的水平投影 35，46。

(3) 作水平面 R 与圆锥的截交线：截平面 R 过圆锥顶且通过圆锥轴线，其截交线为锥面上最前、最后素线上的部分直线 SⅤ、SⅥ。侧面投影 $s''5''$、$s''6''$ 与 $5''6''$ 重合；水平投影 $s5$、$s6$ 与圆锥俯视图的转向轮廓线重合。

思考要点：在绘制圆锥的截交线时，不仅要保证截交线形状的精确性，更要保证截交线的曲线部分连接光滑和美观。

3. 平面与圆球相交

平面截切球体截交线都是圆。如果截平面平行于投影面，则截交线在三视图中一个投影为圆，另两投影积聚为直线，如图 3.22(a)、(b)所示。

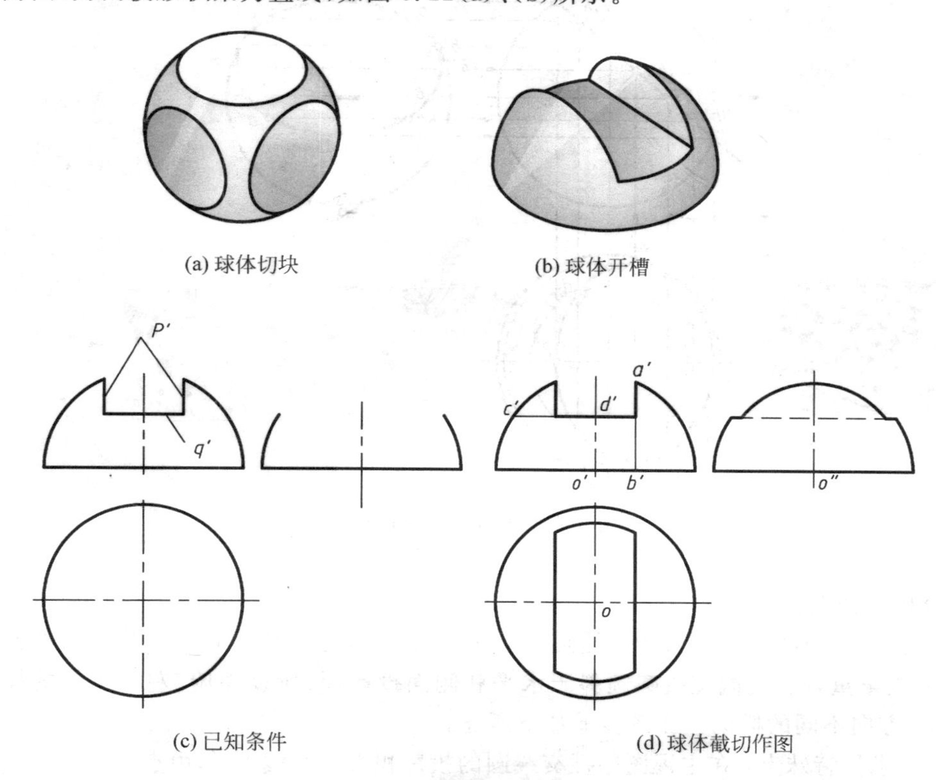

图 3.22 平面与球体相交

例 3.8 求作半球体开槽的水平投影和侧面投影，如图 3.22(c)所示。

分析与作图：

该球体开槽是由两个侧平面 P 和一个水平面 Q 组成，而且左右对称。P 面与半球的截交线是平行于 W 面的两段圆弧；Q 面与半球的截交线为前后两段平行于 H 面的水平圆弧。因此，确定每一段截交线圆弧的半径大小是作图关键。作图步骤如图 3.22(d)所示。

(1) 求两侧平面 P 与半球的截交线：由于截交线在左视图中的投影反映圆弧实形，半径为 $a'b'$，可以直接作出；但在俯视图中的投影积聚为直线。

(2) 求作槽底面 Q 与半球的截交线：因为 Q 面是水平面，故在俯视图中的投影反映两段圆弧的实形，半径为 $c'd'$ 可以直接作出；而在左视图中的投影积聚为直线，而且不可见部分应画成虚线。在左视图中，Q 面以上的转向轮廓圆被切掉，所以不应画。

思考要点：在求解平行于投影面的截平面截切球体所得到的圆截交线时，一定要分析截交线圆的半径或直径大小，然后仍以球心为圆心画圆。

当截平面倾斜于投影面时，球体的截交线将投影为直线和椭圆。

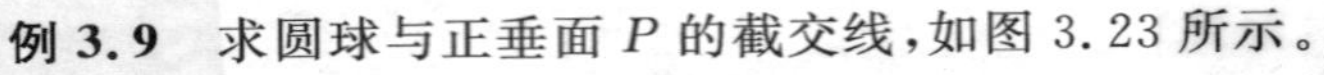

例 3.9　求圆球与正垂面 P 的截交线，如图 3.23 所示。

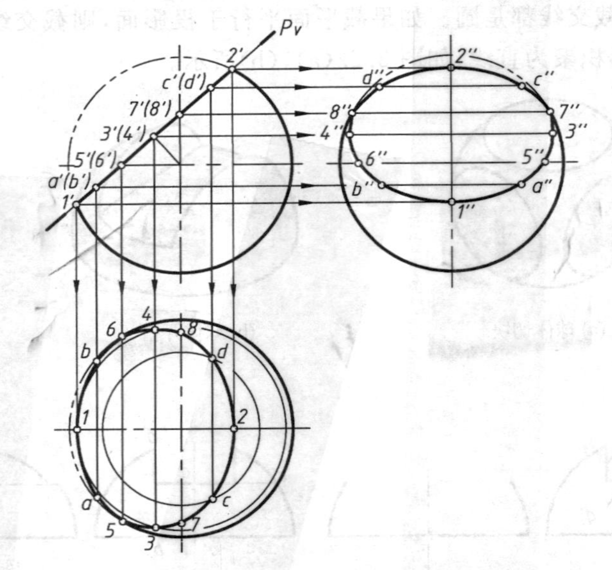

图 3.23　球体被正垂面截切

分析与作图：

正垂面 P 与圆球的截交线仍然是一空间圆曲线，在主视图中投影积聚为直线并与平面 P 的投影重合。但截交线圆倾斜于水平和侧面投影面，所以在俯、左视图中的投影均为大小、方向不同的椭圆。作图步骤如下所述。

(1) 求作特殊点：在主视图中截交线圆的投影积聚为直线 $1'2'$，由点 $1'$ 和 $2'$ 可直接求出其在俯、左视图中的投影 1、2 和 $1''$、$2''$，它们也是截交线圆的水平投影和侧面投影椭圆短轴的端点。点 Ⅰ、Ⅱ 又是截交线的最左、最右点，也是最低、最高点。在主视图上取 $1'2'$ 的中点，即过球的圆心向 P 平面的积聚性投影作垂线处得到截交线在俯、左视图椭圆的长轴 ⅢⅣ 的投影 $3'4'$ 是一条正垂线。通过 $3'4'$ 作水平纬圆，在纬圆的水平投影上求出 3、4，并由此求出 $3''$、$4''$，即为截交线圆在俯、左视图中投影椭圆长轴的端点。点 Ⅲ、Ⅳ 是截交线的最前、最后点。另外，P 平面与球面水平投影的转向轮廓线相交于 $5'(6')$ 点，可直接求出在俯视图中的投影 5、6，并由此求出在左视图中的投影 $5''$、$6''$。P 平面与球面侧面投影的转向轮廓线相交于 $7'(8')$ 点，可直接求得在左视图中的投影 $7''$、$8''$，并据此求出俯视图中投影 7、8 两点。5、6 两点在俯视图中的轮廓圆上，也是截交线椭圆与轮廓圆的切点位置。左视图中的 $7''$、$8''$ 两点，其性质与 5、6 两点完全相同。

(2) 求作一般点：在主视图截交线的投影 $1'2'$ 上，选择适当位置定出 $a'(b')$ 和 $c'(d')$ 点，然后按球面上取点的作图方法，分别求出 a、b、c、d 和 a''、b''、c''、d''。

(3) 按顺序光滑连接截交线上各点的俯、左视图中的投影，即可完成所求截交线的投影。由于截平面将球面切去了左上角一部分，因此在俯视图中，球的转向轮廓圆只画 5、6 的右边部分；在左视图中球的转向轮廓圆只画 7、8 的下面部分。

3.5 两基本体表面相交

空间位置相交的两形体又称为相贯体，其表面交线称为相贯线。在一些零件上，常常见到平面体与曲面体或两曲面体表面相交，有时见到在形体上穿孔而形成的孔口交线、两孔的孔壁交线，这些交线在图样上都应画出。

两形体表面相交，其相贯线具有下列性质：

（1）相贯线上每一点都是相交形体表面上的共有点，这些共有点的连线就是两形体表面的相贯线；

（2）两形体表面的相贯线一般是封闭的空间曲线，特殊情况下可以是平面曲线或直线段，如图3.24所示。

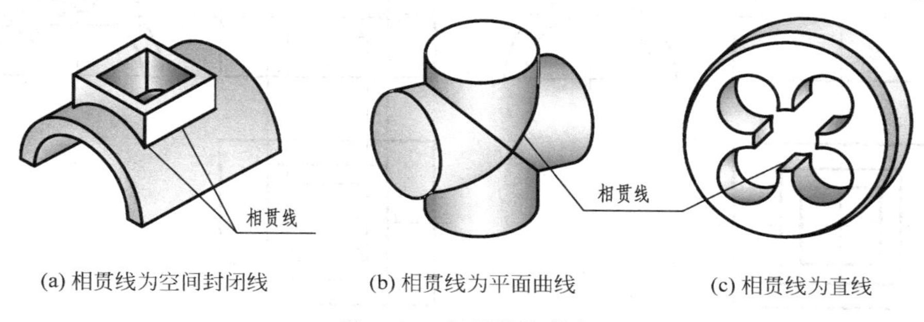

(a) 相贯线为空间封闭线　(b) 相贯线为平面曲线　(c) 相贯线为直线

图3.24　相贯线的形式

根据上述性质可知，相贯线作图就是求两形体表面上的共有点，然后将这些点光滑地连接起来，即得相贯线。

求相贯线的常用方法如下所述。

（1）表面取点法：利用回转体表面的积聚性求相贯线。

（2）辅助平面法：利用三面共点原理求出共有点，也是求相贯线的基本方法。

至于用哪种方法求相贯线，应根据两相交形体的几何性质、相对位置及投影特点而定。不论哪种方法，均应按以下作图步骤求相贯线。

（1）首先分析两回转体的形状、相对位置及相贯线的空间形状，然后分析相贯线的投影情况，是否有积聚性可以利用。

（2）先求作特殊点。特殊点一般是相贯线上处于极端位置的点，如最高、最低点，最前、最后点，最左、最右点，这些点通常也是曲面转向轮廓线上的点。求出相贯线上的特殊点，便于确定相贯线的范围和变化趋势。

（3）求作一般点。为了保证相贯线作图的准确性，需要在特殊点之间插入若干一般点。

（4）判别可见性。相贯线上的点只有同时位于两个回转体的可见表面上时，其投影才是可见的。

（5）光滑连接。只有相邻两素线上的点才能相连，连接要光滑美观，同时注意轮廓线要延长到位。

3.5.1　两形体表面相交后相贯线的作图——表面取点法

在两形体相交情况中，常见的是利用表面取点法作图。例如，平面棱柱与圆柱体和球体相交，两圆柱体轴线垂直相交以及圆柱体与球体相交。由于相贯线在某一视图中的投影有积聚性，并从属于另一回转体表面上。于是，求作两形体的相贯线投影可看作是已知另一形体表面上的线的一个投影而求作其他投影的问题。这样就可以在相贯线上取一些点，按照前面介绍过的形体表面上取点法求出其他投影，并根据可见性完成相贯线的作图。

例 3.10　求作空心四棱柱与半圆柱体的表面相贯线，如图 3.25(a)所示。

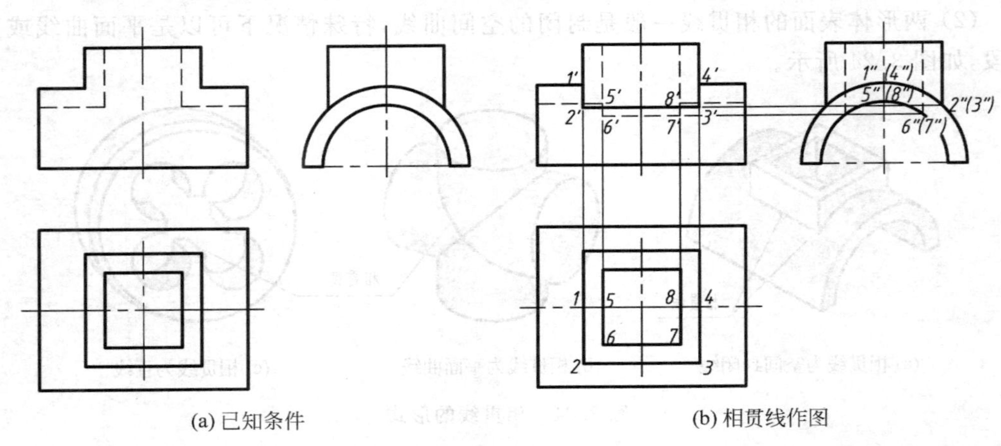

(a) 已知条件　　(b) 相贯线作图

图 3.25　棱柱与圆柱相贯线的求法

分析与作图：

其立体形状与图 3.24(a)类似，空心四棱柱与半圆柱体是相互垂直的前后对称相交，其表面相贯线为内外表面前后对称的两段圆弧和直线，在俯、左视图中相贯线分别积聚在四棱柱和半圆柱表面上，只需要求出主视图中外表面和内表面的作图即可。作图步骤如图 3.25(b)所示，只需作出两形体前半表面上的相贯线即可。

(1) 求作外表面上的点：根据以上分析，外表面相贯线分别由Ⅰ Ⅱ、Ⅲ Ⅳ圆弧和直线Ⅱ Ⅲ组成。Ⅰ、Ⅳ两点既是外表面相贯线上的最高点，也是最左、最右点；Ⅱ、Ⅲ 两点为外表面相贯线上的最前、最低点。在俯、左视图中的可直接标出这 4 个点的位置，由俯视图的 1、2、3、4 和左视图中的 1″、2″、3″、4″可直接求出在主视图中 4 个点的投影 1′、2′、3′、4′。

(2) 求作内表面上的点：四棱柱内表面与半圆柱内表面的相贯线同样为两段圆弧和一直线，只需求出Ⅴ、Ⅵ、Ⅶ、Ⅷ 点即可。作图方法同外表面，直接由俯视图中的投影 5、6、7、8 和左视图中的投影 5″、6″、7″、8″求出在主视图中的投影 5′、6′、7′、8′。

(3) 判别可见性并连接相贯线：由于内外四棱柱的左、右侧面有积聚性，前后表面为正平面，因此，1′、2′、3′、4′依次连粗实线，而 5′、6′、7′、8′依次连线成虚线即可。

例 3.11　求作两轴线垂直相交圆柱体的相贯线，如图 3.26 所示。

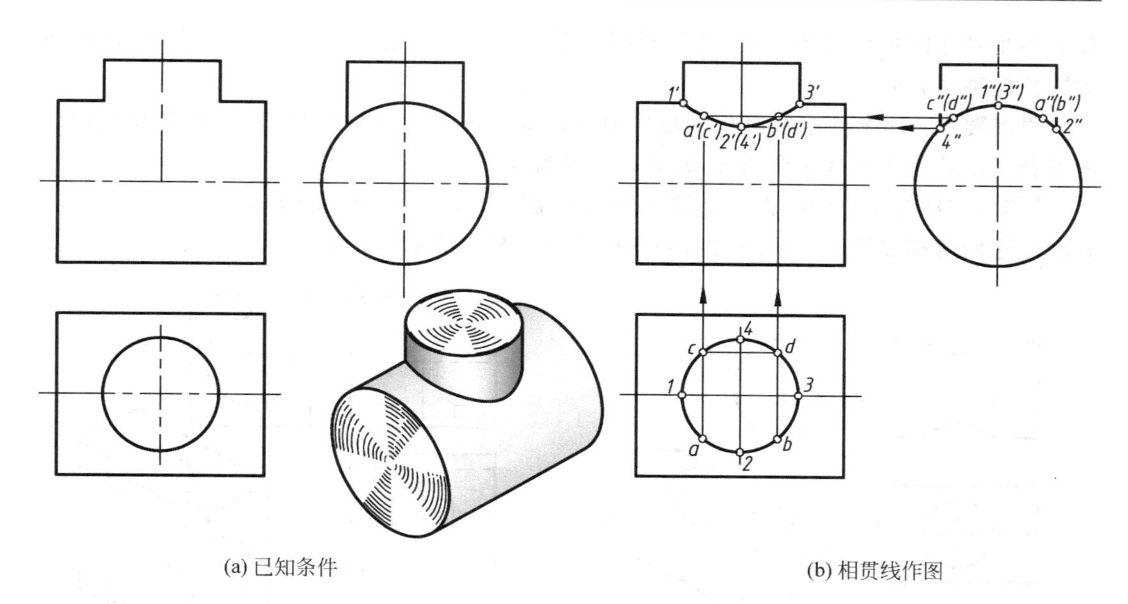

(a) 已知条件　　(b) 相贯线作图

图 3.26　正交两圆柱相贯线的求法

分析与作图：

由图 3.26(a)可知，小圆柱与大圆柱的轴线正交。因此相贯线是前、后，左、右对称的一条封闭的空间曲线。

根据两圆柱轴线的位置，大圆柱面在左视图中以及小圆柱面在俯视图中都具有积聚性。因此，相贯线在俯视图中的投影和小圆柱面的投影重合在一个圆上，而相贯线在左视图中的投影和大圆柱的面投影重合为一段圆弧。为此，只需要求作相贯线在主视图中的投影。作图步骤如图 3.26(b)所示。

(1) 求作特殊点：根据以上分析，由相贯线在俯、左视图中的投影可直接求出相贯线上的特殊点。由左视图和俯视图可以看出，相贯线上的 Ⅰ、Ⅲ 两点既是最高点也是最左、最右点；Ⅱ、Ⅳ 两点既是最低点又是最前、最后点。由左视图中的投影 1″、(3″)、2″、4″可直接求出在俯视图中的投影 1、2、3、4；继而可求出在主视图中的投影 1′、2′、3′、4′。

(2) 求作一般点：可以根据相贯线在俯视图中的投影直接取 a、b、c、d 4 点，并分别求出它们在左视图中的投影 a''(b'')、c''(d'')和在主视图中的投影 a'(c')、b'(d')。

(3) 判别可见性，光滑连接相贯线：因为相贯线前后对称，后半部与前半部重合，所以只画出前半部相贯线投影即可。依次光滑连接 1′、a'、2′、b'、3′各点，即为所求。

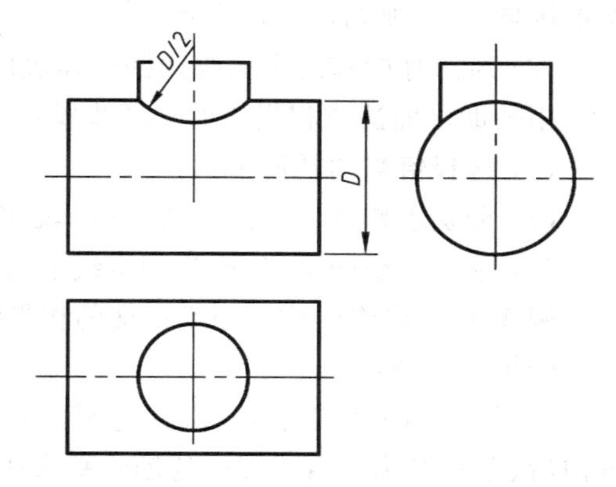

图 3.27　相贯线的简化画法

对于两圆柱轴线正交且直径相差较大时，其相贯线可以采用圆弧代替非圆曲线的近似画法。如图 3.27 所示，相贯线可用大圆柱的

$D/2$ 为半径作圆弧代替相贯线，其相贯线圆弧的圆心一定在小圆柱体的轴线上，且凸向大圆柱体轴线方向。

思考要点：读者对于两圆柱体轴线相互垂直的相贯情况应牢固掌握，在实际设计作图时相贯线的简化画法是常用方法，读者应熟练掌握。

同时，圆柱体垂直轴线挖切圆柱孔作图也是设计中常遇到的结构，如图 3.28 所示，读者求作它们的相贯线时，要注意内、外圆柱表面上相贯线的可见性。

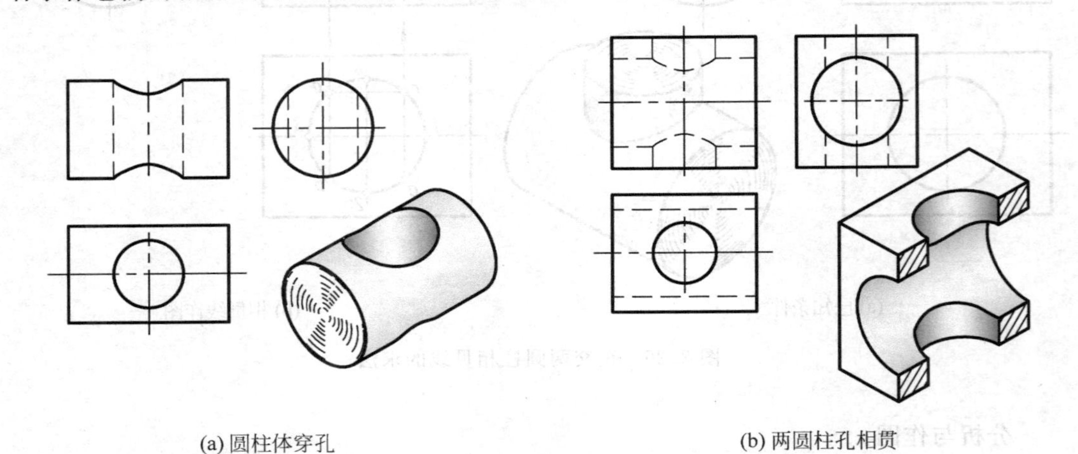

(a) 圆柱体穿孔　　(b) 两圆柱孔相贯

图 3.28　两圆柱的相贯线

3.5.2　辅助平面法

辅助平面法就是用辅助平面同时截切相交的两回转体，在两回转体表面得到两组截交线，这两组截交线的交点即为相贯线上的点。这些点既在两形体表面上，又在辅助平面内。因此，辅助平面法就是利用三面共点的原理，用若干个辅助平面求出相贯线上一系列共有点。

为了作图简便，选择辅助平面的原则是：

(1) 选择特殊位置平面作为辅助平面（一般为投影面平行面），且位于两曲面形体相交的区域内，否则得不到共有点；

(2) 所选择的辅助平面与两回转体表面交线的投影最简单，如直线或圆。

用辅助平面法求相贯线的作图步骤：

(1) 选择恰当的辅助平面；

(2) 分别求作辅助平面与两回转体表面的交线；

(3) 求出交线的交点，即为相贯线上的点。

例 3.12　求作圆柱与圆锥正交的相贯线，如图 3.29 所示。

分析与作图：

从图 3.29(a)可以看出，圆柱与圆锥轴线正交，其相贯线不仅为封闭的空间曲线，而且前后、左右对称。由于圆柱的轴线垂直于 W 投影面。因此，相贯线在左视图中的投影与圆柱面的投影圆重合，所以只需求出相贯线在主、俯视图中的投影。

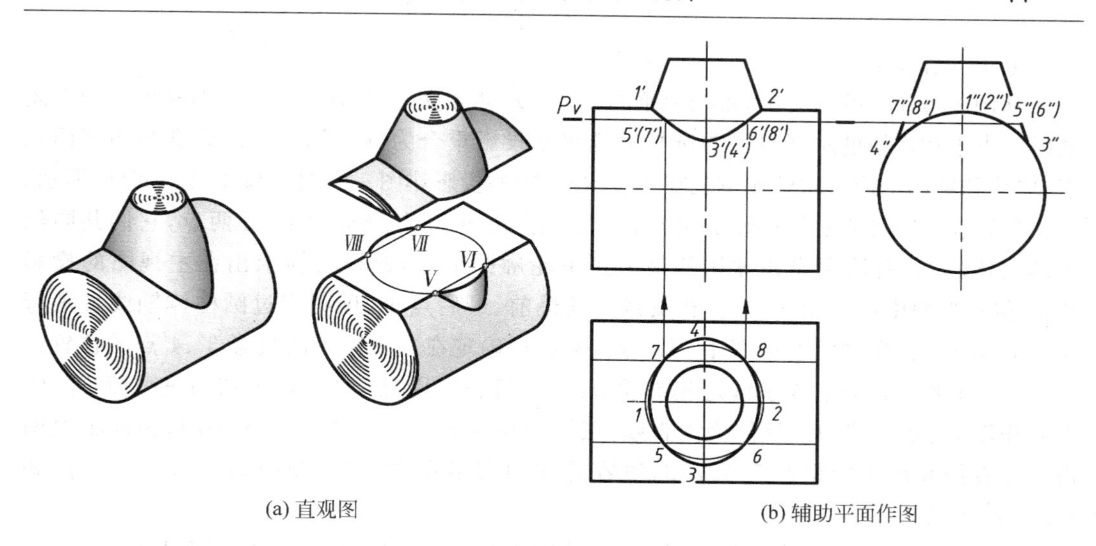

(a) 直观图　　(b) 辅助平面作图

图 3.29　圆柱与圆锥正交的相贯线

根据已知条件，应选择水平面作为辅助平面。作图步骤如图 3.29(b)所示。

(1) 求作特殊点：先在圆柱具有积聚性的左视图中定出相贯线的最前、最后点（也是最低点）3″、4″和最高点 1″、(2″)，由于这些点都在转向线上，因此可方便地求出它们在主视图中的投影 3′、(4′)、1′、2′。显然 1′、2′也是最左、最右点。

(2) 求作一般点：在主视图中的适当位置选用水平面 P 作为辅助平面，与圆锥截交线的水平投影为圆，与圆柱截交线的水平投影为两条平行线，其交点 5、6、7、8 即为相贯线上的点，再根据俯、左视图中的投影求出主视图中的投影 5′、6′、7′、8′各点。

(3) 判别可见性，光滑连接相贯线：主视图中相贯线前后对称，只画出可见的前半部分投影；俯视图中相贯线同时位于两曲面的可见部位，故投影全可见。用曲线依次光滑连接相邻的各点。

当然，该题的相贯线也可以用圆柱体表面上取点法求解。

例 3.13　求作圆柱体与球体的相贯线，如图 3.30 所示。

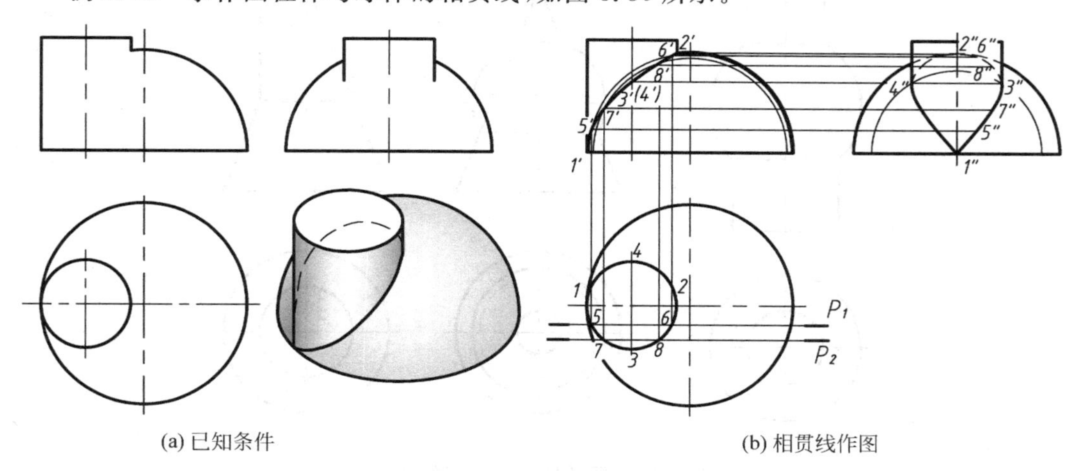

(a) 已知条件　　(b) 相贯线作图

图 3.30　球体与圆柱体相贯线求法

分析与作图：

从图 3.30(a)可以看出，轴线铅垂的圆柱与球体相交，其相贯线为前后对称的空间封闭曲线。由于相贯线的水平投影与圆柱面的水平投影重合为圆，因此，可以分别利用球面取点、取线和辅助平面法求解相贯线在主、左视图中的投影作图。作图步骤如图 3.30(b)所示。

(1) 求作特殊点：相贯线的最左、最右和最低、最高点分别为Ⅰ、Ⅱ两点，它们共同位于圆柱体的左、右轮廓线和球体的最大正平轮廓圆上，因此很容易求出在主视图的投影 1′、2′和左视图中的投影 1″、2″。相贯线上的最前、最后点Ⅲ、Ⅳ利用过圆柱体轴线且平行 W 面的侧平圆，先确定左视图中 3″、4″点，然后再确定在主视图中的投影 3′、4′点的位置。

(2) 求作一般点：为了确定相贯线上的Ⅴ、Ⅵ、Ⅶ、Ⅷ 点，采用两个辅助正平面 P_1、P_2 求解作图，截平面截切圆柱体为两直线，截切球体为直径大小不同的正平圆，为此根据两截平面在俯视图中的交点 5、6、7、8，很容易作图求出在主、左视图中的 5′、6′、7′、8′点和 5″、6″、7″、8″点。

(3) 判别可见性，光滑连接相贯线：主视图中相贯线前后对称，只画出可见的前半部分投影即可；而在左视图中相贯线只有同时位于两曲面的可见部分才可见，即圆柱体左半部分的相贯线可见。为此，由 3″ 向 5″、7″、1″ 和 4″点连成粗实线，3″、4″点以上相贯线位于圆柱体右半部分，应连接成为光滑的虚线。同时，在连线时要注意粗实线与虚线保持连接一致。

球体在左视图中的部分轮廓线被圆柱体遮住不可见，也应画成虚线。

3.5.3 相贯线的特殊情况及变化

虽然两回转体相交其相贯线一般为空间曲线，在特殊情况下也可能是平面曲线或是直线。同时，读者对一些常见的回转体相贯线也应掌握其变化趋势。

1. 圆柱、球体和圆锥同轴相贯

当两个回转体具有公共轴线时，相贯线为垂直于轴线的圆，如图 3.31 所示，该圆的正面投影为一直线段，水平投影为圆的实形。

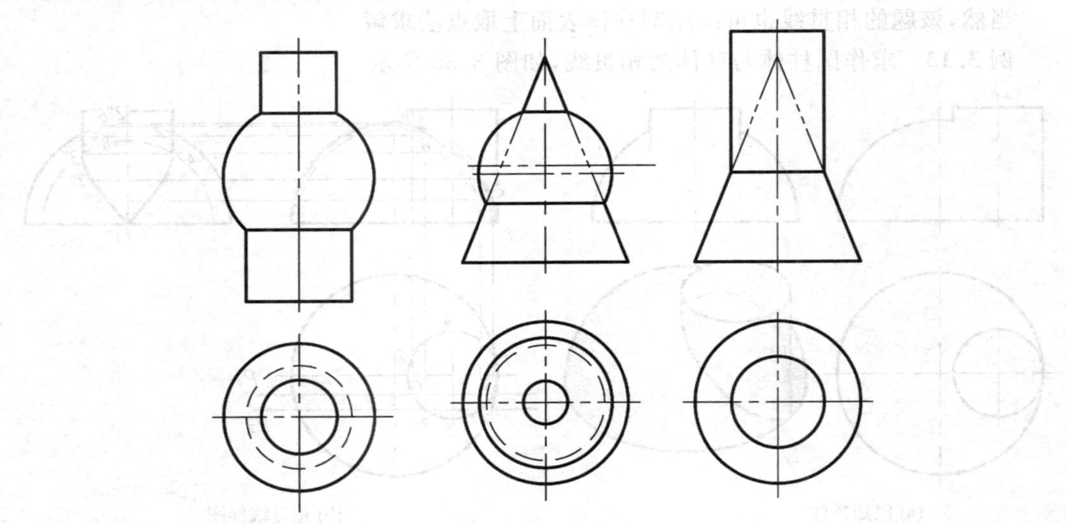

图 3.31　回转体同轴相交的相贯

2. 轴线平行的圆柱或轴线相交圆锥体相贯

当两圆柱轴线平行或两圆锥共锥顶相交时，其相贯线均为直线，如图 3.32 所示。

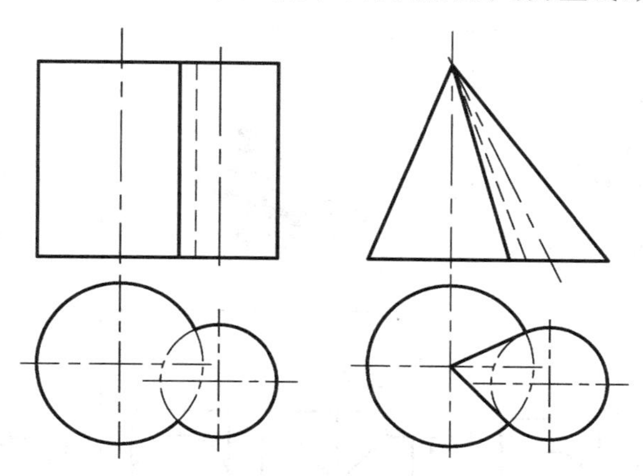

图 3.32　圆柱轴线平行、圆锥共顶相贯

3. 相贯线在某一视图中投影为直线的情况

当圆柱与圆柱、圆柱与圆锥、圆锥与圆锥轴线相交且平行于同一投影面时，若它们能公切于一圆球，则相贯线是垂直于这个投影面的椭圆，如图 3.33 所示，椭圆在该投影面上的投影为一段直线。

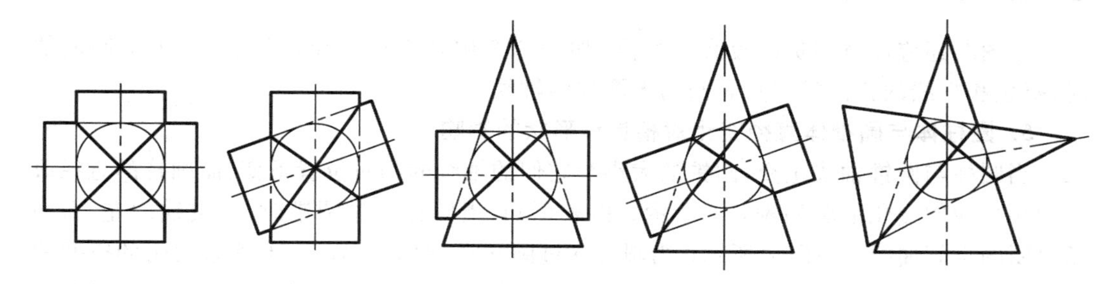

图 3.33　切与同一球面的圆柱、圆锥的相贯线

思考要点：在机械零件结构设计中，各种特殊位置的回转体相贯线及其投影的简化画法是常见的，读者应熟练掌握。

4. 两圆柱体直径变化对相贯线形状的影响

两圆柱的相贯线空间形状和投影形状的变化，取决于它们尺寸大小和相对位置的变化。

当两圆柱轴线正交相贯时，其中一圆柱直径不变而另一圆柱直径变化时，相贯线的变化情况，见表 3.3 所示。假如铅垂圆柱的直径不变，如图(a)所示，当 $d_1<d_2$ 时，相贯线是左、右两条封闭的空间曲线；当 d_1 增大到与 d_2 相等时，相贯线由空间曲线变为平面曲线(两个椭圆)，其正面投影是直线，如图(b)所示；当 d_1 继续增大至 $d_1>d_2$ 时，相贯线变为上、下两条封闭的空间曲线，如图(c)所示。

表 3.3 改变两圆柱直径变化对相贯线的影响

	$d_1<d_2$	$d_1=d_2$	$d_1>d_2$
立体图			
投影图	d_2 d_1 (a)	d_2 d_1 (b)	d_2 d_1 (c)

作图时还应注意相贯线投影的特点，如表 3.3 中两圆柱相交，当相贯线为空间曲线时，每条相贯线的正面投影总是凸向大圆柱的轴线。

5. 圆柱体与圆锥体直径变化对相贯线形状的影响

当圆柱与圆锥轴线正交，圆锥的大小和它们的轴线的相对位置不变，而圆柱的直径改变则相贯线的变化情况如表 3.4 所示。由表可知，当圆柱穿过圆锥时，相贯线为左、右两条封闭的空间曲线，如图(a)所示；当圆锥穿过圆柱时，相贯线为上、下两条封闭的空间曲线，如图(b)所示；当圆柱与圆锥公切于球面时，相贯线为平面曲线（两个椭圆），如图(c)所示。

表 3.4 圆柱与圆锥相交的 3 种情况

	圆柱穿过圆锥	圆锥穿过圆柱	圆柱与圆锥公切于一球
立体图			

续表

	圆柱穿过圆锥	圆锥穿过圆柱	圆柱与圆锥公切于一球
投影图	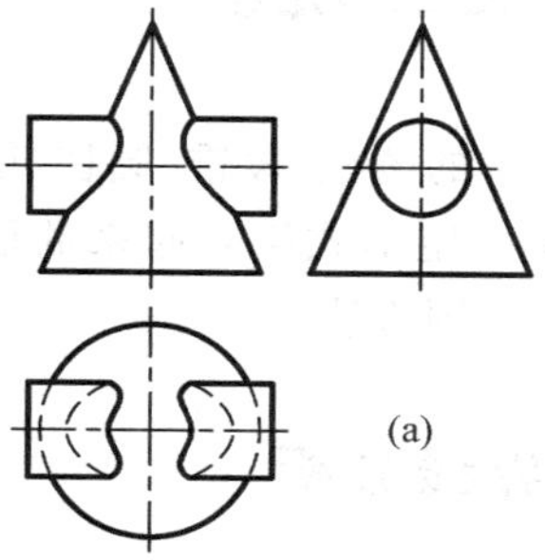 (a)	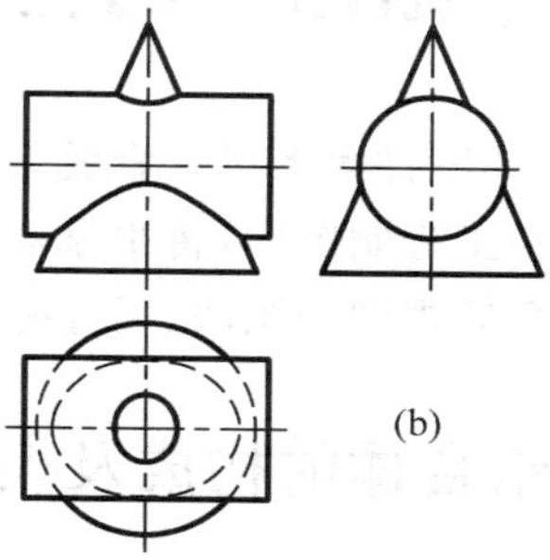 (b)	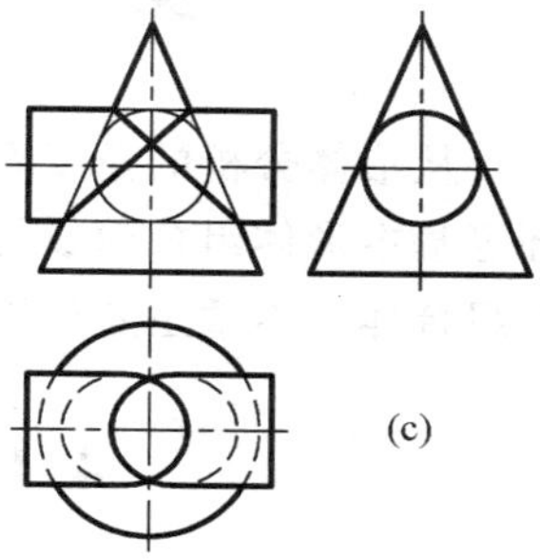 (c)

思考要点：基本形体表面相交是组合体的主要组合形式，看其简单，但变化多种多样，读者应在学习过程中认真分析作图方法和技巧。尤其是圆柱体和球体的相交情况更应多加思考和自设命题练习。

第 4 章　组合体的构成及三视图

从形体分析的角度看，机器零件大多可以看成是由简单的棱柱、棱锥、圆柱、圆锥、球、环等基本形体组合而成的。在工程制图中，将由基本体按一定形式组合起来的形体统称为组合体。本章主要讨论组合体视图的画法、尺寸标注及读图方法。

4.1　组合体的构成及表面界线分析

1. 组合体的构成方式

形成组合体的组合形式，主要有叠加和挖切两种方式，如图 4.1(a)、(b)所示。

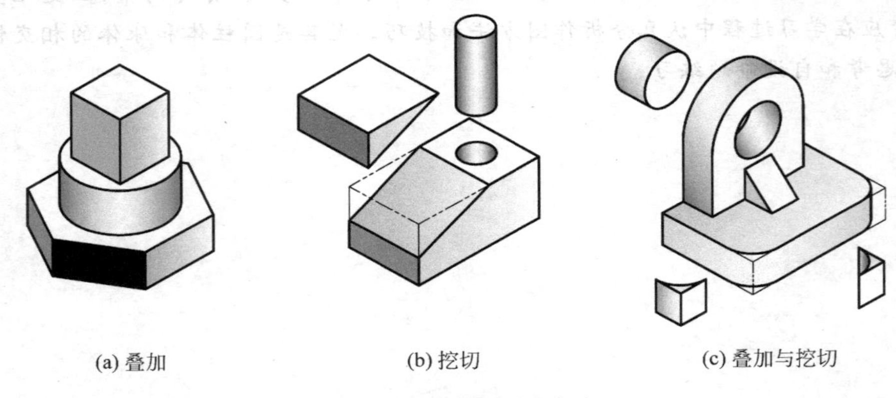

(a) 叠加　　(b) 挖切　　(c) 叠加与挖切

图 4.1　组合体的形成方式

实际上，用单一叠加或挖切的方式形成的组合体方式很难满足机器零件结构形状设计的要求，更多的组合体是叠加和挖切的综合形式。如图 4.1(c)所示，组合体主要由叠加构成，但一个大孔和两个小圆角是挖切形成的。

当然，有时候叠加与挖切并无严格的区分，同一形体既可以按叠加方式进行分析，也可按挖切的方式去理解。如图 4.2(a)所示的组合体，既可按图 4.2(b)所示的叠加式理解，也可按图 4.2(c)所示的挖切方式理解，一般应根据具体情况并以作图方便和易于分析理解为准。

2. 组合体中相邻表面界线的分析

由基本形体构成组合体时，不同形体上有些表面因为组合后成为一个实体其内部结构不再存在贯穿的理念。有些表面连成一个面，有些表面则被挖切掉，而有些表面产生相交或相切等各种情况。因此，在画组合体视图时必须注意其组合形式和各组成部分表面间的连接关系，绘图时应做到不多画线或漏画线。在读图时，也必须注意这些表面关系才能想像整体结构形状。常见的有下列几种表面之间的组合关系。

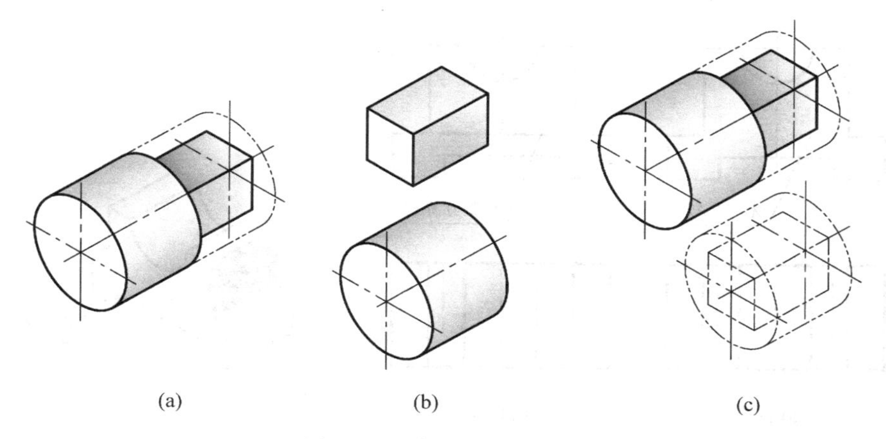

图 4.2　叠加也可挖切理解

(1) 如果两基本形体尺寸大小不同且在某一个方向对正叠加时，则在两形体的结合部位产生台阶面，这时在其结合部位处一定要画出台阶面的投影线。如图 4.3 所示。

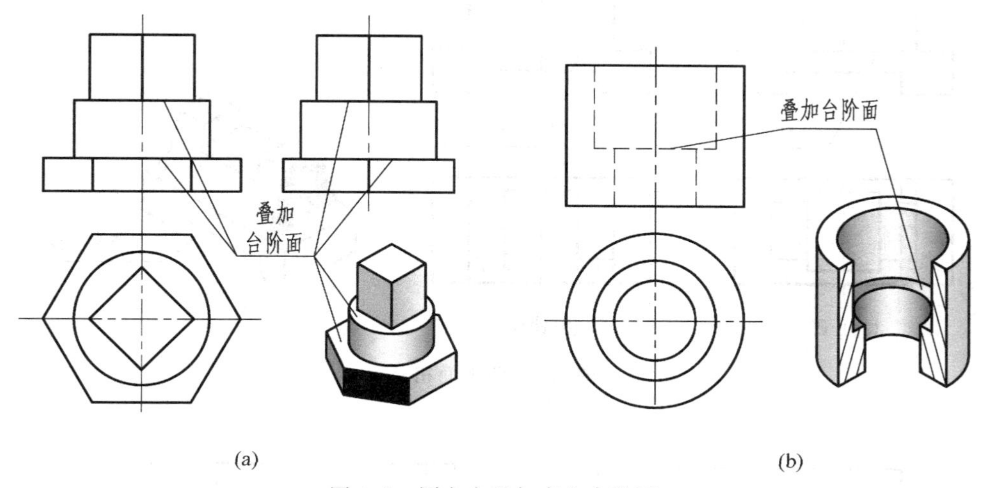

图 4.3　同方向叠加产生台阶面

思考要点：在设计作图时，对于内部叠加处的台阶面最容易出现的错误是忘记画线。

(2) 当组合体上两基本形体叠加且表面平齐时，在接合部位处两表面构成一个平面而不应有线隔开。如图 4.4(b)所示，接合部位多画了图线是错误的。如图 4.4(a)所示是正确的。

思考要点：在两形体共面平齐处虽然没有实线，但在其后面不可见的结构(如台阶面)要用虚线表达。

(3) 如果两基本形体叠加且表面相交，则表面交线是它们的分界线，在视图中必须画出。如图 4.5、图 4.6 所示，请读者分析正确与错误的原因。

思考要点：前面介绍的两基本体表面相交也属于此种组合形式，对于相贯线的画法读者应当熟练掌握。

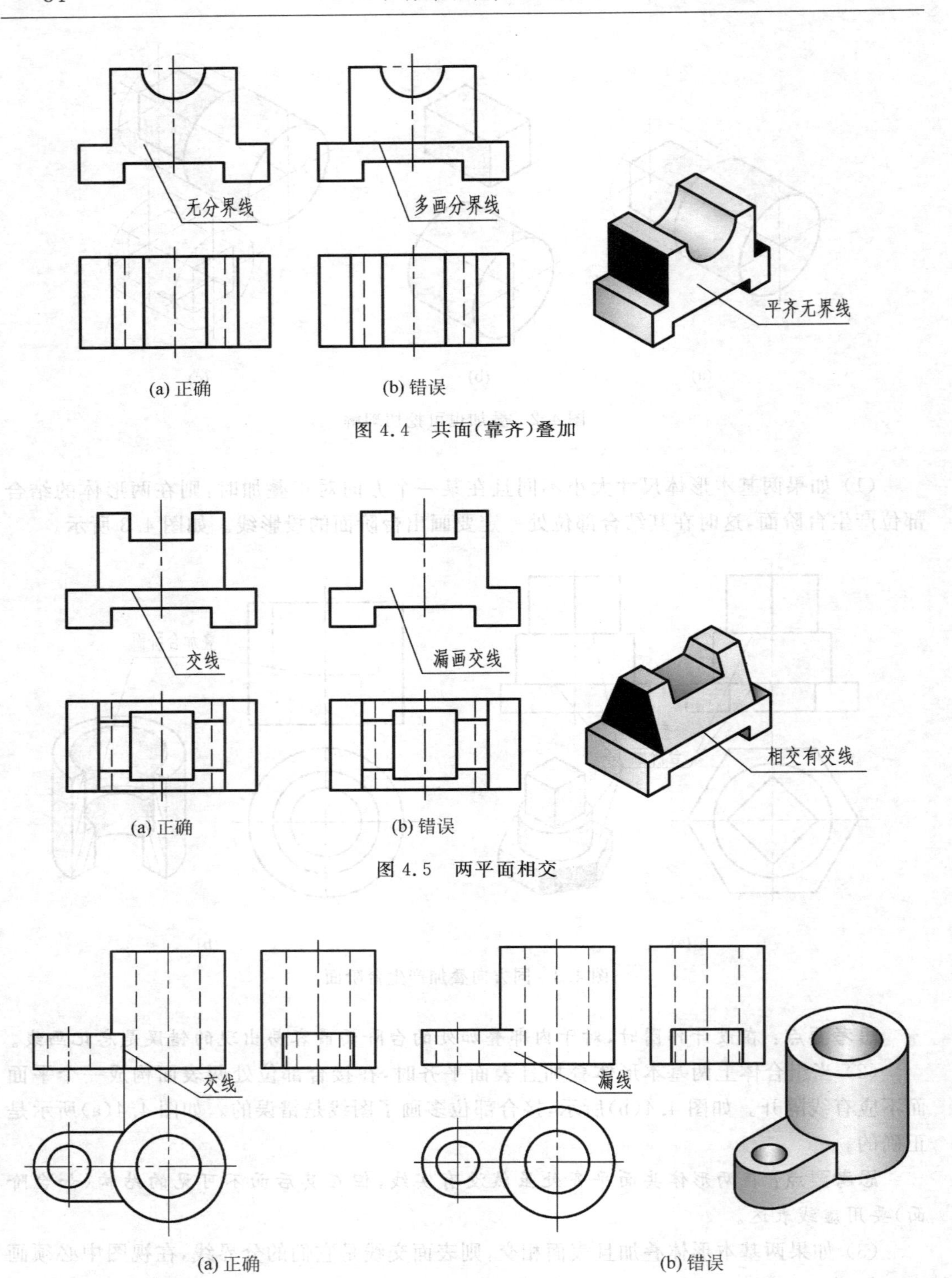

图 4.4 共面(靠齐)叠加

图 4.5 两平面相交

图 4.6 平面与曲面相交

(4) 如果两基本形体叠加且表面相切，在相切处两表面应光滑过渡为一个面，故该处不应画出分界线，如图 4.7 所示。

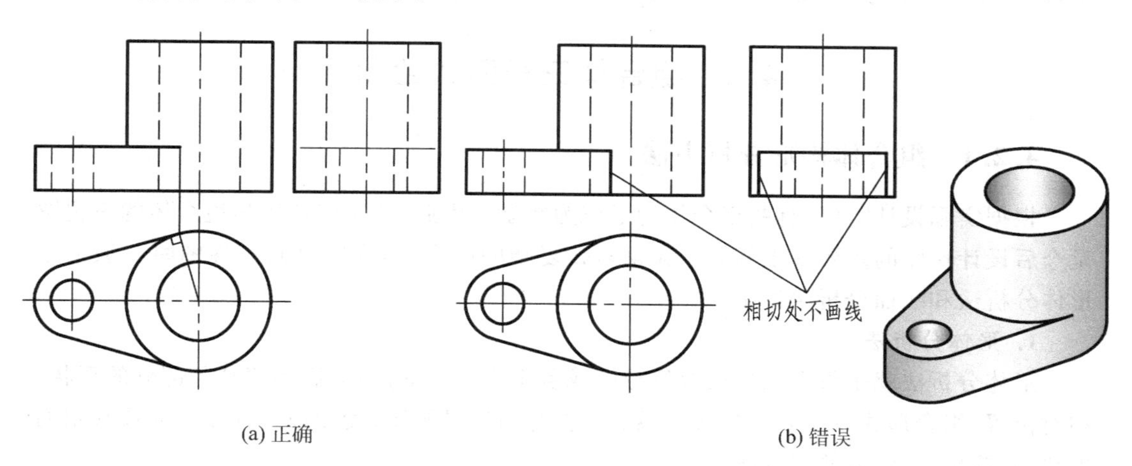

(a) 正确　　(b) 错误

图 4.7　平面与曲面相切

思考要点：只有在平面与曲面或两个曲面之间才会出现相切的情况。画图时，当与曲面相切的平面或两曲面的公切面垂直于投影面时，在相应的视图中才画出相切处的投影轮廓线，否则不应画出公切面的投影，如图 4.8 所示。

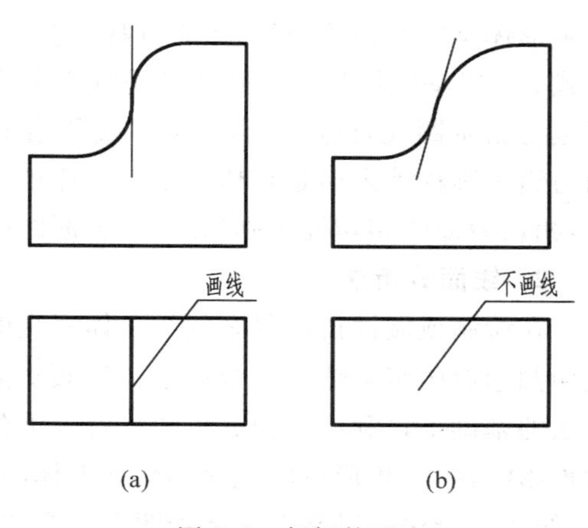

(a)　(b)

图 4.8　相切的画法

(5) 基本形体被平面或曲面挖切或穿孔后，会产生不同形状的截交线，这些交线应画出，如图 4.9 所示。一般情况下，开槽或穿孔在相应的视图中应有虚线，这样才可以表示槽或孔的宽度或深度。

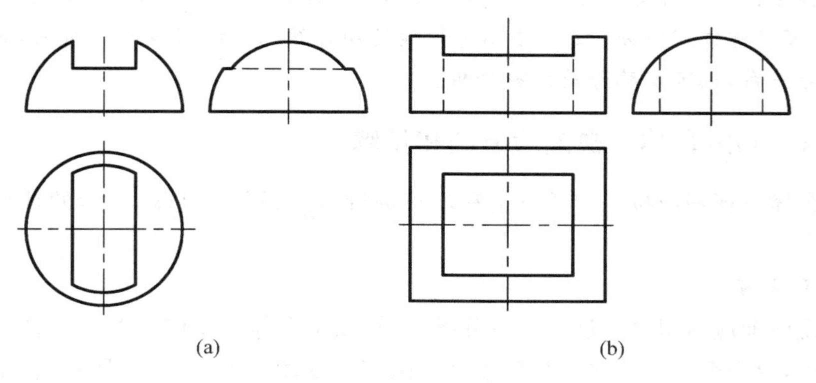

(a)　(b)

图 4.9　挖切与穿孔

思考要点：牢固掌握形体之间的组合形式以及合理的组合方式是构形设计能力的基础，读者应当多思考、多设计，从而培养个人的空间组合想像能力。

4.2 组合体三视图的绘制

4.2.1 组合体构形分析方法

根据实际设计需要，有些组合体构形较为复杂。因此，能正确地表达组合体的三视图是今后设计作图的重要基础部分。无论多么复杂的组合体，在绘制其三视图时一般采用形体分析法和线面分析法作图。

1. 形体分析法

形体分析法就是将复杂的组合体分解成若干个简单形体，然后弄清楚各部分的形状、相对位置、组合形式以及表面连接关系。形体分析法是画图、读图以及标注尺寸最常用的方法，它简单清晰，方便于制图。

如图 4.10(a)所示的支座，可分解成由图 4.10(b)所示的 6 个简单形体所组成。这些简单形体是空心铅垂圆柱，水平圆柱，左、右上耳板和左、右下耳板。各简单形体之间叠加形式为：铅垂圆柱与水平圆柱是垂直相交关系，所以两圆柱内、外表面都有相贯线；上下耳板与铅垂圆柱是叠加组合，上耳板与铅垂圆柱外表面有 3 条截交线；下耳板的前后侧面与铅垂圆柱外表面是相切关系。支座的三视图如图 4.10(c)所示，在主视图和左视图上，相切表面的相切处不画切线，而表面的相交处必须画出交线。

2. 线面分析法

在绘制或阅读比较复杂的组合体三视图时，对不易表达或读懂的局部结构(例如，多次切割形成的组合体和组合体上一些倾斜面或较复杂的表面交线等)，通常在运用形体分析法的基础上再利用线面分析法进行详细的分析。所谓线面分析法，就是运用点、线、面的投影特性，分析形体的表面形状和形体的表面交线以及形体面与面的相对位置等。因此，线面分析法可以帮助读者弄明白组合体的局部结构。

思考要点：在绘制或阅读组合体三视图时，应先使用形体分析法弄清楚形体的整体结构关系，可以称作宏观分析；对于不易读懂的局部结构应利用线面分析法，分析其空间位置和投影关系，也可以称作是微观分析。

4.2.2 画组合体三视图的方法和步骤

画组合体三视图应按一定的方法和步骤进行，现以图 4.11(a)所示的轴承座为例说明如下。

1. 形体分析

画三视图前应对组合体进行形体分析，了解该组合体是由哪些基本形体所组成以及组合形式等，对组合体的结构清楚后才可以画好三视图。如图 4.11 所示，轴承座是由空心圆柱轴承、支承板、肋以及底板组成的。支承板的左、右侧面都与空心圆柱的外圆柱面相切，而肋的左、右侧面与空心圆柱的外圆柱面则是相交，其交线由圆弧和直线组成；底

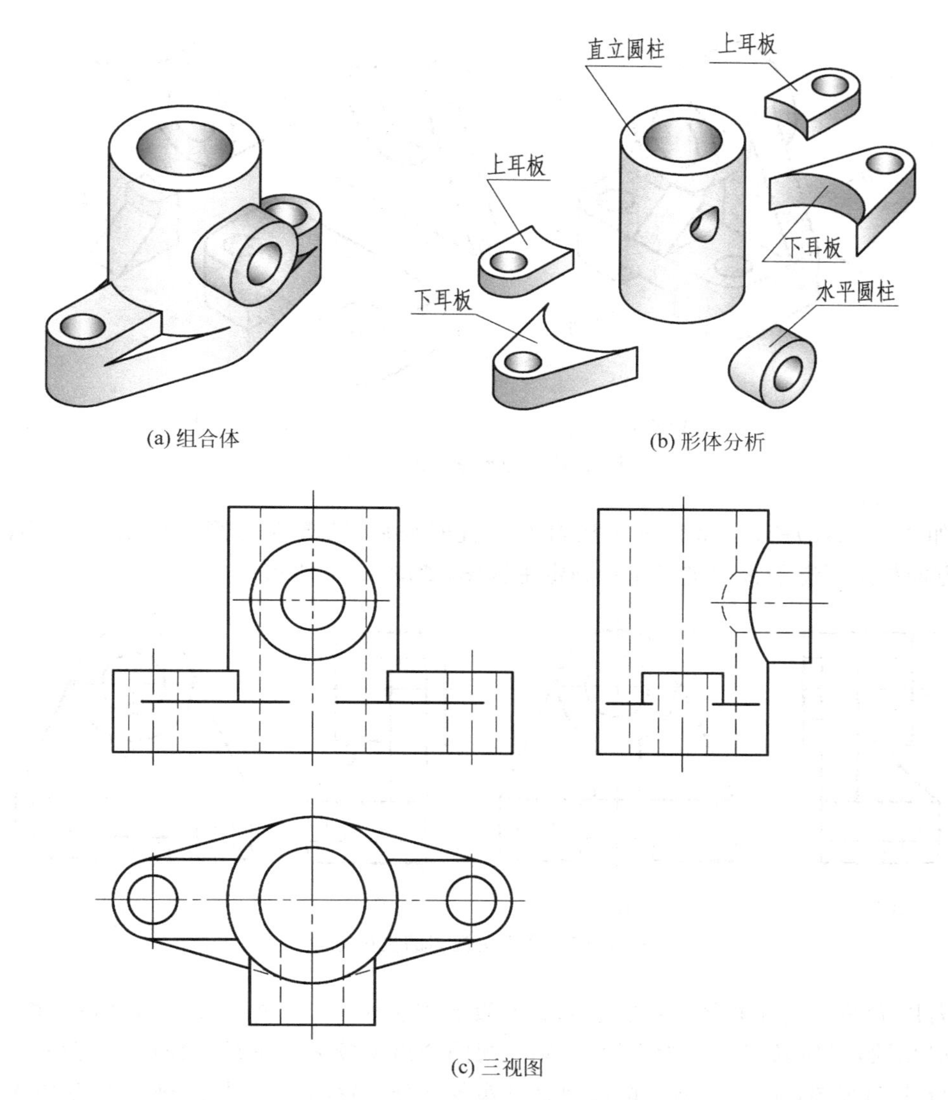

(a) 组合体

(b) 形体分析

(c) 三视图

图 4.10　支座的形体分析

板的顶面与支承板和肋的底面互相叠合。

2. 选择主视图

弄清楚组合体的整体结构以后,开始绘制三视图前必须认真选择其主视图的投影方向和放置位置。

选择主视图时主要考虑以下两个方面:

(1) 一般应选择表达组合体形状和位置特征最清晰明显的某一方位作为主视图的投影方向,并尽可能使形体上主要面平行于投影面以便得到实形;

(2) 既要考虑组合体的自然安放位置,还要兼顾其他两个视图表达的清晰性,并尽可能在绘图时减少虚线。

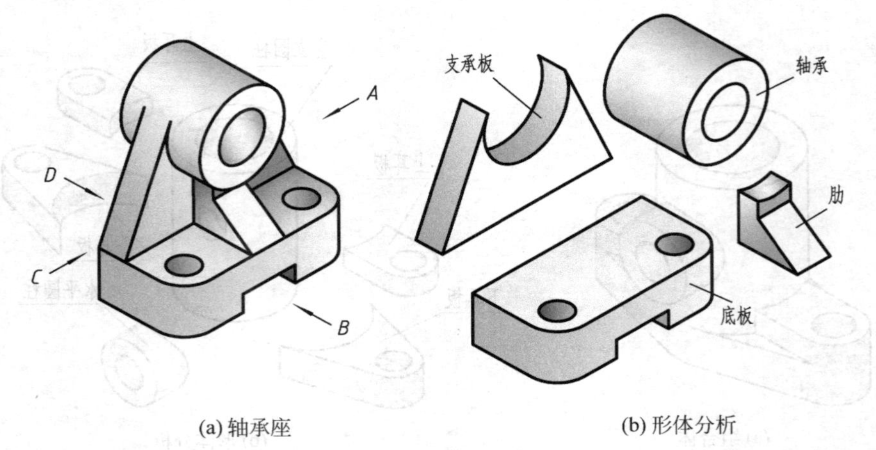

(a) 轴承座　　(b) 形体分析

图 4.11　轴承座的形体分析

如图 4.11(a)所示，将轴承座按自然位置安放后，需要对由箭头所示的 A、B、C、D 4 个方向投影所得的视图进行比较确定主视图，如图 4.12 所示。

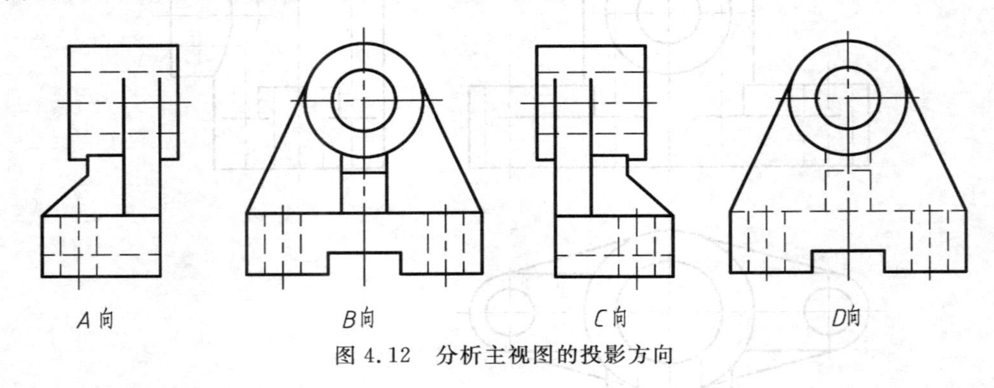

图 4.12　分析主视图的投影方向

若以 D 向作为主视图，虚线较多，显然没有 B 向清楚；C 向与 A 向视图虽然虚、实线的情况相同，但如以 C 向作为主视图，则左视图会出现较多的虚线，没有 A 向好；再比较 B 向与 A 向视图，B 向、A 向均能反映轴承座各部分的轮廓特征，最终确定以 B 向作为主视图的投影方向。

主视图确定以后，俯视图和左视图的投影方向也就确定了。

3. 画图步骤

绘制组合体三视图的步骤如下。

(1) 首先要选择适当的比例和图纸幅面，然后布置 3 个视图的位置并确定各视图的主要中心线或定位线的位置。

(2) 按形体分析法所分解的基本体以及它们之间的相对位置，逐个画出它们的视图。必须注意：应逐个画出基本体的 3 个视图，这样既能保证各基本体之间的相对位置和投影关系，又能提高绘图速度。

(3) 底稿完成后，要仔细检查、修改错误，擦去多余图线，再按规定线型加深并标注尺寸。

轴承座具体画图步骤见表 4.1。

表 4.1　轴承座的画图步骤

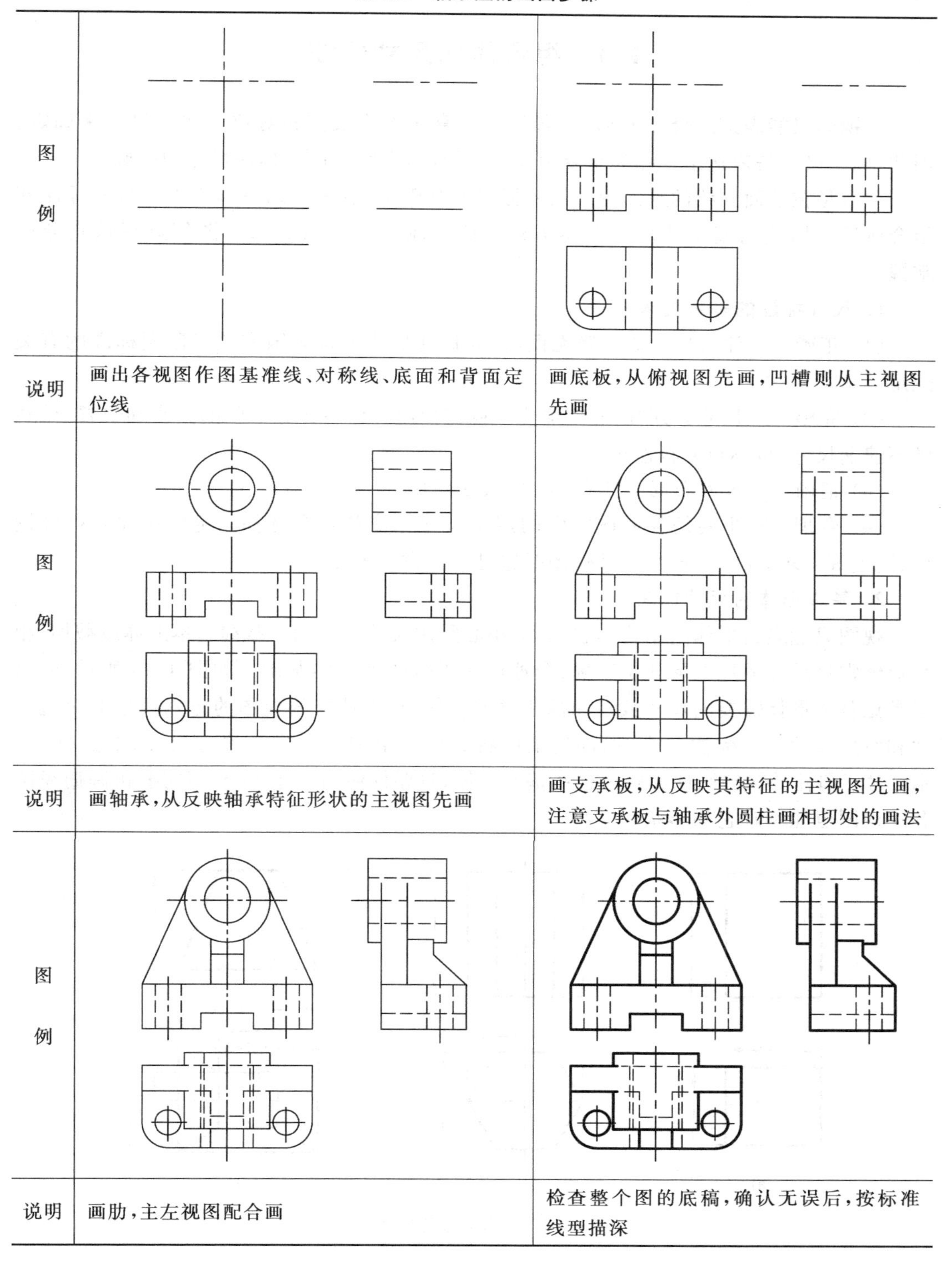

图例		
说明	画出各视图作图基准线、对称线、底面和背面定位线	画底板，从俯视图先画，凹槽则从主视图先画
图例		
说明	画轴承，从反映轴承特征形状的主视图先画	画支承板，从反映其特征的主视图先画，注意支承板与轴承外圆柱画相切处的画法
图例		
说明	画肋，主左视图配合画	检查整个图的底稿，确认无误后，按标准线型描深

思考要点：在绘制组合体三视图时，也可以根据所给组合体先徒手绘制出草图，在比较选择表达方案后，标注尺寸；然后绘制仪器工作图。草图最好画在方格纸上。

4.3　组合体的尺寸标注

三视图只能表达组合体的形状，各形体的真实大小及其相对位置要靠尺寸来确定。因此，标注尺寸是表达组合体的重要手段，也是今后在零件图上标注尺寸的基础。

本节是在前面介绍的平面图形尺寸标注的基础上，着重介绍各基本形体尺寸标注和组合体尺寸标注的基本要求和基本方法。读者应对所介绍的每一图例进行认真分析掌握。

1. 尺寸标注的基本要求

(1) 正确——注写尺寸要正确无误，尺寸标注形式要遵守国家技术制图标准的有关规定。

(2) 完整——尺寸必须齐全，要能完全确定出组合体各部分形状的大小和位置，做到既不遗漏尺寸，也不重复标注尺寸。

(3) 清晰——尺寸布局要整齐、清楚，便于看图。

(4) 合理——主要是各形体之间的定位尺寸标注和基准选择。定位尺寸要符合设计、测量等要求，在实际产品设计作图时这是应考虑的重点。

2. 基本形体的尺寸标注

视图只能表达形体的结构形状，其大小必须用尺寸来表示。掌握基本形体或截切、相交形体常见尺寸的标注形式是正确、合理标注组合体尺寸的基础。如图 4.13 所示，列出了常见基本形体需要的尺寸数目和标注形式。其中，六棱柱俯视图的正六边形的对边尺寸和对角尺寸只需标注一个，如都注上应将其中一个加括号作为参考尺寸，如图(b)所示；对于圆柱、圆锥、圆球和圆环这些基本形体，只要标注的尺寸齐全，不需要再画俯视图和左视图也能确定它的形状和大小。

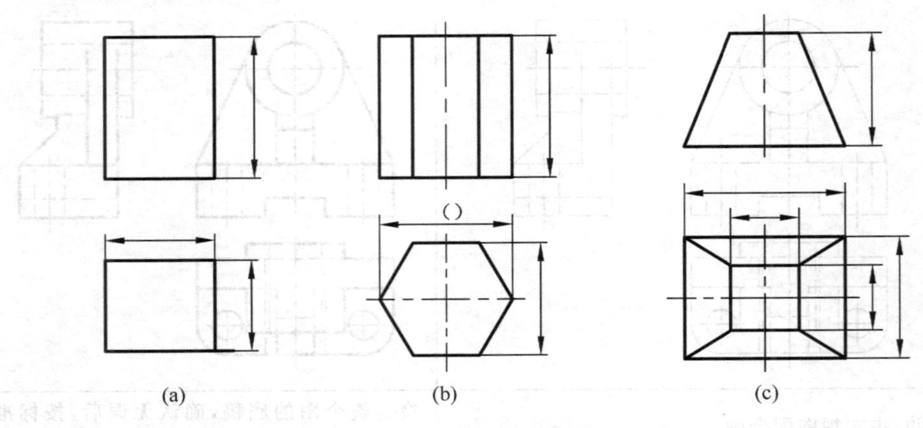

图 4.13　基本形体的尺寸标注

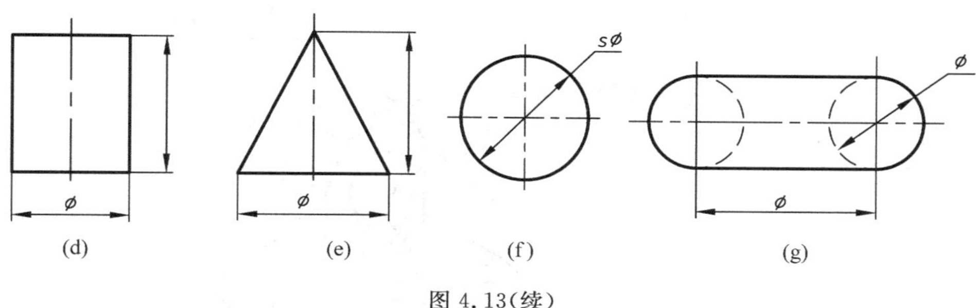

图 4.13(续)

3. 截割、相贯体的尺寸标注

如图 4.14 所示，列出了圆柱和球体的截切或相贯时的尺寸注法。在标注截割体的尺寸时，不能标注截平面的定形尺寸，应该注出截平面的定位尺寸；在标注相贯体的尺寸时，应该注出相关的基本形体的定形尺寸和确定形体间相对位置的定位尺寸，而不能注出相贯线的定形尺寸。图中标"□"的尺寸为定位尺寸，画"×"号的都是不应标注的。

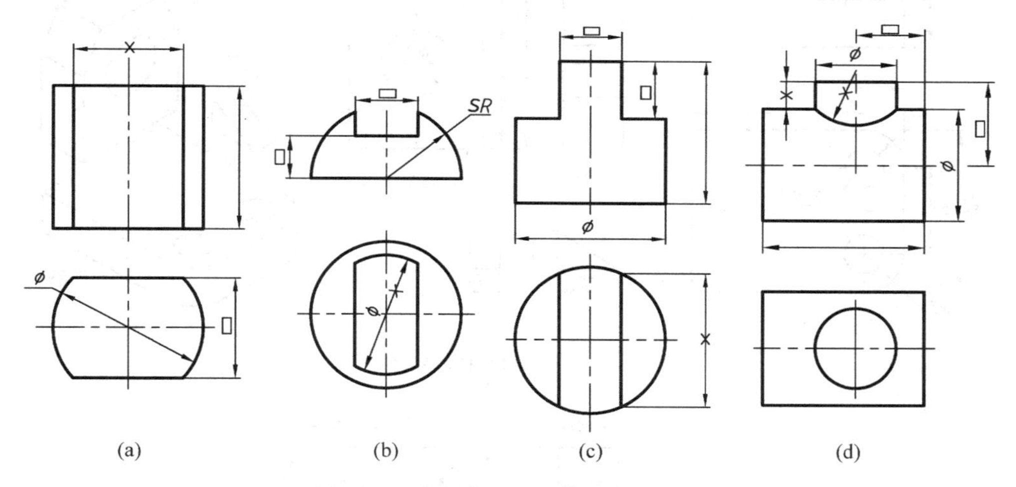

图 4.14　截割体和相贯体的尺寸标注

思考要点：一般情况下，截交线或相贯线的形状不标注尺寸，这是初学者在标注尺寸时应特别注意的问题。另外，建议读者在各种形体作图时都应养成分析尺寸标注的思考习惯。

4. 尺寸基准的确定

基准是标注定位尺寸的起点，在组合体上用来确定定位尺寸位置的点、线、面称为尺寸基准。基准又分为主要基准和辅助基准，主要基准在三维方向各一个，而辅助基准可以有多个。

组合体在长、宽、高 3 个方向都有一个主基准，以便标注各形体间的相对位置。一般可选组合体对称面的中心线、较大的平面以及回转体的轴线等作为定位尺寸的主要基准。如图 4.15(a)所示，选择底面作为高度方向的尺寸基准，组合体的前后对称面作为宽度方向的尺寸基准，底板的右端面作为长度方向的尺寸基准。

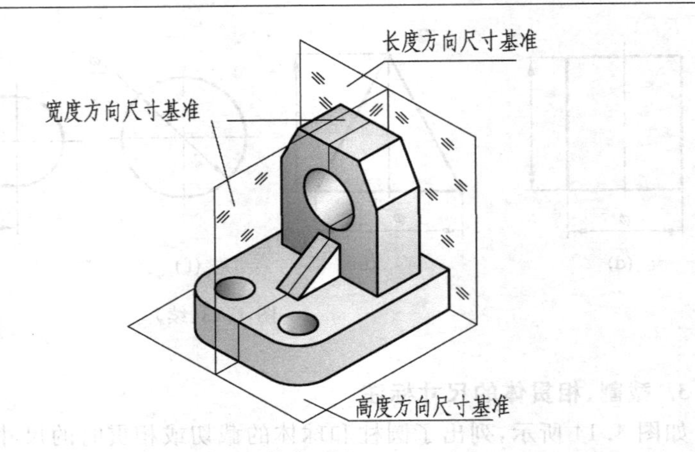

(a) 基准分析

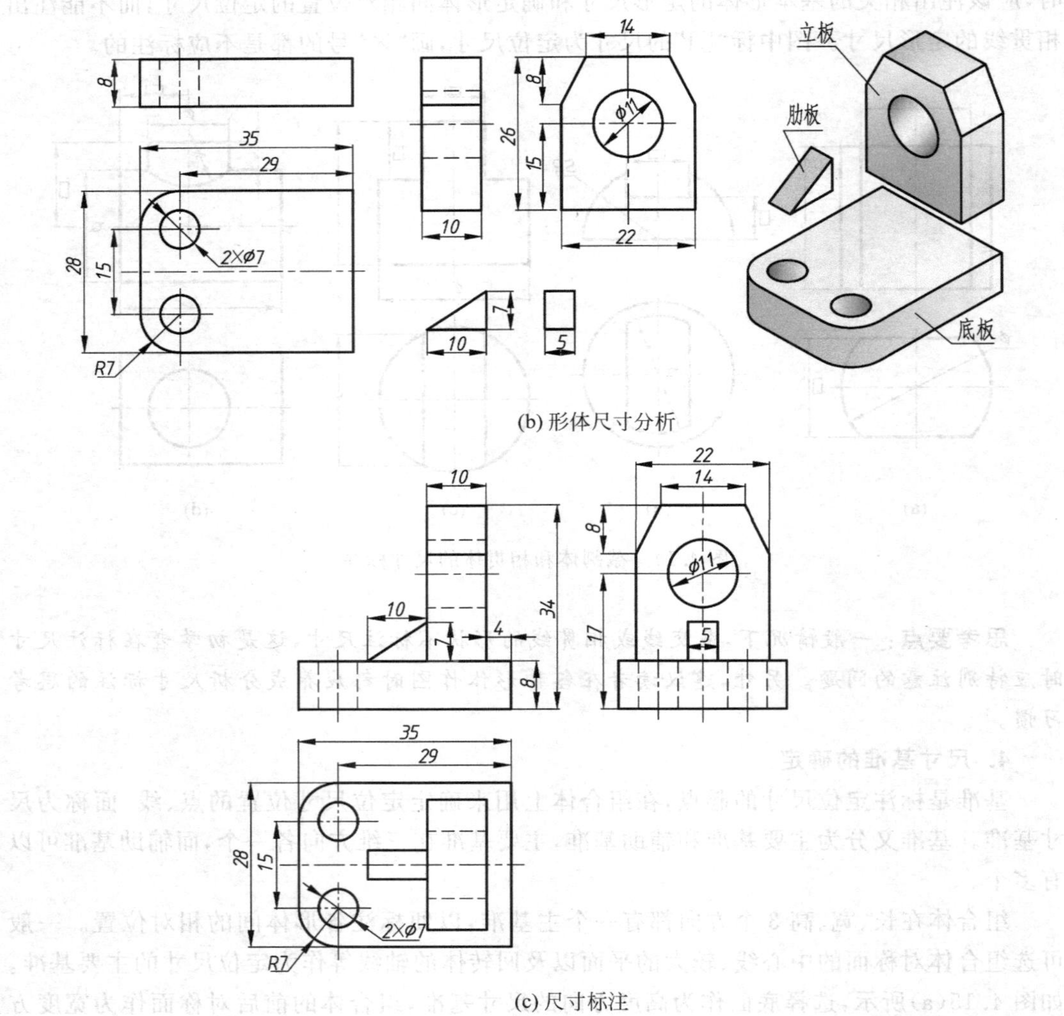

(b) 形体尺寸分析

(c) 尺寸标注

图 4.15　组合体尺寸标注

5. 尺寸的种类

1）定形尺寸

定形尺寸主要指组合体上各基本形体形状大小的尺寸，也包括组合体的长、宽、高整体尺寸。在标注定形尺寸时，应首先按形体分析法将组合体分解成若干个简单形体，然后逐个标注出各简单形体的定形尺寸，如图 4.15(b)所示。

定形尺寸的标注形式必须符合前面介绍的国家标准关于尺寸标注的正确要求。

2）定位尺寸

定位尺寸是指确定组合体各基本形体之间(包括孔、槽等)相对位置的尺寸，即每一基本形体在 3 个方向上相对于基准的距离。如图 4.15(c)所示，尺寸 3、22、11、18 等为定位尺寸。

一般情况下，两个形体间应该有 3 个方向的定位尺寸，如图 4.16(a)所示。有时由于在视图中已经确定了某方向的相对位置，也可省略其定位尺寸。如图 4.16(b)所示，由于孔板与底板左右对称，仅需标注宽度和高度方向的定位尺寸，省略长度方向的定位尺寸。如图 4.16(c)所示，孔板与底板左右对称，背面靠齐，只需确定孔在高度方向的定位尺寸即可。

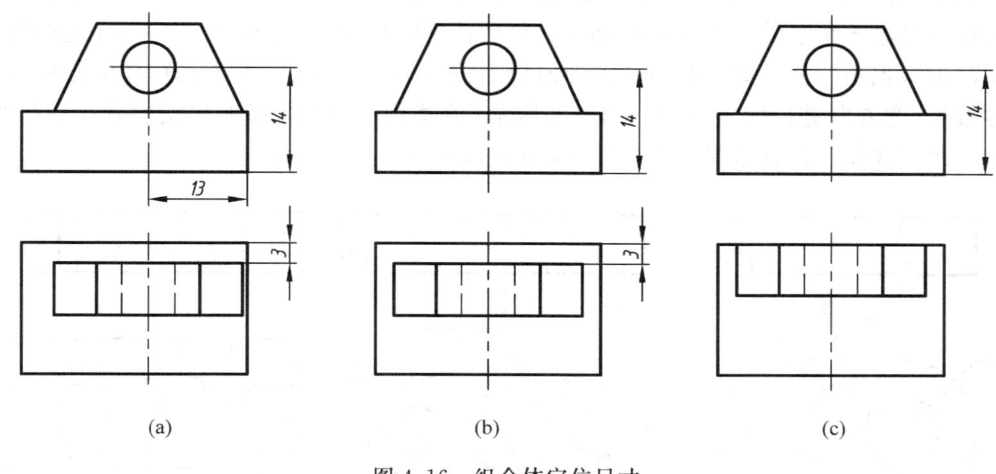

图 4.16　组合体定位尺寸

3）总体尺寸

总体尺寸是用来确定组合体的总长、总宽、总高的尺寸。如图 4.15(c)中的 35、28 和 34 分别为总长、总宽和总高尺寸。当标注了总体尺寸后，为了避免产生多余尺寸，有时就要对已标注的定形尺寸和定位尺寸作适当的调整。如图 4.15(c)所示，主视图上的 34 为总高尺寸，省略了孔板高 26 的定形尺寸。

当组合体的端部是圆柱面、球面或回转面时，该方向一般不直接标注总体尺寸，而是由确定回转面轴线的定位尺寸和回转面的定形尺寸(半径或直径)来间接确定，这一点读者要切记。如图 4.17 中的总高尺寸不需要直接注出。

思考要点：一般情况下，必须标注出组合体的长、宽、高方向的总体尺寸。定位尺寸的合理性标注是必须选好基准。读者在以后的章节学习中，要着重分析书中每一个组合体图例的尺寸标注形式。

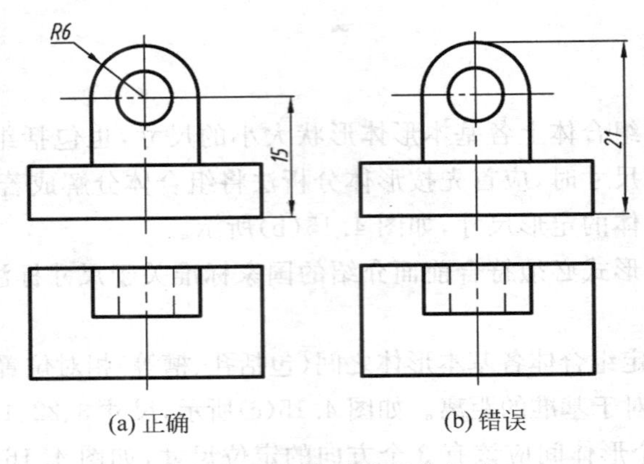

图 4.17　不直接注整体尺寸

6. 常见板状结构的尺寸标注

掌握一些常见组合形体的尺寸标注形式和数目，是标注复杂组合体尺寸的必要知识。

对于如图 4.18 所示的各种常见板状结构，除了标注定形尺寸外，确定孔、槽中心距的定位尺寸是必不可少的。由于板的基本形状和孔、槽的分布形式不同，其中心距定位尺寸的标注形式也不一样。如在类似长方形的板上按长、宽方向分布的孔、槽，其中心距定位尺寸按长、宽方向进行标注，如图 4.18(d)所示；在类似圆形板上按圆周均匀分布的孔槽，其中心距往往用定位圆直径的方法标注，如图 4.18(e)、(f)所示。

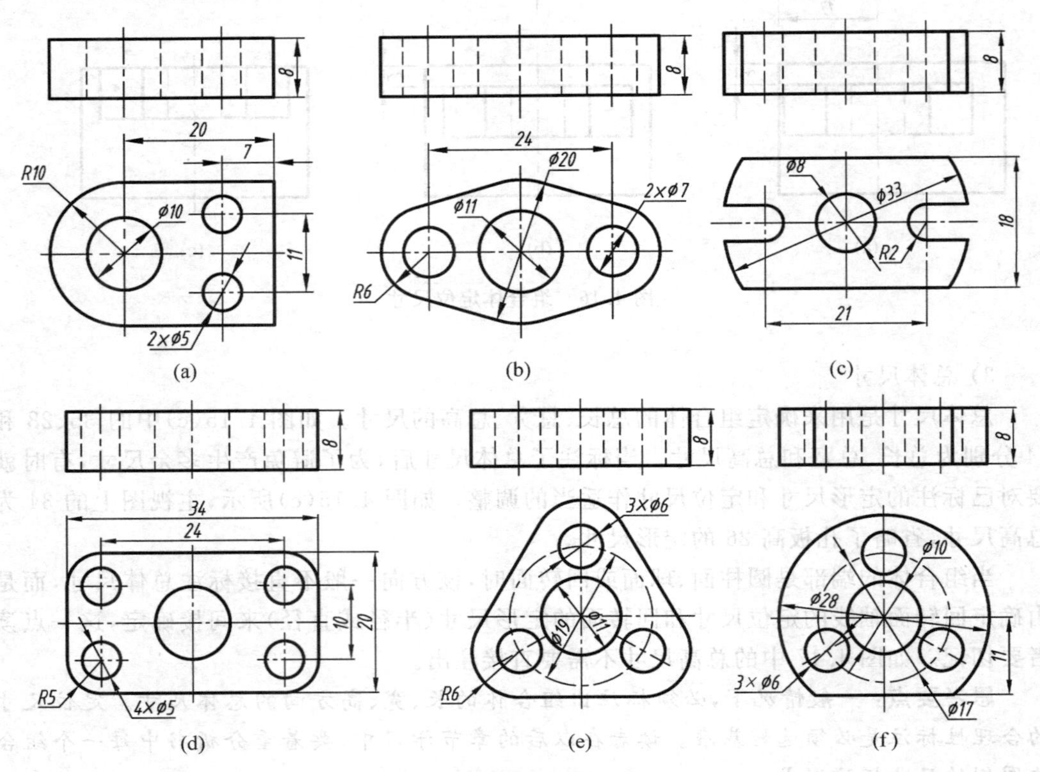

图 4.18　常见薄板的尺寸标注

必须特别指出的是：在图 4.18(d)中所示底板的 4 个圆角(*R*5)，无论与小孔是否同心，整个形体的长度尺寸和宽度尺寸、圆角半径，以及确定 4 个小孔位置的尺寸都要注出，当圆角与小孔同心时，应注意上述尺寸间不要发生矛盾。

另外，如图 4.18(a)、(b)、(c)所示，这些形体也不需要标注长度方向的总体尺寸。

思考要点：读者对于这些常见形体尺寸的规范标注一定要熟练掌握，这也是训练和提高尺寸标注水平的重要基础。

7. 尺寸布置的要求

尺寸标注不仅要形式正确、数目齐全、定位合理，而且布局排列要紧凑美观。主视图上应尽可能多的标注尺寸，然后逐个分布在其他两个视图上。因此，布置尺寸应注意以下几个方面。

(1) 定形尺寸尽量标注在反映形体结构特征明显的视图上，如图 4.19 所示。

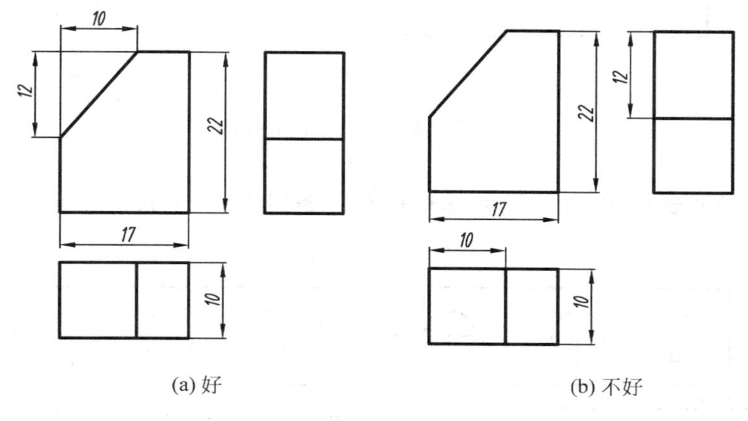

图 4.19　尺寸标注对比(一)

(2) 同一形体的定形尺寸和定位尺寸应尽量标在同一视图上，如图 4.20 所示。

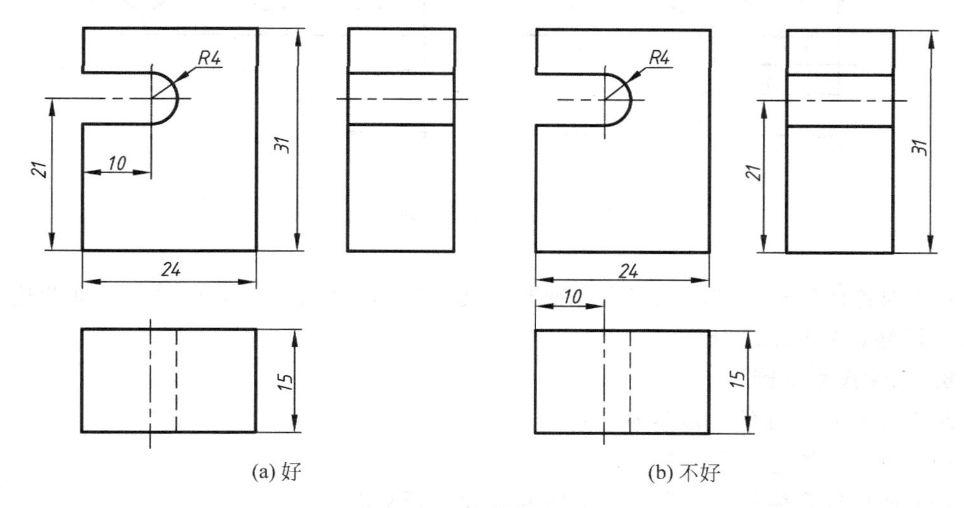

图 4.20　尺寸标注对比(二)

(3) 尺寸应尽量注在视图外部，以免尺寸线、尺寸界线与视图的轮廓线相交。与两视图有关的尺寸最好标注在两视图之间。

(4) 对于回转体，圆的直径尺寸尽量标注在非圆视图上，而圆弧的半径尺寸必须标注在反映圆弧实形的视图上，如图 4.21 所示。

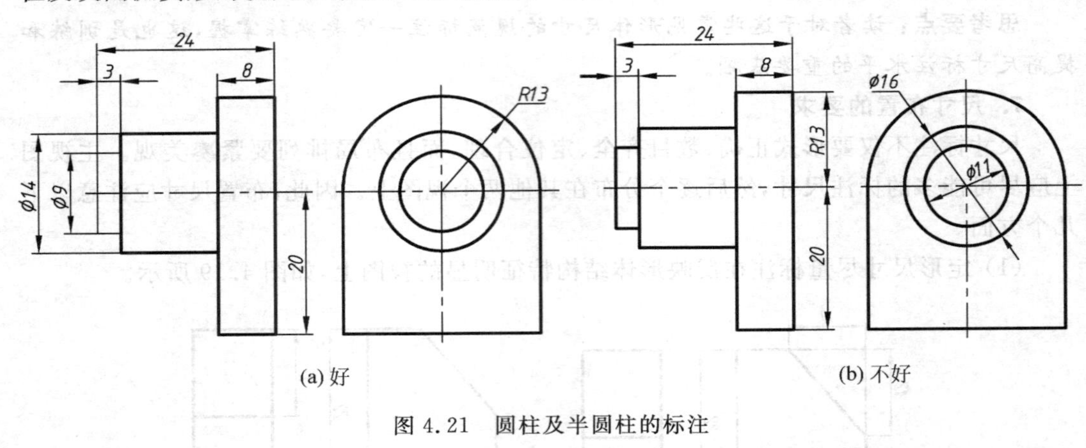

(a) 好　　(b) 不好

图 4.21　圆柱及半圆柱的标注

(5) 尺寸排列要整齐，连续尺寸尽量标在一条线上，并列尺寸里小外大，如图 4.22 所示。

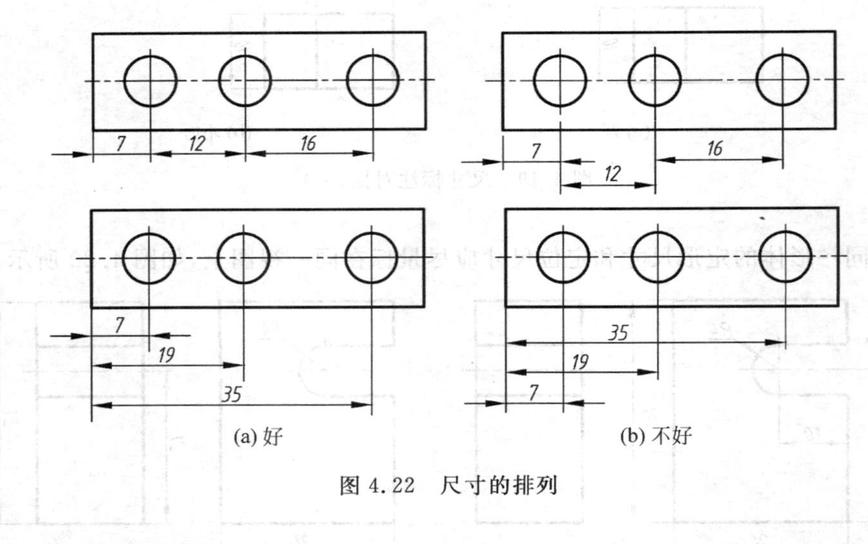

(a) 好　　(b) 不好

图 4.22　尺寸的排列

(6) 对称的定位尺寸应以组合体对称面为基准直接注出，不应在尺寸基准两边分别或单个标注，如图 4.23 所示。

8. 标注尺寸举例

组合体标注尺寸的一般步骤为：

(1) 对组合体进行形体分析；

(2) 选择组合体长、宽、高 3 个方向的尺寸主要基准；

(3) 标注各基本形体的定形尺寸；

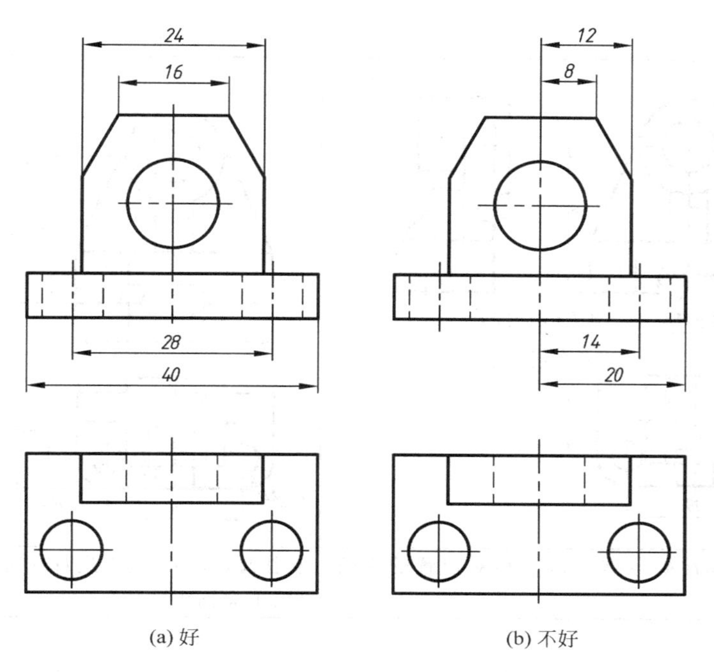

(a) 好　　(b) 不好

图 4.23　对称尺寸的标注

(4) 标注确定各基本体之间的定位尺寸；

(5) 调整相关尺寸并标注总体尺寸。

表 4.2 给出了轴承座标注尺寸示例。图 4.24 是支架的尺寸标注，读者应对其尺寸进行分析了解，尤其是定位尺寸的标注形式。

表 4.2　轴承座尺寸标注示例

轴承座分 4 部分，标出各部分的定形尺寸	选择尺寸基准

续表

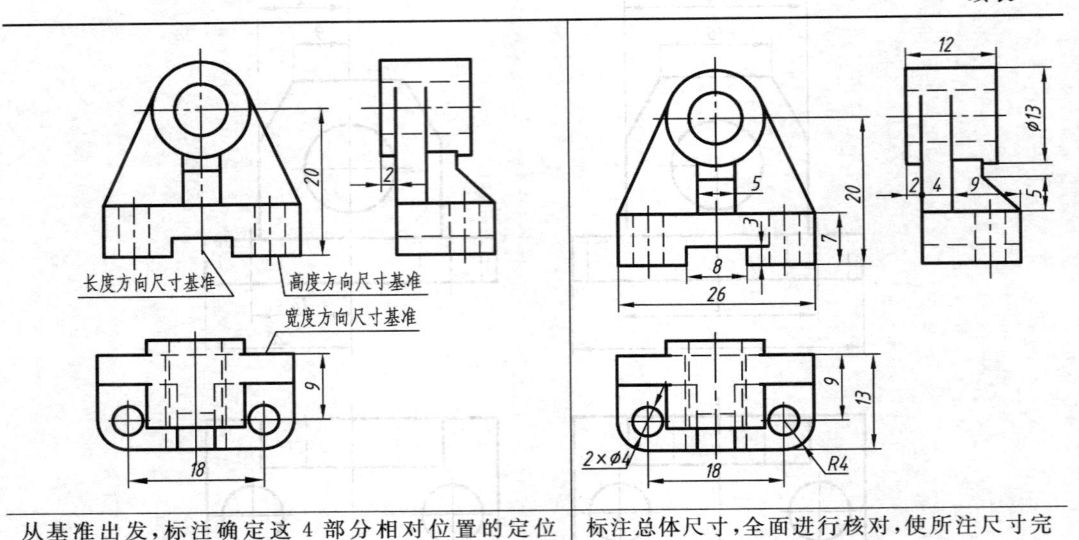

从基准出发,标注确定这 4 部分相对位置的定位尺寸	标注总体尺寸,全面进行核对,使所注尺寸完整、正确、清晰

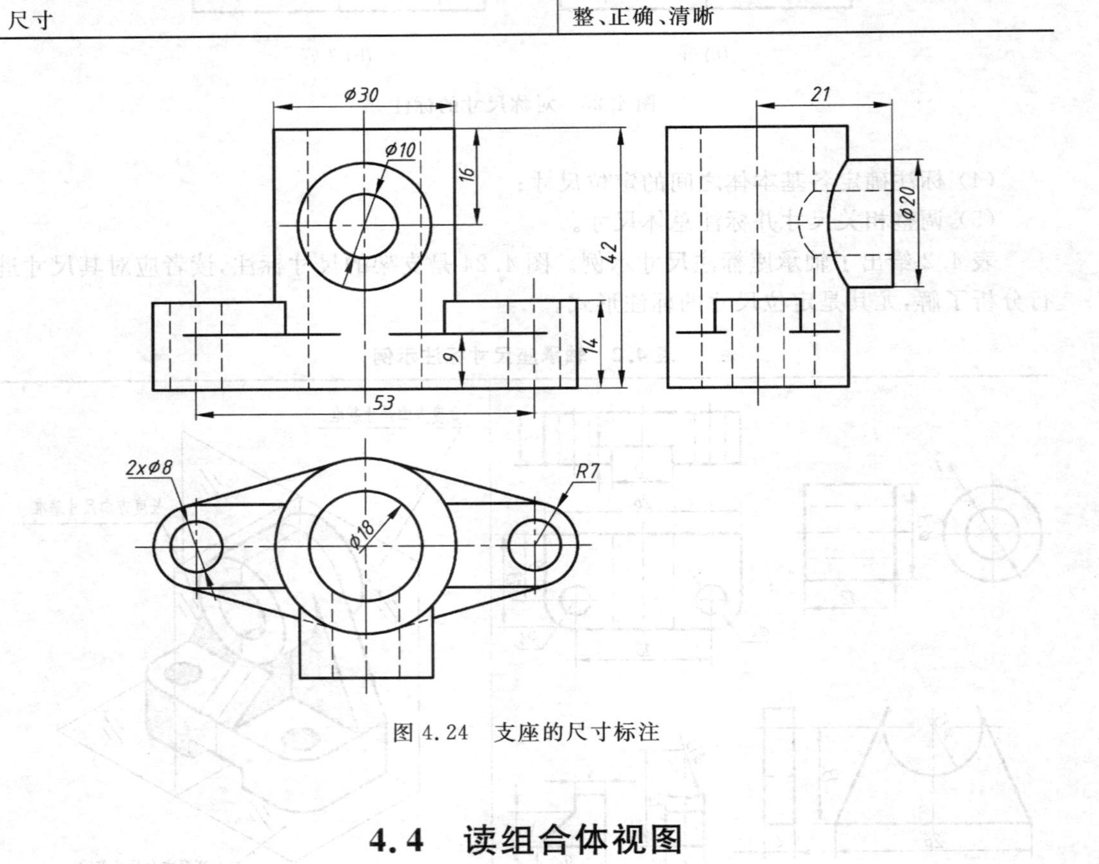

图 4.24　支座的尺寸标注

4.4　读组合体视图

画图和读图是学习本课程的两个主要环节,画图是一种从空间形体到平面图形的表达过程,即由物到图的思维作图过程。读图正好是这一过程的逆过程,即有平面图形想象出空间形体的结构形状。对于初学者来说，读图是比较困难的，但是只要综合运用所学的投影知识，掌握读图要领和方法，多读图、多想象，就会不断提高图样的阅读能力。

4.4.1　读图的基本要领

1. 将几个视图联系起来分析

在一般情况下，仅由一个视图不能确定形体的形状，只有将3个视图联系起来分析才能准确识别各形体的形状和形体间的相对位置。如图4.25所示的3组视图中，主视图都相同，其中图4.25(b)和图4.25(c)的左视图也相同，但联系俯视图分析就可确定3个形状不同的形体。

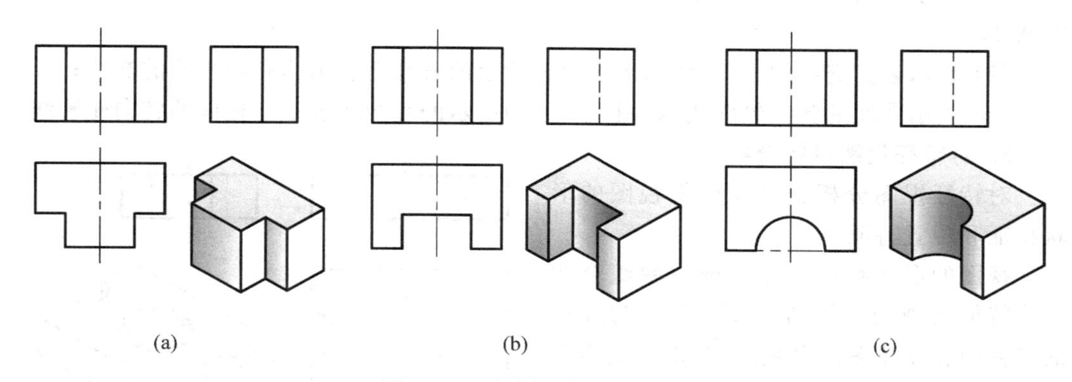

图4.25　几个视图联系起来看

2. 明确视图中的线框和图线的含义

线框是指图上由图线围成的封闭图形，有实线框或虚线框，明确线框的含义对读图是十分重要的。

(1) 一个封闭的线框表示形体的一个表面(平面或曲面)。如图4.26(a)所示，主视图中唯一的封闭线框表示形体的前表面(平面)的投影。当然，该线框表示该形体的后表面也是平面，不过从线框分析的角度来讲，一般指一个表面而言。

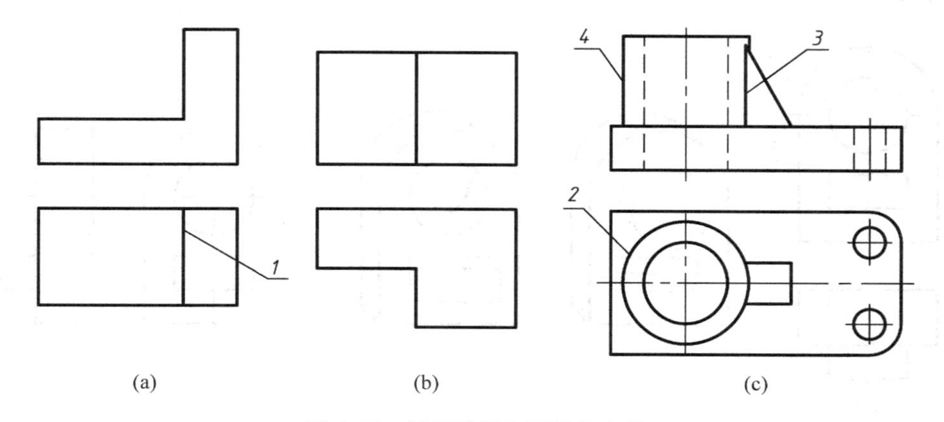

图4.26　明确线框和图线的含义

(2) 相邻的两个封闭线框表示形体上位于不同层次的两个面。如图 4.26(a)所示，俯视图中的相邻两个线框表示空间一高一低两个平面的投影。而图 4.26(b)所示，主视图的两个相邻线框表示空间两个平面应为一前一后。

(3) 在一个大封闭线框内所包含的各个小线框，表示在大平面体(或曲面体)上凸出或凹下的各个小平面体(或曲面体)。如图 4.26(c)所示，俯视图中的大线框表示带有圆角的长方形底板，其中的两个小圆线框表示在底板上挖有两个小圆孔，中间两个同心圆表示在底板上凸起一个空心的圆柱。

视图中的每条图线，可能表示 3 种意义之一，如图 4.26 所示：

(1) 表示平面或曲面的积聚性投影，如图 4.26 (a)所示的直线 1、如图 4.26 (c)所示的圆 2；

(2) 表示表面交线的投影，如图 4.26 (c)所示的直线 3 表示肋和圆柱面的交线；

(3) 表示曲面的转向轮廓线，如图 4.26 (c)所示的直线 4 表示圆柱面的转向轮廓线。

3. 对特征视图进行分析

对特征视图分析就是要分析视图的形状特征和位置特征。

视图的形状特征就是最能反映组合体形状特征的视图。如图 4.27 所示，为底板的三视图和立体图。主视图、左视图只能反映板厚和长宽，其他形状反映不出来，而俯视图却能清楚地反映出孔和槽的形状。所以俯视图就是视图的“形状特征”。

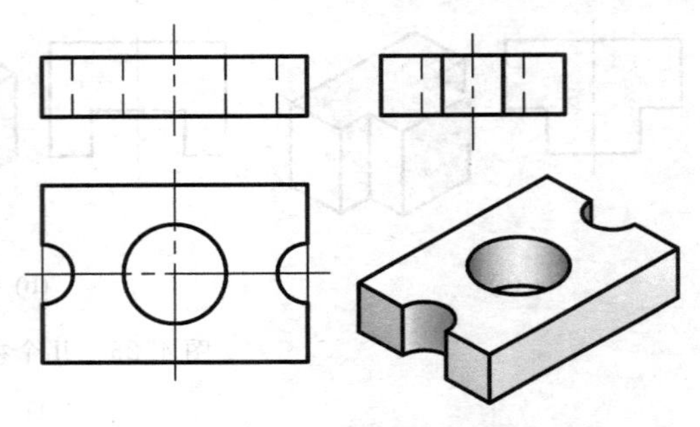

图 4.27　注意特征视图

视图的位置特征就是最能反映组合体中各基本形体相互位置关系的视图。如图 4.28(a)所示，为支板的主、俯视图，在这个图中形体的 1、2 两个基本形体哪个是凸出的，哪个是凹进去的，是不能确定的。它即可表示图 4.28(b)的形体，也可表示图 4.28(c)的形体。如果确定组合体的主、左两个视图，如图 4.28(d)所示，则形状和位置都表达地十分清楚。所以左视图就是位置特征视图。

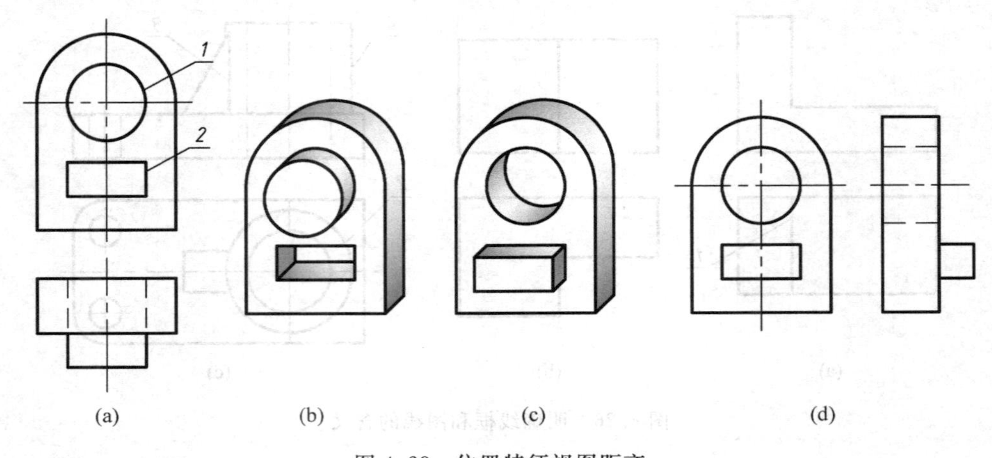

图 4.28　位置特征视图距离

可见，特征视图是关键的视图，读图时应找出形状特征视图和位置特征视图，再配合其他视图就能较快地读懂组合体的形状了。

4.4.2　读图的基本方法

1. 形体分析法

所谓形体分析法读图，即在读图时可根据形体视图的特点，把表达形状特征明显的视图（一般为主视图），划分为若干封闭线框，对照各线框的投影想象出各部分形状，最后再综合起来想象出形体的整体形状。

如图 4.29 所示，现以支架的三视图为例说明读图的具体方法和步骤。

(1) 分线框对投影：如图 4.29(a)所示，先把主视图分为 3 个封闭的线框 1′、2′、3′，然后分别找出这些线框在俯、左视图中的相应投影，如图 4.29(b)、(c)、(d)所示。

(2) 按投影定形体：分线框后，可根据各种基本形体的投影特点，确定各线框所表示的是什么形状的形体。对照线框 1′的 3 个投影可想象出该基本形体为半圆柱，如图 4.29(b)所示；线框 2′的三面投影中，正面投影及侧面投影是矩形，水平投影是两同心圆，可想象出该基本形体是空心圆柱体，如图 4.29(c)所示；线框 3′是左右对称的两个基本形体，对照线框的 3 个投影可想象出该基本形体为长方体，中间有“U”形缺口，如图 4.29(d)所示。

(3) 合起来想整体：确定了各线框所表示的基本形体后，再分析各基本形体之间的相对位置就可以想象出形体的整体形状。分析各基本形体之间的相对位置时，应该注意形体上下、左右和前后的位置关系在视图中的反映。如图 4.29(a)所示，在支架的三视图中，形体Ⅱ（圆柱）与形体Ⅰ（半圆柱）相交，在左视图上有内、外圆柱相交的相贯线；两个左右对称、结构相同的形体Ⅲ与形体Ⅰ相交，且二者底面平齐，在俯视图上有相交线。通过以上分析，就可想象出支架的总体形状了，如图 4.29(e)所示。

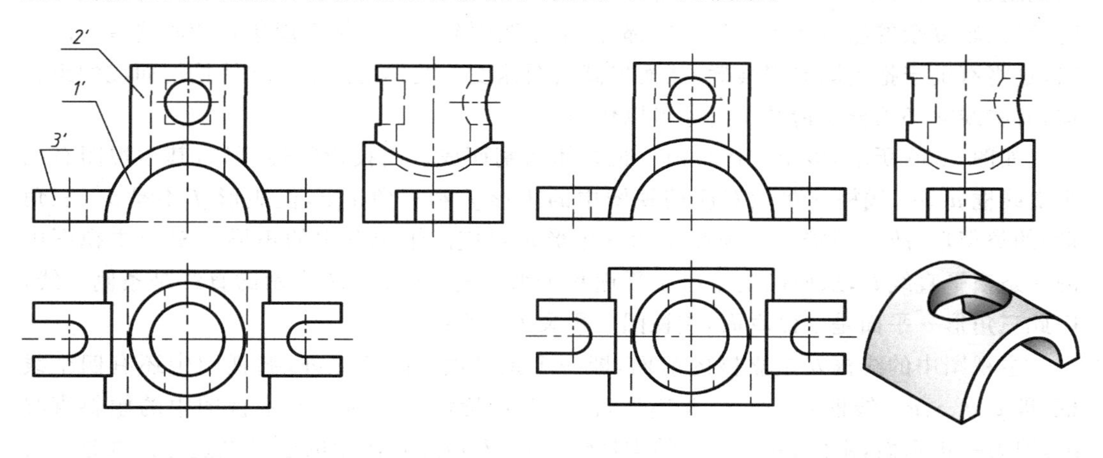

(a) 支架三视图分线框　　(b) 线框1：对投影，定形体

图 4.29　支架的读图方法

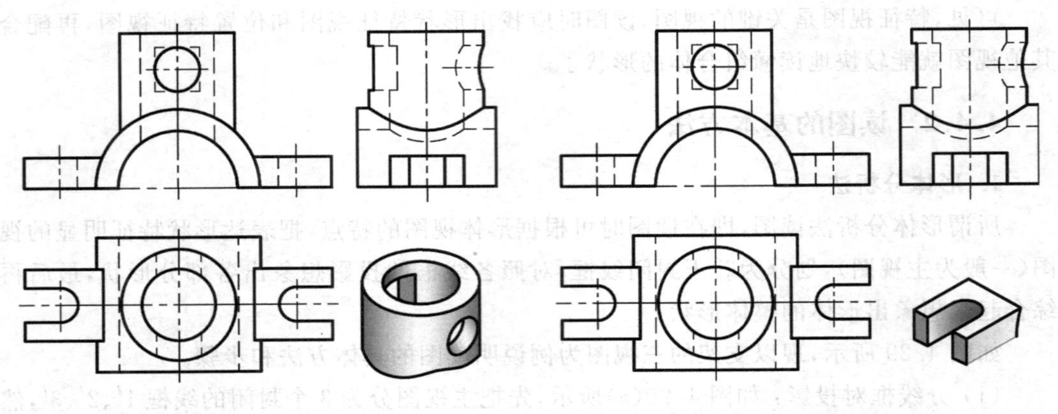

(c) 线框2：对投影，定形体　　　　(d) 线框3：对投影，定形体

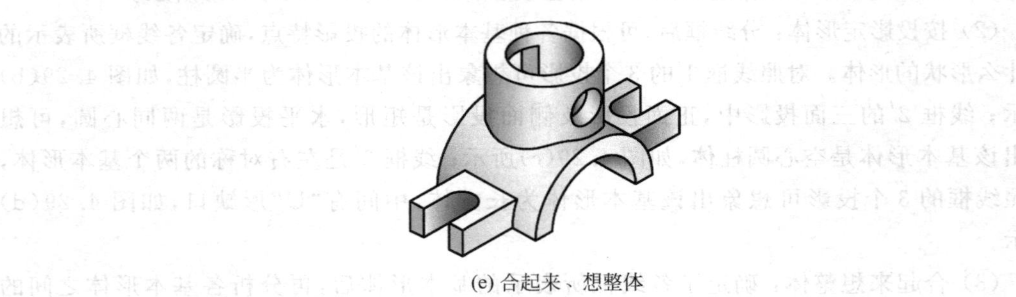

(e) 合起来、想整体

图 4.29(续)

2. 线面分析法

所谓线面分析法，就是通过分析视图上一些图线及封闭线框的投影，思考它们所表示的是组合体上哪条线、面以及在组合体上的位置，从而想象出组合体的形状。所以在读图时，对比较复杂的组合体不易读懂的部分，常用线面分析法来帮助想象和读懂这些局部形状，这将有助于把视图看得准确，从而提高读图速度。尤其是由单个立体挖切而成的组合体，有些线面必须分析清楚位置才可以作图。

如图 4.30 所示，该组合体是由一长方体切割而成。由投影特性可知，其主视图有两个实线框 a'、b'，线框 a' 虽然对应俯视图中的矩形 f 和三角形 a，但矩形 f 不是 a'（三角形）的类似形，故 a' 只能与俯视图中的三角形 a 对应。俯视图中的矩形 f 对应主视图中的一条横平直线 l'，从而确定矩形 f 平面是个水平面。由于 l、l' 表示的直线是条侧垂线，因此三角形 a 平面是个侧垂面，左视图中积聚为一直线。

主视图中的线框 b' 是立体的前面，即一个正平面。除此之外，俯视图中还有四个线框，即 c、d、e、g。线框 d 是一个九边形，由长对正特性可知对应于主视图中的倾斜直线 d'，即为一正垂面，由俯、左视图中的类似性可知，对应左视图中的也是九边形。线框 c 对应左视图中的槽形，槽底在主视图中的投影为虚线段，因此该槽底是一个水平面。

至于 e、g 两个小矩形线框就很容易看懂了，它们都是水平面。通过上述分析，明白了各部分的形状及相对位置关系，综合想象便得到如图 4.30 所示组合体形状。

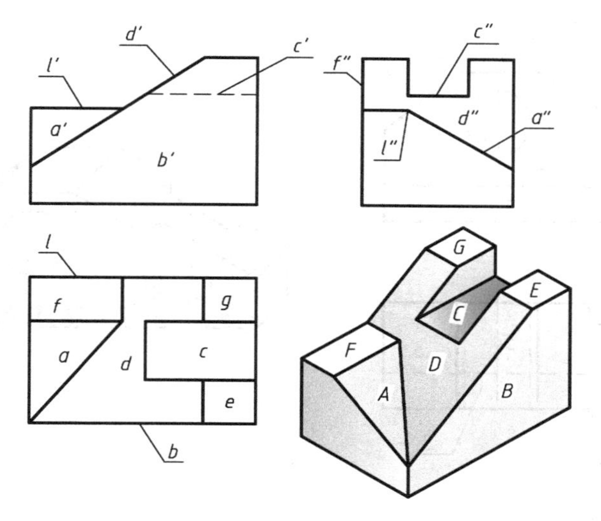

图 4.30　读组合体三视图

4.4.3　读图举例

读懂如图 4.31(a)所示组合体的空间形状,并画出其左视图。

1. 概括了解

从图 4.31 所示可知,该组合体也是由一长方体截切形成。在形体的两个视图中,各组成部分的形体分界线并不十分清楚。主视图的外形轮廓为六边形,从俯视图的轮廓看出,从左至右(虚线)是切去的部分,后面挖切一上下相通的矩形凹槽,整个形体从前到后贯穿一通孔。

2. 具体分析

(1) 分线框对投影:由图 4.31 主视图上的粗实线,可分为 3 个线框:1′、2′、3′。线框 1′和 2′在俯视图中对应两条直线;线框 3′在俯视图上对应两条铅垂虚线和水平实线围成的矩形线框。

(2) 根据按投影定形体:根据线框 1′的两个投影可确定它是六边形体的次前面,线框 2′的两个投影,表示为六边形体的前端面,这两个平面均为正平面,主视图上的线框反映其实形,在俯视图上反映出两平面的前后方向厚度;线框 3′的两个投影,表明圆孔从前至后是贯通的。另外,主视图上两条铅垂虚线对应俯视图上左后面的矩形凹槽,虚线表明该凹槽从上到下贯通。

(3) 合起来想象整体:在以上分析的基础上,已经可以想象出该形体的主要结构形状和各组成部分的相对位置,即得到如图 4.31(b)所示的整体形状。在此基础上,再运用线面分析法,检查所得的整体形状是否正确。例如,从俯视图上 3 个由实线围成的线框 4、5、6,找出它们在主视图上对应的投影为 3 条直线段。由此可知,线框 4、6 为正垂面,线框 5 为水平面,它们均垂直于 V 面。根据垂直面另两投影的相似性和水平面的特性,不难做出平面 4、5、6 的左视图投影,如图 4.31(c)所示。

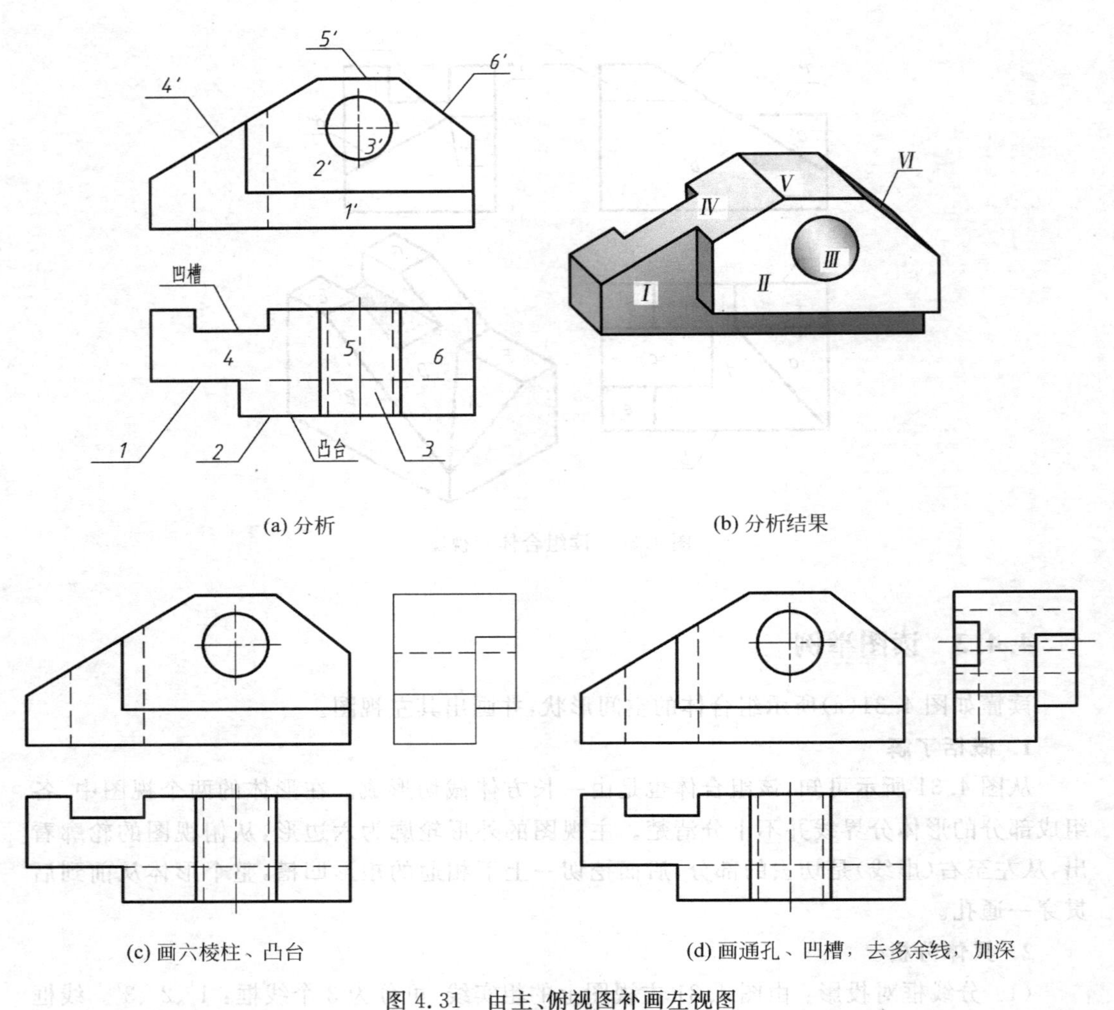

(a) 分析　　(b) 分析结果

(c) 画六棱柱、凸台　　(d) 画通孔、凹槽，去多余线，加深

图 4.31　由主、俯视图补画左视图

3. 整理并加粗

最后在左视图添加圆孔和矩形凹槽的虚线，整理图形并加粗可见线，即完成左视图的作图，如图 4.31(d)所示。

4.5　组合体的构形设计

任何一个产品其设计过程可为 3 个过程，即概念设计、技术设计和工艺设计。概念设计是以功能分析作为其核心，对用户的需求通过功能分析寻求最佳的构形概念；技术设计是将概念设计过渡到技术上可制造的三维模型，其中构形设计是技术设计中的重要组成部分；工艺设计主要是根据技术图样将三维模型制造成为真正能使用的零件或部件产品。

组合体的构形设计是各种产品构型设计的基础，为此，读者应很好地掌握组合体的构形设计技巧。

4.5.1　组合体的构形原则及方式

1. 组合体的构形原则

进行组合体构形设计时,必须考虑以下几点:

(1) 组合体的形状、大小必须满足规范化要求,并具有一定的实用作用;

(2) 组成组合体的各基本形体应尽可能简单,一般采用常见回转体(如圆柱、圆锥、圆球、圆环)和平面立体,尽量不使用不规则的曲面,这样有利于画图、标注尺寸及制造;

(3) 所设计的组合体在满足功能要求的前提下,结构应简单紧凑;

(4) 组合体的各形体间应互相协调、造型美观。

2. 组合体的构形方式

(1) 已知形体的一个视图,通过改变相邻封闭线框的前后位置关系及改变封闭线框所表示的基本形体的形状(应与投影相符),可构思出不同的形体,如图 4.32 所示。

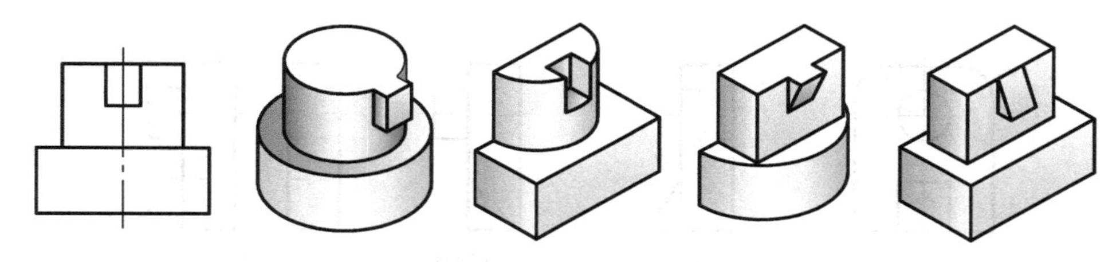

图 4.32　一个视图对应若干形体

(2) 已知形体的两个视图,根据视图的对应关系,可构思出不同的形体,如图 4.33、图 4.34、图 4.35 所示。图 4.33 可以认为该组合体由数个基本形体经过不同的叠加方式而形成;图 4.34 可以认为该组合体是由长方体经过不同方式的切割、穿孔而形成;图 4.35(b)可以认为组合体是通过叠加和截切综合构形方式而形成的。在构思形体时,不应出现与已知条件不符或形体不成立的构形,如图 4.35(c)所示。

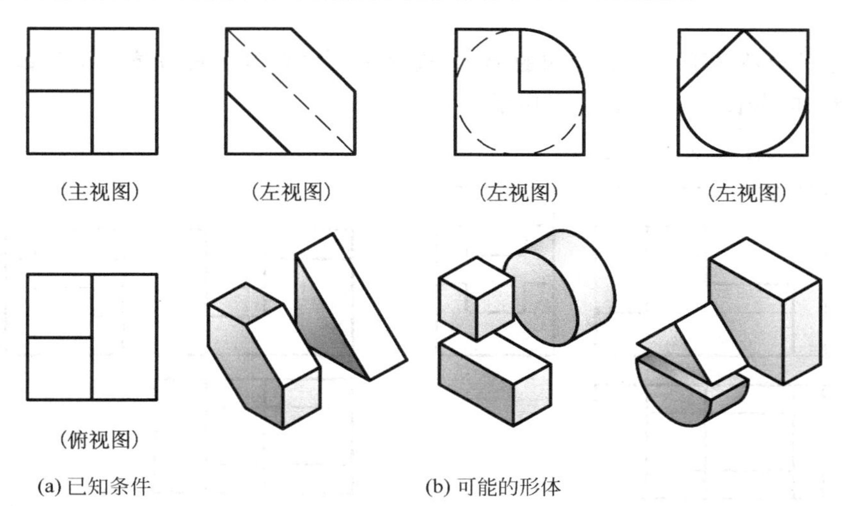

(a) 已知条件　　(b) 可能的形体

图 4.33　两个视图对应若干形体——叠加构形

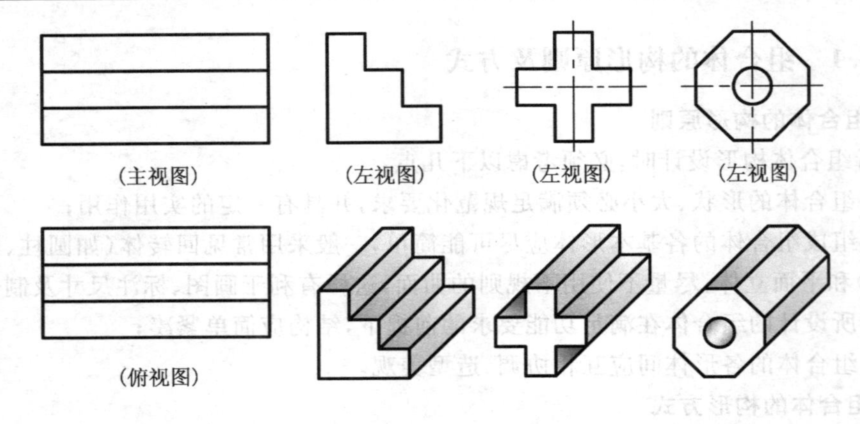

图 4.34　两个视图对应若干形体——切割构形

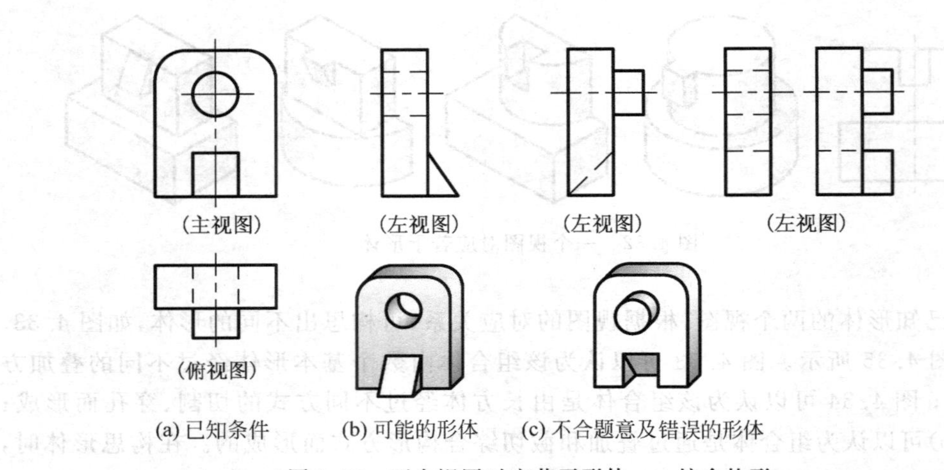

图 4.35　两个视图对应若干形体——综合构形

(3) 互补形体构形。根据已知的形体，构想出与之对应的长方体或圆柱体等基本形体的另一形体，如图 4.36、图 4.37 所示。

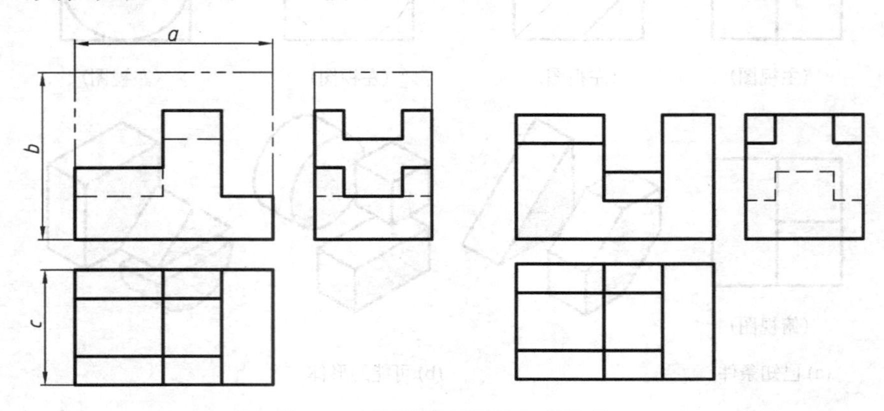

图 4.36　两形体互补为一长方体

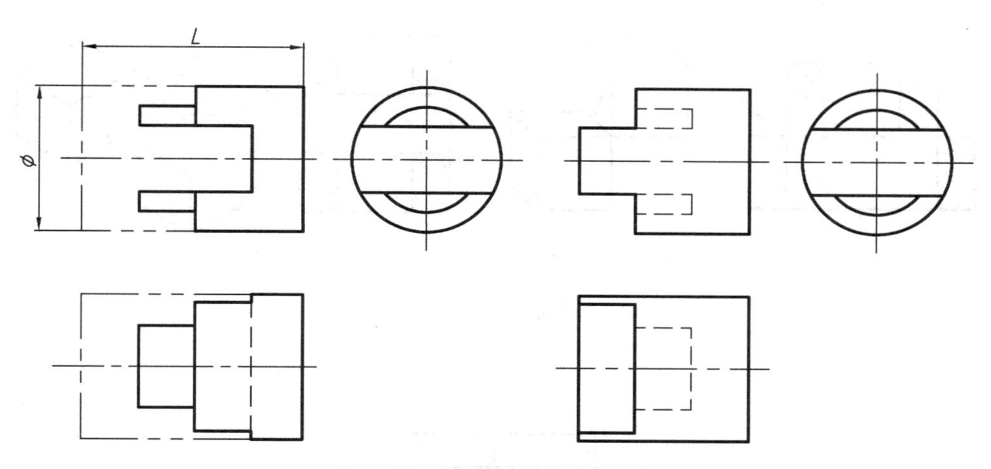

图 4.37　两形体互补为一圆柱

另外，构形设计应力求新颖。构成一个组合体所用的基本形体类型、组合方式和相对位置应尽可能多样化，既要结构规范又要打破常规，创建与众不同的新颖方案。如图 4.38(a)所示，如果给定一俯视图需要设计组合体，首先看出所给视图有四个线框，表示从上向下可看到的四个表面。它们可以是水平面或倾斜面，也可以是曲面，其位置高低有别。整体外框可表示底面，也可以是平面或曲面，这样就可以构造出多种方案。如图 4.38(b)所示，该方案均由平面体构成，显得单调；如图 4.38(c)和(d)所示，均是由圆柱面切割而成的，且高低错落有别，形式活泼，构思较为新颖。

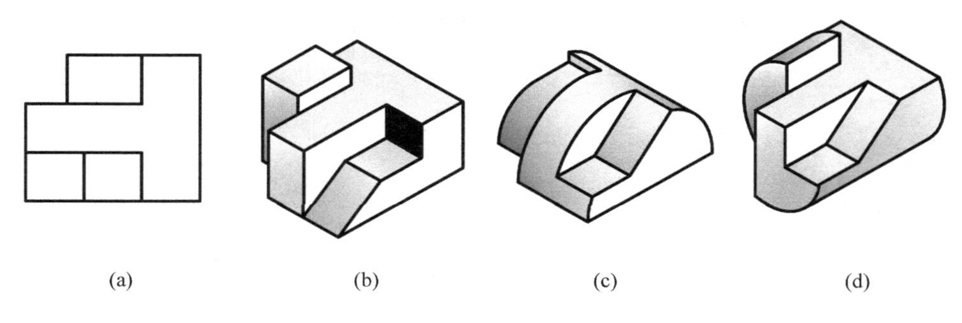

图 4.38　构形力求新颖

4.5.2　组合体构形设计应注意的问题

对于构形设计，无论所设计的组合体复杂与否，必须是形体与形体组合后的整个实体。因此，在构形设计时要注意以下两个方面：

(1) 两个形体组合时，不能出现线接触和面连接，如图 4.39 中箭头所指处的形式；

(2) 不要出现封闭的内腔，这样无法加工造型，如图 4.40 所示。

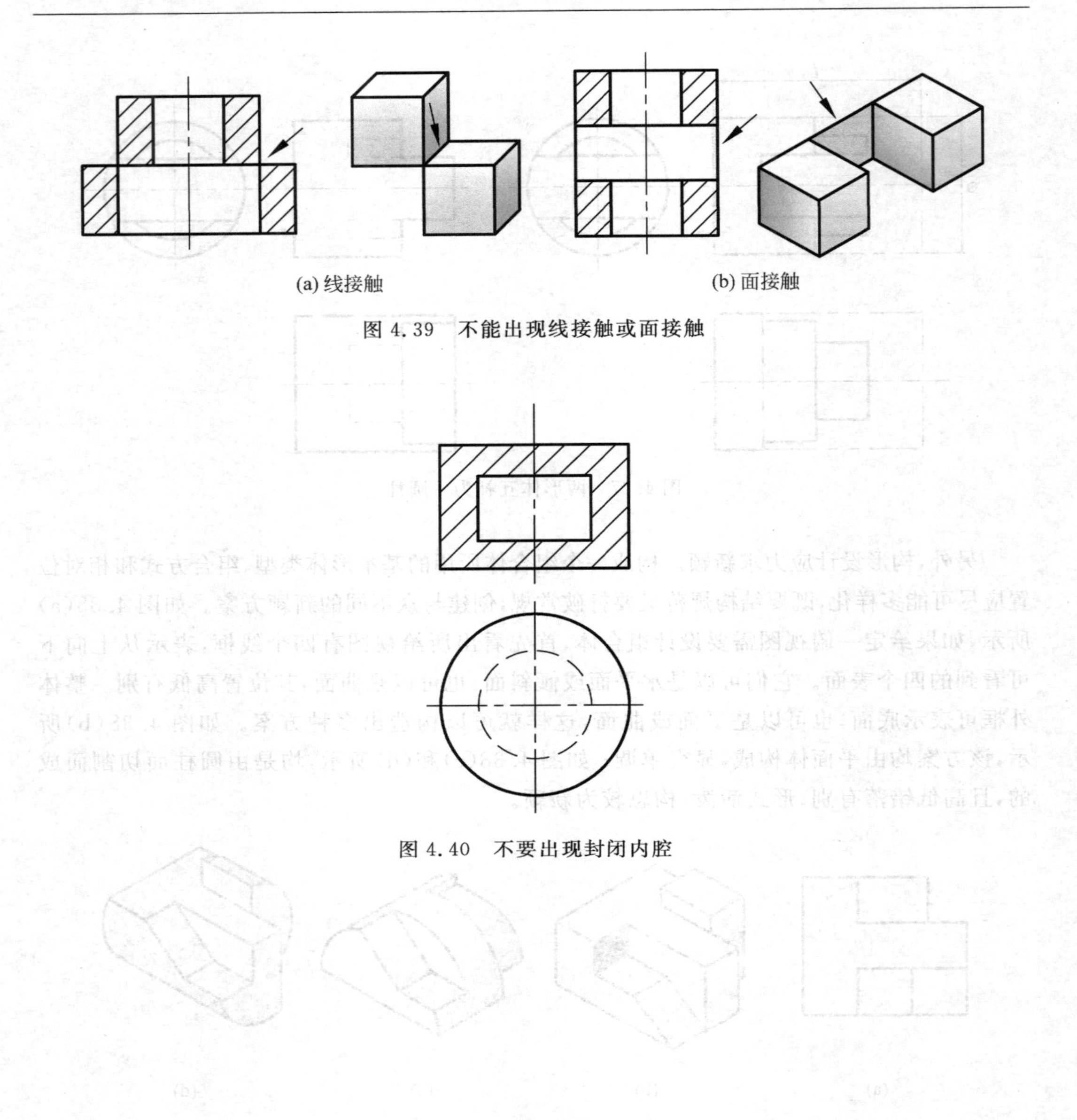

图 4.39　不能出现线接触或面接触

图 4.40　不要出现封闭内腔

第 5 章　轴测投影图的画法

虽然多面正投影视图具有画图简单、度量性好等优点，但不能在一个视图上同时反映形体长、宽、高 3 个方向的尺度和形状，缺乏立体感。因此，给视图阅读或结构分析带来一定的难度。

轴测投影图是利用平行投影法形成的一种单面投影图，它能同时反映出形体长、宽、高 3 个方向的尺度，直观性较强。但是，无论是手工还是计算机绘制轴测图都是一项繁杂的工作，而且形体越复杂其作图难度就越大，长期以来它只作为正投影视图的一种辅助图样得到应用。虽然计算机绘图的三维造型已经得到普遍应用，但作为一名优秀的工程技术人员仍应很好地掌握二维轴测投影图的绘制方法，尤其是在文章和书中正等轴测图作为插图应用较多。

本章主要介绍轴测投影的基本知识以及正等轴测图和斜二等轴测图的画法。

5.1　轴测投影的基本知识

1. 轴测投影的形成

所谓轴测投影，就是将形体连同其直角坐标系用平行投影法沿不平行于任何坐标面的方向投射到某一选定的单一投影面上，得到能同时反映物体长、宽、高 3 个坐标方向具有立体感的投影图，这种投影图称为轴测投影图，简称为轴测图。如图 5.1 和图 5.2 所示，分别表示了轴测图的形成，图中的投影面 P 称为轴测投影面；形体上的空间直角坐标轴 OX、OY、OZ 的轴测投影 O_1X_1、O_1Y_1、O_1Z_1 称为轴测投影轴，简称为轴测轴。

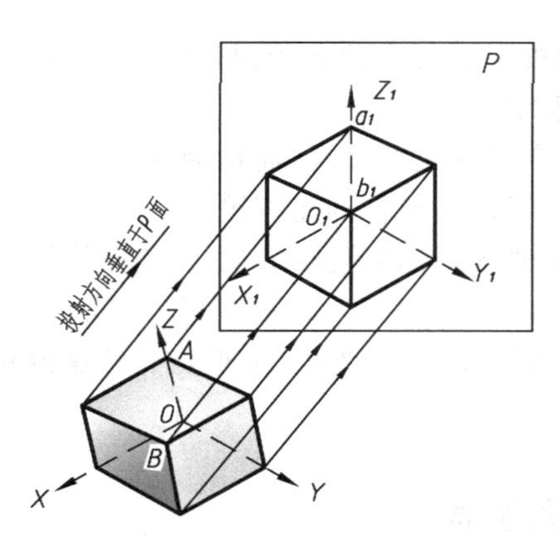

图 5.1　正等轴测投影

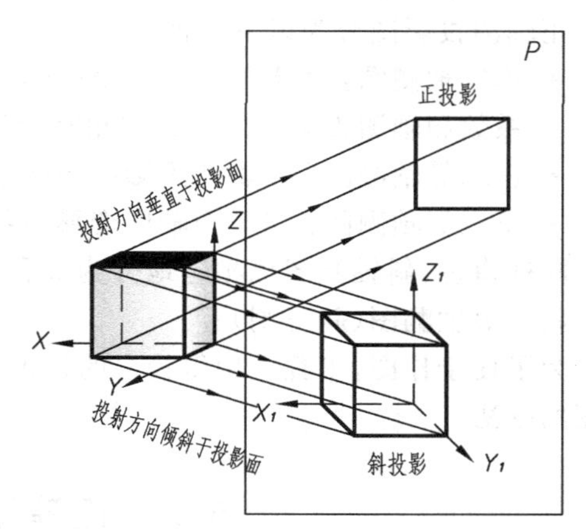

图 5.2　斜等轴测投影

思考要点：形体上的坐标系，是绘制轴测投影图之前假想的将三维坐标系与形体某些棱线重合，为了画图方便坐标系的原点可任意设定。

2. 轴向变形系数和轴间角

由于形体上 3 个坐标轴对轴测投影面的倾斜角度不同，所以在轴测图上与各坐标轴平行的线段，其长度的变化程度也不一样，我们将轴测轴上或与其平行的单位长度与相应的空间形体坐标轴上的单位长度之比称为轴向伸缩系数。设 u 为 OX、OY、OZ 轴上的单位长度，i、j、k 为 u 在相应轴测轴上的投影，则 $\frac{i}{u}=p_1$、$\frac{j}{u}=q_1$、$\frac{k}{u}=r_1$，则 p_1、q_1、r_1 分别称为 X_1、Y_1、Z_1 轴的轴向伸缩系数，又称为轴向变形系数。根据轴向变形系数就可以分别求出轴测投影图上各轴向线段的长度。

轴测轴之间的夹角 $\angle X_1O_1Y_1$、$\angle X_1O_1Z_1$、$\angle Z_1O_1Y_1$，称为轴间角。

3. 轴测图的投影特性

由于轴测图是用平行投影法得到的，所以它具有平行投影的全部特性。

(1) 平行性：空间相互平行的直线，它们的轴测投影仍相互平行。形体上平行于坐标轴的线段，在轴测投影图上仍平行于相应的轴测轴。

(2) 定比性：物体上平行于坐标轴线段的轴测投影与原线段实长之比，等于相应的轴向变形系数。

(3) 形体上与轴测投影面平行的平面，其轴测投影反映平面的真实形状。

掌握轴测投影的特性是绘制轴测图的重要理论依据。

4. 轴测图的分类

由平行投影法得到的轴测图，分为正轴测投影图和斜轴测投影图两大类。

(1) 正轴测投影图：将形体上的坐标面倾斜于轴测投影平面放置，而投射方向垂直于轴测投影平面，如图 5.1 所示，从而在投影面上得到富有立体感的图形，这种按正投影方法得到的轴测投影图，称为正轴测图。

(2) 斜轴测投影图：将形体上某一坐标面平行于轴测投影面，而投射方向倾斜于轴测投影平面，这种由斜平行投影方法得到的轴测投影图，称为斜轴测图，如图 5.2 所示。

根据 3 个轴向变形系数是否相等，正轴测图和斜轴测图又各分为 3 种类型。

正轴测投影图分为以下 3 种。

- 正等轴测图：当形体上 3 个坐标轴与轴测投影平面夹角相等时，则 3 个轴向变形系数和轴测投影轴之间的夹角都相等，简称为正等测；
- 正二等轴测图：当轴测投影中的两个轴向变形系数相等时，简称为正二测；
- 正三等轴测图：当 3 个轴向变形系数各不相等时，简称为正三测。

同样道理，斜轴测图也相应地分为 3 种：斜等轴测图(斜等测)、斜二等轴测图(斜二测)、斜三等轴测图(斜三测)。

为了便于作图，工程上用得较多的是正等测和斜二测投影图，以下重点介绍这两种轴测图的画法。

5.2 正等轴测图及画法

5.2.1 轴间角和轴向变形系数

当形体上的 3 个坐标轴与轴测投影面倾斜相同的角度(经数学论证均为 35°16′)时，

称为正等测投影。在正等测中，与坐标轴平行的线段的轴向变形系数均相等，即 $p_1 = q_1 = r_1 \approx 0.82$，轴测投影轴之间的夹角均为 120°。为了表达清晰和画图方便，一般将 Z_1 轴画成铅垂位置，X_1、Y_1 轴与水平方向均为 30°，如图 5.3 所示。

为了作图简便，常简化轴向变形系数，即取 $p_1 = q_1 = r_1 = 1$。也就是形体上凡平行于坐标轴的直线，在轴测图上都按形体的实际尺寸画，如图 5.4 所示。采用这种方法画出的形体轴测图比用实际轴向变形系数画出的形体轴测图放大了 1.22 倍$\left(\text{即}\dfrac{1}{0.82} \approx 1.22\right)$，但并不影响图形的观察效果。

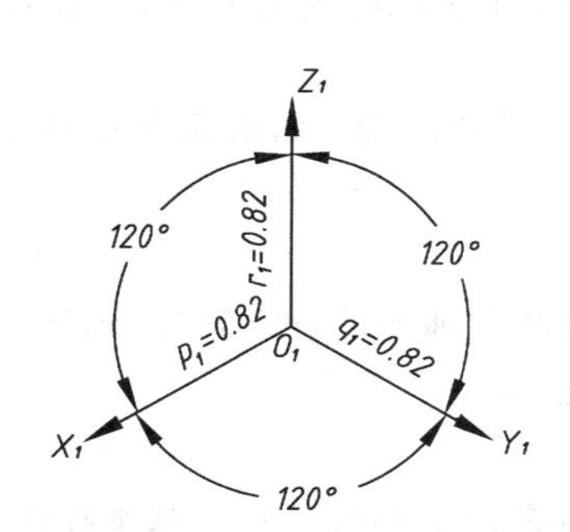

图 5.3　正等测的轴向伸缩系数及轴间角

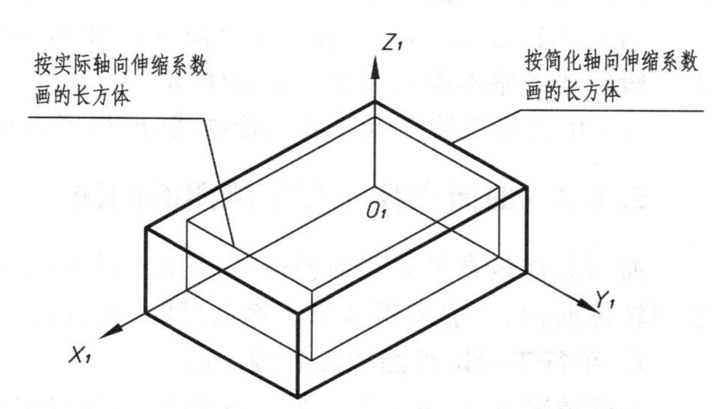

图 5.4　简化与实际轴向变形系数的对比

5.2.2　平面立体正等轴测图的画法

绘制轴测图的基本方法是坐标法，即按 X、Y、Z 坐标值进行作图。具体作图时，还可根据形体的形状特征采用切割或组合的方法。

例 5.1　作出如图 5.5(a)所示的正六棱柱的正等轴测图。

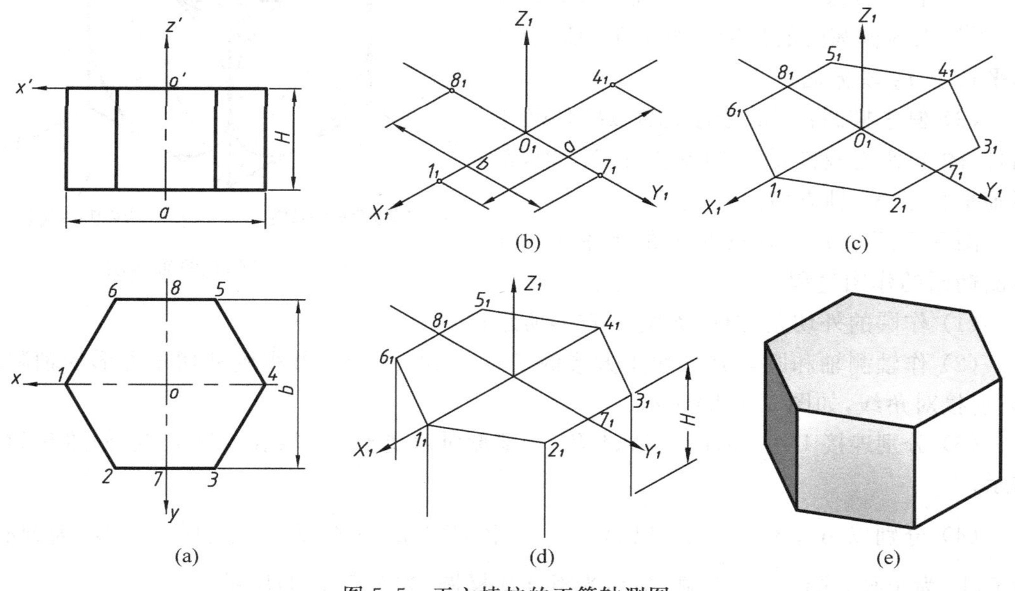

图 5.5　正六棱柱的正等轴测图

画图步骤如下所述。

(1) 在视图上确定坐标轴：如图 5.5(a)所示，因为正六棱柱顶面和底面都是处于水平位置的正六边形，取顶面六边形的中心为坐标原点 O，通过顶面中心 O 的轴线为坐标轴 X、Y，高度方向的坐标轴取为 Z。

(2) 画轴测轴 O_1-$X_1Y_1Z_1$，如图 5.5(b)所示，在 X_1 轴上沿原点 O_1 的两侧分别取 $a/2$ 得到 1_1 和 4_1 两点。在 Y_1 轴上 O_1 点两侧分别量取 $b/2$ 得到 7_1 和 8_1 两点。

(3) 过 7_1 和 8_1 作 X_1 轴的平行线，并量取 2-3 和 5-6 的长度得到 2_1-3_1 和 5_1-6_1，求得了顶面正六边形的 6 个顶点，连接各点完成六棱柱顶面的轴测图，如图 5.5(c)所示。

(4) 沿 1_1、2_1、3_1 及 6_1 各点垂直向下量取 H，得到六棱柱底面可见的各端点(轴测图上一般虚线省略不画)，如图 5.5(d)所示。

(5) 用直线连接各点并加深轮廓线，即得正六棱柱的正等轴测图，如图 5.5(e)所示。

5.2.3　曲面立体正等轴测图的画法

曲面立体最常见的是回转体，它们的轴测图主要涉及圆的轴测图，即椭圆的画法。对非回转体曲面，一般可用坐标法逐点量取，然后光滑连接而成。

1. 平行于投影面圆的正等轴测图

一般情况下，形体上都有圆和圆弧结构，这些圆或圆弧多数又平行于某一基本投影面，而在轴测图中这些圆或圆弧的正等轴测图都是椭圆，可用 4 段圆弧连成的近似椭圆画出。

图 5.6 所示为平行于 3 个投影面圆的正等轴测图。

(1) 水平椭圆：平行于 XOY(H 平面)圆的正等测椭圆的长轴垂直于 Z_1 轴，而短轴平行于 Z_1 轴方向；

(2) 正平椭圆：平行于坐标面 XOZ(V 平面)圆的正等测椭圆的长轴垂直于 Y_1 轴，而短轴平行于 Y_1 轴方向；

(3) 侧平椭圆：平行于坐标面 YOZ(W 平面)圆的正等测椭圆的长轴垂直于 X_1 轴，而短轴平行于 X_1 轴方向。

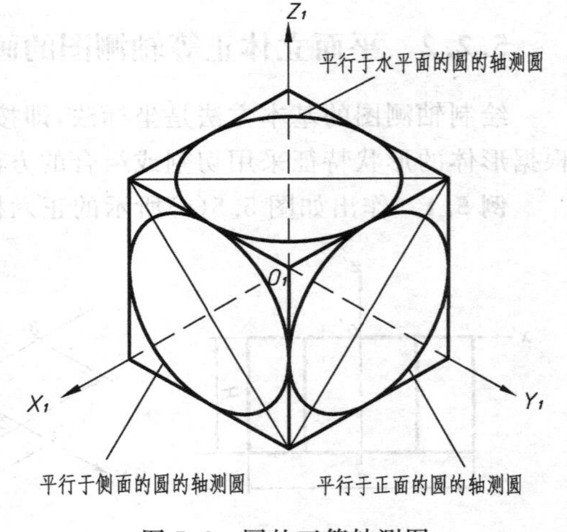

图 5.6　圆的正等轴测图

图 5.7 所示平行于 H 平面的水平圆的正等测椭圆的作图过程。

(1) 作圆的外切正方形，如图 5.7(a)所示；

(2) 作轴测轴和圆与其外切正方形的切点 1_1、2_1、3_1、4_1，并得到外切正方形的轴测菱形，连接对角线，如图 5.7(b)所示；

(3) 分别连接 1_1A_1、2_1A_1、3_1B_1、4_1B_1，交菱形对角线于 A_1、B_1、C_1、D_1 4 点，如图 5.7(c)所示；

(4) 分别以 A_1、B_1 为圆心，以 A_11_1 为半径，作$\overset{\frown}{1_12_1}$、$\overset{\frown}{3_14_1}$弧，再分别以 C_1、D_1 为圆心，以 C_11_1 为半径，作$\overset{\frown}{1_12_1}$、$\overset{\frown}{3_14_1}$弧，最后光滑连成椭圆，如图 5.7(d)所示。

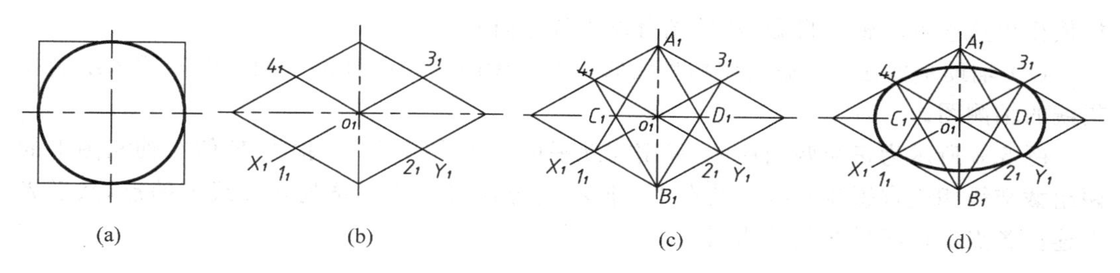

图 5.7　椭圆的画法

思考要点：绘制曲面立体正等轴测图时，关键要分清楚椭圆的长轴方向，否则，绘出的椭圆会因方向错误而变形，失去三维视觉的美感。

2. 常见回转体的正等轴测图

画法如表 5.1 所列。

表 5.1　常见回转体正等轴测图的画法

	正等轴测图的画法	说　明
圆柱		根据圆柱的直径和高，先画出上下底的椭圆，然后作椭圆公切线(长轴端点连线)，即为转向线
圆锥		其画法步骤与圆柱类似，但转向不是长轴端点连线，而是两椭圆公切线
圆球		球的正等测为与球直径相等的圆。如采用简化系数，则圆的直径应为 1.22d。为使圆形有立体感，可画出过球心的 3 个方向的椭圆

5.2.4　截切体、相贯体正等轴测图的画法

绘制截切体及相贯体的正等轴测图时，需要作出截交线和相贯线的轴测图，常采用的方法有坐标定位法和辅助平面法。

(1) 坐标定位法：先在正投影视图的截交线或相贯线上取一系列的点，再根据其坐

标值作出这些点的轴测投影,然后光滑连接各点而成。

(2) 辅助平面法:根据求作相贯线的正投影图时采用的辅助平面法的原理来绘制相贯线的轴测图。

图 5.8 所示为正交两圆柱体,采用辅助平面 P 截切两圆柱,根据 Y 值在轴测图上的两组截交线相交求得相贯线上的点Ⅰ。同样的方法可求得一系列相贯线上的点,然后光滑连接各点即得相贯线的轴测图。

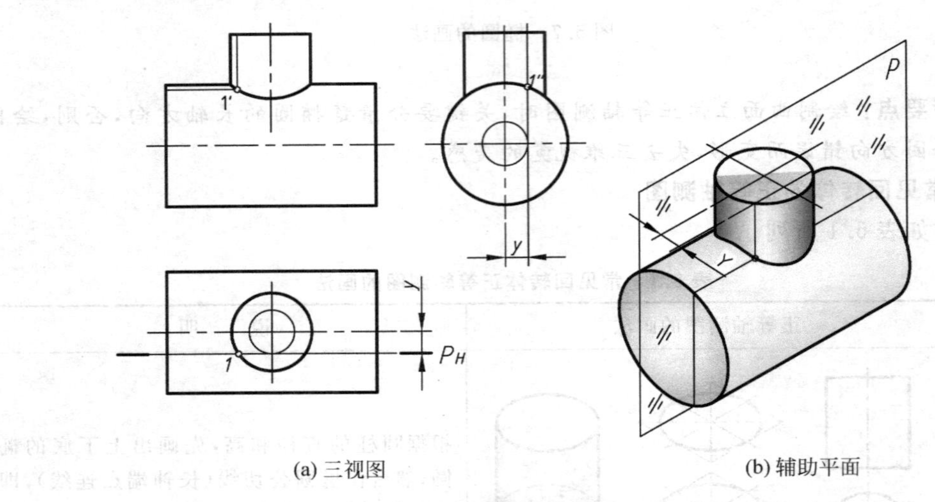

(a) 三视图　　(b) 辅助平面

图 5.8　相贯体正等轴测图的画法

5.2.5　画组合体正等轴测图举例

绘制组合体的轴测图时,应按以下步骤作图:

(1) 先对组合体进行分析,在视图上确定坐标轴,并将组合体分解成几个基本体;

(2) 画出轴测轴,并画出各基本体的主要轮廓;

(3) 画出各基本体的细节;

(4) 擦去多余线,描深全图。

思考要点:在确定坐标原点时,要考虑作图简便,在保证有利于按坐标关系定位和度量的前提下,尽可能减少重复或不必要的作图线。一般是由前向后、自上而下画图。

例 5.2　作如图 5.9 所示支架的正等轴测图。

分析及作图:

如图 5.9 所示,支架由底板和立板组成且结构左右对称。立板的顶部是圆柱面,两侧面与圆柱面相切,中间挖有一圆柱孔。长方形底板的前面挖切成圆角,并挖切有两个圆柱孔。根据以上分析,取底板后边的上表面中点为原点,确定如图中所示的坐

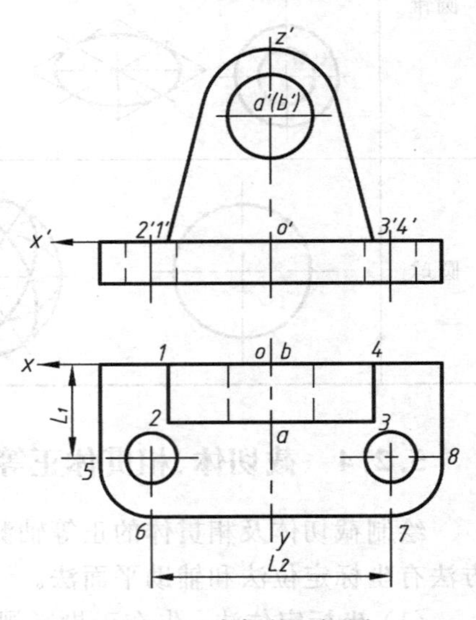

图 5.9　支架的两视图

标轴。作图步骤如图 5.10 所示。

(1) 作出轴测轴,画出底板的轮廓,并确定立板后孔口的圆心位置 B_1,由 B_1 定出前孔口的圆心位置 A_1,画出立板圆柱面顶部圆弧的正等轴测图。画出两板的交线 $1_1—2_1—3_1—4_1—1_1$,如图 5.10(a)所示。

(2) 由 1_1、2_1、3_1 点分别作椭圆弧的切线,并画出立板上的圆柱孔,完成立板的正等轴测图。L_1 和 L_2 确定底板顶面上两个圆柱孔的圆心,作出这两个孔的正等轴测图,如图 5.10(b)所示。

(3) 过 5_1、6_1、7_1、8_1 点分别作各点所在底板边线的垂线,交得 C_1、D_1,再分别以 C_1、D_1 为圆心,以 5_1C_1 和 7_1D_1 为半径,作弧$\overset{\frown}{5_16_1}$和7_18_1得底板上表面圆角的正等轴测椭圆弧。同理,作出底面圆角的正等轴测图。最后,画出底板右边圆角两圆弧的公切线,如图 5.10(c)所示。擦除不必要的作图线,最终作图结果如图 5.10(d)所示。

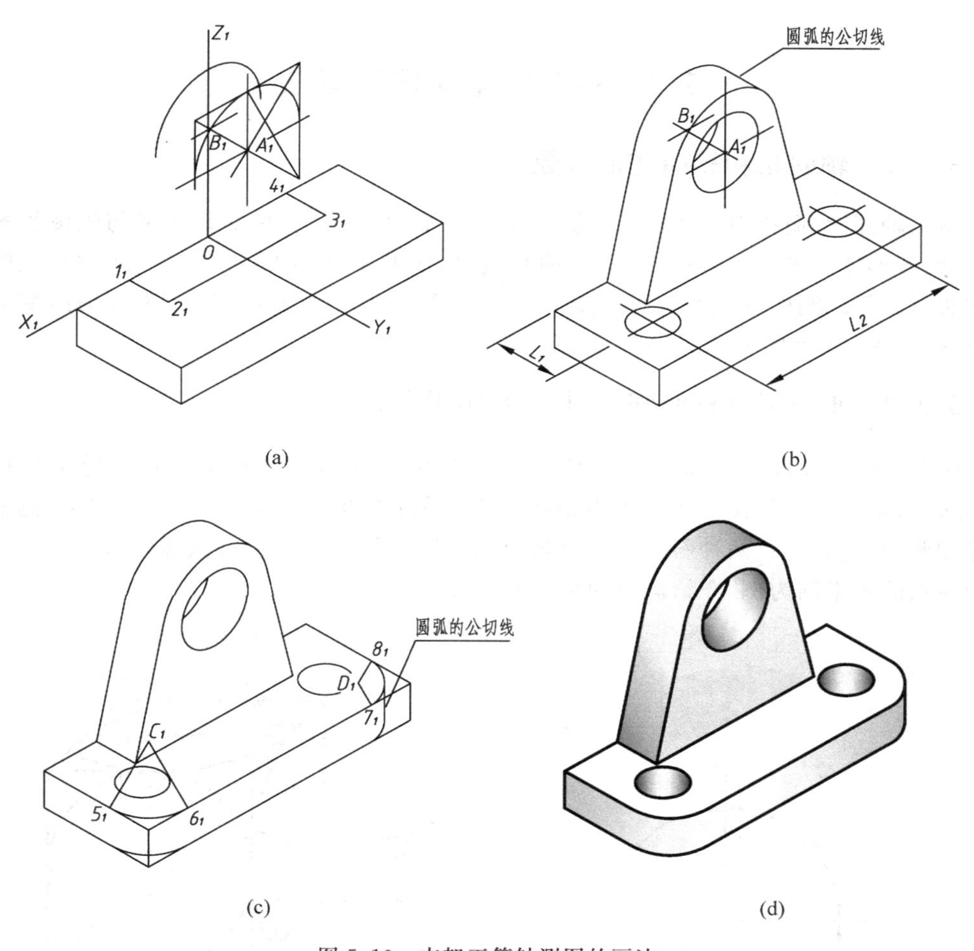

图 5.10 支架正等轴测图的画法

思考要点:在绘制轴测图时,最常见的错误是“漏线”或“多线”,或者是曲面的椭圆方向不对。图 5.11 所示也是一支架的轴测图,图 5.11(a)是正确的画法;而图 5.11(b)所示是容易多画线或少画线的错误情况，多线不对，少画线必定缺少立体感；图 5.11(c)所示是将圆孔的椭圆方向画错了，整个图形已严重变形。

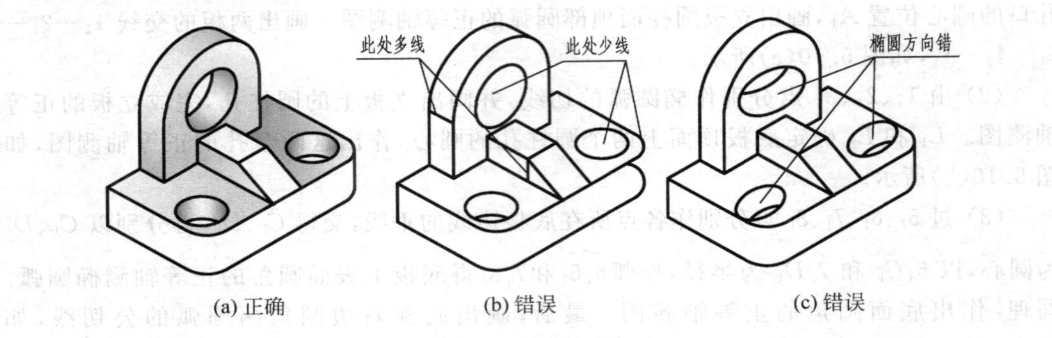

图 5.11　支架正等轴测图

5.3　斜二等轴测图及画法

5.3.1　轴间角和轴向变形系数

斜二轴测图(简称斜二测图)是将形体的 XOZ 或 ZOY 坐标面设置成与轴测投影面平行，因此形体上平行于坐标面 XOZ 的直线、曲线和平面图形，在斜二测图中都反映实长和实形。斜二测的轴间角$\angle X_1O_1Z_1=90°$，$\angle X_1O_1Y_1=\angle Y_1O_1Z_1=135°$，轴向变形系数 $p_1=r_1=1$，$q_1=0.5$，如图 5.12 所示。

5.3.2　平行于坐标面圆的斜二等轴测图画法

图 5.13 所示为立方体表面上 3 个方向内切圆的斜二等轴测图：平行于坐标面 $X_1O_1Z_1$ 圆的斜二等轴测图仍是大小相同的圆；平行于坐标面 $X_1O_1Y_1$ 和 $Y_1O_1Z_1$ 圆的斜二等轴测图是椭圆，这两种斜二等轴测椭圆也可用 4 段圆弧连成近似椭圆画出。现以圆心为原点的水平圆为例，介绍椭圆的两种作图方法。

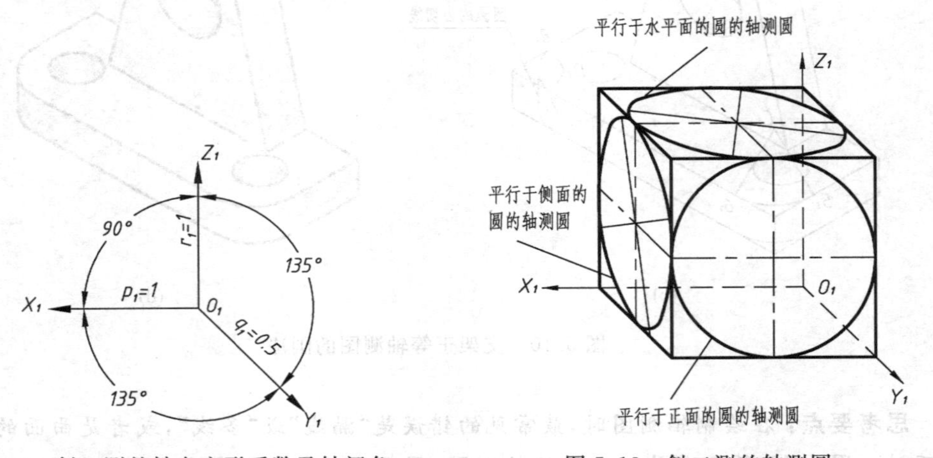

图 5.12　斜二测的轴向变形系数及轴间角　　图 5.13　斜二测的轴测圆

1. 用4段圆弧近似画椭圆(作图步骤见图5.4)

(1) 由O_1作轴测轴O_1X_1、O_1Y_1以及圆的外切正方形的斜二测，4边中点分别为1_1、2_1、3_1、4_1。再作A_1B_1与X_1轴成7°10′，即为长轴方向；作$C_1D_1 \perp A_1B_1$，即为短轴方向，如图5.14(a)所示。

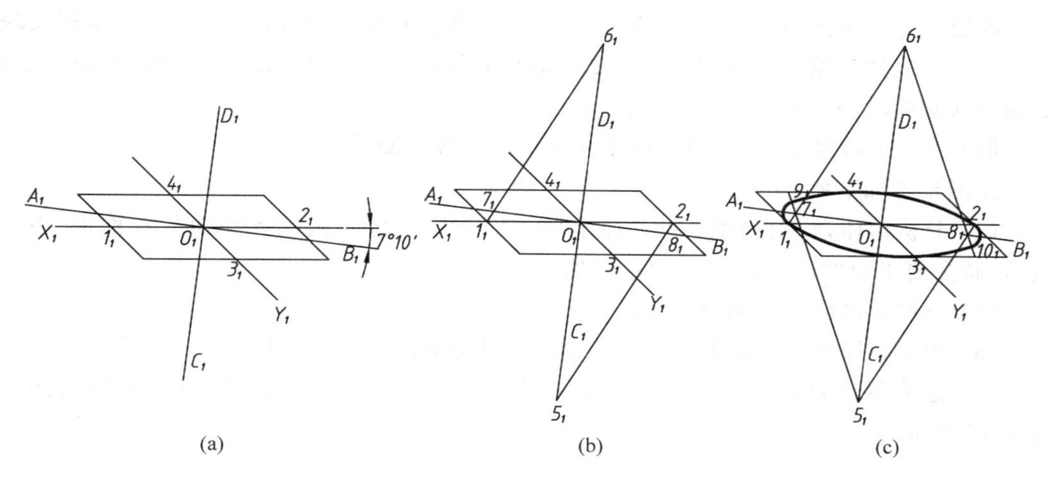

(a)　(b)　(c)

图5.14　圆的斜二测画法

(2) 在O_1C_1、O_1D_1上分别取$O_15_1=O_16_1=d$(圆的直径)，分别连点5_12_1和6_11_1交长轴于7_1、8_1两点，则5_1、6_1、7_1、8_1点即为4段圆弧的圆心，如图5.14(b)所示。

(3) 以点5_1、6_1为圆心，分别以5_12_1、6_11_1为半径画弧$\overset{\frown}{9_12_1}$、$\overset{\frown}{10_11_1}$，与$5_17_1$、$6_18_1$分别交于$9_1$、$10_1$；以$7_1$、$8_1$为圆心，以$7_11_1$、$8_12_1$为半径画弧$\overset{\frown}{1_19_1}$、$\overset{\frown}{2_110_1}$。由此连成光滑的椭圆，如图5.14(c)所示。

2. 用平行弦法近似画椭圆(作图步骤见图5.15)

(1) 先将视图上圆的直径cd进行六等分，并过其等分点作平行于ab的弦，如图5.15(a)所示。

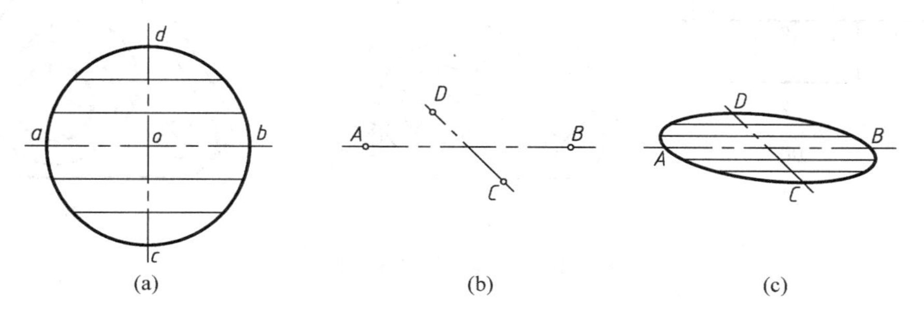

(a)　(b)　(c)

图5.15　平行弦法画圆的斜二测

(2) 画圆中心线的轴测图，并量取$O_1A_1=O_1B_1=d/2$，$O_1C_1=O_1D_1=d/4$，得A_1、B_1、C_1、D_1点，如图5.15(b)所示。

(3) 将 C_1D_1 六等分，过各等分点作直线平行于 A_1B_1，并量取相应弦的实长。将 A_1、B_1、C_1、D_1 及中间点依次光滑连成椭圆，如图 5.15(c)所示。

5.3.3 斜二等轴测图画法举例

在斜二等轴测图中，由于坐标面 XOZ 平行于轴测投影面 P，故在 P 面上的投影反映实形。对于表达在某一个方向上具有复杂形状或只有一个方向有较多的平行于某一坐标面的圆或圆弧时，利用斜二测作图较为方便。

例 5.3 作如图 5.16(a)所示的连接盘的斜二等轴测图。

作图步骤如下所述。

(1) 分析形体，画轴测轴：将形体上各平面分层定位并画出各平面的对称线、中心线，再画主要平面的形状，如图 5.16(b)所示。

(2) 分层次画出主要部分形状。

(3) 画出各层次上的细节部分及孔洞后可见部分的形状，如图 5.16(c)所示。

(4) 擦去不需要的作图线，加深可见部分的形状，所画连接盘的斜二等轴测图如图 5.16(d)所示。

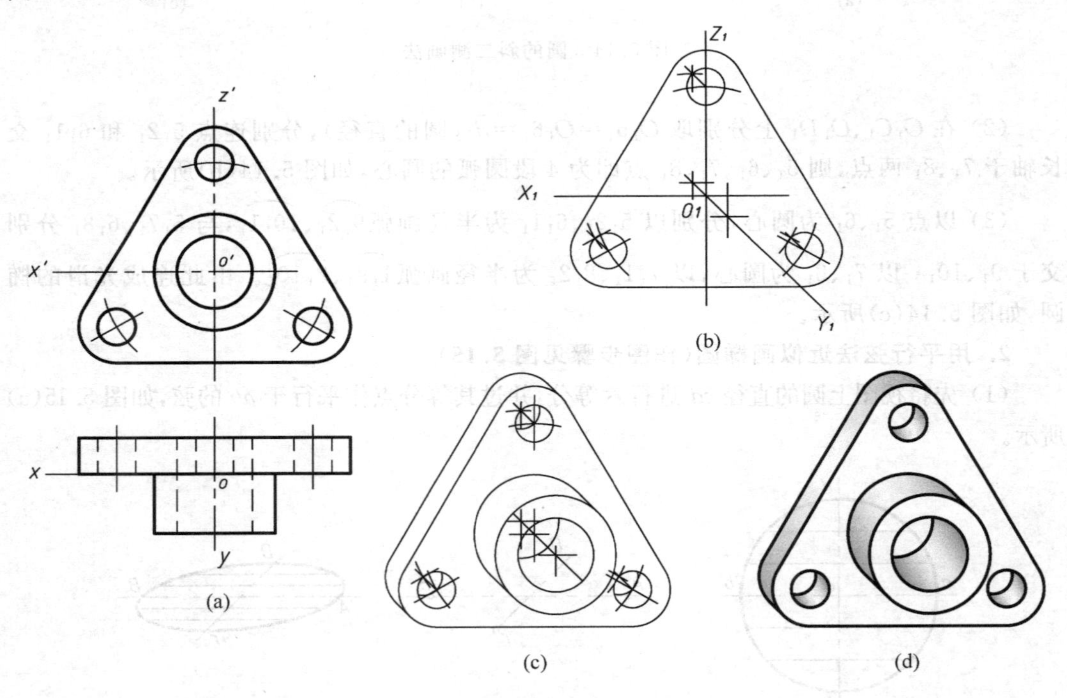

图 5.16　连接盘斜二测的画法

第 6 章　机件图样的表达方法

在产品设计中，对于结构和形状复杂的机件仅采用前面所讲的三视图很难将它们的内、外部形状表达清楚。为了完整、清晰、简便地表达各种机件的形状，国家《技术制图》(GB/T 17452—1998)标准在图样画法中规定了绘制机械图样的表达方法。本章将介绍视图、剖视图、断面图及其简化画法。

另外提醒读者注意，本章所涉及的机件表达方法规定较多，在学习过程中要根据每个知识点认真阅读相关的图样。此外，我们增加了相关图样重要部位的定位尺寸标注，以便读者提高对图样的表达能力。

6.1　视　　图

视图主要用于表达机件内、外部结构形状。它分为基本视图、向视图、斜视图和局部视图。任何一位设计者都应根据机件的内、外部结构复杂程度选择视图的数量。

6.1.1　基本视图

1. 基本视图的形成

机件向基本投影面投射所得视图称为基本视图。国家《技术制图》标准规定，用正六面体的 6 个面作为基本投影面，如图 6.1 所示。然后用正投影的方法将机件向 6 个基本投影面分别进行投影，就得到了该机件的 6 个基本视图。6 个基本视图中，除了前面已介绍的主视图、俯视图、左视图外，还有自右向左投射所得的右视图，由下向上投射所得的仰视图以及由后向前投射所得的后视图。6 个基本投影面展开的方法如图 6.2 所示。

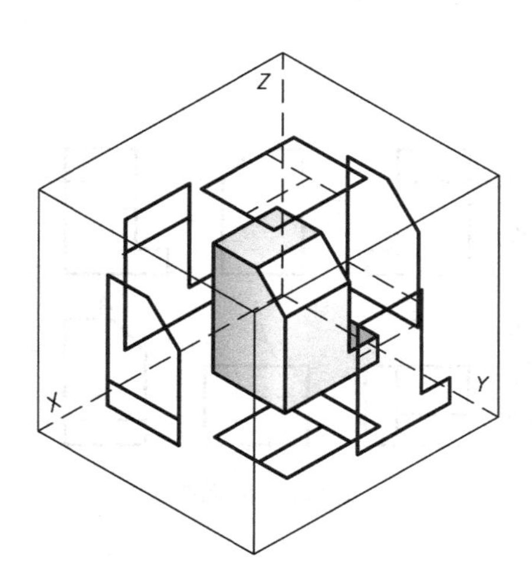

图 6.1　基本视图的形成

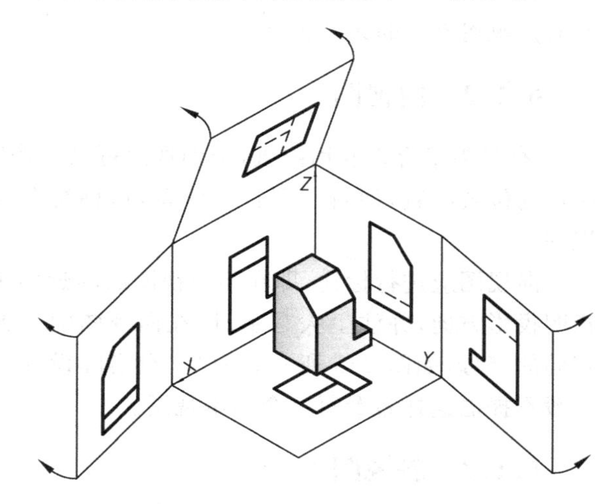

图 6.2　基本视图的展开方法

2. 6个基本视图的配置及投影规律

如图 6.3 所示，是 6 个基本视图的配置位置。在同一张图样上，若按图 6.3 配置时一律不标注视图的名称。

6 个基本视图之间仍符合"长对正、高平齐、宽相等"的投影规律，即：

长对正——主、俯、仰、后 4 个视图；

高平齐——主、左、右、后 4 个视图；

宽相等——俯、仰、左、右 4 个视图。

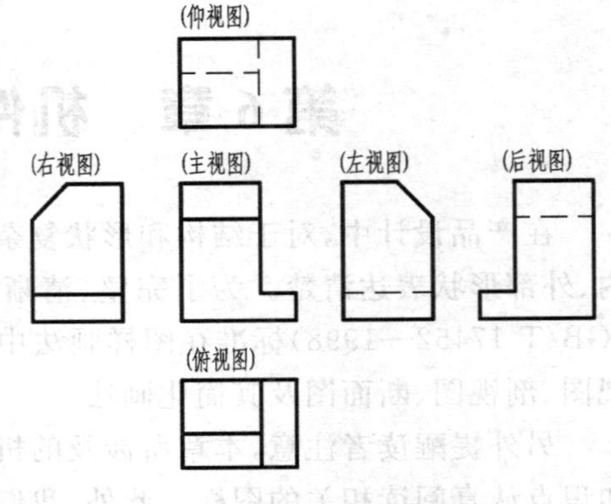

图 6.3　基本视图配置

3. 基本视图的应用

在表达机件的形状时，应根据机件的外部结构形状的复杂程度确定主视图后，再选用必要的其他基本视图，并不是任何机件都需要画出 6 个基本视图。如图 6.4 所示的机件，为了表达左、右凸缘的形状，采用了主视图、左视图、右视图 3 个基本视图，并在左、右视图中省略了那些不需要重复表达结构的虚线。

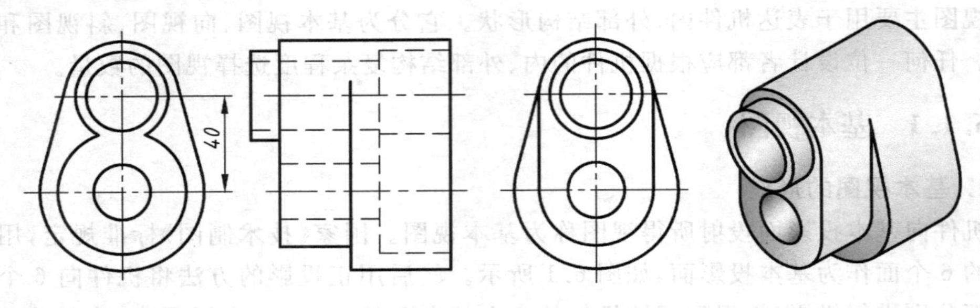

图 6.4　基本视图应用举例

思考要点： 在绘制机件的基本视图时，不仅要严格按照投影规律作图，更要弄清楚两个对应视图之间的方位关系。

6.1.2　向视图

有时为了合理利用图纸，个别视图可以不按图 6.3 所示的位置配置，而将视图自由配置，这种视图称为向视图。

向视图应进行标注，即在相应视图的附近画出箭头指明投影方向，并注上大写字母，在向视图的上方标注相同的字母，如图 6.5 所示。但是，在实际设计工作中一般不提倡这样布置每一个基本视图。

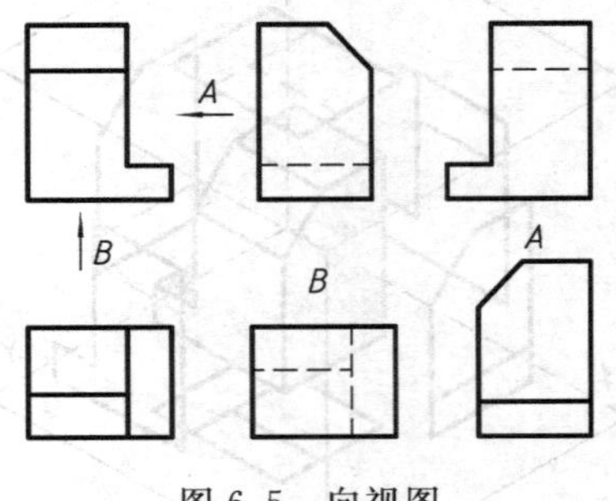

图 6.5　向视图

6.1.3　斜视图

当机件上有不平行于基本投影面的倾斜结构时，则该部分的真实形状在基本视图上无法表达清楚，如图 6.6(a)所示。为此，可设置一个平行于倾斜结构的投影面作为新投影面，一般为投影面垂直面，如图 6.6(b)所示的正垂面 P，将倾斜结构向该投影面投射即可得到反映实形的视图。这种将机件向不平行于任何基本投影面的平面投射所得的视图，称为斜视图，其投影原理就是前面介绍的换面法。

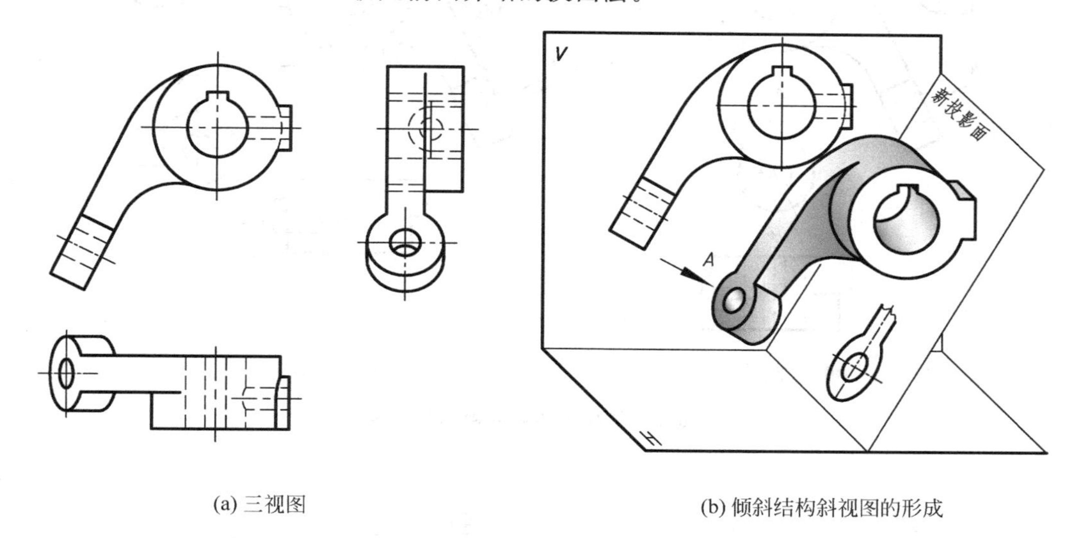

(a) 三视图　(b) 倾斜结构斜视图的形成

图 6.6　压杆的三视图及斜视图的形成

1. 斜视图的画法及配置

由于斜视图主要用来表达机件上的倾斜部分的实形，故其余部分不必画出，其断裂边界用波浪线或双折线表示。如果所表达的倾斜结构轮廓形状是完整封闭时，波浪线可省略不画。斜视图一般按投影关系配置，为了画图方便，必要时也可配置在其他适当位置。在不致引起误解时，允许将图形旋转，但必须标注。

2. 斜视图的标注

斜视图必须标注。首先在基本视图的倾斜部位附近沿垂直于倾斜面的方向画出箭头表明投影方向，并注上大写字母；在斜视图的上方标注相同的字母，字母一律水平书写，如图 6.7(a) 中所示的 A。经过旋转的斜视图，必须加注旋转符号，其箭头方向为旋转方向，字母应靠近旋转符号的箭头端，如图 6.7(b)中的 A，也允许将旋转角度标注在字母之后。

思考要点：在绘制斜视图时，常见的错误一是表达倾斜部分的波浪线范围过大或过小，二是标记错误，如图 6.8(b)、(c)所示。同时，对于倾斜结构的尺寸标注，读者应结合图例分析掌握。

6.1.4　局部视图

当机件在某一个视图方向上只有局部形状没有表达清楚时，不必再画出完整的基本视图或向视图，可采用局部视图。即将机件需要表达的局部结构向基本投影面投射，所得的视图称为局部视图。

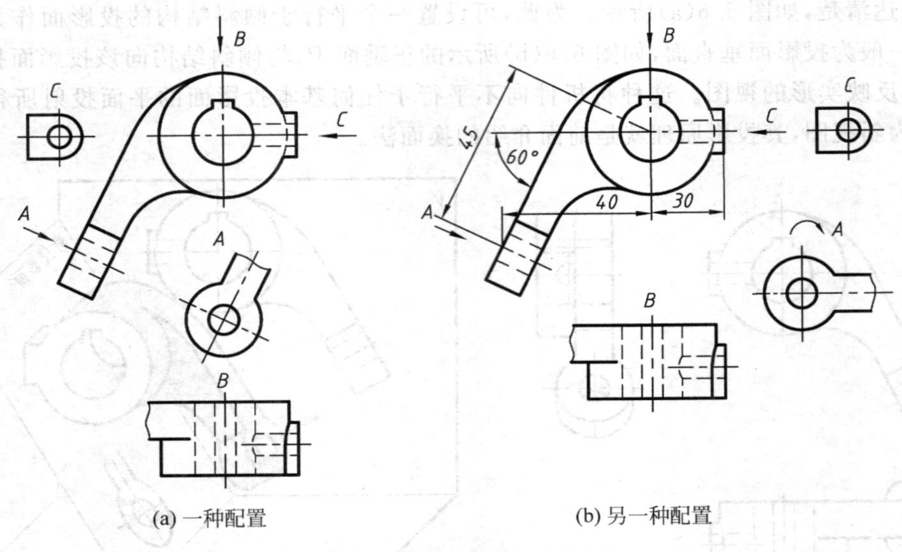

图 6.7　斜视图和局部视图的配置

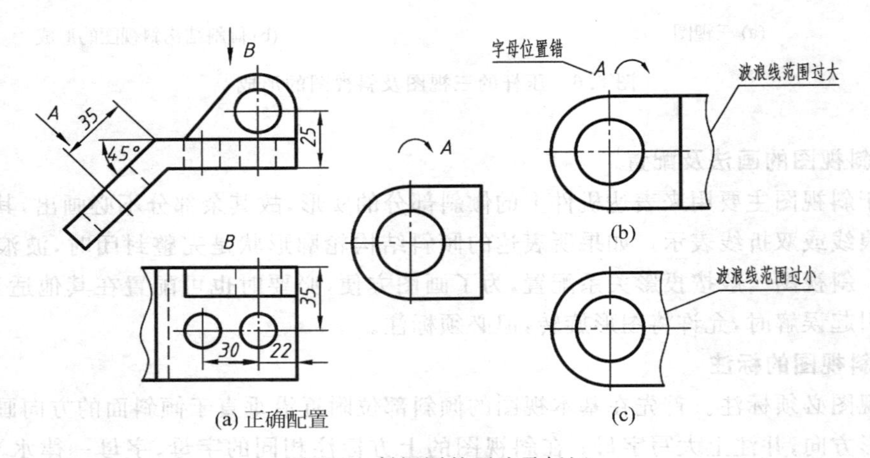

图 6.8　斜视图的画法及标记

1. 局部视图的画法及配置

如图 6.6 所示，压杆的倾斜部分已在斜视图中表达清楚，在俯视图中不必再画出这部分投影，可以用波浪线假想断开机件，但范围要适当，如图 6.7 和图 6.8(a)中的 *B* 视图。当所表示的局部结构形状是封闭的完整轮廓线时，则波浪线可省略不画，如图 6.7(a)中的 *C* 视图。局部视图既可以按投影关系配置，也可配置在其他适当位置。

2. 局部视图的标注

局部视图的标注与斜视图相同，首先在相应视图的附近处画箭头指明投影方向，并注上大写拉丁字母，在局部视图上方标注相同的字母。当局部视图按基本视图的投影关系配置，中间又没有其他图形隔开时，则可省略标注，如图 6.7(a)中的 *C* 所示。

如图6.9所示，为局部视图示例。A向的"U"形沉孔是凹进圆柱体的，所以要用波浪线或双折线作边界。B向的长圆形是凸出圆柱体的，因此以自身轮廓作边界。

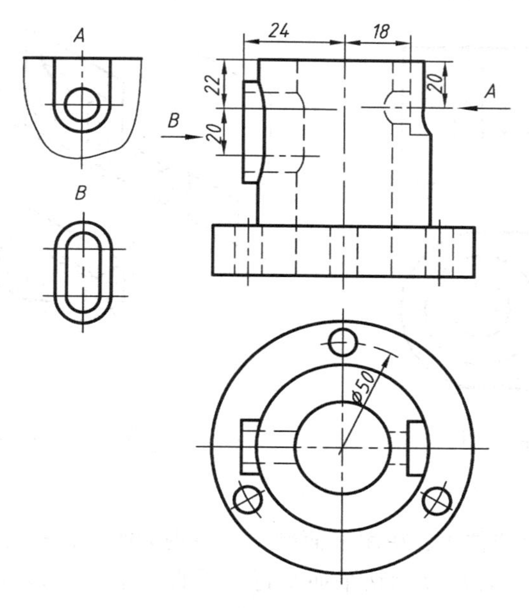

图6.9　局部视图示例

思考要点：在选用基本视图、局部视图或斜视图时，要考虑机件的具体结构，从而确定最佳的视图数量，并灵活掌握斜视图和局部视图的作图范围和标注方法。

6.2　剖　视　图

在前面几章里，凡是遇到机件内部结构不可见，在视图中需要用虚线表示，如图6.10所示。

如果内部结构愈复杂则视图上的虚线也就愈多，不仅使得图面不清晰也给读图带来了困难，而且又不利于标注尺寸。为了解决这个问题，使原来不可见的结构转化为可见的部分，根据《技术制图》标准GB/T 17452—1998的规定，可采用剖视图来表达机件的内部结构。

6.2.1　剖视图的概念

1. 定义

(1) 剖切面：用来剖切机件的假想平面或柱面。

(2) 剖视图：假想用剖切面剖开机件后，将处在观察者和剖切面之间的部分移去，而将其余部分向投影面投射所得的图形，称为剖视图，如图6.11所示。

(3) 剖面区域：又称为断面区域，是剖切面与机件实体的接触部分。

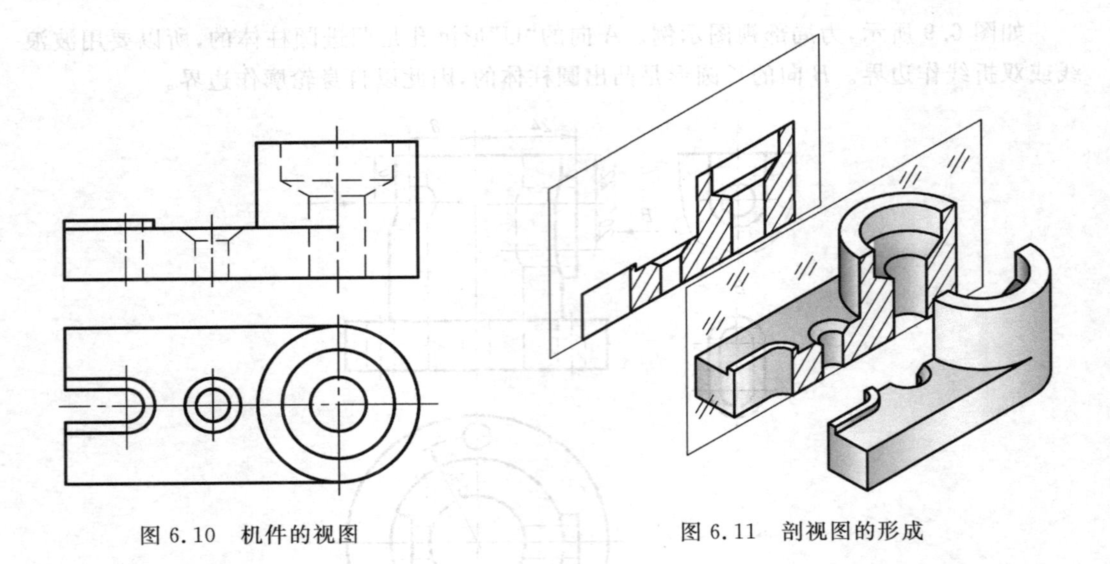

图 6.10 机件的视图　　图 6.11 剖视图的形成

2. 剖视图的画法

(1) 确定剖切平面的位置：在用平面剖切机件时，剖切平面应通过机件内部孔、槽等结构的对称面或轴线，并且使该剖切平面平行或垂直于某一投影面，这样可使剖切后的结构投影反映实形。如图 6.11 所示，剖切平面平行于正面投影面。

(2) 画投影轮廓线：如图 6.12(a)所示，当机件剖切后，首先应分析剖切断面的区域和形状，例如图中的 1、2、3 个区域。并判断剖切平面后面原来不可见的结构是否变成看得见，可见的结构在剖视图中均应画成实线。

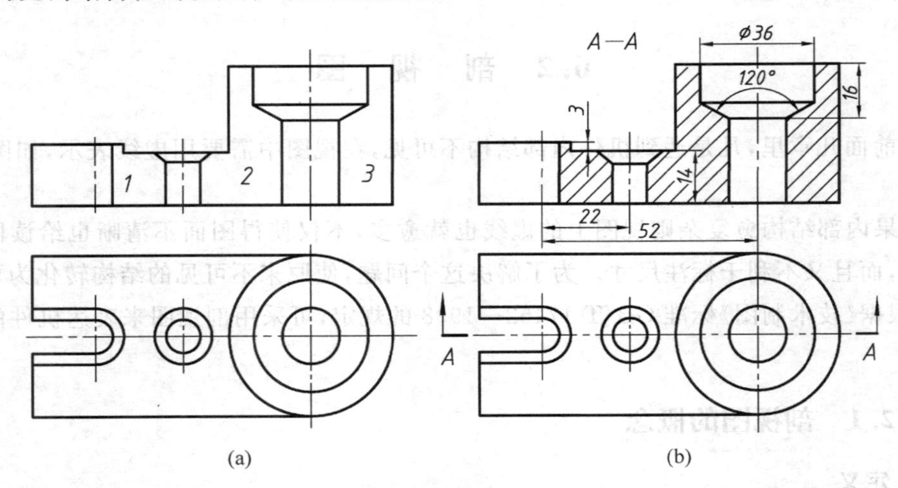

图 6.12 剖视图的画法

(3) 画剖面符号：在机件的剖面区域(剖断面)内应画出剖面符号，以区别剖面区域与非剖面区域，即区分剖切平面所通过的实体或非实体部分。国家标准规定了各种材料的剖面符号，表 6.1 所列是其中一部分。

表 6.1 剖面符号

材料	符号	材料	符号
金属材料(已有规定符号者除外)		混凝土	
线圈绕组元件		钢筋混凝土	
转子、电枢、变压器和电抗器等的叠钢片		砖	
非金属材料(已有规定符号者除外)		基础周围的泥土	
型砂、填砂、粉末冶金、砂轮、陶瓷刀片、硬质合金等		格网(筛网、过滤网等)	
玻璃及供观察用的其他透明材料		液体	

剖面符号仅表示材料的类别,材料的名称和代号必须在标题栏中注明。最常用的金属材料剖面符号规定用细实线画成间距相等、方向相同,且与水平方向成45°的细实线。国家标准规定在同一机件图样中,各个剖面区域的剖面线方向和间隔均应一致,如图 6.12(b)所示。

当剖视图中的主要轮廓线与水平线成 45°或接近 45°时,则剖面线应画成与水平线成 30°或 60°的细实线,其倾斜方向仍应与图形上原来的剖面线方向一致,如图 6.13 所示。

3. 剖视图的标注

如图 6.12(b)所示,剖视图一般应进行标注,标注内容包括以下几个方面。

(1) 剖切符号:用以表示剖切平面迹线的位置,在剖切平面的起讫和转折位置,用粗短线画出;

(2) 箭头:用来表示剖切后的投影方向,该箭头垂直于剖切符号;

(3) 字母:在剖切面的起止和转折位置标注相同字母,并在剖视图上方注出“×—×”。

标注剖视图时,以下情况应省略标注:

(1) 当剖视图按投影关系配置,中间又无其他图形隔开时,可以省略箭头;

(2) 当单一剖切平面通过机件的对称平面或基本对称平面,且剖视图按投影关系配置中间又无其他图形隔开时,可省略标注。如图 6.14 所示。

4. 画剖视图应注意的问题

(1) 剖视图是假想将机件剖开后画出的,事实上机件并没有被剖开。因此,除作剖视的视图按规定画法绘制外,其他视图仍按完整的机件画出。

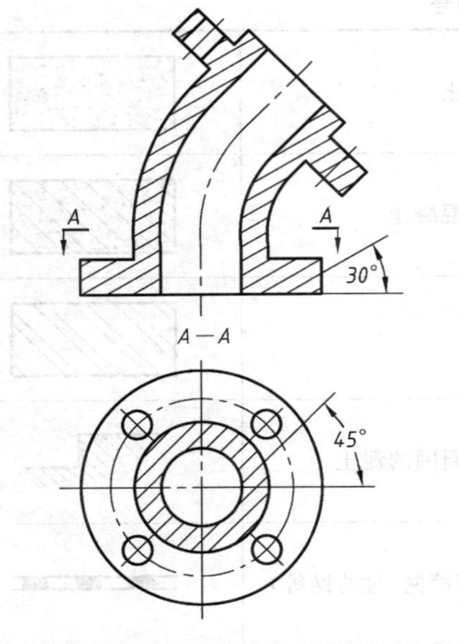

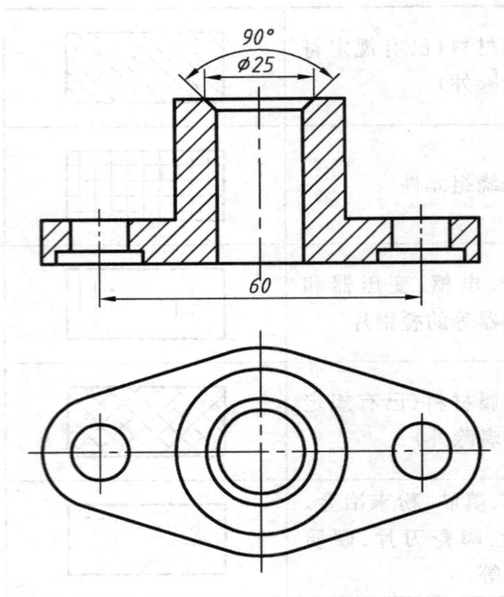

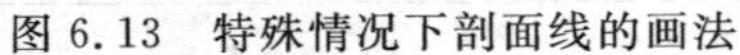

图 6.13　特殊情况下剖面线的画法　　　　图 6.14　省略标注

(2) 在同一机件上可根据需要多次剖切，每次剖切都应从完整的形体结构考虑，即每个方向的剖切互不影响。

(3) 剖切平面的位置选择要得当。首先应考虑通过内部结构孔的轴线或对称平面以便剖出其轮廓实形，其次考虑在可能的情况下使剖面通过尽量多的内部结构。

(4) 画剖视图时，应画出剖切面后方的所有可见轮廓线，不得遗漏。表 6.2 给出了几种易漏线的示例，这些线一般是机件的台阶面或形体交线的投影。

表 6.2　剖视图中易漏线示例

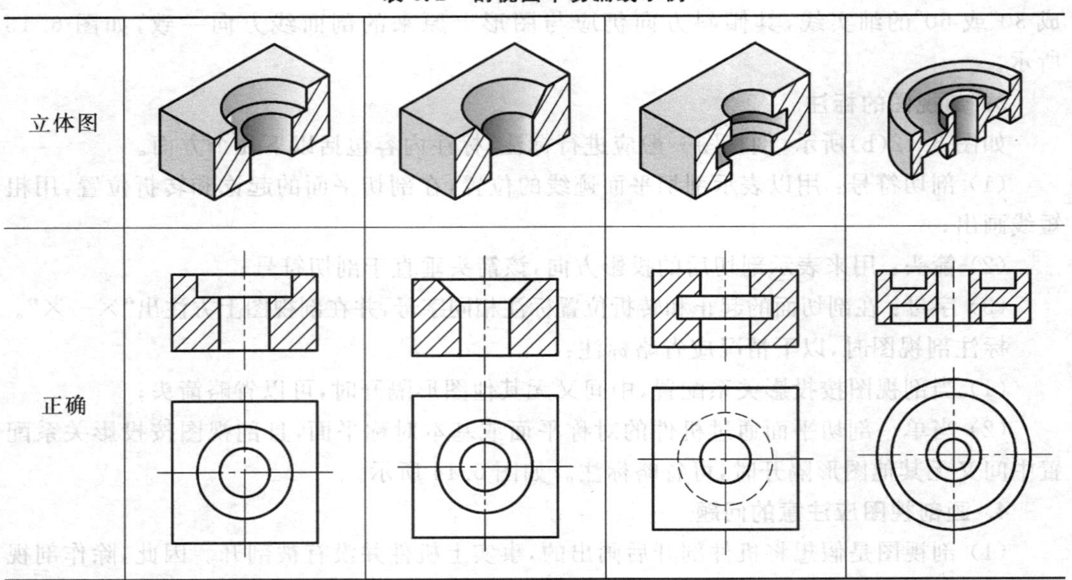

续表

错误	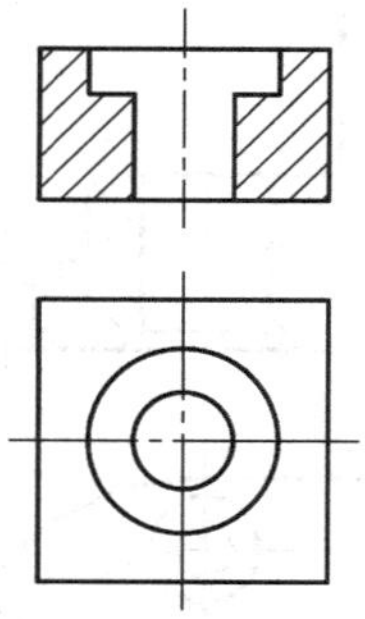	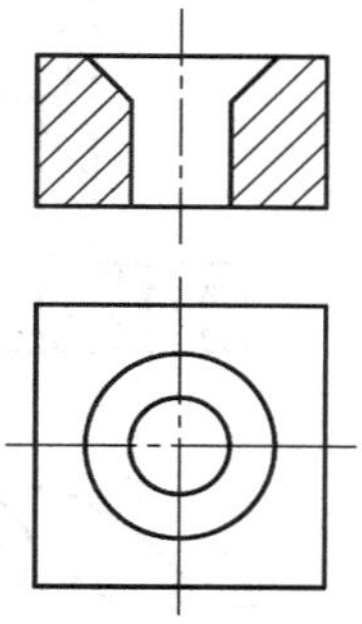	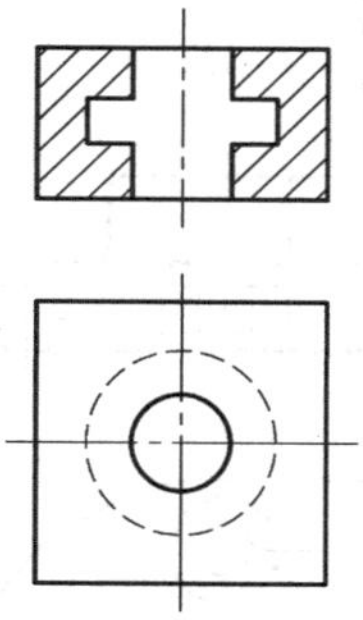	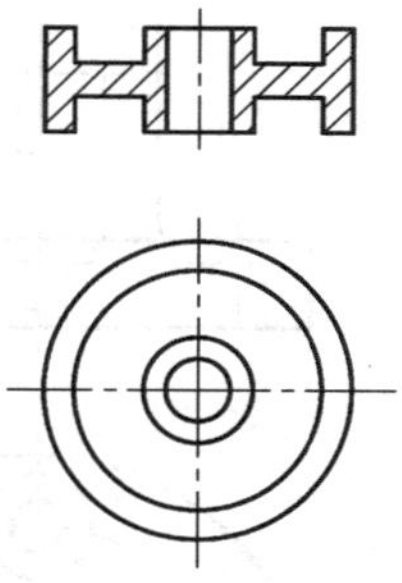

(5) 在剖视图中，当内部结构已表达清楚时，虚线可省略不画；对没有表达清楚的结构，仍需要画出虚线，如图 6.15 所示。

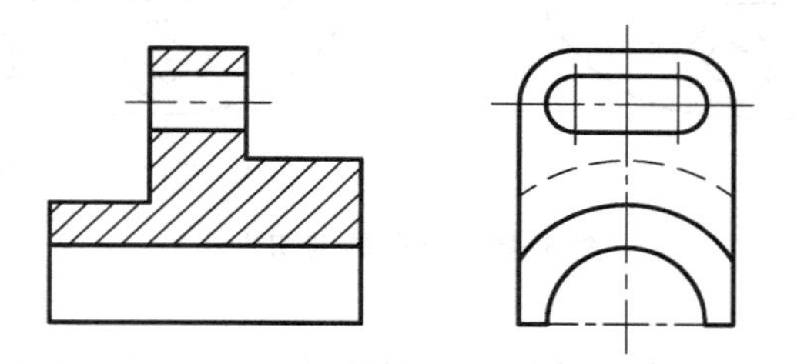

图 6.15　必要的虚线要画出

6.2.2　剖视图的种类

根据机件的实际结构和表达的需要，国家《技术制图》标准 GB/T 17452—1998 规定了 3 种剖视图，即全剖视图、半剖视图和局部剖视图。

1. 全剖视图

用剖切面完全地剖开机件所得的剖视图，称为全剖视图。

当机件外形简单或外形已在其他视图中表示清楚时，为了表达其复杂的内部结构，常采用全剖视图。

如图 6.16(a)所示，是泵盖的两视图。从图中可以看出，它的外部结构比较简单，而内部形状比较复杂，前后对称，左右不对称。为了表达泵盖中间的两个通孔和底板上的阶梯孔，选用一个平行于正面且通过泵体前后对称面的剖切平面即可将内部表达清楚。如图 6.16(b)所示，是泵盖的全剖视图。

2. 半剖视图

当机件具有对称平面时，向垂直于对称平面的投影面上投射所得的图形可以视图的对称中心线为界线，一半画成剖视图，另一半画成视图，这种剖视图称为半剖视图。

半剖视图主要用于内、外部形状均需表达的对称机件。图 6.17(a)是支座的两视图，从图中可以看出，它的内、外部形状前后、左右对称都需要表达。为了清楚地表达其内、外部形状，可采用图 6.17(b)所示的表达方法。主视图是以对称中心线为界线，一半画成视图表达其外形，另一半画成剖视图表达其内部阶梯孔。俯视图是以前、后对称中心线为界

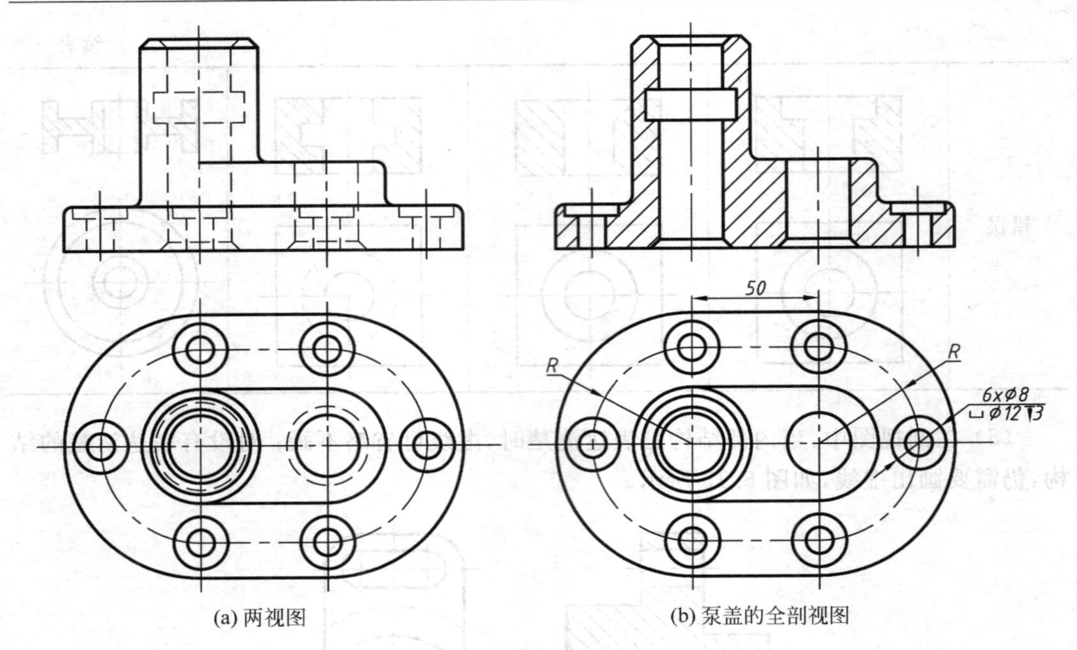

(a) 两视图　　(b) 泵盖的全剖视图

图 6.16　泵盖的剖切方法

线，后一半画成视图表达顶板及 4 个小孔的形状和位置；前一半画成 $A—A$ 剖视图，表达凸台及其上面的小孔。根据支座左右对称的特点，俯视图也可以左右对称中心线为界，一半画成视图，一半画成剖视图，其表达效果是一样的。图 6.17(c)是支座的剖切立体图。

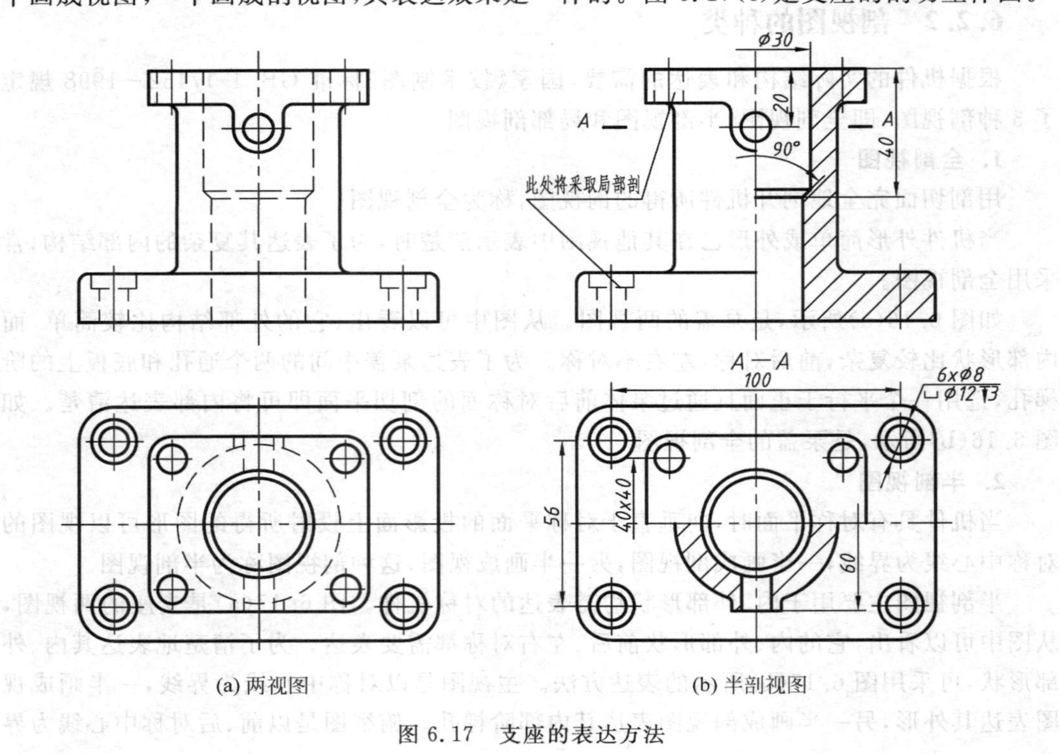

(a) 两视图　　(b) 半剖视图

图 6.17　支座的表达方法

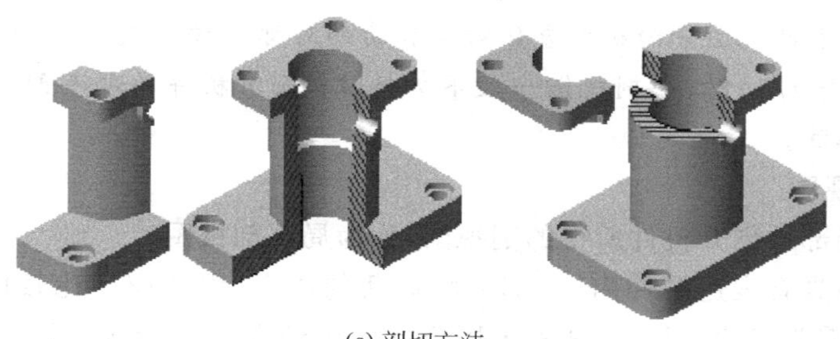

(c) 剖切方法

图 6.17(续)

当机件的形状基本对称，且不对称部分已另有视图表达清楚时，也可画成半剖视图，如图 6.18 所示。对于外形较为简单而且形状对称的机件，也可采用全剖视图，如图 6.19 所示。

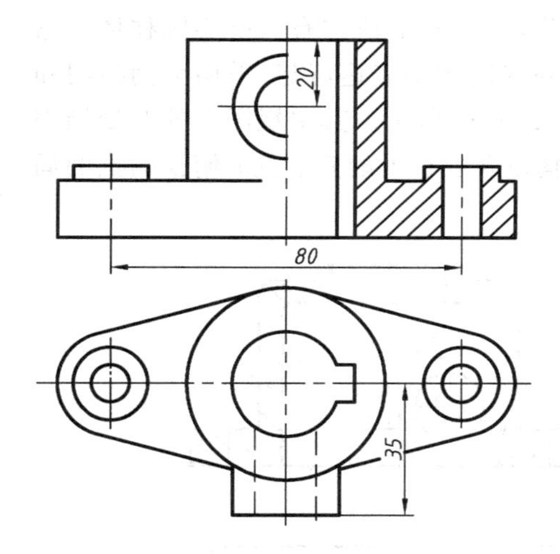

图 6.18　基本对称机件

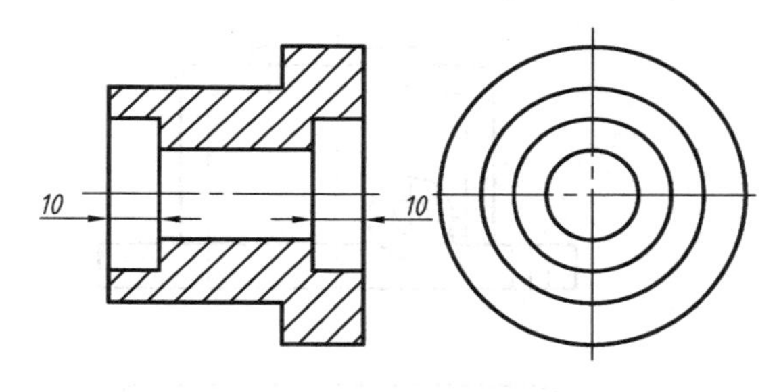

图 6.19　外形简单的对称机件

画半剖视图时应注意：

(1) 在半剖视图中，半个外形视图和半个剖视图的分界线应画成点画线，不可画成粗实线；

(2) 在半剖视图中，机件的内部形状已在半个剖视中表达清楚，因此在另一半视图中不必再画出虚线；

(3) 半剖视图的标注方法应与全剖视图相同，如图 6.17(b)所示；

(4) 在半剖视图中标注机件对称结构的尺寸时，其尺寸线应略超过对称中心线，并只在尺寸线的一端画箭头，如图 6.20 所示。这也是在设计中经常见到的尺寸标注形式，请读者理解掌握。

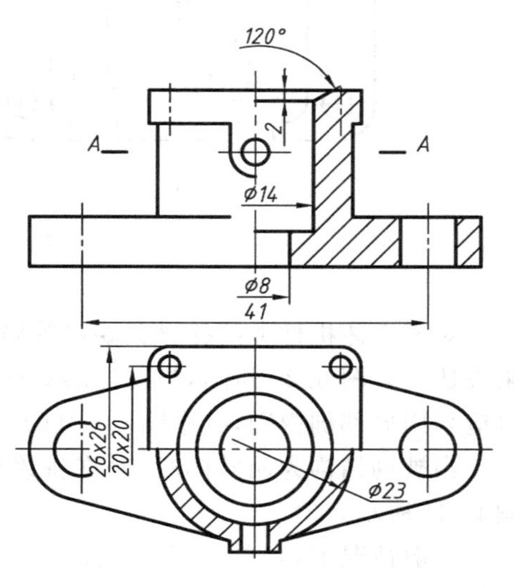

图 6.20　半剖视图中的尺寸标注

思考要点：半剖视图分为机件整体对称和局部对称两种形式，如图 6.17 所示。对机件整体半剖（剖去 1/4）时，半剖视图一般不加标注；而对机件局部半剖（剖去 1/2）时，半剖视图必须加标注。

3. 局部剖视图

用剖切面局部地剖开机件所得的剖视图，称为局部剖视图。

局部剖视图具有表达机件内、外部形状灵活的优点，因此应用比较广泛。当机件的内、外部结构均需要表达，但又不适宜采用全剖或半剖视图时，常使用局部剖视图。在剖视图上，以波浪线或双折线为界将机件的一部分画成剖视图表达内部形状，另一部分画成视图表达外部结构。因此，局部剖视图比较灵活，对要作剖视的部分和剖视范围需要认真分析。

如图 6.21(a)所示，为箱体的主、俯视图。从图中可以看出，其主体是内部为一挖空的矩形长方体，底板上有 4 个安装孔，顶部有一矩形凸缘，左下前方有一空心圆柱体。它的上下、前后和左右均不对称。为了使箱体的内、外部结构都表达清楚，采用全剖视图和半剖视图均不适宜，因而采用了局部剖视图，如图 6.21(b)所示。其主视图上的两处局部剖视图分别表达了上部凸缘内孔和箱体的内部结构以及底板上的安装孔；俯视图上的局部剖视图则表达了小圆柱凸台上的通孔。

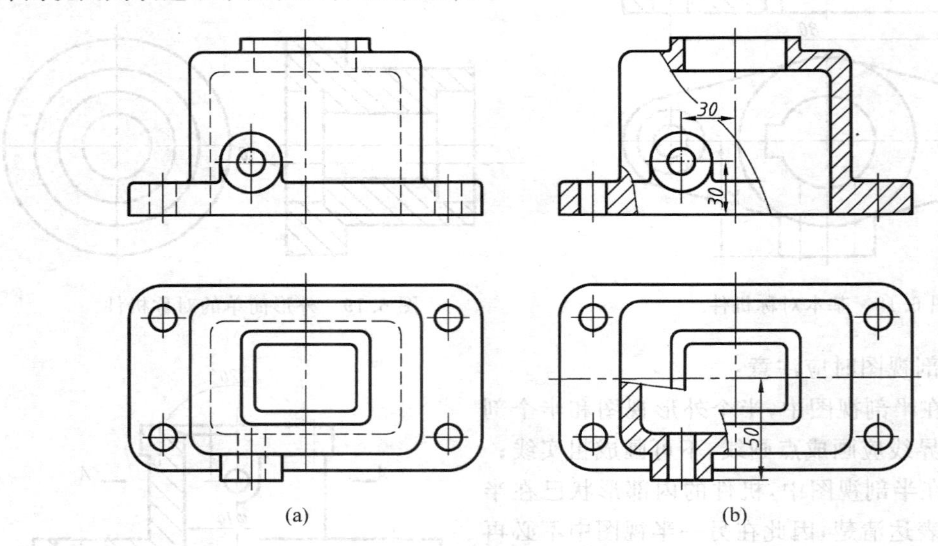

图 6.21　局部剖视图

对于实体机件上的孔、槽、缺口等局部的内部形状，可采用图 6.22 所示的局部剖视图来表达。如图 6.23 所示，当图形的对称中心线处有机件的轮廓线时，不宜采用半剖视图，也应采用局部剖视图，其中图 6.23(b)和图 6.23(c)较合理。

当被剖结构为回转体时，允许将该结构的中心线作为局部剖视与视图的分界线，如图 6.24 所示。

一般情况下，当单一剖切平面的剖切位置明显时，局部剖视图可省略标注，如上述几个局部剖视图都不需标注，而特殊位置的局部剖视图则必须加标注。

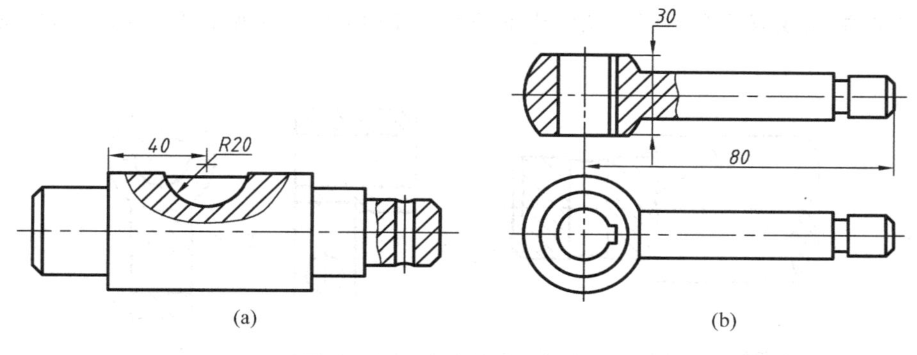

图 6.22　局部剖视图示例(一)

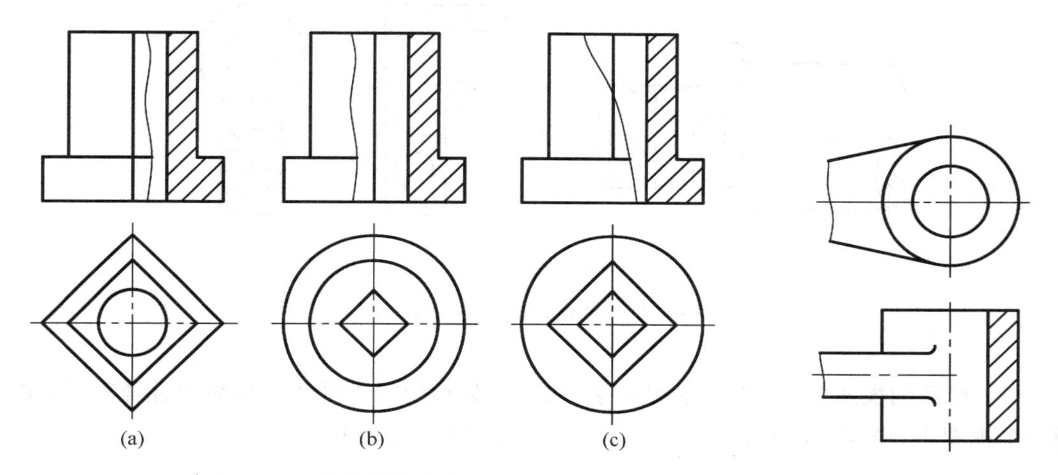

图 6.23　局部剖视图示例(二)　　图 6.24　对称中心线为分界线

画局部剖视图时应注意：

(1) 波浪线或双折线应画在机件的实体部分，不能超出被剖切视图的轮廓线，如图 6.25 所示；

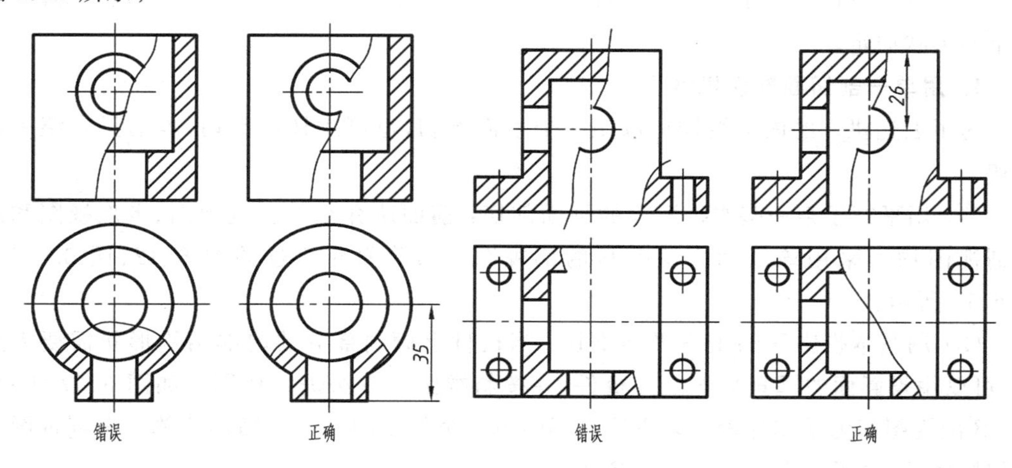

图 6.25　波浪线的正、误对照

（2）波浪线或双折线不能与视图中的轮廓线重合，也不能画在其延长线上，如图 6.26 所示；

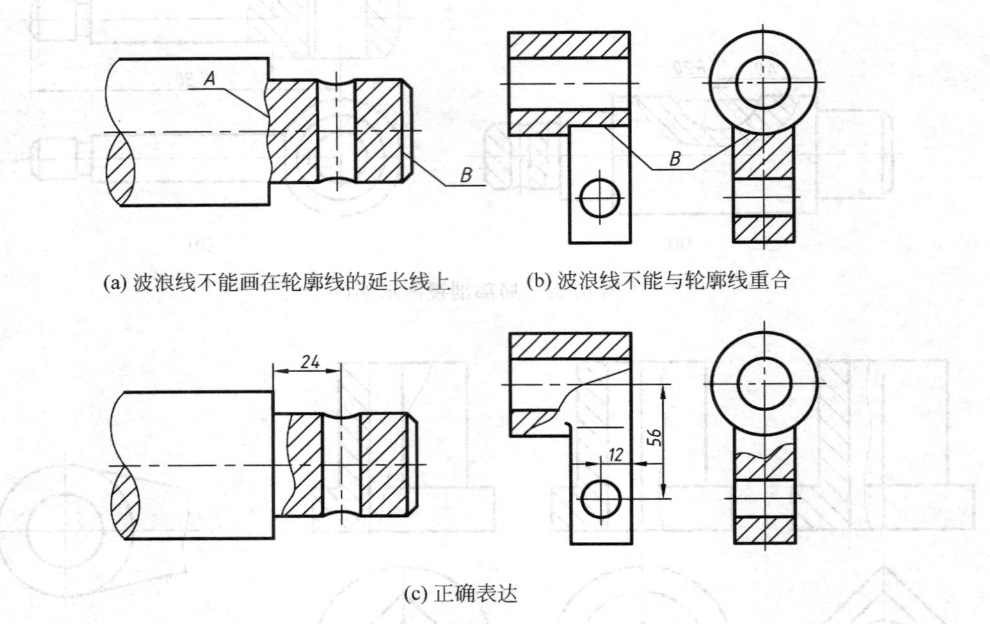

(a) 波浪线不能画在轮廓线的延长线上　(b) 波浪线不能与轮廓线重合

(c) 正确表达

图 6.26　波浪线的正、误画法

（3）局部剖视图是一种比较灵活的表达方法，如运用得当可使图形简明、清晰。但在同一个视图中，局部剖视的数量不宜过多，以免使图形过于破碎。

6.2.3　剖切面的种类及常用的剖切方法

国家《技术制图》标准 GB/T 17452—1998 规定：剖切面是剖切机件的假想平面或曲面。根据机件的结构特点可选择单一的剖切平面、几个平行的剖切平面或者几个相交的剖切平面剖开机件。至于是选择全剖视图、半剖视图或局部剖视图，应根据机件的内、外部结构形状而定。

1. 用单一剖切面剖切机件

为了表达机件的内部结构可以用一个平面剖切，也可用柱面剖切，本书只介绍平面剖切。

（1）用平行于某一基本投影面的平面剖切：前面所介绍的全剖视图、半剖视图和局部剖视图均为采用该剖切方法获得的剖视图。如前面介绍过的图 6.12、图 6.14 和图 6.16 所示。

（2）用基本投影面的垂直平面剖切：当机件上倾斜部分的内部结构形状需要表达时，可以用投影面的垂直平面剖开机件，并按斜视图的方法进行作图。如图 6.27 所示，*B*—*B* 剖视图即为采用这种剖切方法得到的单一全剖视图。这种倾斜的单一全剖视图必须加标注，图中所标字母一律水平书写。

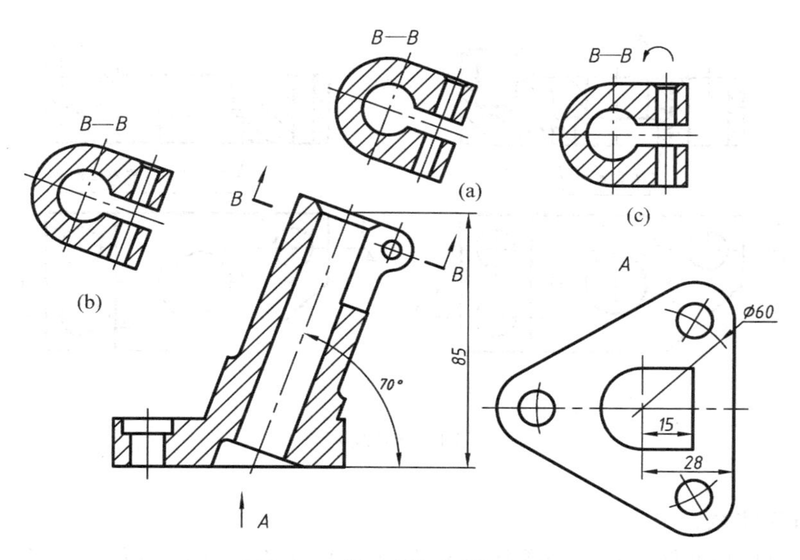

图 6.27　单一剖切面剖切示例

这种倾斜剖切方法画出的剖视图最好按投影关系配置，可与原视图保持直接的投影关系而使看图方便，如图 6.27(a)所示。必要时也可以移到其他位置，如图 6.27(b)所示。在不致引起误解时，也允许将图形旋转放正，其标注形式如图 6.27(c)所示。

2. 用几个互相平行的剖切平面剖切机件

当机件上有较多的内部结构形状又不在同一平面内，且按层次分布相互不重叠时，可用几个互相平行的剖切平面剖切。

如图 6.28(a)所示，机件上孔的轴线都不在同一平面内，而且左右、前后阶梯分布，若采用局部剖视图则会使图形零碎，采用几个互相平行的剖切平面剖切可获得较好的效果。如图 6.28(b)所示的 A—A 剖视图，就是采用这种剖切方法得到的全剖视图。

采用两个以上平行平面剖切机件，画出的剖视图必须标注。其方法是：各剖切平面相互连接而不重叠，其转折符号成直角并应对齐，如图 6.28(b)所示。当转折处的位置有限又不会引起误解时，允许只画转折符号，省略标注字母。

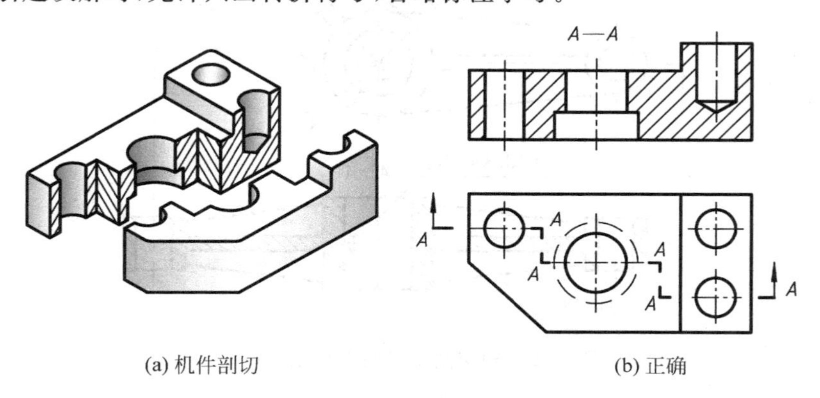

(a) 机件剖切　　(b) 正确

图 6.28　平行剖切平面剖切示例

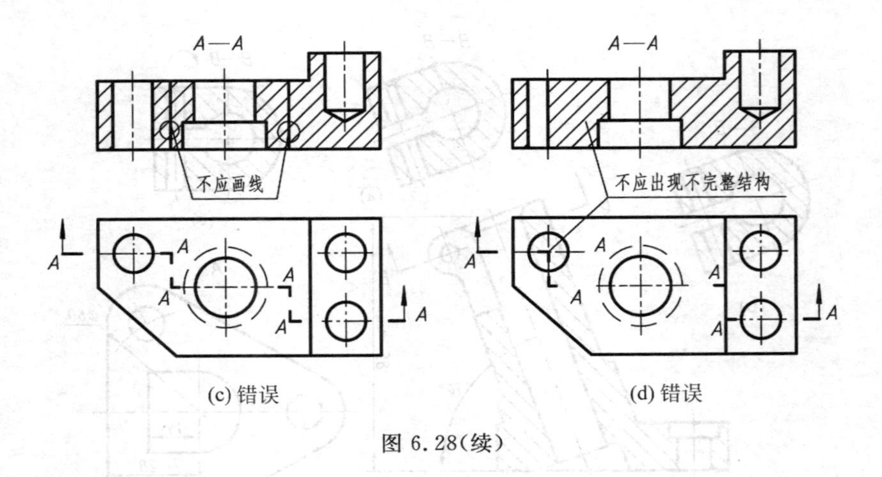

图 6.28(续)

画图时应注意：

(1) 两剖切平面转折处的分界线不允许画实线，如图 6.28(c)所示；

(2) 剖切平面位置在转折处不应与图上的轮廓线重合，也不允许出现不完整结构，如图 6.28(d)所示。

3. 几个相交的剖切平面剖切机件

(1) 用两个相交的剖切平面剖切：当机件上的形体之间具有回转轴时，为了表达其内部结构可用两个相交的剖切平面剖开，其交线垂直于某一投影面，如图 6.29 所示。机件左右两个形体共有一个回转轴，则 $A—A$ 剖视为两个相交平面剖切得到的全剖视图。在绘制两个相交平面剖切机件的视图时，首先将倾斜平面剖开的有关结构假想旋转到与选定的基本投影面平行后再进行投影，这样使剖视图既反映实形又便于画图。而处在剖切平面之后的其他结构一般仍按原来位置投影。

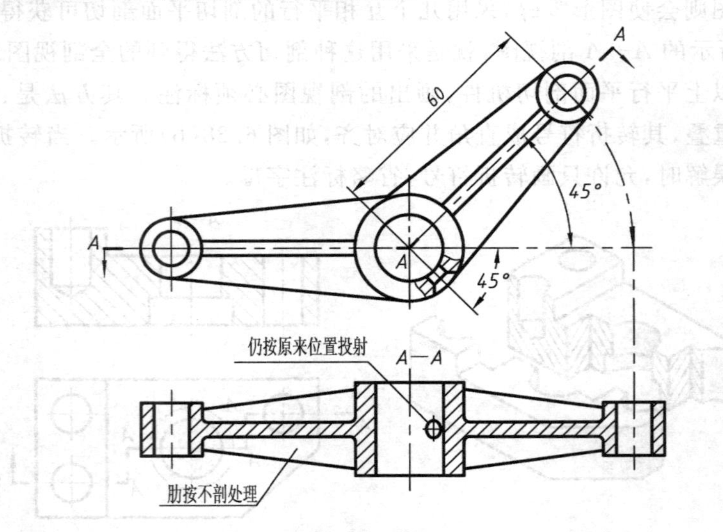

图 6.29　相交剖切平面剖切示例(一)

思考要点：只有当机件的两部分共有轴线连接时，才可以将剖切后的倾斜部分旋转后再画。

当剖切后产生不完整要素时，应将此部分按不剖绘制，如图 6.30 所示的“舌形”肋板。

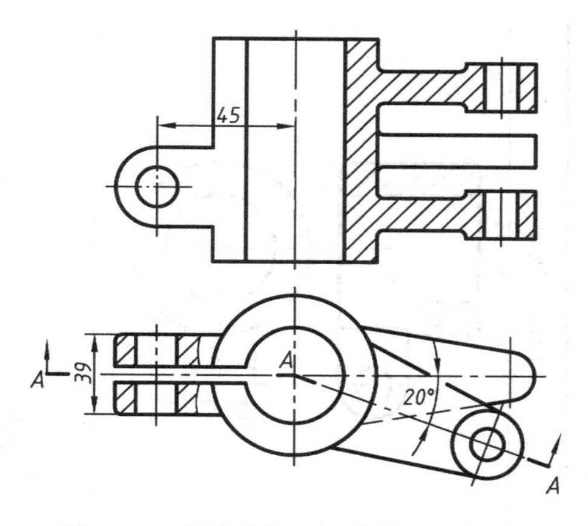

图 6.30　相交剖切平面剖切示例(二)

采用两个相交平面剖切机件画图时必须进行标注。在剖切平面的起止和转折处，画出剖切符号并标上同一字母，并在起止处画出箭头表示投影方向。在相应的剖视图上方用同一字母标注出视图的名称“×—×”。当转折处位置有限又不致引起误解时，允许只画转折符号，而省略标注字母。

(2) 用几个剖切平面组合剖切机件：当机件的内部结构形状较为复杂，用前述的几种剖切面不能表达完全时，可采用几个剖切平面组合的剖切机件，这些剖切平面可以平行或倾斜于某一投影面，但它们必须同时垂直于另一投影面，倾斜剖切平面剖切到的部分应先旋转后再投影作图。如图 6.31 所示。其中剖切面中包含圆柱面。采用这种画法时，也可以将机件的相关结构展开作图，又称为展开画法，此时应标注“×—×展开”，如图 6.32 所示。

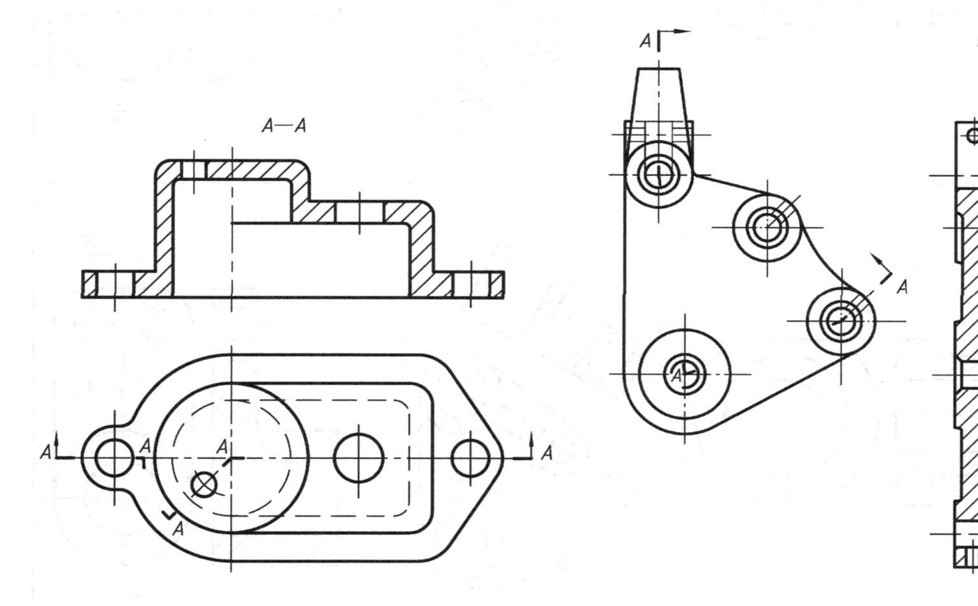

图 6.31　相交剖切平面剖切示例(三)　　图 6.32　相交剖切平面剖切示例(四)

在实际应用中应选用何种剖切方法，应根据机件的结构形状和表达的需要来确定。表 6.3 列出了部分机件采用不同剖切方法获得剖视图的图例，供读者参考。

表 6.3　不同剖切方法获得的剖视图示例

	全剖视图	半剖视图	局部剖视图
单一剖切面	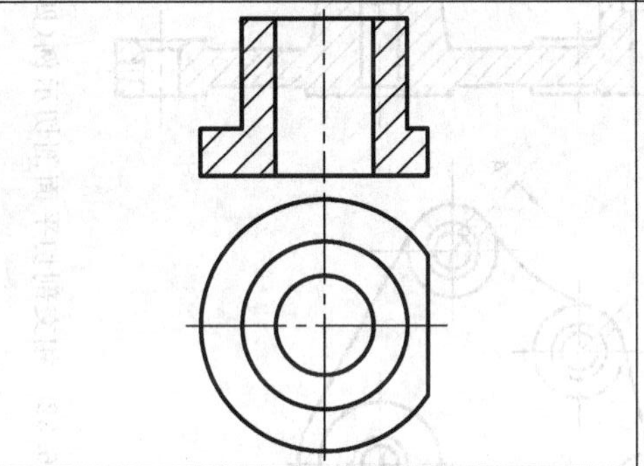		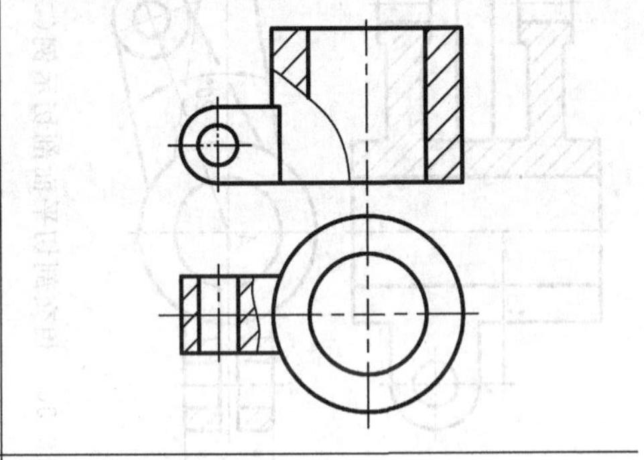
	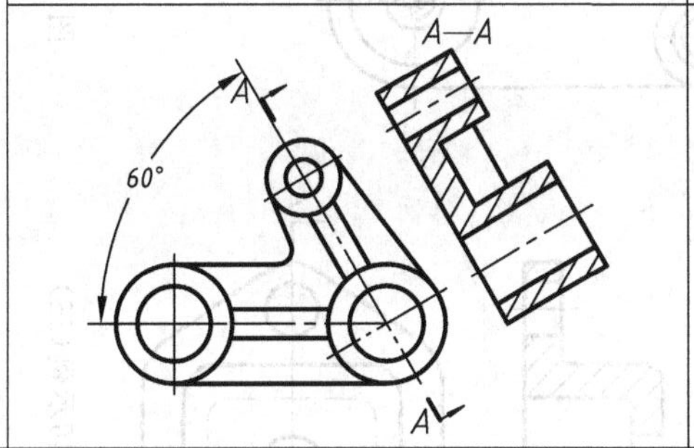	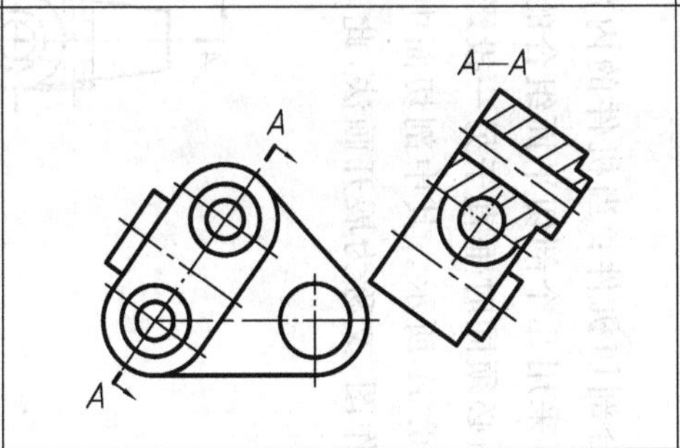	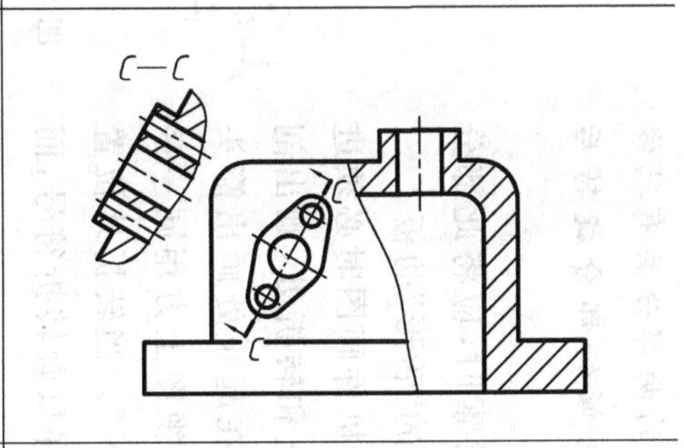
平行剖切面	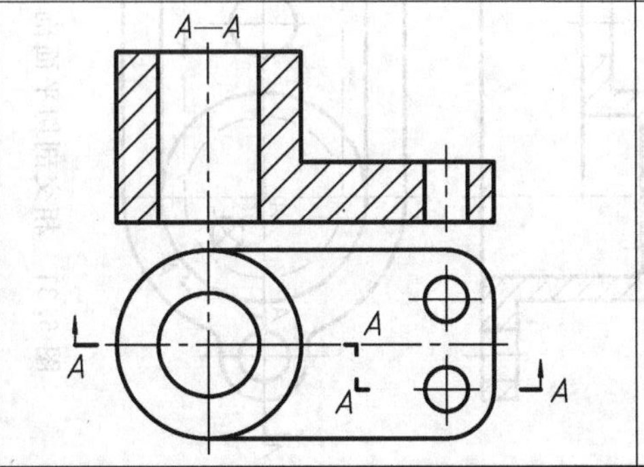	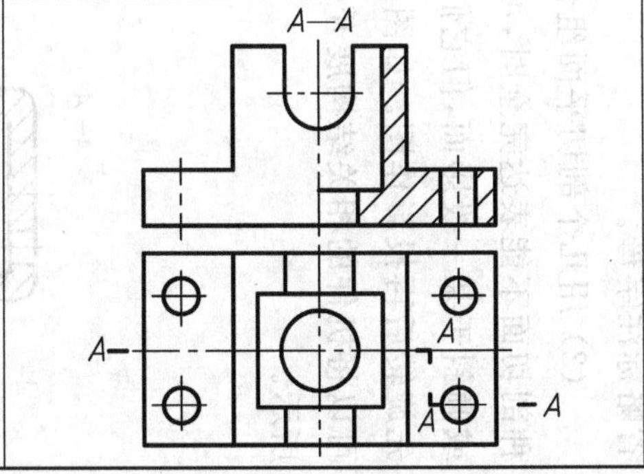	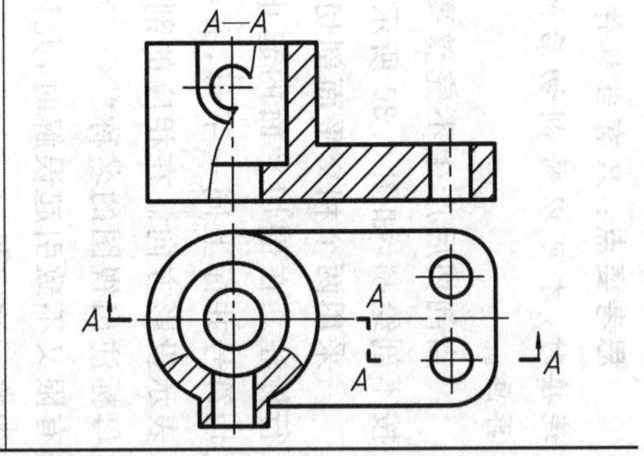

续表

	全剖视图	半剖视图	局部剖视图
相交剖切面	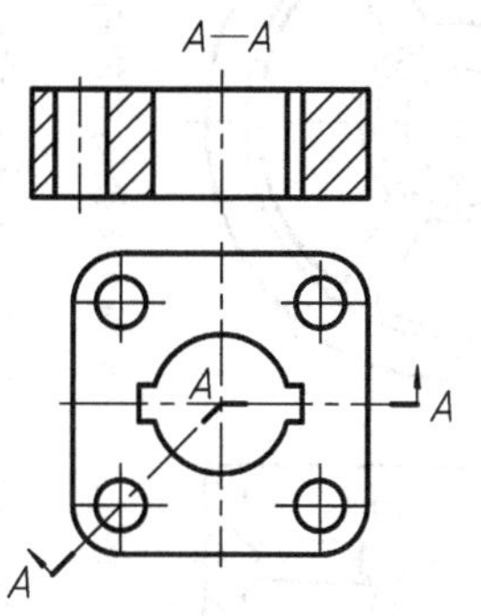 A—A	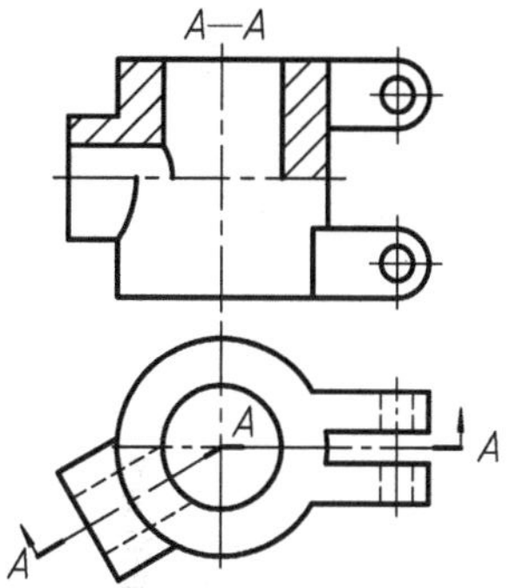 A—A	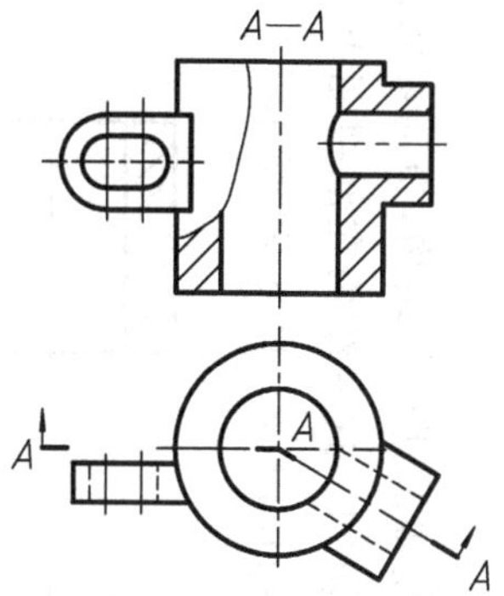 A—A
	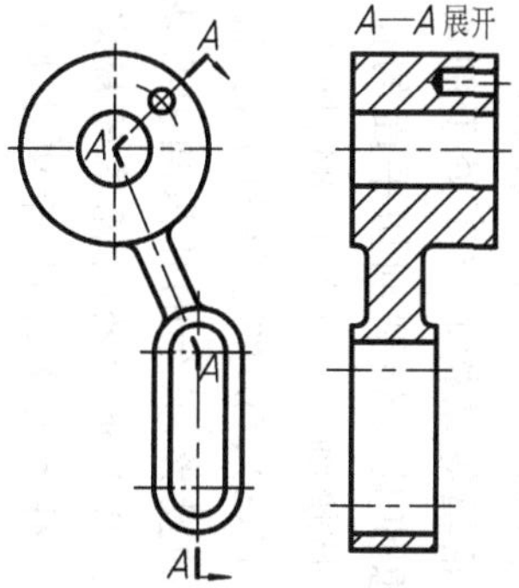 A—A 展开	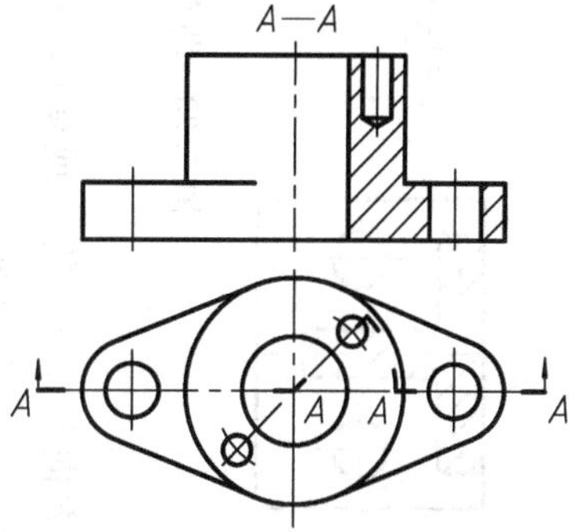 A—A	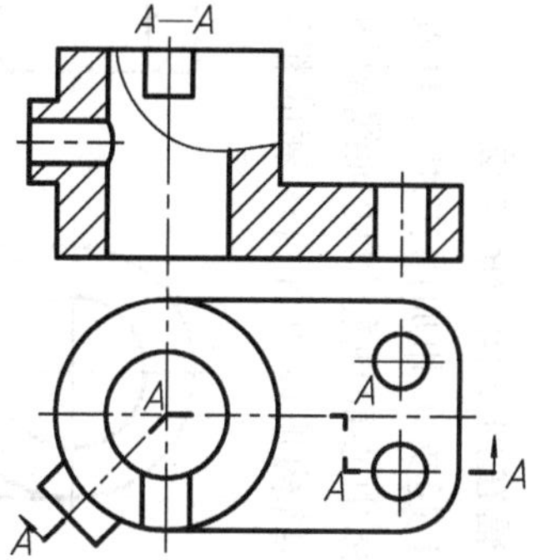 A—A

6.2.4　剖视图中的规定画法

1. 肋和轮辐在剖视图中的画法

对于机件上起支承和加固作用的肋板或薄板、轮辐及薄壁等结构，当剖切面通过肋和薄壁的厚度对称中心面或轮辐的轴线剖切(纵向剖切)时，这些结构在剖视图上规定不画剖面符号，相邻结构形体以各自轮廓的粗实线分开，如图 6.33、图 6.34 所示。

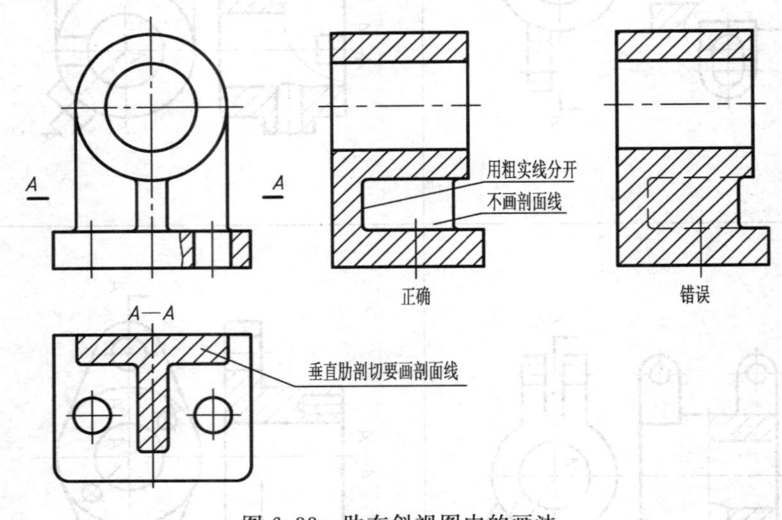

图 6.33　肋在斜视图中的画法

若按其他方向剖切肋、轮辐或薄壁等结构时，在剖视图上应画出剖面线。

2. 回转体上均匀分布的肋、孔、轮辐等结构在剖视图中的画法

在剖视图中，若机件上呈辐射状均匀地分布有肋、孔、轮辐等结构而又不处于剖切平面上时，可假想使其旋转到剖切平面的位置再按剖开后的形状画出，如图 6.34、图 6.35 所示。在图 6.35(a)、(b)的主视图中，只需表达画出一个孔的投影，其余的孔只画中心线。

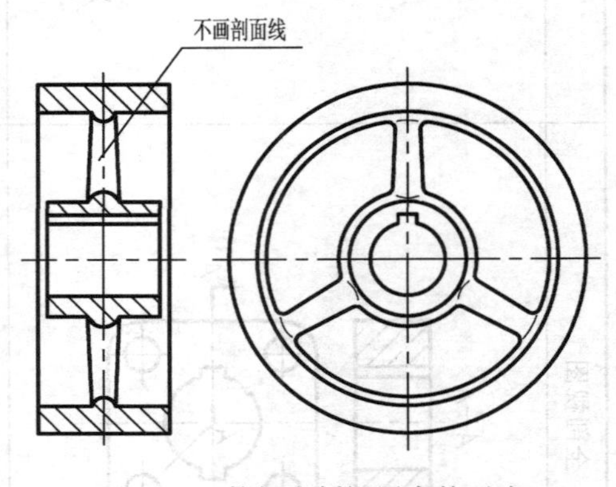

图 6.34　轮辐在剖视图中的画法

思考要点：以上介绍的剖视图的规定画法在实际设计工作中经常遇到，希望读者应熟练掌握，以免采用不当的表达方法。

6.2.5　剖视图在特殊情况下的标注

(1) 用几个剖切平面分别剖开机件得到的剖视图为相同的图形时，可按图 6.36 的形式标注。

(2) 用一个公共剖切平面剖开机件，按不同方向投射得到的两个剖视图，可按图 6.37

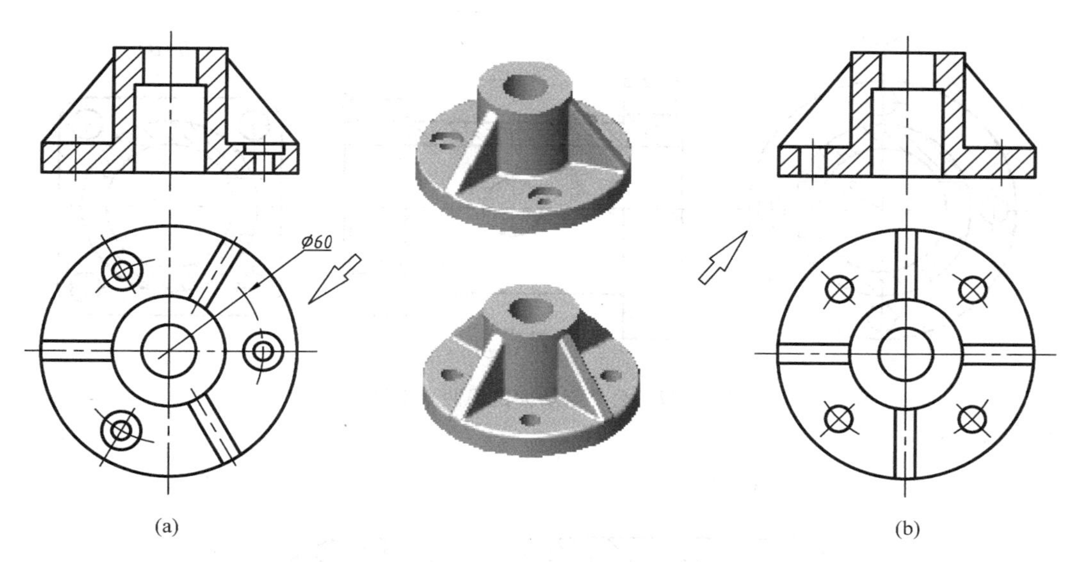

图 6.35　均匀分布的肋板和孔的画法

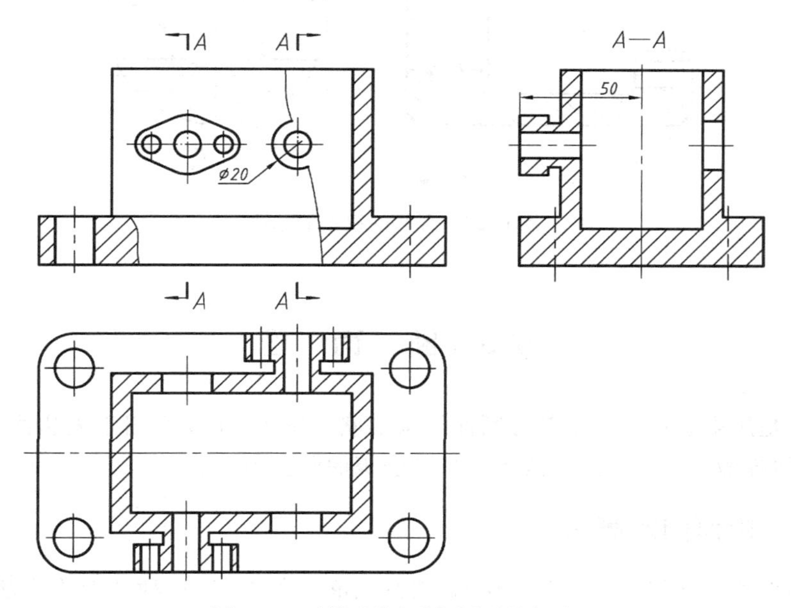

图 6.36　剖视图图形相同时的标注

的形式标注。

(3) 可将几个对称图形各取 1/2 或 1/4 合并成一个图形，此时应标清楚剖切位置、投射方向以及注释字母，并在剖视图附近标出相应的剖视图名称"×—×"，如图 6.38 所示。

思考要点： 对于以上国家标准规定的各种剖视图画法，增加了在实际设计绘图中表达方法的灵活性和多样化，读者应该很好地掌握各种剖视图的适用条件，以便选择更好的表达方法。

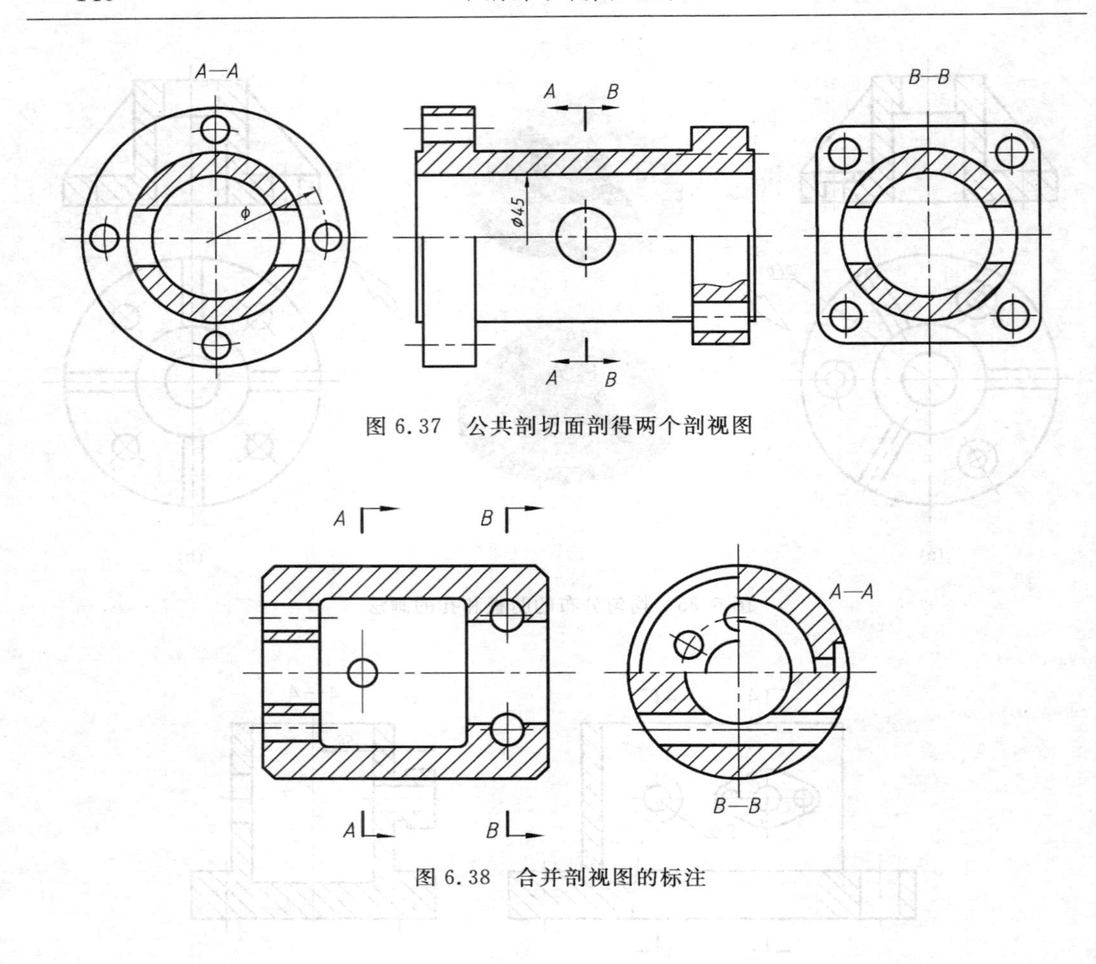

图 6.37　公共剖切面剖得两个剖视图

图 6.38　合并剖视图的标注

6.3　断　面　图

断面图是用来表达机件某部分断面结构形状的图形，主要适用于表达回转体上的局部结构，例如键槽、各种挖孔等，或者是各种肋板的断面形状。

6.3.1　断面图的概念

假想用剖切平面将机件的某处切断，仅画出断面的形状，这种图形称为断面图，简称断面，如图 6.39(a)所示。

断面图与剖视图的区别在于断面图一般只画切断面的形状，而剖视图不仅画切断面的形状还要画出断面后的可见轮廓的投影。

6.3.2　断面图的种类

断面图有两种形式：移出断面图，又称移出断面；重合断面图，又称重合断面。

1. 移出断面

画在基本视图外部的断面图称为移出断面，如图 6.39(b)所示。

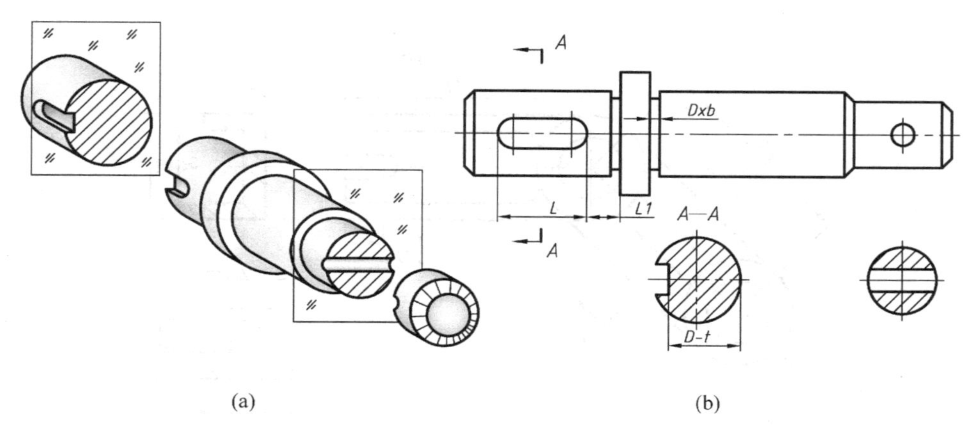

(a)　　(b)

图 6.39　断面图的概念

1）画移出断面时的注意事项

（1）移出断面的轮廓线用粗实线绘制。

（2）移出断面可以配置在剖切平面迹线的延长线上或其他适当的位置，如图 6.39、图 6.40 所示。断面图形对称时，也可画在视图的中断处，如图 6.41 所示。在不致引起误解时，允许将图形旋转，但必须加标注，如图 6.42 所示。

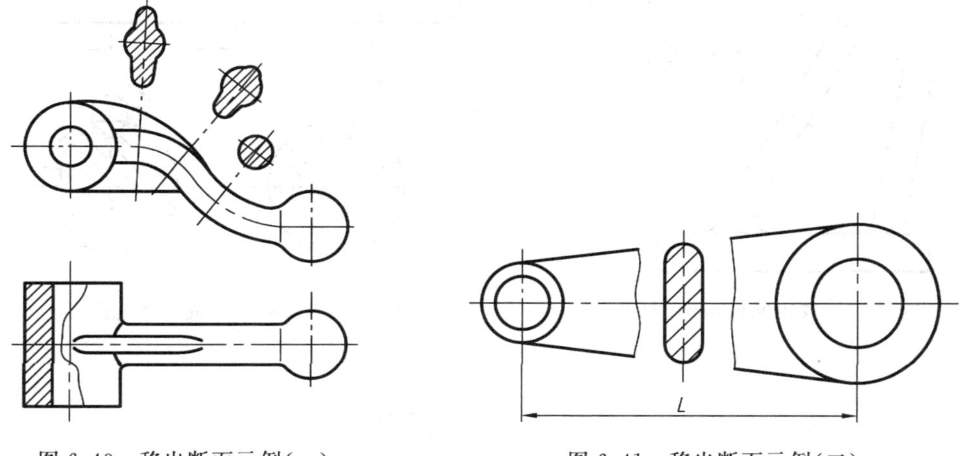

图 6.40　移出断面示例(一)　　图 6.41　移出断面示例(二)

（3）为了表示倾斜板的断面形状，剖切平面应垂直于板的轮廓线。由两个或多个相交的剖切平面剖切机件得出的移出断面中间应断开，如图 6.43 所示。

（4）当剖切平面通过回转面形成的孔、凹坑的轴线，或剖切后会出现完全分离的两个断面时，这些结构应按剖视绘制，保证断面图轮廓的完整性。如图 6.39(b)、图 6.44、图 6.45 所示。

2）移出断面图的标注

移出断面图一般用剖切符号表示剖切平面的位置，用箭头指明投影方向，并注释字母。在断面图的上方，用同样的字母标注断面图的名称“×—×”，如图 6.39(b)中的 A—A 断面图。

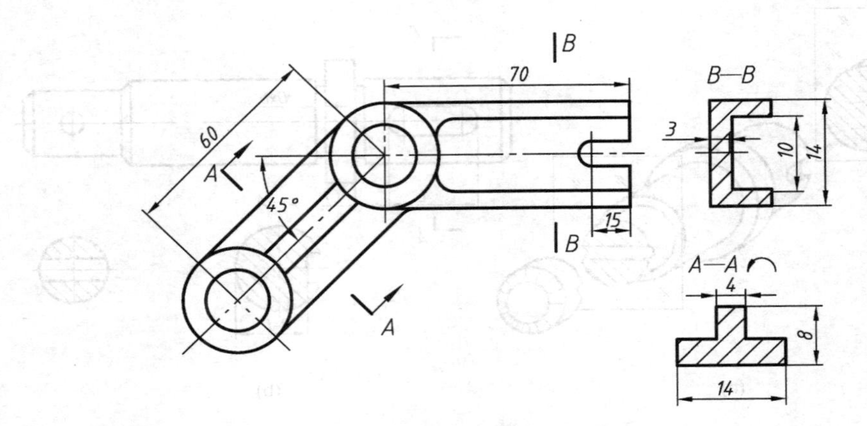

图 6.42　移出断面示例(三)

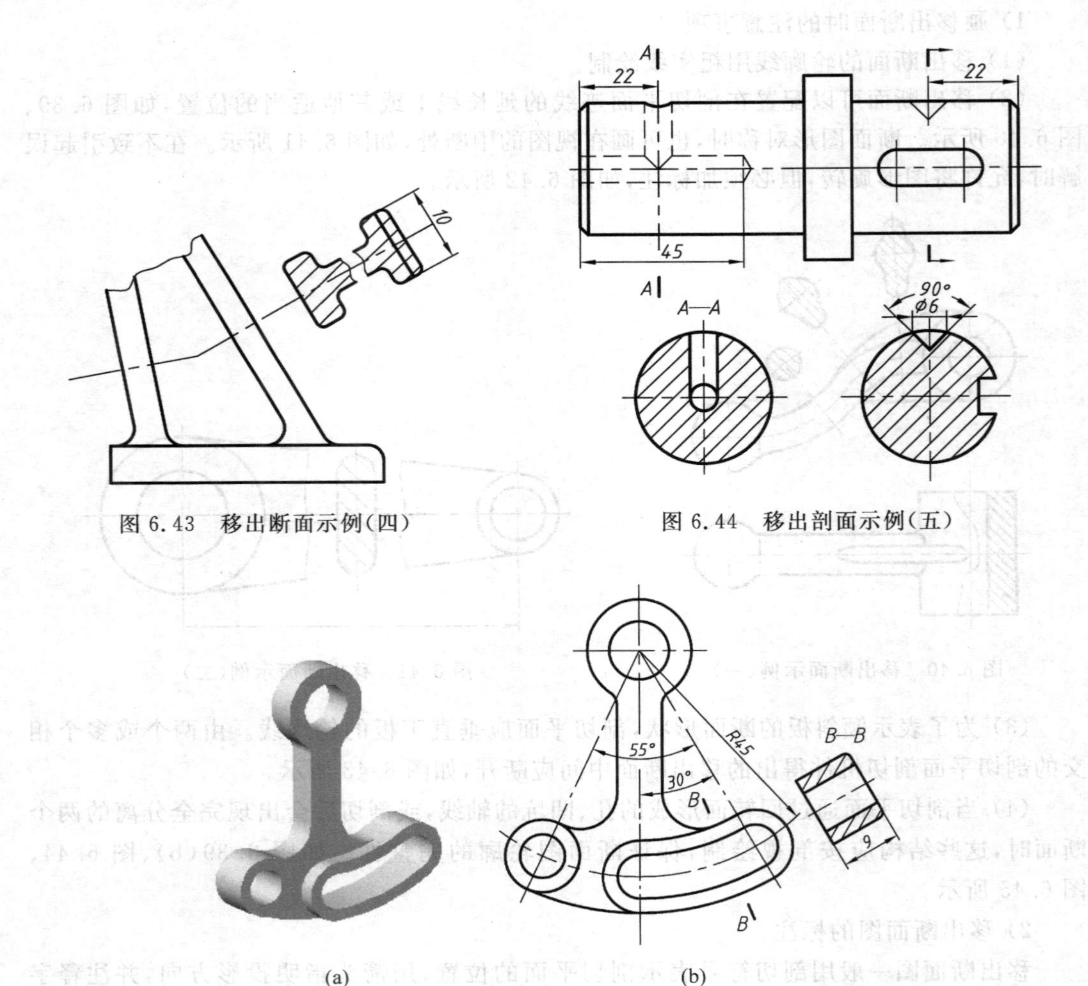

图 6.43　移出断面示例(四)

图 6.44　移出剖面示例(五)

图 6.45　移出断面示例(六)

以下情况可部分或全部省略标注。

(1) 配置在剖切符号或剖切平面迹线的延长线上的对称移出断面，如图 6.39(b)的右图、图 6.40 所示。或者配置在视图中断处的对称移出断面，如图 6.41 所示，均不作任何标注。

(2) 配置在剖切符号或剖切平面迹线的延长线上的不对称移出断面，只需标注箭头表示投影方向，可省略字母，如图 6.44 右图所示的键槽。

(3) 按投影关系配置的不对称移出断面，如图 6.42 中的 B—B 所示，或不是配置在剖切符号或剖切平面迹线的延长线上的对称移出断面，如图 6.44 中的 A—A 断面图所示，均可省略箭头。

2. 重合断面

画在基本视图内部的断面图称为重合断面，如图 6.46 所示。

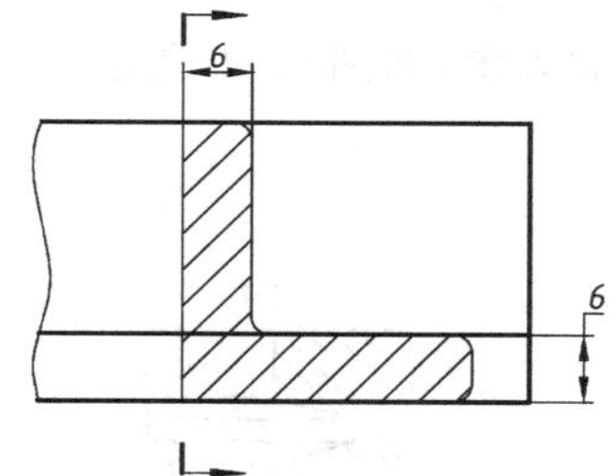

图 6.46　重合断面

1）画重合断面时的注意事项

(1) 重合断面的轮廓线用细实线绘制；

(2) 当视图中轮廓线与重合断面的图形重叠时，视图中的轮廓线仍应连续画出，不可间断，如图 6.46、图 6.47 所示。

2）重合断面的标注

当重合断面图形不对称时，需画出剖切符号及表示投影方向的箭头，可以不标注字母，如图 6.46 所示；当重合断面图形对称时，可不加任何标注，如图 6.47、图 6.48 所示。

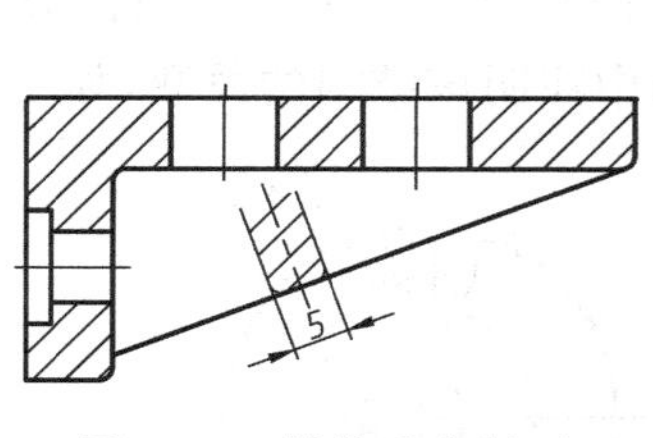

图 6.47　肋的重合断面

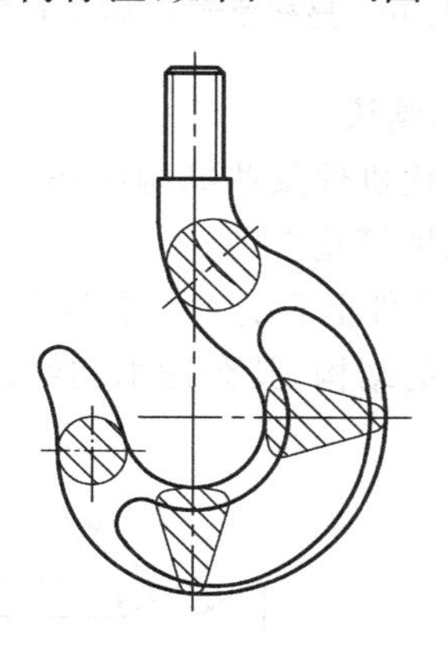

图 6.48　重合断面示例

6.4　局部放大图及简化画法

为了画图简便和视图表达清晰，国家技术制图标准规定了机件图样的其他一些表达方法，包括局部放大图和简化作图等画法，读者应很好掌握其适用条件才可以灵活地应用于机件图样表达中。

1. 局部放大图

将机件的部分结构,用大于原图形采用的比例画出的图形,称为局部放大图,如图 6.49 所示。

局部放大图可画成视图、剖视、断面,它与被放大部分的表达方式无关。局部放大图应尽量配置在被放大部位的附近,并用波浪线画出界限。

绘制局部放大图时,应在原图上用细实线圈出被放大的部位。当机件上仅一处被放大时,在局部放大图的上方只需注明所采用的比例,如图 6.49 所示;若几处被放大时,须用罗马数字依次标明被放大部位,并在局部放大图的上方标注出相应的罗马数字和所采用的比例,如图 6.50 所示;若同一机件上不同部位图形相同或对称时,只需画出一个局部放大图,如图 6.49 所示。

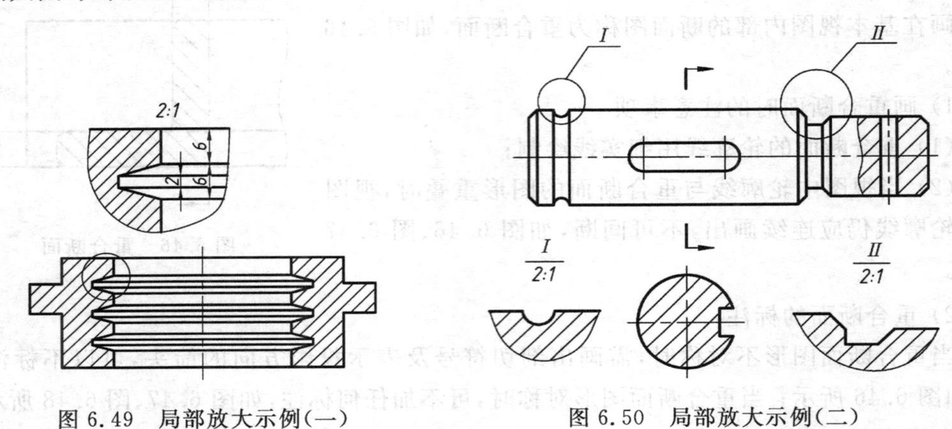

图 6.49 局部放大示例(一) 图 6.50 局部放大示例(二)

2. 简化画法

为了简化机件某些结构的作图,国家技术制图标准规定了若干简化画法,下面摘要介绍常用的几种简化作图。

(1) 当机件上具有若干相同结构,例如各种齿和槽等,并按一定规律分布时,只需画出几个完整的结构,其余用细实线连接,但需在图中注明该结构的总数,如图 6.51 所示。

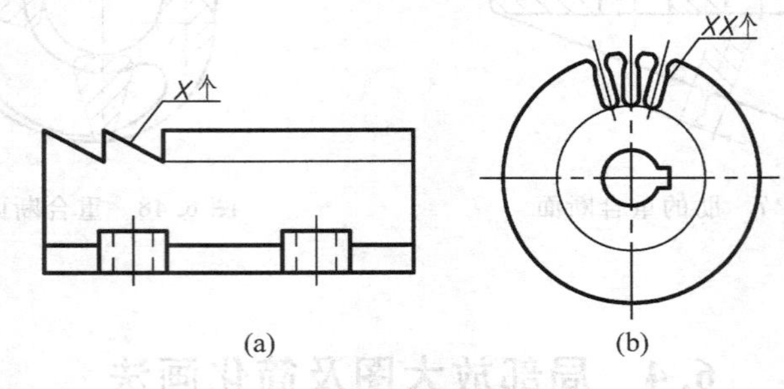

图 6.51 相同要素的简化画法(一)

(2) 若干直径相同且成规律分布的孔,例如,圆孔、螺孔等,可以只画一个或几个,其余用点画线表示中心位置并注明孔的总数,如图 6.52 所示。

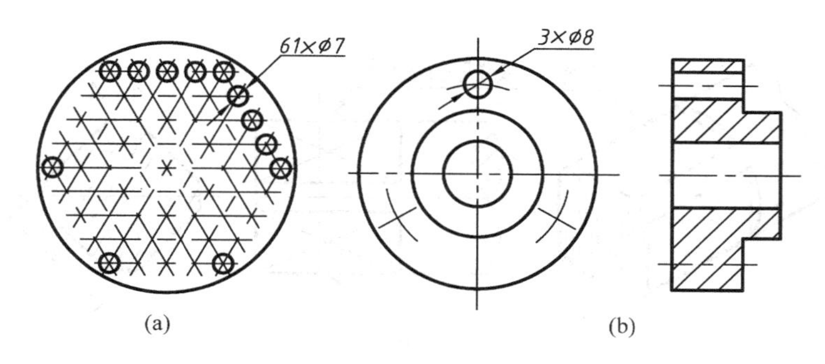

图 6.52　相同要素的简化画法(二)

(3) 机件上的滚花部分、网状物或编织物,可在轮廓线附近用细实线示意画出,并在零件图上的技术要求中注明这些结构的具体要求,如图 6.53 所示。

(4) 在不致引起误解时,零件图中的移出断面允许省略剖面符号,但剖切位置和断面图标注必须按原规定标注,如图 6.54 所示。

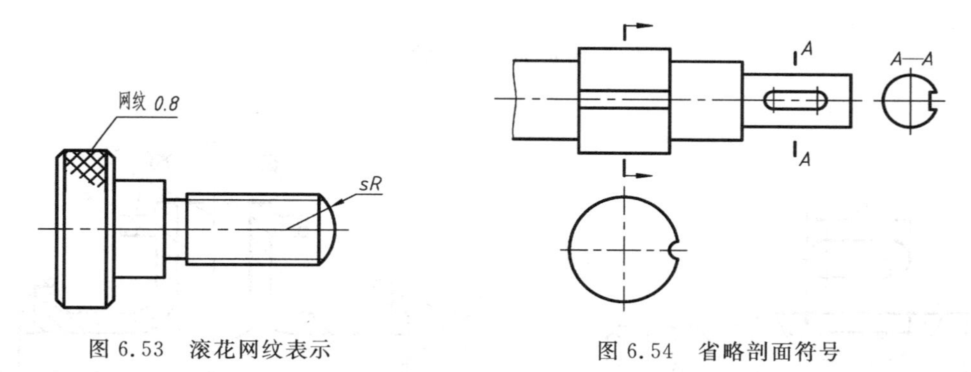

图 6.53　滚花网纹表示　　图 6.54　省略剖面符号

(5) 当图形不能充分表达平面时,可用平面符号(相交的两条细实线)表示,这种表示法常用于较小的平面。表示外部平面和内部平面的符号是相同的,如图 6.55 所示。

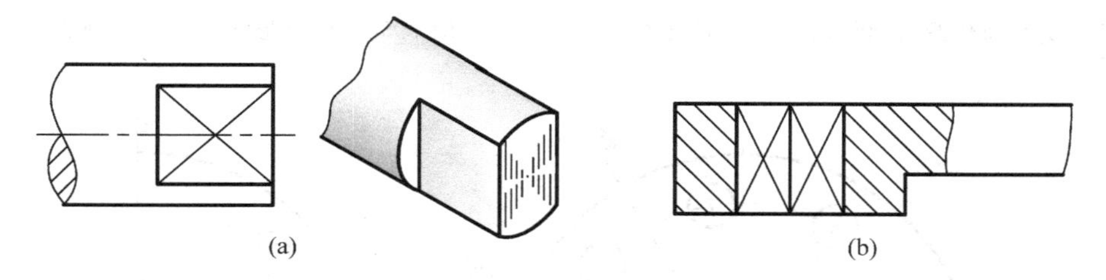

图 6.55　平面的简化画法

(6) 在不致引起误解时,交线允许用轮廓线代替,如图 6.56 所示。

(7) 对称结构的局部视图,可按图 6.57 的方法绘制。圆柱形法兰盘上均匀分布的孔可按图 6.58 方法表示,并由法兰盘端面的外部投射。

(8) 在不致引起误解时,对称机件的视图可以只画 1/2 或 1/4,并在对称中心线的两端画出两条与其垂直的平行细实线。如图 6.59 所示。

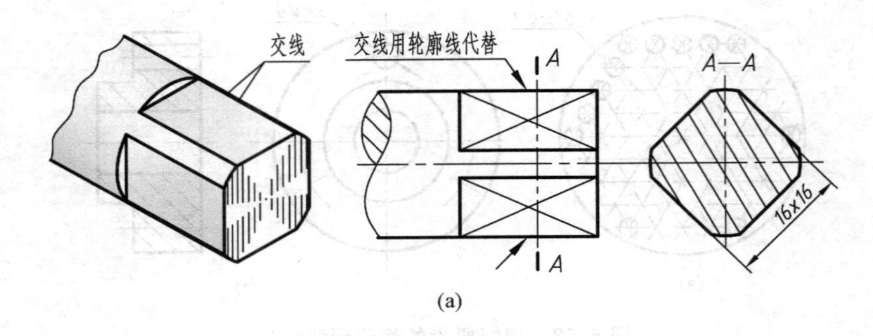

(a)

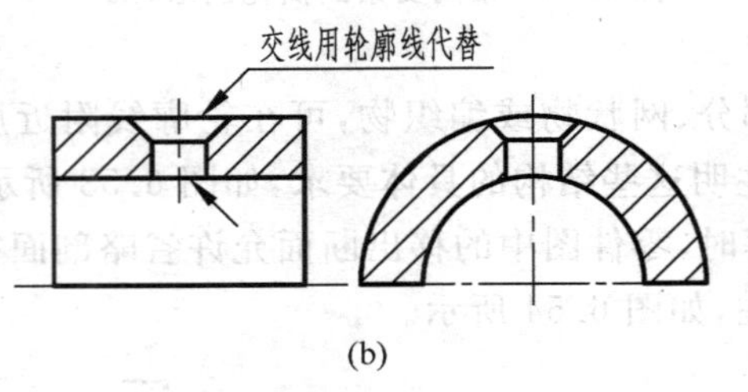

(b)

图 6.56　交线简化

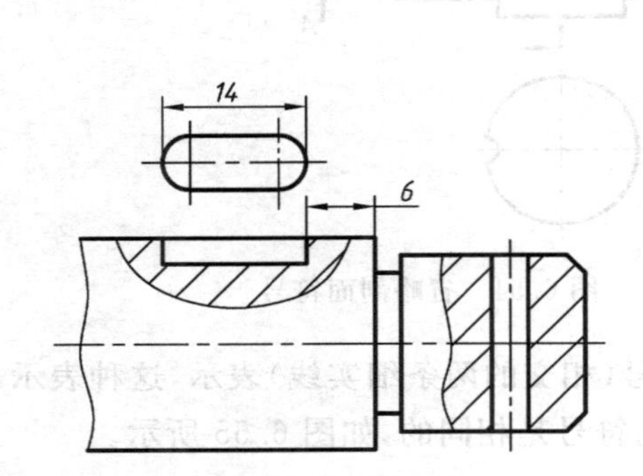

图 6.57　交线简化及对称结构的局部剖视图

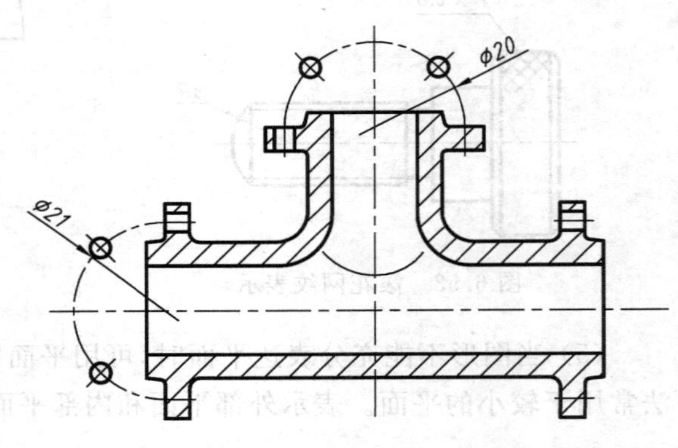

图 6.58　圆柱形法兰上孔的画法

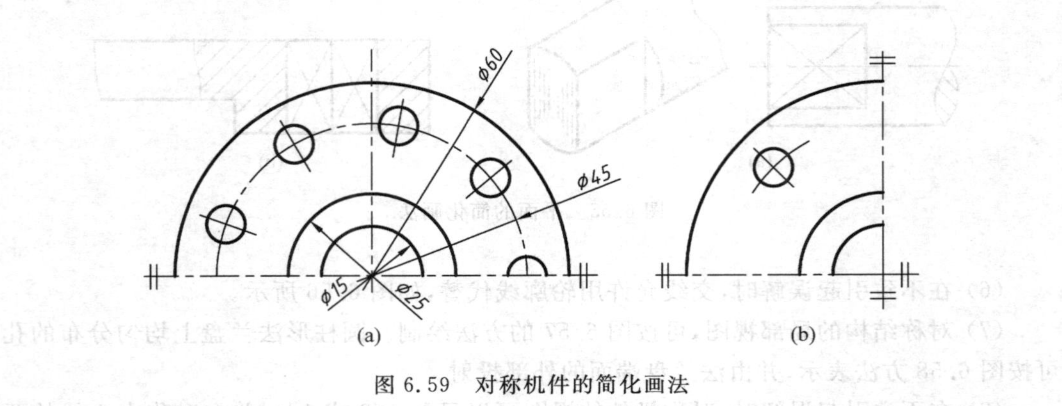

(a)　　(b)

图 6.59　对称机件的简化画法

(9) 较长的机件(如轴、杆等),当其沿长度方向的形状一致或按一定规律变化时,可断开后缩短绘制,但要标注实际尺寸,如图6.60所示。

(10) 与投影面(例如 H 面)倾斜角小于或等于30°的圆或圆弧,其投影可用圆或圆弧代替投影的椭圆,如图6.61所示。

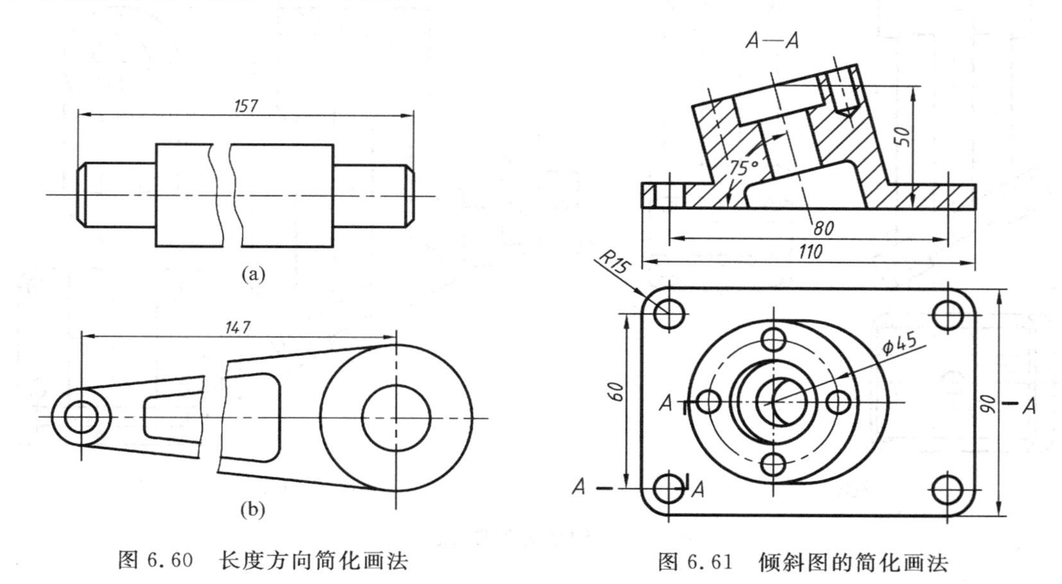

图6.60　长度方向简化画法　　　图6.61　倾斜图的简化画法

(11) 机件上斜度不大的结构,如在一个视图中已表达清楚时,其他视图可按小端画出,如图6.62所示。

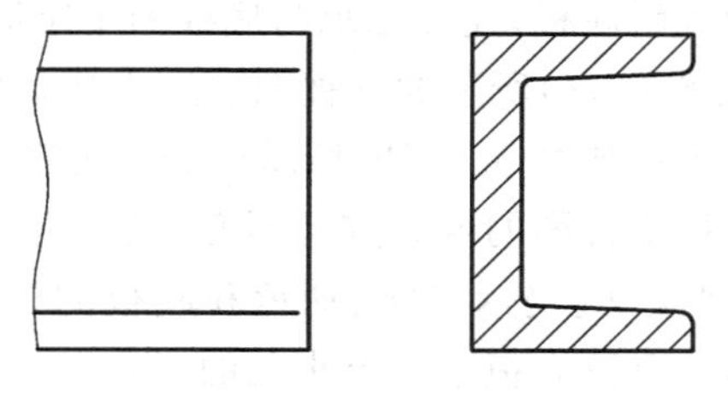

图6.62　小斜度的简化画法

思考要点: 综上所述,在实际设计绘图时应根据机件的复杂程度进行分析比较,首先选择需要的视图数量,再分析每个视图应采用的表达方法(如剖视或断面),从而选择确定机件的最佳表达方案。

6.5　表达方法综合应用举例

根据前面介绍的机件常用的各种表达方法,对于每一个机件,从视图确定到各种表达方法的选择都有多种表达方案。因此,确定机件的表达方案原则是:在正确、完整、清晰地表达机件各部分结构形状的前提下,力求视图数量恰当,绘图简单,看图方便。

例6.1　如图6.63所示,根据所给轴承支架的三视图想象出它的形状,并用适当的表达形式重新画出轴承支架的图样。

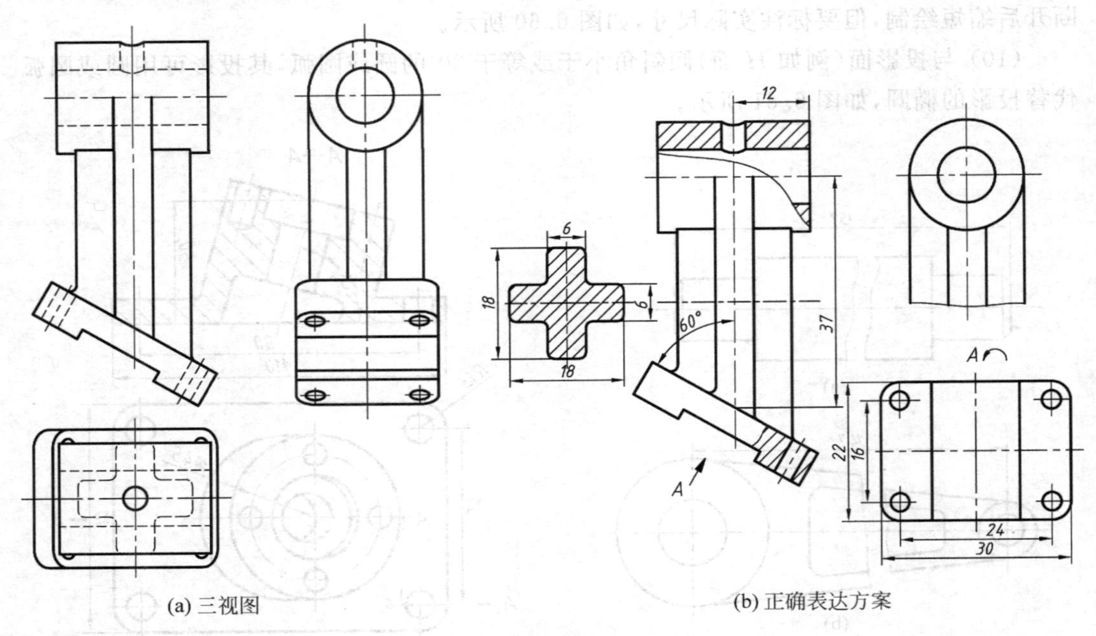

(a) 三视图　(b) 正确表达方案

图 6.63　轴承支架的表达方案

分析与作图步骤如下所述。

(1) 形状分析：根据图 6.63(a)所示的三视图，可以看出支架共分为 3 部分，即轴承(空心圆柱)，有四个通孔的倾斜底板，连接轴承与底板的十字肋支架，支架前后对称。

(2) 选择表达方案：图 6.63(a)所示的三视图表达支架显然是不合适的，经过重新分析并根据支架的结构特点，采用如图 6.63(b)所示的表达方案。

在新的表达方案中，保持主视图的投影方向不变，该位置可反映支架在机器中的工作位置。所采用的两处局部剖视，既表达了肋、轴承和底板的外部结构形状及相互位置关系，又表达了轴承孔与加油孔以及底板上 4 个小孔的形状。局部视图替代了左视图，主要表达轴承圆柱与十字形肋的连接关系和相对位置。倾斜底板采用 A 向斜视图，主要表达底板的长、宽实形及 4 个孔的分布情况。移出断面图主要表达十字肋的断面实形。这 4 个视图及表达方法构成轴承支架的最佳表达方案。

例 6.2　根据图 6.64(a)所示四通管的三视图，想象出它的形状，并用适当的表达方法重新画出四通管的图样。

分析与作图步骤如下所述。

(1) 形状分析：根据图 6.64(a)所示，四通管的三视图可分为铅垂、侧垂和斜置 3 个大小不同的空心圆柱体，各圆柱体端部法兰盘的形状共有 3 种。因此，四通管上下、前后、左右均不对称。

(2) 选择表达方案：根据四通管的结构特点，经过分析确定采用如图 6.64(b)所示的表达方案。

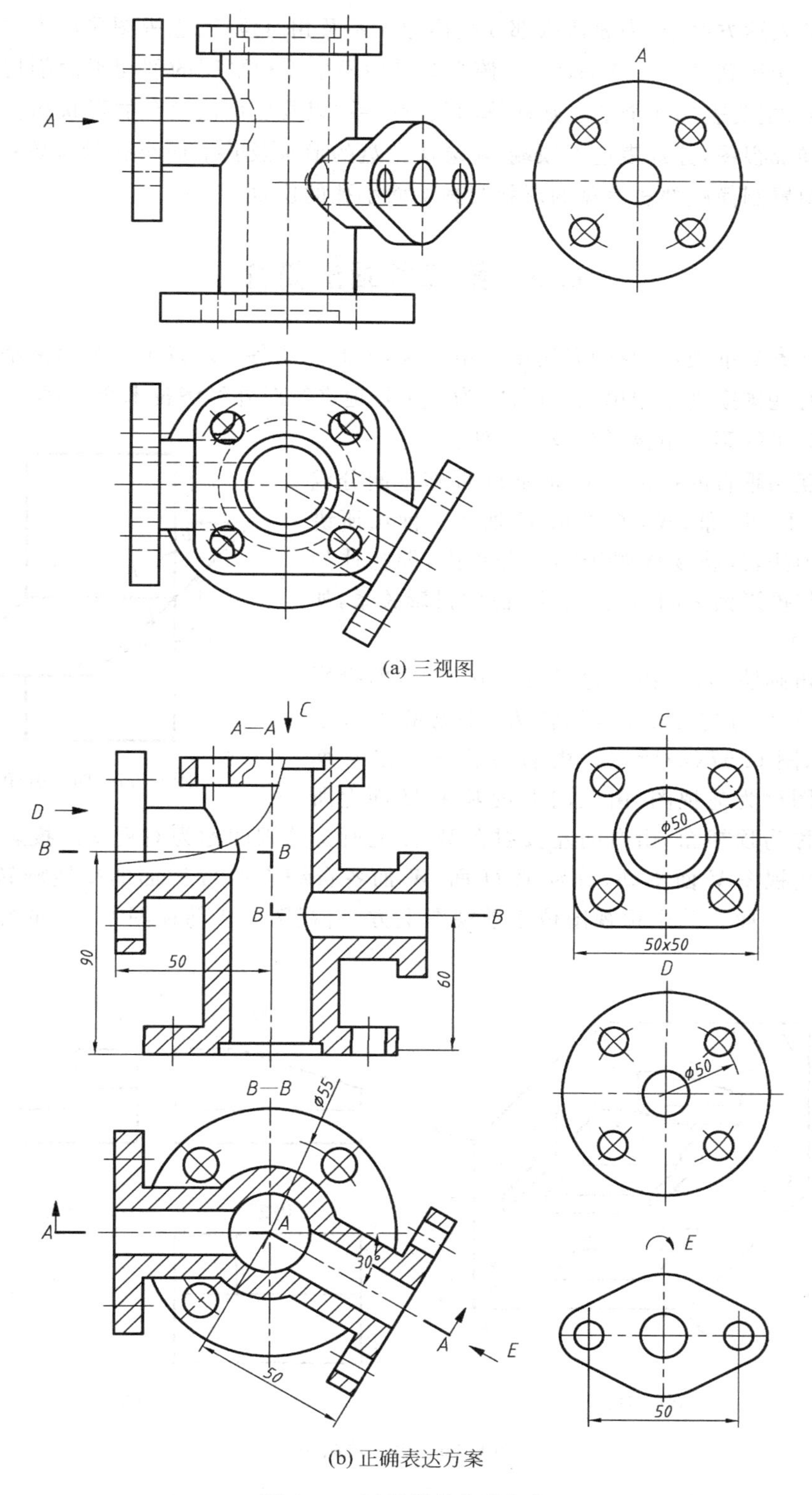

(a) 三视图

(b) 正确表达方案

图 6.64　四通管的表达方案

在新的表达方案中，为表达内部3孔连通关系及相对位置，主视图采用了两个相交的剖切平面剖切得到 $A—A$ 全剖视图；俯视图采用两个互相平行的剖切平面剖切得到 $B—B$ 全剖视图，主要表达3个空心圆柱体的位置关系，以及底部法兰盘的形状和孔的分布情况；C、D 局部视图，分别表达了顶端、左端法兰盘的形状及其上面小孔的位置；斜视图 E 主要表达斜置圆筒端部法兰盘的形状及其上面小孔的位置。

6.6 第三角画法简介

根据国家标准规定，我国采用第一角画法，因此前述各章均以第一分角来阐述投影的问题。但有些国家则采用第三角画法，为了更好地进行对外经济技术交流，每一个工程技术人员应该了解第三角投影法及其画法。

两个互相垂直的投影面 V 面和 H 面将空间分成4个分角：Ⅰ、Ⅱ、Ⅲ、Ⅳ，如图6.65所示。前面所讲的第一角画法，是将物体置于第一分角内，即物体处于观察者与投影面之间，保持人-物-图的投影关系，如图6.66所示。

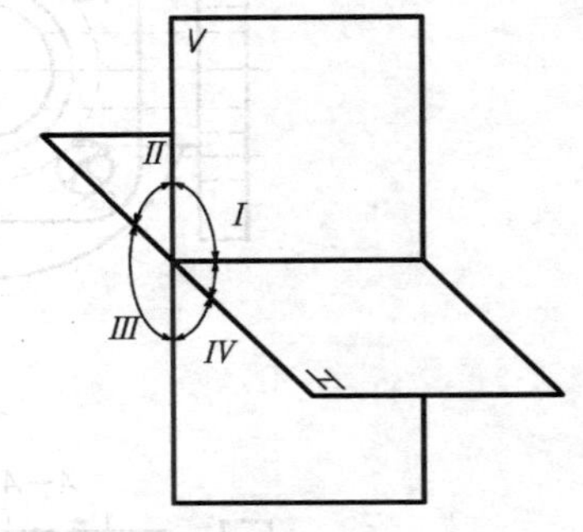

图6.65 四个分角

第三角画法，是将物体置于第三分角内，即投影面处于观察者与物体之间，保持人-图-物的关系进行投影，如图6.67(a)所示。由前向后投射在 V 面上所得视图称为前视图，由上向下投射在 H 面上所得的视图称为顶视图，由右向左投射在 W 面上所得的视图称为右视图。投影面的展开过程是：前视图 V 面不动，分别把 H 面、W 面各自绕它们与 V 面的交线旋转，与 V 面展开成一个平面。其中顶视图位于前视图上方，右视图位于前视图右方，如图6.67(b)所示。

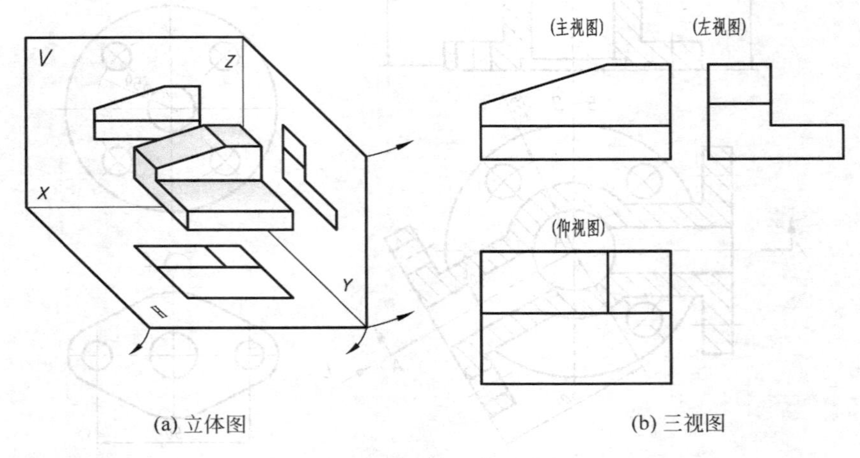

(a) 立体图 (b) 三视图

图6.66 第一角画法

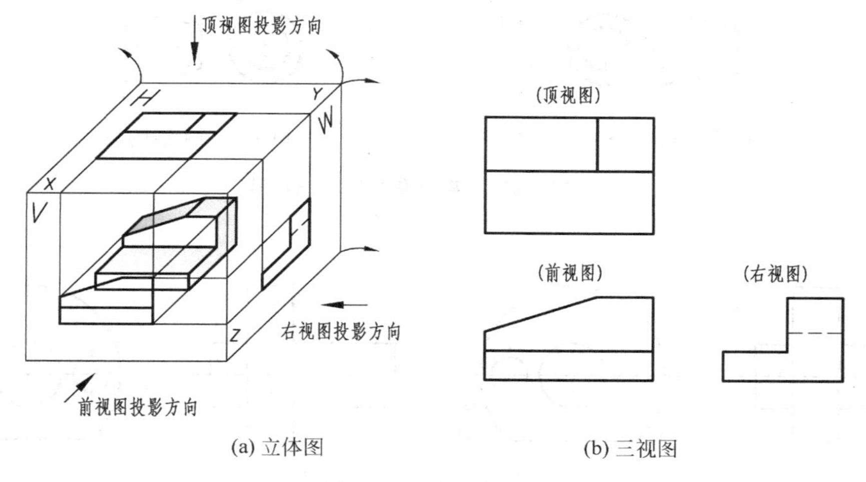

(a) 立体图　　(b) 三视图

图 6.67　第三角画法

同我国机械制图标准一样，为表达机件形式多样的需要，第三角画法也有 6 个基本视图，其配置如图 6.68 所示。

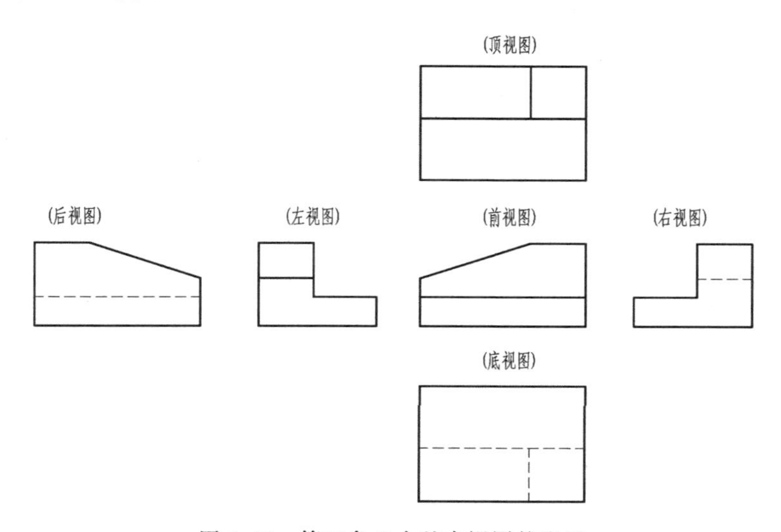

图 6.68　第三角 6 个基本视图的配置

国际技术制图标准中规定，可以采用第一角画法，也可采用第三角画法。为了区别两种画法，规定在标题栏内或外用标志符号表示，如图 6.69 所示。采用第三角画法时，必须在图样中画出第三角画法标志符号；采用第一角画法，在我国技术图纸上可以不画标志符号，但在对外交流的图样中应画出标志符号。读图时应首先对此加以注意，方可避免读图出错。如图 6.70 所示的机件，只有在搞清楚该图是采用第一角画法，还是采用第三角画法时，才能确切知道小孔 A 是在左边还是在右边。

(a) 第一角画法标志　　(b) 第三角画法标志

图 6.69　第一、第三角画法标志符号

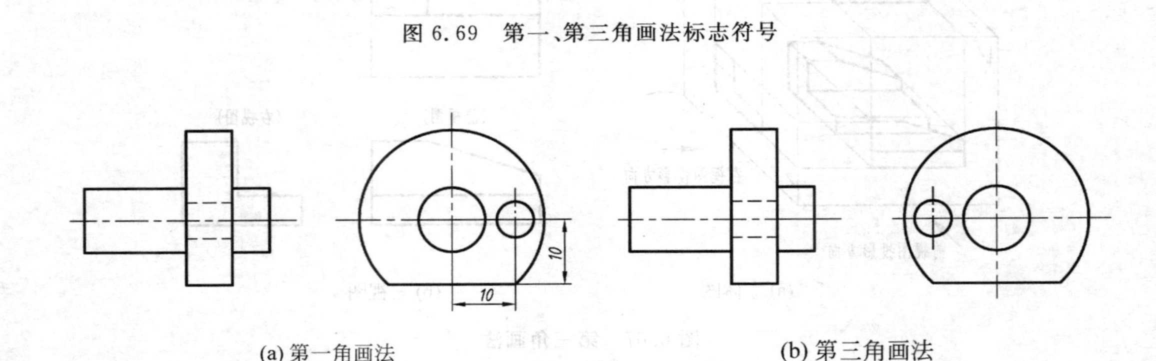

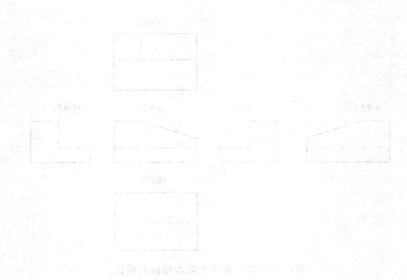

(a) 第一角画法　　(b) 第三角画法

图 6.70　机件在第一、第三角中的画法

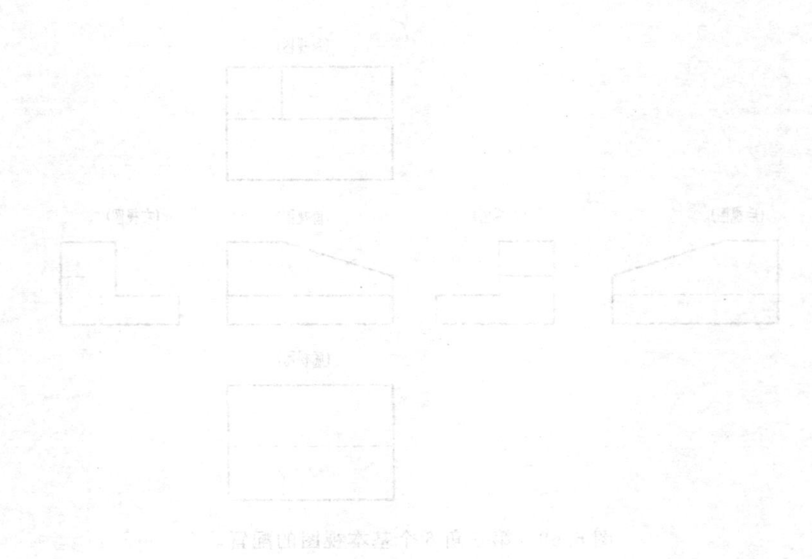

第 7 章　计算机绘图基础

计算机绘图和计算机辅助设计与制造技术已经在生产实际中迅速发展并使用，尤其随着计算机硬件的发展，计算机绘图软件得到了突飞猛进的发展并得到普及应用。国内外成功地研制出了很多绘图软件，其中 AutoCAD 是一个通用的交互式绘图系统，该软件不断更新，功能日臻完善，已经广泛应用于机械、电子、建筑等领域。本章主要以 AutoCAD 2007 版本介绍 AutoCAD 的工作界面及使用基础。实际上，对于初学者来说不要受 AutoCAD 任一版本的约束，因为基础部分几乎没有什么变化，而且目前 AutoCAD 2004 和 AutoCAD 2006 版本使用仍然较为广泛。

计算机绘图是利用绘图软件及计算机硬件实现图形显示和辅助绘图与设计的一项技术。最基本的计算机绘图硬件系统包括计算机主机及显示器、键盘和鼠标以及图形打印机，更完整的硬件系统还可以配置扫描仪、数字化仪、图形输入板和绘图机。

7.1　AutoCAD 绘图基本操作知识

7.1.1　AutoCAD 工作界面简介

AutoCAD 的界面是用户与计算机进行交互式对话的窗口，AutoCAD 在不断地整合变换着新的工作界面。因此，了解 AutoCAD 界面各部分的名称、功能以及操作方法是十分重要的。图 7.1 所示为打开 AutoCAD 2007 工作界面时询问用户是进入“三维建模”还是在“AutoCAD 经典”模式下绘图。

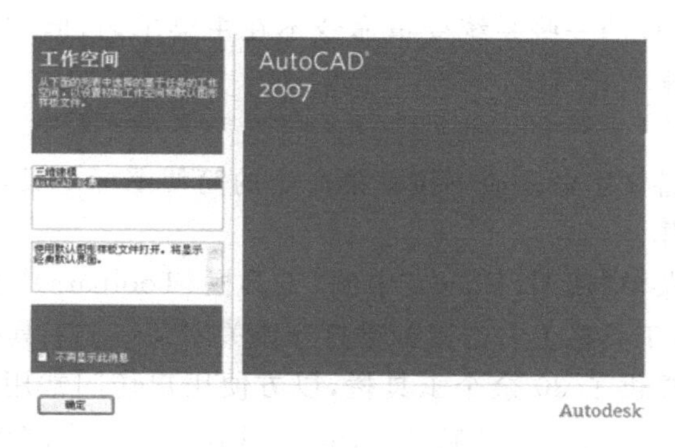

图 7.1　选择 AutoCAD 2007 工作界面

首先选择“AutoCAD 经典”模式，进入二维绘图界面作图，如图 7.2 所示。

1. 标题栏

标题栏主要显示 AutoCAD 的版本，它在应用程序窗口的最上部，并显示当前正在运行的程序名及所装入的文件名。右侧为最小化、最大化/还原和关闭按钮。

图 7.2　AutoCAD 2007 经典工作界面

2. 主菜单

AutoCAD 2007 有 12 个下拉主菜单，如图 7.2 所示。这些菜单包含了 AutoCAD 绘图、编辑以及其他各种操作功能的命令，其中“Express”菜单是 AutoCAD 2007 新增的一些修改功能。AutoCAD 的一些系统变量命令不在主菜单内，但在命令对话框中以各种参数设置形式表现出来。

3. 工具栏

工具栏是一种代替文字命令或下拉菜单命令的简便图标工具，用户利用它们可以完成绝大部分的绘图工作。

用户可通过下拉菜单“视图(View)”中的“工具栏(Toolbars)”选项来开/关各种工具栏，最简便的方法是在工具栏上右击鼠标键打开或关闭某一个工具栏。

AutoCAD 2007 提供了 30 余个工具栏，以方便用户访问常用的命令、设置和模式。一般情况下“标准(Standard)”、“特性(Object Properties)”、“绘图(Draw)”、“修改(Modify)”或用户常用的工具栏均应打开。工具栏的打开或关闭应以作图方便而定，也可以改变、固定或浮动工具栏。固定工具栏就是将工具栏锁定在 AutoCAD 窗口的顶部、底部或两边。浮动工具栏可以在屏幕上自由移动放置。

4. 图形窗口

图形窗口也叫绘图区，是用户显示和绘制图形的区域。

5. 命令窗口

命令窗口是一个可固定或浮动的窗口，可以在里面输入各种命令，AutoCAD 将予以显示消息，提示操作。用户可以调整命令窗口的高度，也可以将命令窗口变为浮动的放在绘图区域的任意处。单独的命令窗口如图 7.3 所示，命令窗口至少应显示 3 行文字。

图 7.3　命令窗口

6. 状态栏

状态栏由坐标显示器和一些开/关式按钮组成。如图 7.4 所示，打开左边的坐标显示器可显示光标移动时所在的坐标位置。右边是 AutoCAD 2007 状态栏的 10 项选择执行模式开/关按钮，它们是绘图过程中的主要辅助工具命令。这些命令包括“捕捉(Snap)”、“栅格(Grid)”、“正交(Ortho)”、“极轴(Polar)”、“对象捕捉(Osnap)”、“对象追踪(Otrack)”模式、“动态坐标 UCS(Ducs)”、“动态显示(Dyn)”、“线宽(Lwt)”显示，“模型/图纸(Model)”空间切换。这些辅助工具都是透明命令，在作图过程中可以根据需要随时开或关。

图 7.4　状态栏

7. 十字光标

光标主要用来在绘图区域标识拾取点和绘图点。可以使用十字光标定位一个点，也可以选择和绘制某一对象。用户可以通过“工具”菜单的“选项”命令，在“显示”选项界面中调整十字光标的大小。

8. 模型/布局选项卡

单击模型/图纸选项卡可以实现在模型(图形)空间和图纸(布局)空间来回切换，如图 7.5 所示。一般情况下，先在模型空间创建设计对象，然后再创建布局以绘制和打印图纸空间中的图形。

图 7.5　模型/布局选项卡

思考要点： 以上内容在整个作图过程中频繁使用，只有熟练而又灵活地掌握使用技巧才可以提高作图效率。

7.1.2　命令输入方式

AutoCAD 的所有命令一般有以下 5 种输入方式：图标按钮、下拉式菜单、键盘、快捷菜单和鼠标等。

1. 使用图标按钮

图标按钮是 AutoCAD 命令的触发器，使用鼠标单击图标按钮与使用键盘输入相应命令的功能是一样的。所有的图标按钮都有对应的工具栏，如图 7.6 所示。

2. 使用下拉式菜单

主菜单包含了通常情况下控制 AutoCAD 运行的一系列命令。用鼠标选中某一菜单并从中选择需要的命令即可。凡是某一命令后有黑色“▶”符号的均为级联菜单。

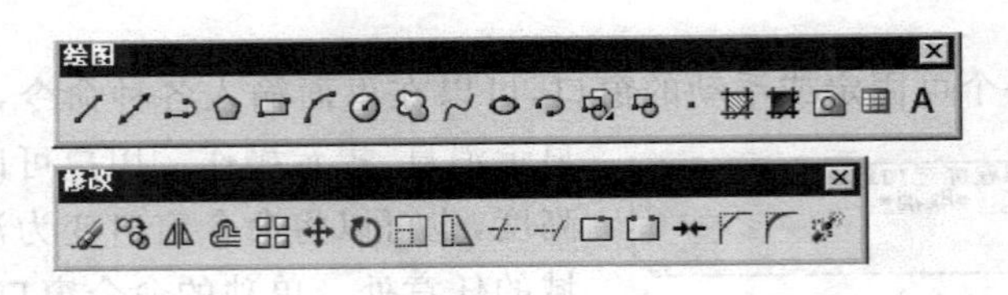

图 7.6　图标按钮命令

当菜单命令后有“…”号时，表示将弹出一个对话框，该对话框中将包括其他用户需要的操作命令或系统变量命令。

3. 使用键盘

键盘是 AutoCAD 最常用的主要输入命令和命令选项的重要工具。键盘输入文本命令可以在命令窗口内的“命令：”提示符后或作图区动态形式下分别输入命令、参数，也可以在对话框中指定新文件名。但是，要注意 AutoCAD 不执行中文名称的命令。

4. 使用快捷菜单

AutoCAD 提供了方便的快捷菜单。在作图过程中按下回车键或单击鼠标右键后，AutoCAD 根据当前系统所在的状态及光标位置显示相应的快捷菜单，如图 7.7 所示。可以通过“工具”下拉菜单“选项”命令中的“用户系统配置”对话框的相关内容设置是否使用快捷菜单。

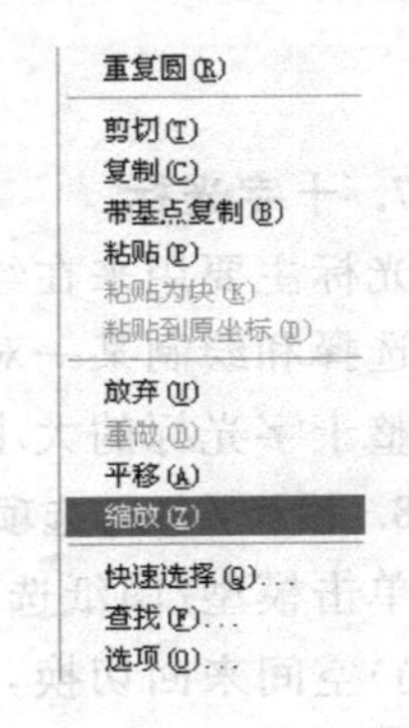

图 7.7　快捷菜单命令

为了便于操作，用户必须记住 AutoCAD 定义的如下功能键及控制键。

F1：打开“帮助”命令。

F2：实现“文本/图形”窗口切换。

F3：“对象捕捉”开/关。

F4：打开数字化仪。

F5(Ctrl+E)：在“轴测图”模式中变化 3 个主要平面。

F6(Ctrl+D)：开/关状态栏中的“坐标显示”模式。

F7(Ctrl+G)：打开或关闭“栅格”显示。

F8(Ctrl+O)：打开或关闭“正交”模式。

F9(Ctrl+B)：打开或关闭“捕捉”模式。

F10：打开或关闭“极轴”模式。

F11：屏幕复制模式。

F12：打开或关闭“动态显示(DYN)”模式。

Esc：放弃正在执行的某命令。这是一个强制终止命令键，作图时经常使用。

思考要点：F1、F2、F3、F5、F8、F10、F12 和 Esc 键，在作图过程中使用频繁，读者应熟练掌握。

5. 使用鼠标

使用鼠标可以单击选择菜单项目或各种图标按钮，也可以绘制图形或在屏幕上选定对象。左键是拾取键,用于指定屏幕上的点或其他对象。右键用于显示快捷菜单,或等价于回车键(Enter),这取决于光标位置和右击设置。如果按住"Shift"键并单击鼠标右键,将显示"对象捕捉"快捷菜单。鼠标中间的转轮可以缩放观察图形。

7.1.3 坐标点的输入方式

在 AutoCAD 作图过程中,用户生成的多数图形都由点、直线、圆弧、圆和文本等组成。所有这些对象都要求输入坐标点以指定它们的位置、大小和方向。因此,用户需要了解掌握 AutoCAD 的坐标系和坐标的输入方法。

1. 坐标系

AutoCAD 的默认坐标系称为世界坐标系(WCS),但是用户也可以使用"UCS"命令定义自己的坐标系,即用户坐标系(UCS)。

1) 世界坐标系(WCS)

世界坐标系是用来定义所有对象和其他坐标系的基础。当用户开始绘制新图时,AutoCAD 将图形界面置于一个 WCS 中。WCS 包括 X 轴、Y 轴,如果在三维空间则还有一个 Z 轴。位移从设定原点(0,0)开始计算,沿 X 轴向右、沿 Y 轴向上的位移被规定为正向,反之为负向。

2) 用户坐标系(UCS)

用户定义的坐标系,既可以在二维空间随意移动,也可以在三维空间中定义 X、Y 和 Z 轴的新原点。UCS 决定图形中几何对象的默认位置。

在 UCS 中,原点以及 X、Y、Z 轴方向都可以移动及旋转。尽管用户坐标系中 3 个轴之间仍然互相垂直,但是在方向和位置上可以根据作图需要而随意变化。

如图 7.8 所示,二维的 WCS 图标和 UCS 图标基本上一样。

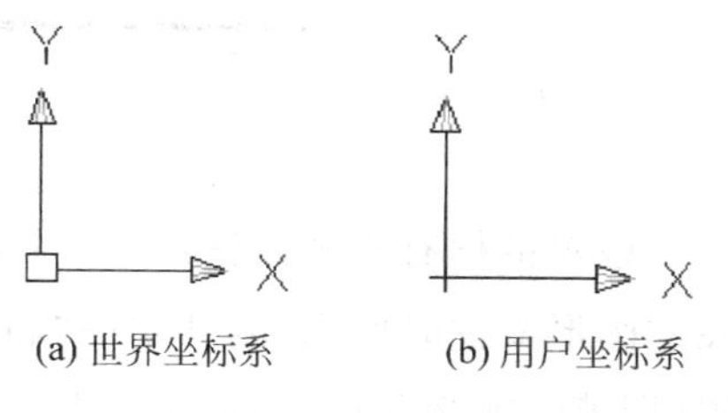

图 7.8 坐标系

2. 坐标值的输入

坐标值输入有绝对坐标和相对坐标两种形式。可以使用任何一种定点设备或键盘输入坐标值,坐标值又分为直角坐标或极坐标。

1) 绝对直角坐标和极坐标

绝对坐标是指某一点的位置相对于原点(0,X)的坐标值。在命令窗口中坐标值输入方式为 x,y;绝对极坐标的输入方式为 $D<\alpha$,其中 D 表示该点到坐标原点的距离,α 表示该点和坐标原点的连线与 X 轴的正向夹角。

2) 相对直角坐标和极坐标

相对坐标是指一个点相对于上一个输入点的坐标值。在命令窗口中,输入点的相对坐标与绝对坐标类似,不同之处在于所有相对坐标值的前面都添加一个"@"符号。例如,@45,50 和@60<30。

思考要点:无论是绝对坐标还是相对坐标,输入数值时都有两种形式:既可以在命令窗口中输入,也可以打开"动态显示(DYN)"模式在屏幕作图附近输入。

7.1.4　文件管理

在 AutoCAD 图形绘制过程中,应当养成有组织地管理文件的良好习惯,并有效地进行文件管理。用户建立的文件名应当遵循简单明了和易于记忆的原则。

1. 建立新图或打开旧图

1) 新建图形文件

用户要建立自己的图形文件,可以在绘图之前从"文件"菜单中选择"新建"命令,或单击标准工具栏上的图标命令,也可以直接输入"NEW"命令,AutoCAD 将弹出如图 7.9 所示的对话框。

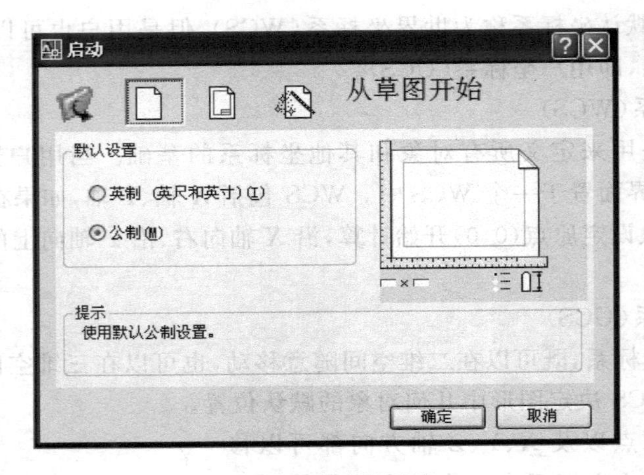

图 7.9　创建新图形

该对话框有 4 个按钮:第一个按钮用于打开文件,只有在启动时打开一个已经存在的图形文件时使用,刚开始一幅新图作图时不可以使用;第二个按钮为用户默认设置(用英制或米制单位)建立新图形;第三个按钮是使用模板建立新图,需要在"选择样板"窗口内选择一种图形模板;第四个按钮可以使用向导,通过快速设置对绘图初始化进行设置。

2) 打开图形文件

在"文件"菜单中选择"打开"选项或单击标准工具栏上的图标按钮,AutoCAD 将弹出如图 7.10 所示的对话框,并从中选择文件类型或要打开的文件名,在预览窗口内观察图形后,即可打开图形文件进行编辑绘图。

2. 存储图形

在绘制图形过程中,需要不断将文件保存到磁盘中,为此 AutoCAD 提供了"保存(Save)"或"另存为(Save as)"命令。

1) 保存图形文件

"文件"菜单中的"保存"命令与标准工具栏中的图标按钮功能一样,执行后 AutoCAD 把当前编辑并已命名的图形直接存入磁盘,所选的路径保持不变。

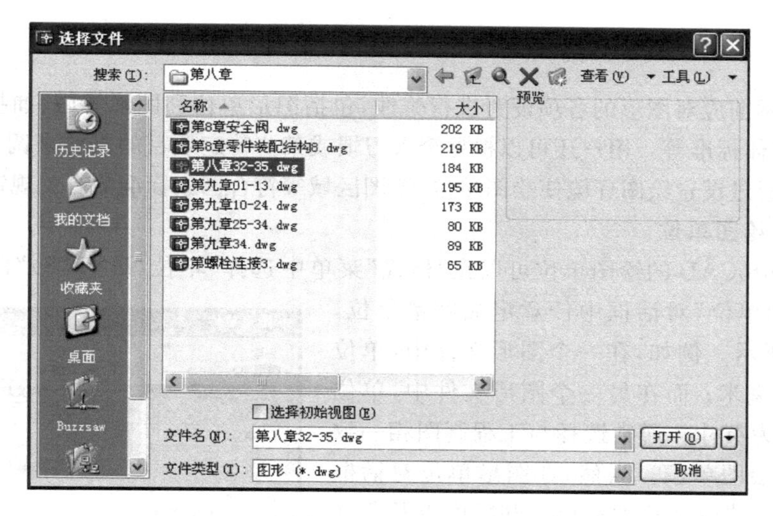

图 7.10　打开文件

2）改变图形文件名称或路径

在“文件”菜单中选择“另存为”命令，将弹出“图形另存为”对话框，如图 7.11 所示，可以给未命名的文件命名或者更换当前图形的文件名以及选择文件类型的版本路径。

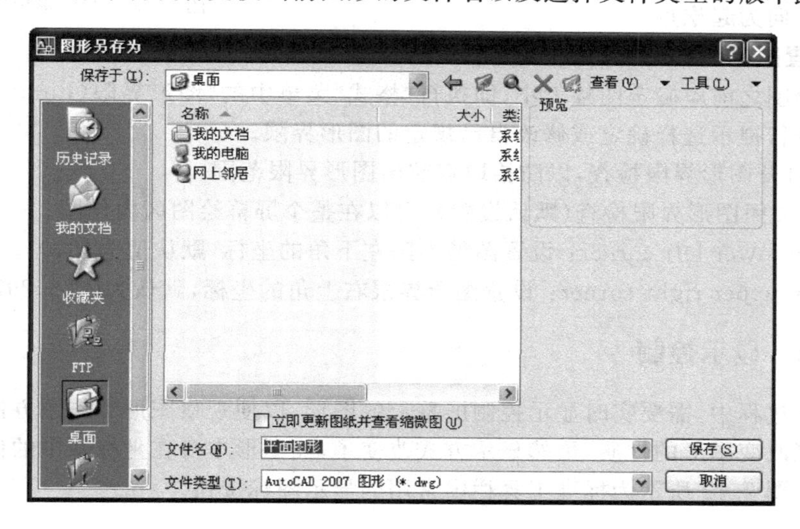

图 7.11　图形文件名称或路径

3. 退出 AutoCAD 系统

当绘制完图形并且将文件存盘后，就可退出系统。

在“文件”菜单中选择“关闭”命令，只是关闭当前正在作图的图形文件，并没有完全退出 AutoCAD 界面。另外，如果图形修改后未执行保存命令，那么在退出 AutoCAD 系统时会弹出报警对话框，提示在退出 AutoCAD 系统之前是否存储文件，以防止图形文件丢失。

7.1.5 二维绘图设置

开始绘图前应对图形的各项设置进行修改，包括图形单位和图形界限、捕捉和栅格、图层、线型及字体标准等。用户还可以根据个人习惯或某些特定项目的需要来调整 AutoCAD 环境。可以通过设置绘图环境使绘图单位、绘图区域等符合国家标准的有关规定。

1. 设置绘图单位

确定 AutoCAD 的绘图单位可以在“格式”菜单中选择“单位(UNITS)”命令，然后在弹出的“图形单位”对话框中任意定义度量单位，如图 7.12 所示。例如，在一个图形文件中，单位可以定义为毫米；而在另一个图形文件中，单位也可以定义为英寸。通常选择与工程制图相一致的毫米作为绘图单位。当然，在图形单位对话框中也可以设定或改变长度的形式和精度以及角度的形式和精度等。

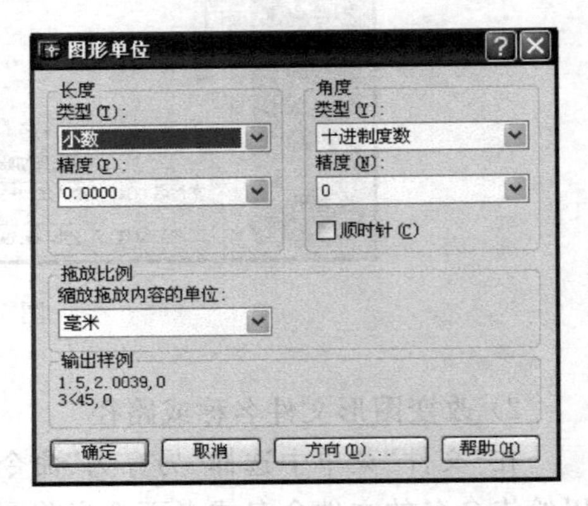

图 7.12 图形单位

AutoCAD 作图时，规定以“正东”方向为 0°起讫点，逆时针方向为正。读者也可以选择“顺时针”方向为正，或者单击“方向按钮”后在对话框中规定其他方向为起讫点。

2. 设置图幅

正式绘图之前应确定图幅大小，即执行“格式”菜单中的“图形界限(Limits)”命令，然后根据命令行提示选择确定或修改自己规定的图形界限。

ON：打开图形界限检查，以防拾取点超出图形界限范围。

OFF：关闭图形界限检查(默认设置)，可以在整个屏幕绘图区内作图。

Specify lower left corner：设置图形界限左下角的坐标，默认值为(0,0)。

Specify upper right corner：设置图形界限右上角的坐标，默认为(420,297)。

7.1.6 显示控制

在作图过程中，需要实时显示控制屏幕上的图形，以便观察图形和作图方便。显示控制命令不能改变图形的性质，虽然显示方式改变了，而图形本身在坐标系中的位置和尺寸均未改变。图 7.13 所示为标准工具栏中常用的显示图标按钮。

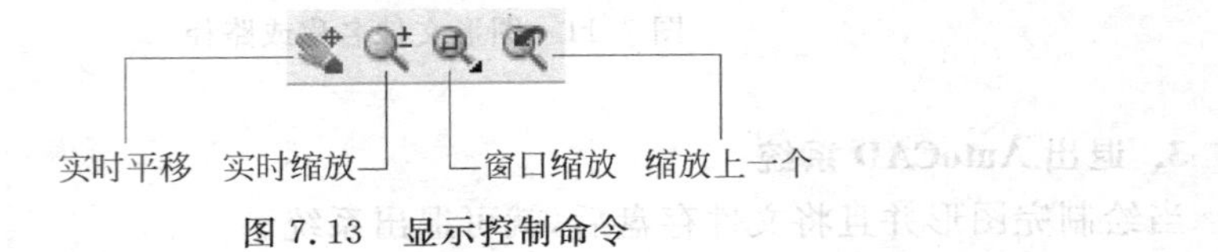

图 7.13 显示控制命令

1. 图形缩放(Zoom)

在命令窗口内输入“Z(Zoom)”后，可以在不改变绘图原始尺寸的情况下，将当前图形显示放大或缩小。放大可以观察图形局部细节，缩小可以观察整个图形范围。

命令执行如下：

命令：Z(ZOOM)
指定窗口角点，输入比例因子 (nX 或 nXP)，或
[全部(A)/中心点(C)/动态(D)/范围(E)/上一个(P)/比例(S)/窗口(W)] <实时>：

虽然“ZOOM”命令的选项比较多，常用的主要有以下选项。

A(全部)：将图限范围(Limits 定义的范围)的所有图形完整地显示在屏幕上。若图形超出图形界限，则全部显示图形。

S(比例)：改变屏幕显示图形的比例因子，从而放大或缩小整个图形。

P(上一个)：显示上一次通过 Zoom 或 Pan 命令显示的图形，最多可以向后返回 10 幅 ZOOM 或 PAN 命令形成的图形。

W(窗口缩放)：也可以单击图标，该命令允许用户使用一个矩形窗口放大显示区域；其中，默认选项为“实时”缩放，执行该命令后，用户可以转动鼠标轮进行缩放观察图形。

2. 实时平移(Pan)

实时平移命令是将整幅图面进行平移。执行该命令后，按住鼠标左键移动鼠标，即可移动整个图形。这也是作图过程中观察图形时经常使用的命令。

思考要点：无论执行哪一种缩放命令，观察或缩放完图形后都应该返回到原来的作图状态，以保证作图的规范性。

3. 鸟瞰视图(Aerial View)

在“视图”菜单中执行“鸟瞰视图”命令，屏幕弹出另一个独立的窗口显示整个图形，以便全面观察或快速移动到目标区域。该命令也属于图形浏览工具，一般在三维作图时使用，如图 7.14 所示。

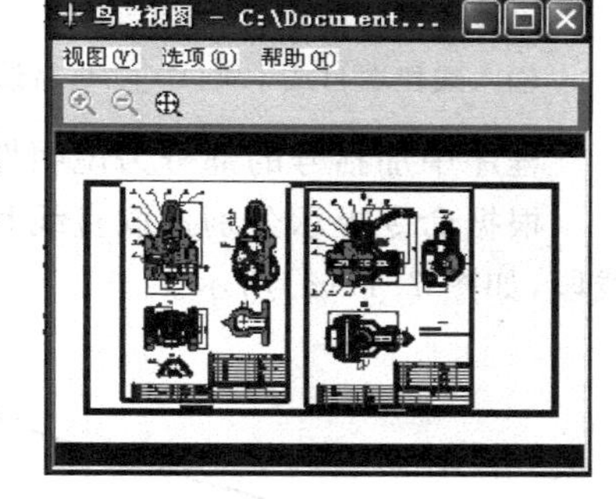

图 7.14　鸟瞰视图窗口

4. 重画(Redraw)

执行该命令后，刷新屏幕作图区或当前的视区，并擦去残留的光标点。

5. 重生成(Regen) 或全部重生成(Regenall)

执行该命令后，重新生成全部图形并在屏幕上显示出来，这样可以观察看到屏幕精确显示的图形。一般情况下，在改变一些系统变量后可以再重新生成一次图形。

7.2　基本绘图命令

所谓基本绘图命令，就是 AutoCAD 的常用绘图命令，包括点、直线、圆、圆弧、矩形、多边形或椭圆等，绘图工具栏如图 7.15 所示。下面主要介绍这些基本绘图命令的用法。

图 7.15　绘图命令

7.2.1　点与直线命令

1. 点(Point)及等分点(Divide)

1) 绘点命令

单击点的图标 ▪ 命令后,用户可以根据提示在屏幕上绘出需要的点数。执行程序如下:

命令:_point
当前点模式:PDMODE=0 PDSIZE=0.0000
指定点:

用户可以输入点的坐标值或使用鼠标在屏幕上定点。要改变点的显示类型和大小可以在"格式"菜单中选择"点的样式"命令,在弹出的对话框中进行选择和设置调整,如图 7.16 所示。

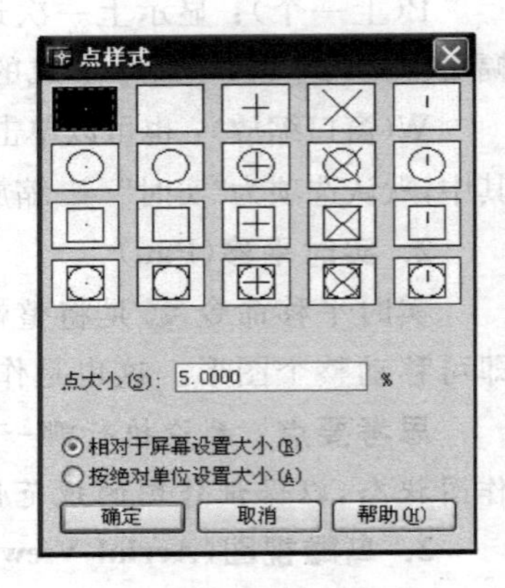

图 7.16　点的样式

2) 等分点命令(Divide/Measure)

等分点有两个命令模式,分别是定数等分(Divide)或定距等分(Measure),二者的执行命令程序分别如下:

命令:_divide
选择要定数等分的对象:
输入线段数目或[块(B)]:4(将线段分成 4 段)

程序中加括号的部分为说明性文字,余同。

根据命令提示分别拾取直线和圆弧,并输入等分线段数目 4 后,即可得到需要的等分线段,如图 7.17(a)所示。

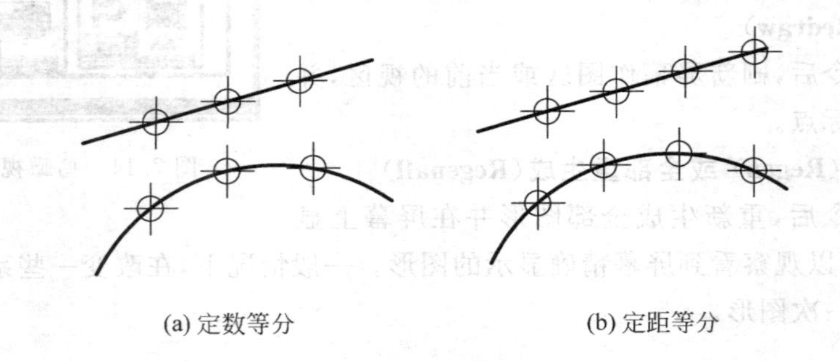

(a) 定数等分　　(b) 定距等分

图 7.17　等分点

命令:_measure
选择要定距等分的对象:
指定线段长度或[块(B)]:(在屏幕上按给定的距离拾取两点或直接输入数值)

每次拾取一个线段后,既可以直接输入线段的定长值,也可以在屏幕上用鼠标指定两点之距作为定长,如图 7.17(b)所示。AutoCAD 将从光标拾取端按定长值等分线段,另一端不一定等于定长值。

AutoCAD 可以对直线、圆、圆弧、多段线和样条线进行等分。

2. 直线命令(Line)

直线命令无论在二维还是三维作图中使用最多。执行直线命令可以在“绘图”菜单中选择,也可以单击绘图工具栏上的图标 命令。该命令执行程序如下:

命令: _line
指定第一点:(在屏幕上任意确定一点)
指定下一点或[放弃(U)]:(在屏幕上任意确定第二点)
指定下一点或[放弃(U)]: @50,0(输入相对第二点的坐标值)
指定下一点或[闭合(C)/放弃(U)]: C(选择封闭命令)

执行上述命令程序操作后,所绘的直线图形如图 7.18 所示。一般情况下输入相对坐标比输入绝对坐标方便。如果选择“U”命令,则取消刚绘制的直线段。

3. 多段线命令(Pline)

多段线命令具有多种画线功能,既可以画直线也可以画圆弧,又可以实时改变线段的宽度,也是一个常用的作图命令。从“绘图”菜单中选择“多段线”命令,或单击绘图工具栏上的图标 命令。该命令执行程序如下:

命令: _pline
指定起点: (确定 1 点)
当前线宽为 0.0000
指定下一个点或[圆弧(A)/半宽(H)/长度(L)/放弃(U)/宽度(W)]:(确定 2 点)
指定下一点或[圆弧(A)/闭合(C)/半宽(H)/长度(L)/放弃(U)/宽度(W)]: W(改变线宽)
指定起点宽度 <0.0000>: 5(箭头起点宽)
指定端点宽度 <5.0000>: 0(箭头末端宽)
指定下一点或[圆弧(A)/闭合(C)/半宽(H)/长度(L)/放弃(U)/宽度(W)]:确定 3 点
指定下一点或[圆弧(A)/闭合(C)/半宽(H)/长度(L)/放弃(U)/宽度(W)]:回车结束

上述命令程序绘制的图形,如图 7.19 所示。

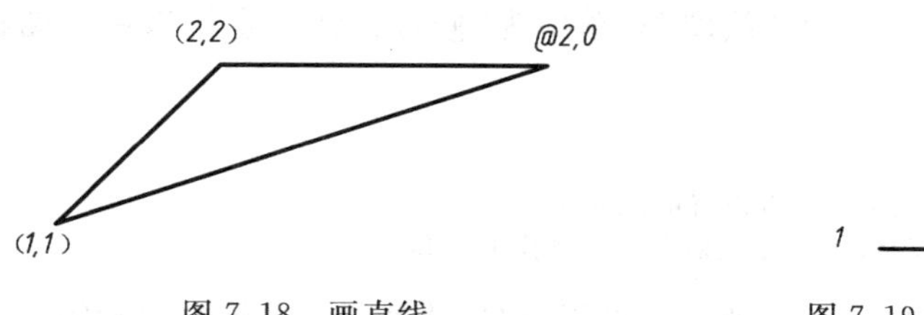

图 7.18　画直线

1　2　3

图 7.19　画多段线

思考要点:直线和多段线绘制的线段实体性质是不同的,前者所画的每段线都是一个独立的图形实体,后者所画的全部线段为一个图形实体。

7.2.2　曲线命令

1. 圆弧命令(Arc)

在“绘图”菜单中,“圆弧”命令有多种形式,用户可以根据需要选择。如果单击绘图工具栏上的图标 命令,是三点画一圆弧。执行程序如下:

命令: _arc

指定圆弧的起点或［圆心(C)］：(输入第 1 点)
指定圆弧的第二个点或［圆心(C)/端点(E)］：(输入第 2 点)
指定圆弧的端点：(输入第 3 点)

上述程序所画圆弧如图 7.20 所示。三点画圆弧时的顺序由点的顺序决定，如果在输入第一个点之前用回车键回答，AutoCAD 则以上次所画线或圆弧的终点及方向作为本次所画圆弧的起点及起始方向。

2. 样条曲线命令(Spline)

样条曲线可以绘制波浪线，或将一些离散的点连成曲线。可以在“绘图”菜单中选择“样条曲线”命令，或直接单击图标 命令。该命令执行程序如下：

命令：_spline
指定第一个点或［对象(O)］：(输入第 1 点)
指定下一点：(输入第 2 点)
指定下一点或［闭合(C)/拟合公差(F)］<起点切向>：(输入第 3 点)
指定下一点或［闭合(C)/拟合公差(F)］<起点切向>：(输入第 4 点)
指定下一点或［闭合(C)/拟合公差(F)］<起点切向>：(输入第 5 点)
指定下一点或［闭合(C)/拟合公差(F)］<起点切向>：(回车结束)
指定起点切向：(给定起点处的切线方向)
指定端点切向：(给定终点处的切线方向)

图 7.21 所示为上述执行程序绘制的样条曲线。

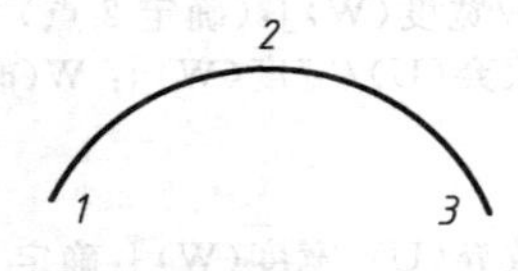

图 7.20　画圆弧

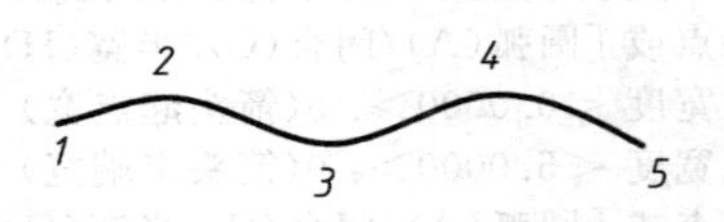

图 7.21　画样条曲线

3. 云线命令(Revcloud)

云线可以作云形图。云线在“绘图”菜单中为“修订云线”，也可以单击图标 命令。程序执行步骤如下：

命令：_revcloud
最小弧长：15 最大弧长：40(报告设置的弧大小)
指定起点或［弧长(A)/对象(O)］<对象>：(指定起点位置)

沿云线路径引导十字光标，移动鼠标绘制云线，并到起点位置自动封闭。

修订云线完成。

执行完命令程序所画云线如图 7.22 所示。在确定起点位置之前，可以先选择“A”改变最小和最大弧长值，然后画云线。也可以选择“O”拾取一个图形变为云线。

图 7.22　画云线

7.2.3　几何图形命令

1. 正多边形命令(Polygon)

该命令可以绘制任意数目的正多边形。执行“绘图”菜单中的“正多边形”命令或单击图标 后，执行程序如下：

```
命令：_polygon
输入边的数目 ＜4＞：5(确定边数)
指定正多边形的中心点或 [边(E)]：(输入圆心或选择边长“E”)
输入选项 [内接于圆(I)/外切于圆(C)] ＜I＞：(选择画正多边形的内、外切方式)
指定圆的半径：30(输入半径，或用鼠标拾取)
```

该程序绘制的正五边形如图 7.23 所示，并添画了直线，形成一个五角星。

2. 矩形命令(Rectang)

这是一个多功能画矩形命令，可以指定矩形的倒角、圆角、多段线宽度等。执行“绘图”菜单中的“矩形”或单击矩形图标 命令后，程序如下：

```
命令：_rectang
指定第一个角点或 [倒角(C)/标高(E)/圆角(F)/厚度(T)/宽度(W)]：F(选择画圆角)
指定矩形的圆角半径 ＜0.0000＞：10(输入圆角半径)
指定第一个角点或 [倒角(C)/标高(E)/圆角(F)/厚度(T)/宽度(W)]：(确定矩形一个角点)
指定另一个角点或 [尺寸(D)]：(确定矩形另一对角点或输入尺寸 D)
```

该程序所画矩形如图 7.24 所示，其中外矩形是另外画的。矩形命令的其他功能请读者自己练习。输入 D 后，命令提示分别输入矩形的长度和宽度后单击确定。

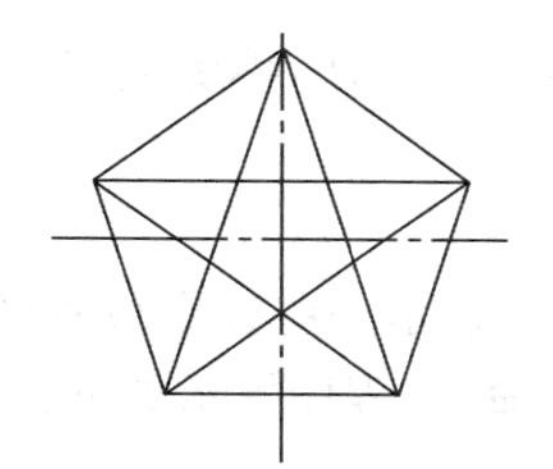

图 7.23　正五边形

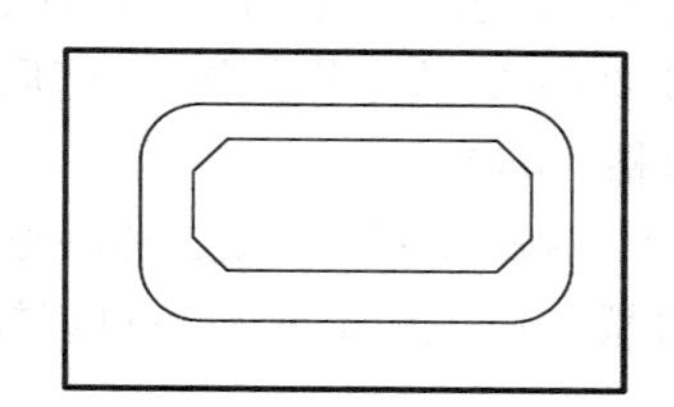

图 7.24　矩形

3. 圆命令(Circle)

画圆是 AutoCAD 使用最多的命令之一，其画法有多种。例如，用直径的两端点画圆(2P)、过三点画圆(3P)或者利用两切点及半径画圆(TTR)，最简单的是直接输入半径或直径的大小在屏幕上画圆。执行“绘图”菜单中的“圆”或单击圆图标 命令后，程序如下：

```
命令：_circle
指定圆的圆心或 [三点(3P)/两点(2P)/相切、相切、半径(T)]：(确定圆心位置)
指定圆的半径或 [直径(D)]：30 (输入半径值)
```

所画圆如图 7.25 所示。

思考要点：在利用其他方法画圆时，一般需要打开状态栏上的捕捉点，例如，捕捉切点或中点，其作图方法请读者自行练习。

4. 画椭圆命令(Ellipse)

执行“绘图”菜单中的“椭圆”命令，或者单击图标 ，则执行程序如下：

```
命令：_ellipse
指定椭圆的轴端点或 [圆弧(A)/中心点(C)]：(确定水平轴的一端 1 点)
```

指定轴的另一个端点:(确定水平轴的另一端 2 点)
指定另一条半轴长度或 [旋转(R)]:(确定另一轴的一端 3 点)

该程序所画椭圆如图 7.26 所示。

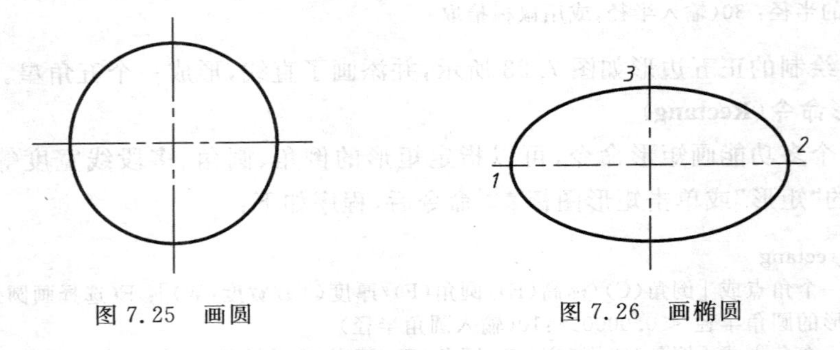

图 7.25　画圆　　　　图 7.26　画椭圆

至于椭圆命令在绘制正等轴测图时的画法,将在后面章节中介绍。

7.3　状态栏命令简介

本节主要介绍状态栏中各种开/关命令的内容及使用方法,熟练使用可以提高作图效率。AutoCAD 2007 的状态栏如图 7.4 所示。

1. 显示栅格(Grid)

开启该命令或按 F7 键,在规定的图形界限范围内显示一些标定位置的小点,便于光标捕捉定位,再按一次关闭显示。也可以输入“Grid”命令,程序提示如下:

命令: _grid
指定栅格间距 (X) 或 [开(ON)/关(OFF)/捕捉(S)/纵横向间距(A)] <10.0000>:

可以改变栅格的间距值,但是太小不可以显示。

2. 栅格捕捉(Snap)

直接单击“捕捉”按钮或按 F9 键只能开/关捕捉状态,如果输入“Snap”命令,则程序提示如下:

命令: _snap
指定捕捉间距或 [开(ON)/关(OFF)/纵横向间距(A)/旋转(R)/样式(S)/类型(T)]
<10.0000>: 1(设置栅格间距为 1,也就是捕捉时的步长,也可以设置为 0.01。)

在程序中如果选择“S(样式)”命令,将使 AutoCAD 在标准或轴测模式之间进行转换。选择“R(旋转)” 可以将图形中的捕捉及栅格旋转。这种旋转将影响栅格和正交模式。如果正交方式是打开的,只能沿栅格方向画线,而不是坐标方向。

3. 正交模式(Ortho)

在画水平线或垂直线时会经常利用“正交”命令,或使用 F8 键。在画线过程中可以开/关正交命令。

4. 对象捕捉(Osnap)

对象捕捉是指将点自动定位到与图形中相关的特征点上。这一命令可以提高作图的精度，但在使用该命令之前需要设置捕捉特征点，以便绘图时准确捕捉。也可以打开“对象捕捉”工具栏，如图 7.27 所示，进行捕捉前的实时点选择。按 F3 键可以实现切换。

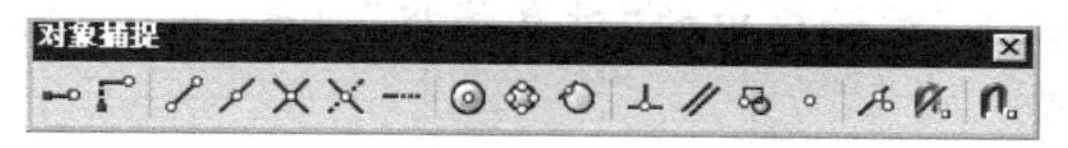

图 7.27　对象捕捉点

命令：_line
指定第一点：(确定 1 点)
指定下一点或 [放弃(U)]：(绘制 2 点)
指定下一点或 [放弃(U)]：(绘制 3 点)
指定下一点或 [闭合(C)/放弃(U)]：(绘制 4 点)
指定下一点或 [闭合(C)/放弃(U)]：(准备捕捉 2 点)

如图 7.28 所示，由 1 点画线到 4 点后，如果再绘制与 2 点相连接的直线，就可以利用捕捉命令拾取 2 点的准确位置。

5. 对象追踪

打开状态栏上的“对象追踪”可以帮助用户显示一些临时的对齐路径，以便用户精确定位和设置角度。图 7.29 所示为打开对象捕捉和对象追踪后的绘图过程，在绘制 2 点时自动与 1 点水平对齐。

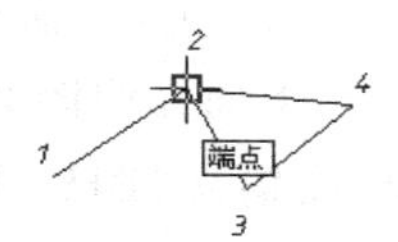

图 7.28　对象捕捉

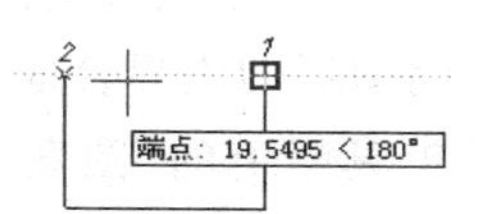

图 7.29　对象追踪

对象追踪包括启用极轴追踪和正交追踪。

用户可以将光标放在状态栏“捕捉”或“对象追踪”按钮上，然后右击并在菜单中选择“设置”，即可打开“草图设置”对话框进行相关参数设置，如图 7.30 所示。用户可以设置极轴追踪的增量角，例如，45°或 30°。

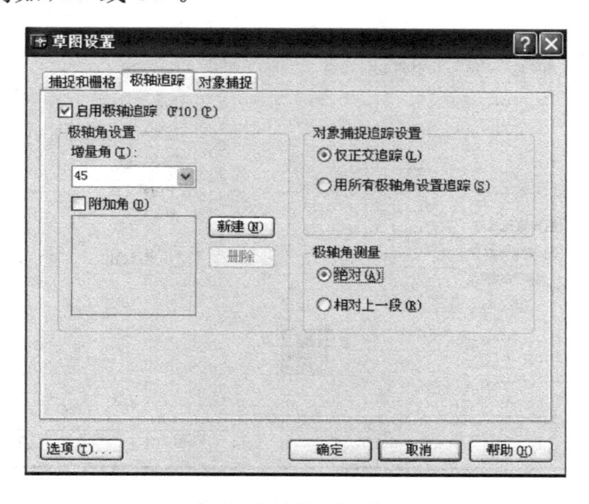

图 7.30　草图设置

所谓“正交追踪”是指 AutoCAD 将只显示通过临时捕捉点的水平或垂直的对齐路径。“启用极轴追踪”是允许 AutoCAD 绘图时使用任意极轴角上的对齐路径。

思考要点：“草图设置”对话框中的“对象捕捉”页面，就是对应图 7.27 的各捕捉点，用户根据需要选择即可。

6. 动态输入(Dyn)

所谓动态输入方式，就是在绘图时打开此项功能可以实时显示光标所在的位置以及与上一点连线和水平方向的夹角，如图 7.31 所示。

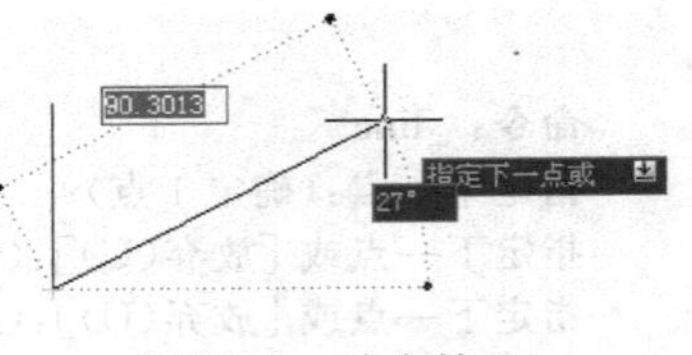

图 7.31　动态输入

思考要点：至于动态坐标(Ducs)方式，在三维建模作图时才可以体现它的最大优点，其使用方法将在第 10 章中介绍。

7.4　图案填充和表格命令

7.4.1　图案填充命令

AutoCAD 2007 “绘图”菜单中的“图案填充”和“渐变色”命令实际上在一个对话框中，只是将渐变色命令又单独分离出来，并增加了一个“边界”命令。所谓的边界，就是将用直线绘制的封闭图形的边界合成为一个多段线。下面介绍图案填充的使用方法。

如果执行“绘图”工具栏上的“图案填充”命令，或输入“BHATCH” 命令，屏幕将弹出“图案填充和渐变色”对话框，如图 7.32 所示。

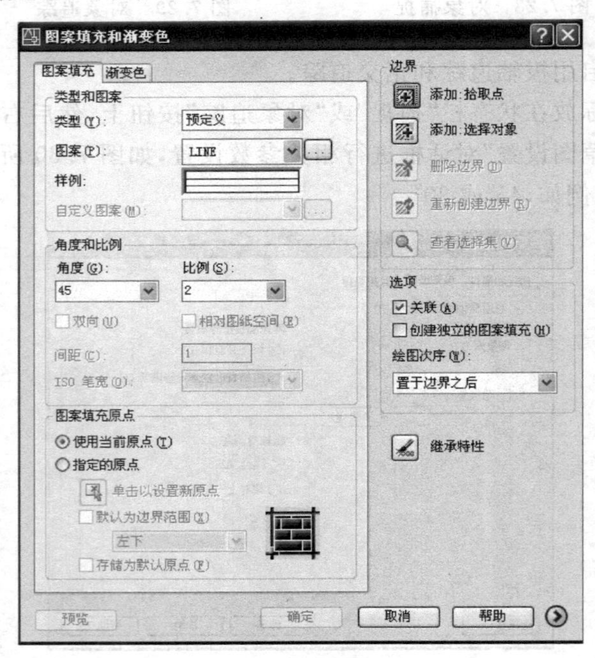

图 7.32　图案填充和渐变色

1. 填充剖面线

如果是为零件图或装配图填充剖面线或其他符号，则在图 7.32 所示的对话框中，可以从“图案”或“样例”中选择需要的图案名称和相应图例。例如，选择“LINE(直线)”，显示直线图例。然后设置剖面线倾斜“角度”和间隔距离的“比例”。

单击“添加：拾取点”按钮，在屏幕上封闭的图形边界内任意单击一次，则选中的区域变成虚线表示。回车结束后，单击“确定”即可。图 7.33 所示是剖面线图案的填充过程。

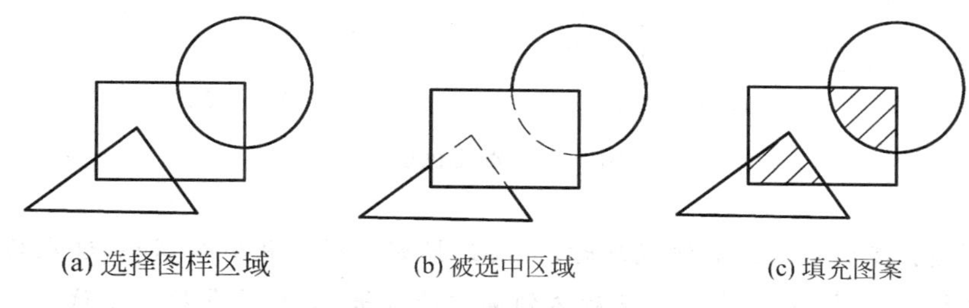

(a) 选择图样区域
(b) 被选中区域
(c) 填充图案

图 7.33　图案填充过程

对于图案填充对话框中的其他命令，建议读者自行操作测试。

思考要点：同一个零件的所有剖面线的角度和比例必须设置一致。在“选项”栏目中一般选择“关联”并将剖面线“置于边界之后”。

2. 填充渐变色

如果单击“图案填充和渐变色”对话框中的“渐变色”界面，或单击图标 命令，则对话框变为如图 7.34 所示的内容。

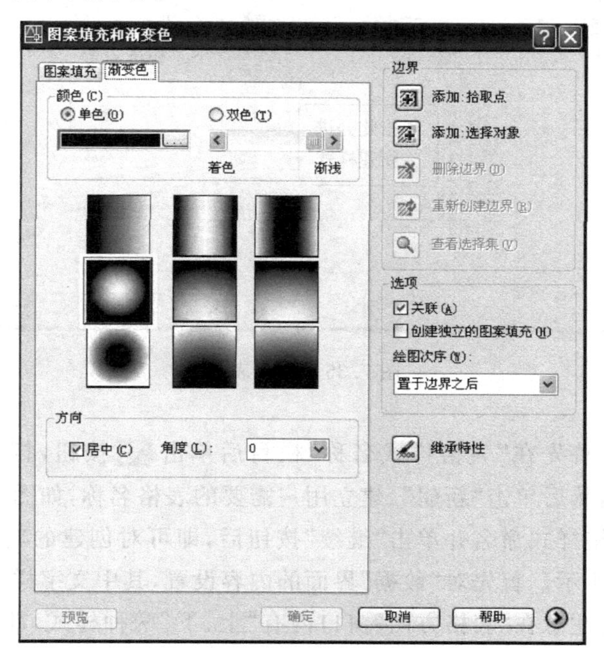

图 7.34　渐变色

用户可以在“颜色”栏目中，根据需要选择“单色”或“双色”填充方式，并在给出的9个色彩样式块中单击选择使用的样式和倾斜角度，然后再单击“颜色”窗口中的 按钮确定颜色和调整色彩的深浅度。其余有关“边界”和“选项”的设置如前所述，不再赘述。图7.35所示为使用渐变色的两种方式填充的图样。

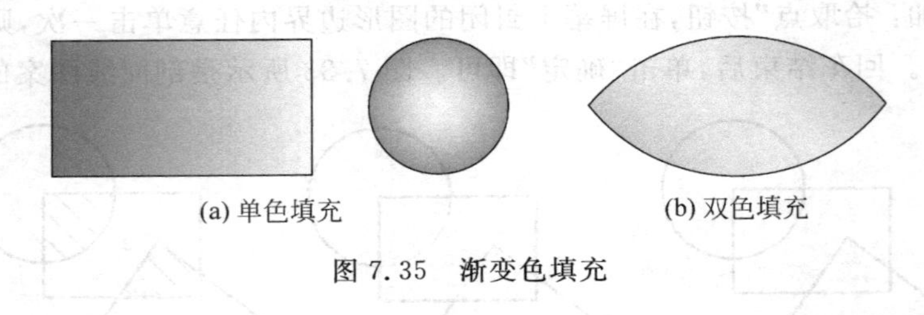

(a) 单色填充　　(b) 双色填充

图7.35　渐变色填充

思考要点：在确定颜色的深浅度时，需要选择颜色模式并耐心调整，这在后面的图层色彩中再介绍。另外，要使色彩填充后达到满意的效果，需要反复填充测试。

7.4.2　表格制作命令

AutoCAD 2007 绘图菜单中的“表格”命令，为实际工程图样的绘制以及标题栏和明细表的制作填写带来了极大的方便。单击 图标，或者在“绘图”菜单中执行“表格(Table)”命令，屏幕会弹出“插入表格”对话框，如图7.36所示。

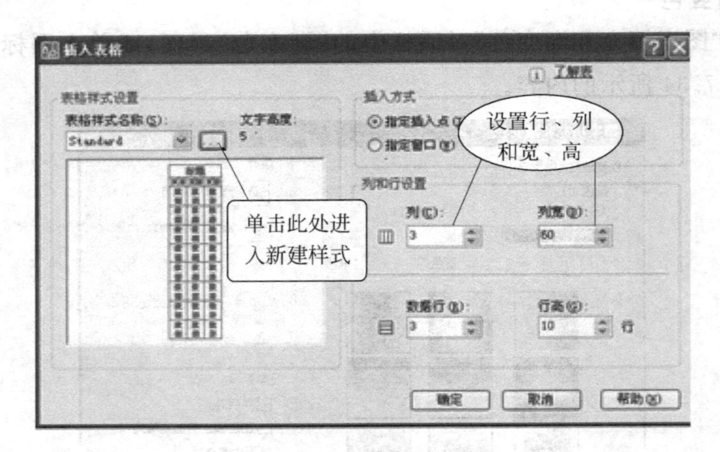

图7.36　插入表格

在该对话框中，首先在“表格样式名称”栏目后单击 按钮，打开“表格样式”对话框，如图7.37所示，然后单击“新建”，建立用户需要的表格名称，如图7.38所示。

用户为新建表格样式命名并单击“继续”按钮后，即可对创建的新表格进行各项内容的设置，如图7.39所示。首先对“数据”界面的内容设置，其中文字样式和高度、颜色等设置比较简单，读者要注意在“表格方向”窗口内有“上、下”两种样式，即表头是在表格的下面还是在上面。

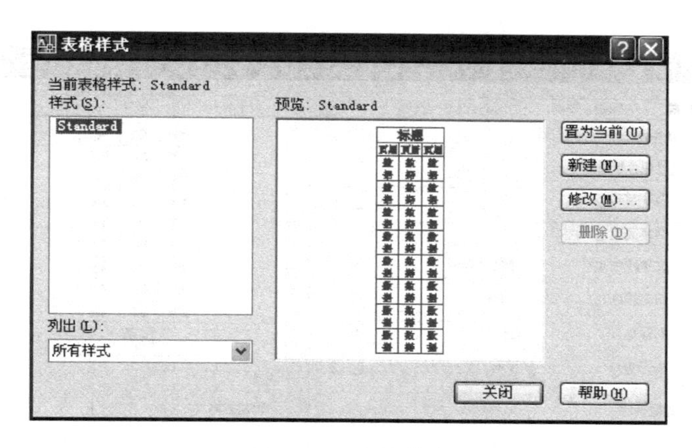

图 7.37　表格样式

图 7.38　创建新的表格样式

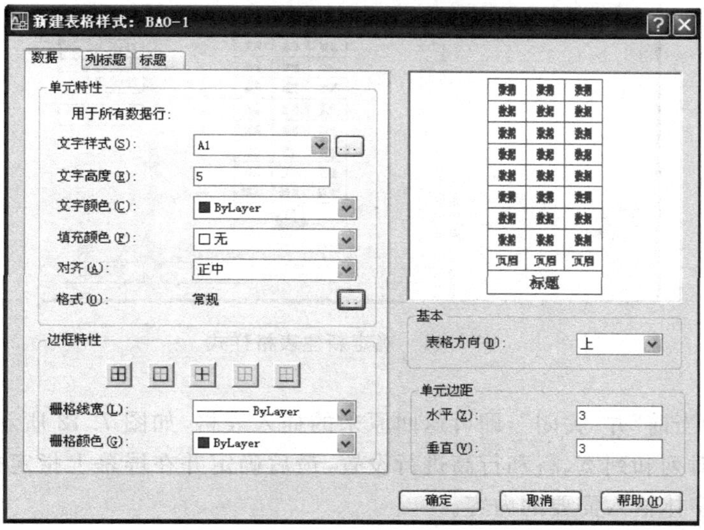

图 7.39　新建表格样式内容设置

在“新建表格样式”中，其中“列标题”界面的各项设置与前相同，而“标题”界面如图 7.40 所示。用户可以对标题的字体、颜色、高度等项目进行设置，设置完毕“确定”后返回表格样式对话框，如图 7.41 所示。

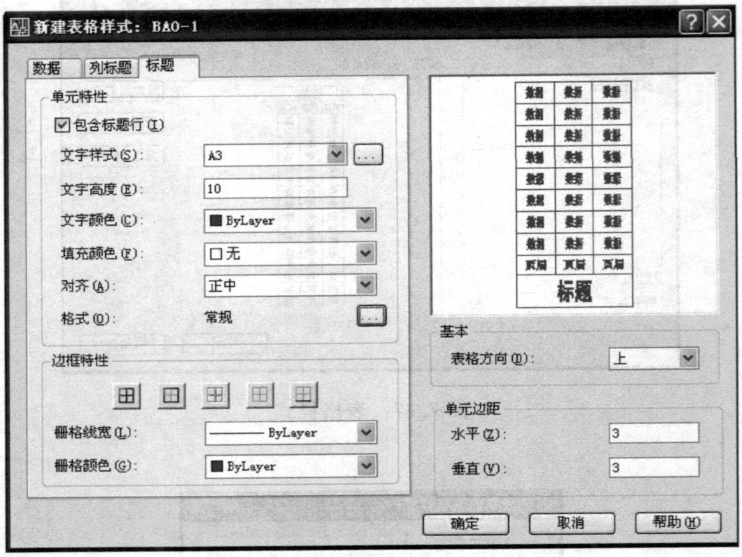

图 7.40　设置表格的标题

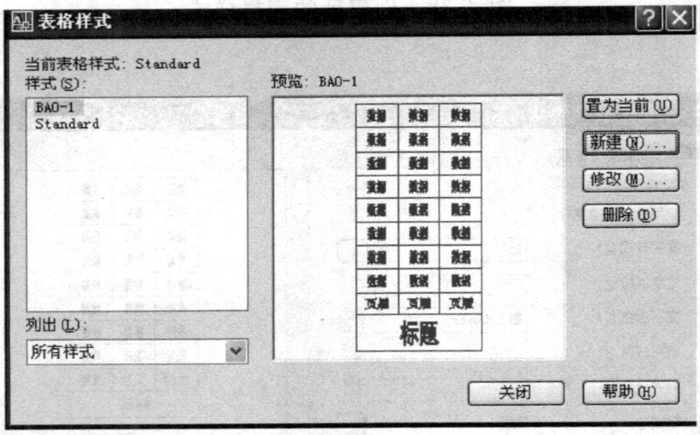

图 7.41　确定新建表格样式

然后"置为当前"并"关闭",即可返回原来的插入表格,如图 7.42 所示。在此对话框中用户需要再对列和列宽、行和行高进行设置,最后确定并在屏幕上指定插入位置点,并根据所选择的字体输入需要的内容。

插入表格输入后,用户只需要在每一个框格内双击鼠标左键就可以在文字窗口输入或修改内容。

如果想改变每一个框格的大小,可以在相应的框格内单击鼠标左键,利用捕捉点进行移动修改,如图 7.43 所示。当然用户也可以在任意一个表格线上双击鼠标左键,在打开的"特性"对话框内修改各项内容,如图 7.44 所示。

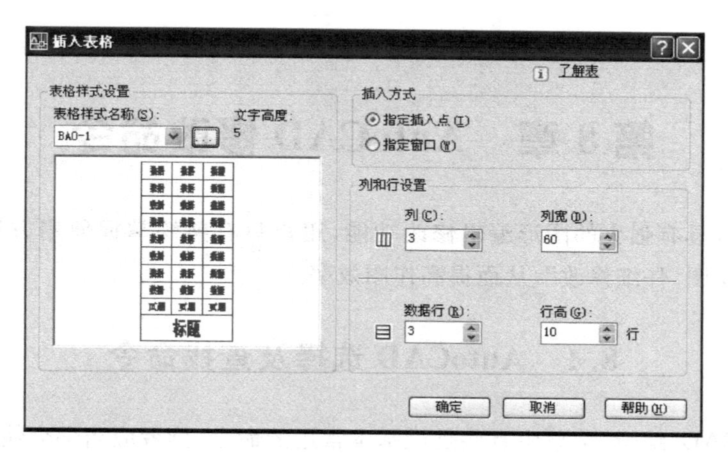

图 7.42　确定插入表格

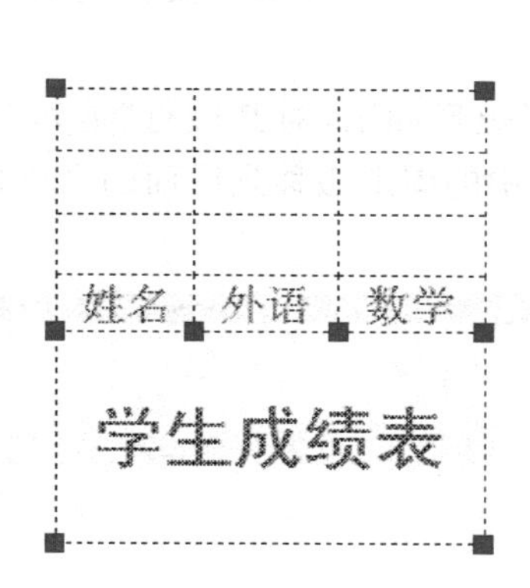

图 7.43　填写表格内容

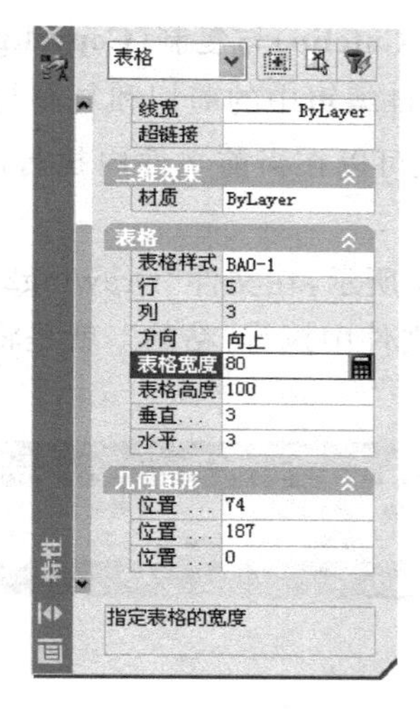

图 7.44　表格特性修改

第 8 章　AutoCAD 修改命令

AutoCAD 具有强大的图形编辑修改功能，用户只有熟练掌握使用方法和技巧才可以做到“快速绘图，仔细修改”，从而提高作图效率。

8.1　AutoCAD 选择及查找命令

在 AutoCAD“编辑”菜单中有些是最基本常用的命令，读者应当学会使用。

8.1.1　常用编辑

1. 剪切(Cutclip)与复制(Copyclip)

AutoCAD 编辑中的剪切和复制与其他计算机软件操作中的功能是一样的，剪切 和复制 既可以在当前文件内执行后再粘贴 ，也可以在两个文件之间剪切、复制后进行粘贴。

如图 8.1 所示，在文件“Drawing2”内绘制了矩形和圆，对其进行“剪切”编辑后并在“Drawing3”文件中执行“粘贴”，就是将前面文件中的图形搬移到后面的文件内，如图 8.2 所示。

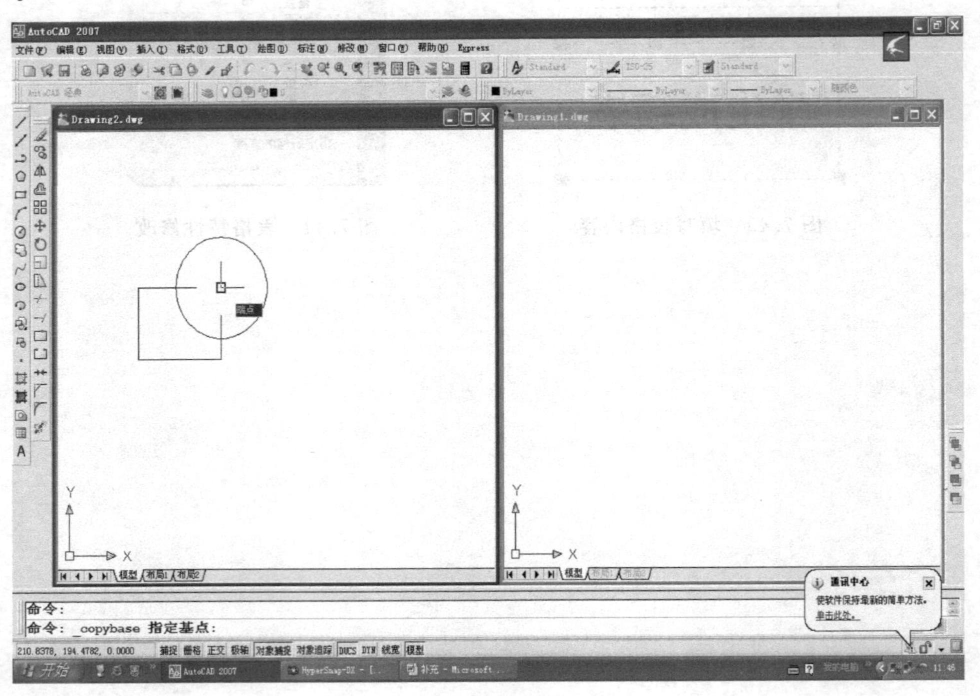

图 8.1　剪切图形

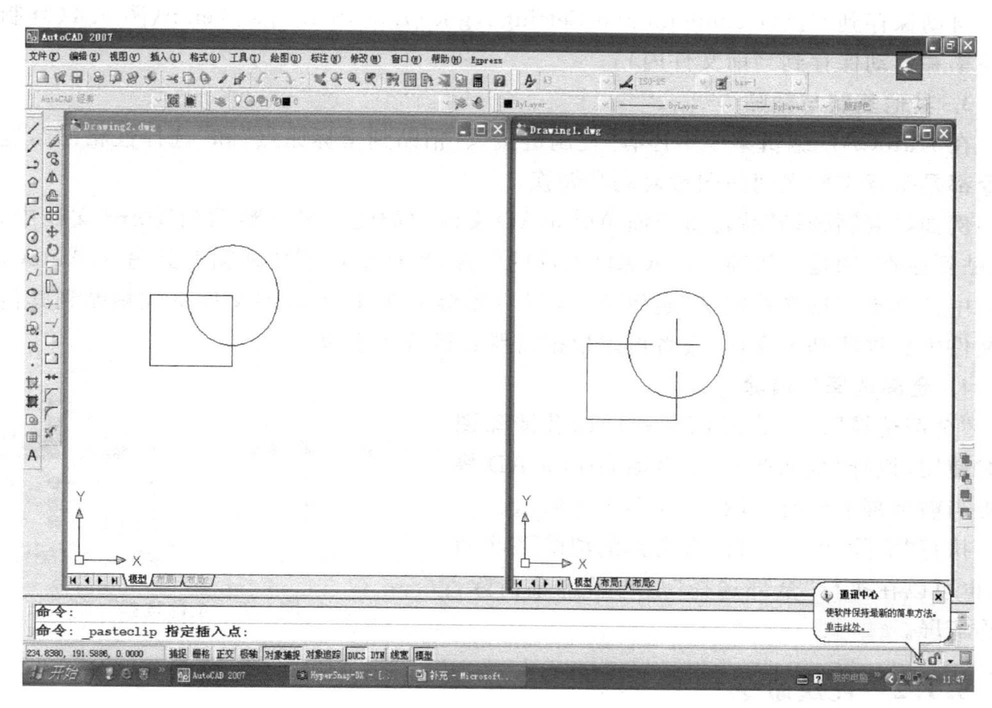

图 8.2　在另一文件里粘贴图形

在实际作图设计工作中，这种文件之间的图形转移或复制借用是经常使用的，但读者必须记住剪切和复制的性质是不同的。

2. 带基点复制(Copybase)与粘贴

所谓的带基点复制就是在复制图形之前，AutoCAD 提醒用户先选择复制图形时要插入的基准点，如图 8.3 中所示的 *O* 点。这样在复制粘贴时，屏幕光标将以此作为拾取点由用户确定图形在作图区域中的位置，如图 8.4 所示的动态显示。其执行程序如下：

命令：_copybase 指定基点：(执行命令并选择图形基点，例如选择 *O* 点。)
选择对象：指定对角点：找到 2 个(选择要复制的图形，例如，矩形和圆。)
选择对象：(结束选择)

命令：_pasteclip 指定插入点：(执行粘贴并在屏幕上制定插入点)

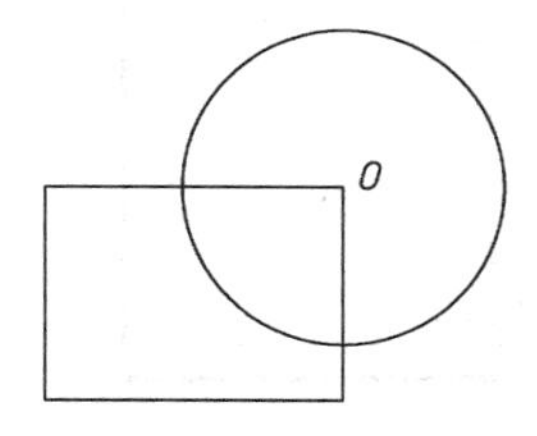

图 8.3　带基点复制

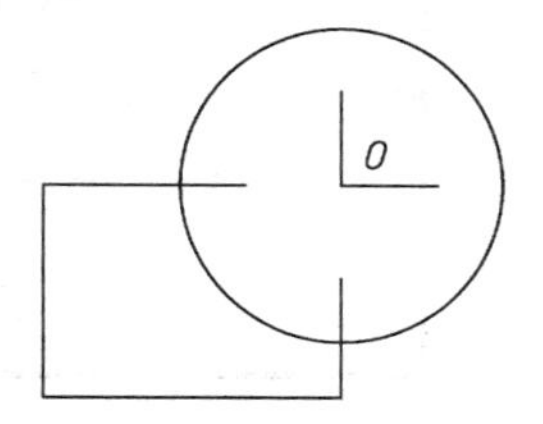

图 8.4　带基点粘贴

自动保存到 C:\Documents and Settings\guo\LocalSettings\Temp\图 8.4(复制粘贴完毕并自动保存到当前文件内)。

3. 其他复制与粘贴

在 AutoCAD 编辑菜单中还有“复制链接”、“粘贴到坐标原点”和“选择性粘贴”,这些命令都是执行文件之间的图形复制和转换。

例如,“复制链接”就是将当前 AutoCAD 文件内的图形可以粘贴到 Word 文档中,而“粘贴到原点”则是将当前 AutoCAD 文件的图形,坐标属性不变地粘贴到另一 AutoCAD 文件中。至于,“选择性粘贴”是将 AutoCAD 图形文件,以不同的文件格式粘贴到其他文档文件中。这些基本操作,读者可以根据需要自行练习掌握。

4. 全部选择与清除

“全部选择”适合在复制和移动以及清除图形时使用,执行“全部选择”命令后,AutoCAD 将捕捉当前屏幕上所有的图形,如图 8.5 所示。

执行“清除”命令,可以有选择的清除某些图形,也可以在执行“全部选择”后再整屏幕清除,俗称清屏。

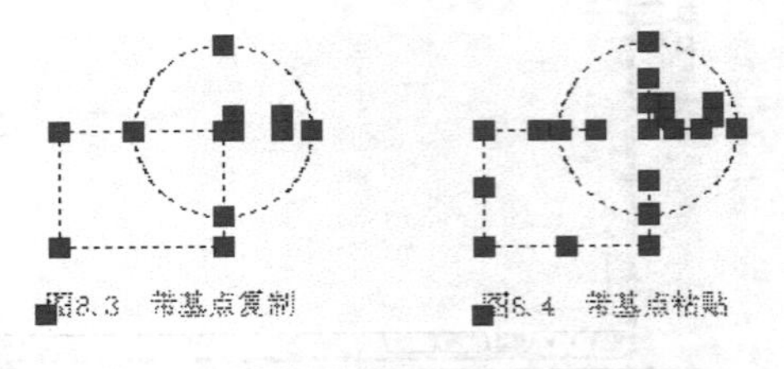

图 8.5　全部选择

8.1.2　查找命令

在 AutoCAD 文字注释文件中,如果文字内容较多,要对某个文字词语进行替代,可以执行“查找”命令。执行该命令后,弹出“查找和替代”对话框,如图 8.6 所示。先在“查找字符串”窗口中输入要查找替代的字符,例如“学生”;在“改为”窗口中输入要修改的字符,例如“教师”。然后单击“查找”按钮,对话框在“对象类型”中提示已经查找到的文档,如图 8.7 所示,最后单击“全部改为”按钮,关闭对话框后 AutoCAD 自动修改文档字符,如图 8.8 和图 8.9 所示。

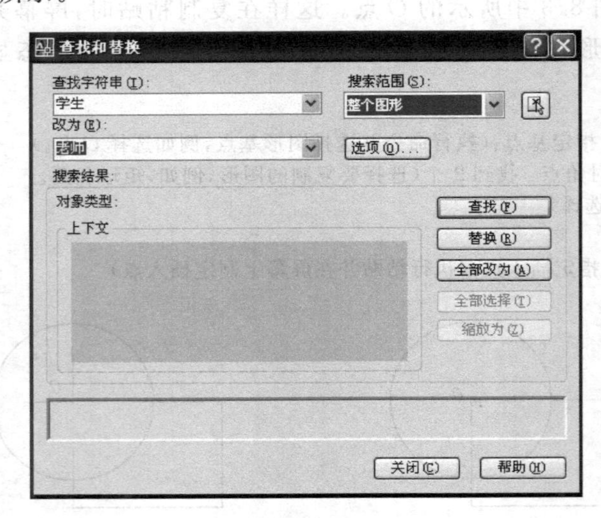

图 8.6　查找和替代字符

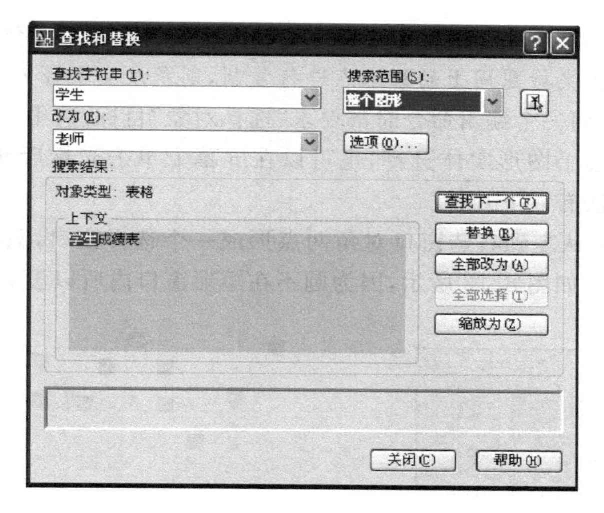

图 8.7　查找到的字符

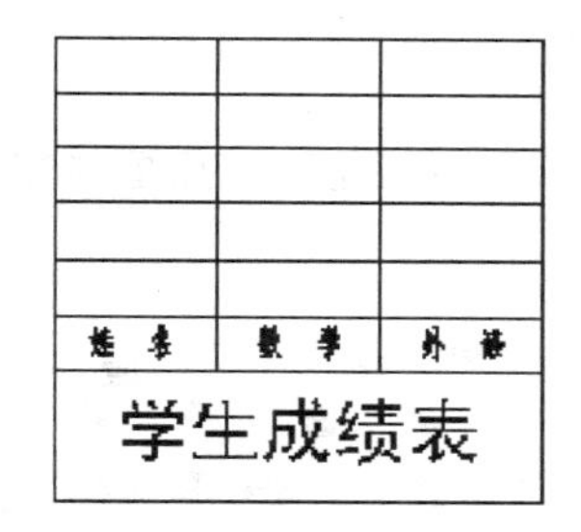

姓名	数学	外语
学生成绩表		

图 8.8　替代前的表格

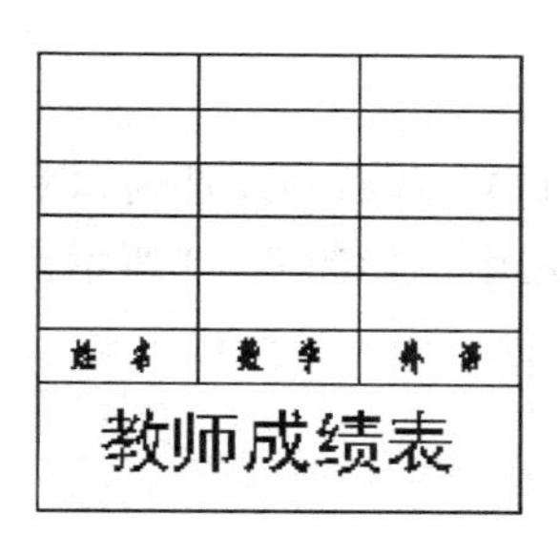

姓名	数学	外语
教师成绩表		

图 8.9　替代后的表格

8.1.3　选择修改

所谓的选择修改就是使用光标在屏幕上捕捉任何一个图形实体后，图形变成“虚”线状态，并显示相应的捕捉点，如图 8.10 所示。然后再单击任一个捕捉点就可以夹持后进行拉伸或移动了，也可以在执行程序中先选择“复制”后再拉伸或移动。

执行程序如下：

```
选择捕捉图形后，再确定夹持点
** 拉伸 **
指定拉伸点或［基点(B)/复制(C)/放弃(U)/退出(X)］:C
```

执行程序后，对直线三次拉伸修改如图 8.11 所示。

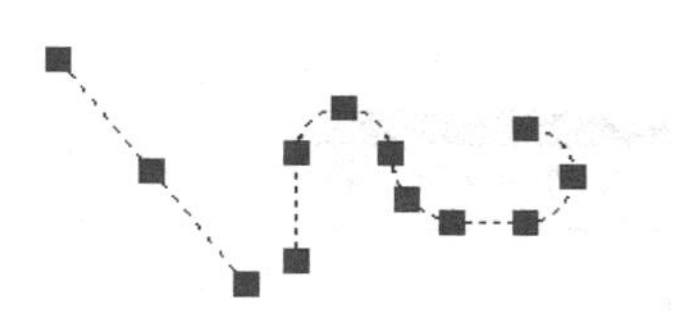

图 8.10　选择捕捉

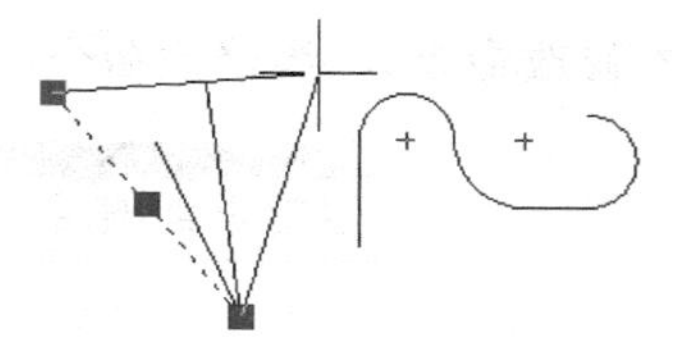

图 8.11　夹持后修改

思考要点：选择捕捉对于延长或缩短图线以及改变图形大小方便、灵活，在作图时经常使用。如果是选择夹持圆周上的象限点进行复制，则是改变半径大小不同的圆。

另外，在执行任何一个编辑命令时都要求“选择对象”目标，选中的对象变成虚线。在选择对象时既可以逐个图形实体选择，也可以在屏幕上单击光标后使用窗口选择对象。窗口选择常用的方法有以下几种。

W(矩形窗口)：从左到右选窗口对角两点形成一个选择窗口，只有被窗口全部选中的实体才能被选中。如图 8.12 所示，因为圆不在矩形窗口内所以没有选中。

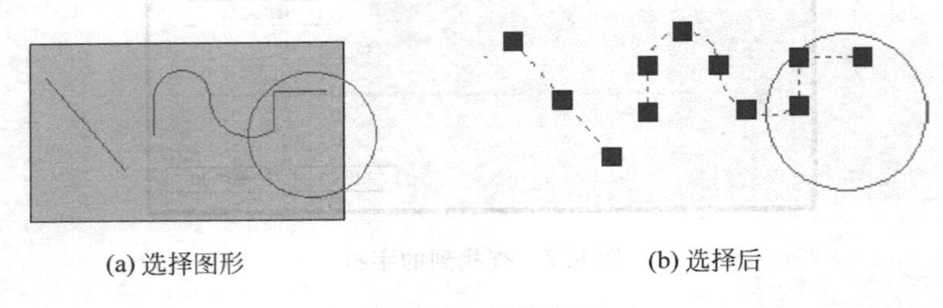

(a) 选择图形　　(b) 选择后

图 8.12　矩形窗口

C(交叉窗口)：从右到左选窗口对角两点形成一个选择窗口，凡是与窗口边界接触的图形实体均被选中。如图 8.13 所示。

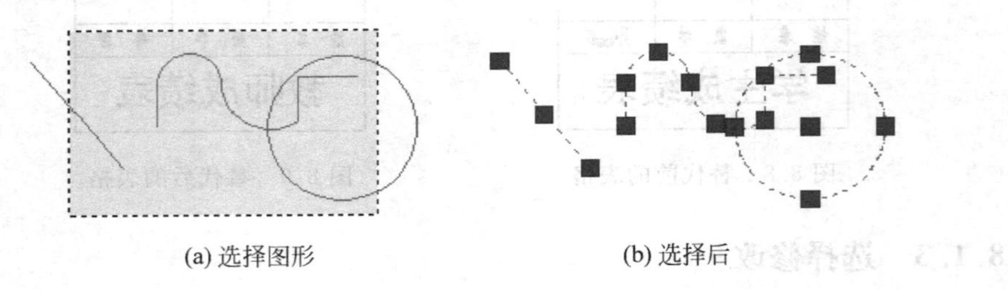

(a) 选择图形　　(b) 选择后

图 8.13　交叉窗口

L(选择实体)：选中作图过程中的最后一个实体。

A(全部选择)：选中图形文件中的所有实体。

8.2　AutoCAD 基本修改命令

AutoCAD 提供了 3 个修改工具栏，即“修改”、“修改Ⅱ”和“Express”菜单，本节只介绍基本“修改”命令，也是作图过程中使用最频繁的修改功能。如图 8.14 所示，是“修改”菜单中的基本修改命令，三维修改命令不在其内。

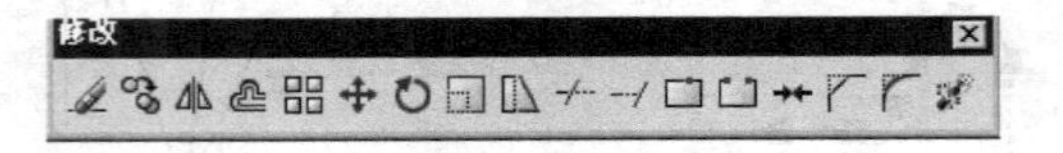

图 8.14　基本修改

8.2.1 删除、复制命令

1. 删除(Erase)

执行“修改”菜单中的“删除”命令,或者单击修改工具栏上的图标,命令窗口提示用户选择要删除的对象,并在绘图区内出现一个小拾取窗口以便捕捉实体,被选中图形实体变成虚线显示,选择完毕后回车(Enter)即可删除,如图 8.15 所示。

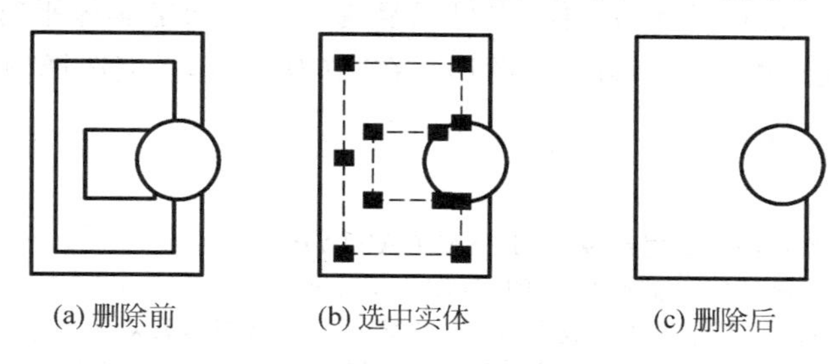

图 8.15 删除图形

删除时既可以一次选择多个实体,也可以先选择实体后执行删除命令。

可以利用“OOPS”命令恢复最后一次删除的图形,要恢复前几次删除的图形,可以连续单击“标准”工具栏上的图标命令返回。

2. 复制命令(Copy)

在“修改”工具栏上选择“复制”命令,或单击图标命令后,程序提示如下:

```
命令:_copy
选择对象:指定对角点:找到 7 个(用矩形窗口)
选择对象:回车结束选择
指定基点或,[位移(D)]:指定第二点或 <使用第一点作为位移>:
```

如图 8.16 所示,是上述程序执行一次复制后的图形,以圆心 O 为基点进行复制。AutoCAD 是多次重复性的复制,如果复制完需要的数目后可以回车结束命令。

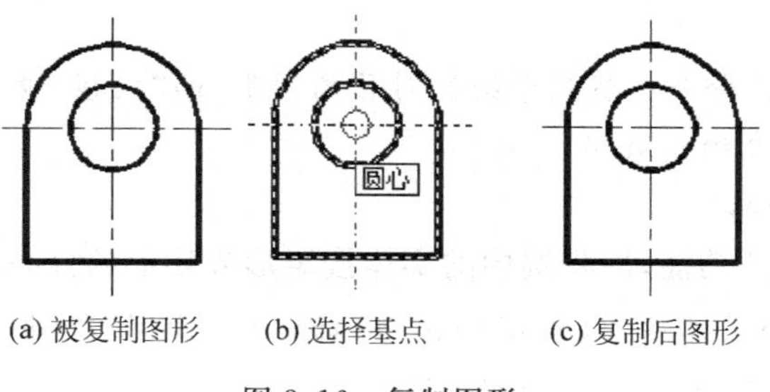

图 8.16 复制图形

3. 镜像命令(Mirror)

在“修改”工具栏上选择“镜像”命令,或单击图标命令后,程序提示如下:

```
命令:_mirror
选择对象:找到 11 个(选择要镜像的对象)
```

选择对象：(结束选择)
指定镜像线的第一点：(捕捉镜像上的第 1 点)
指定镜像线的第二点：(捕捉镜像上的第 2 点)
要删除源对象吗？［是(Y)/否(N)］＜N＞：(是否删除镜像的图形)

图 8.17 所示为该程序执行后的镜像图形。镜像的对象可以是多个实体。

4. 偏移命令(Offset)

偏移命令实际上具有复制的功能，它可以复制一个与指定实体平行并保持等距离的新实体，也可以放大或缩小一个封闭的图形。在"修改"工具栏上选择"偏移"命令，或单击图标命令后，程序提示如下：

命令：_offset
当前设置：删除源＝否　图层＝源　OFFSETGAPTYPE＝0
指定偏移距离或［通过(T)/删除(E)/图层(L)］＜1.0000＞：5
选择要偏移的对象，或［退出(E)/放弃(U)］＜退出＞：(选择偏移对象)(最内基本矩形)
指定要偏移的那一侧上的点，或［退出(E)/多个(M)/放弃(U)］＜退出＞：(在小矩形外侧确定一点)
选择要偏移的对象，或［退出(E)/放弃(U)］＜退出＞：(再偏移外矩形)
指定要偏移的那一侧上的点，或［退出(E)/多个(M)/放弃(U)］＜退出＞：(回车结束)

如图 8.18 所示，是执行上述程序后绘制的 3 个矩形，其间隔距离为 5。而选择"通过"是指经过某一点偏移。

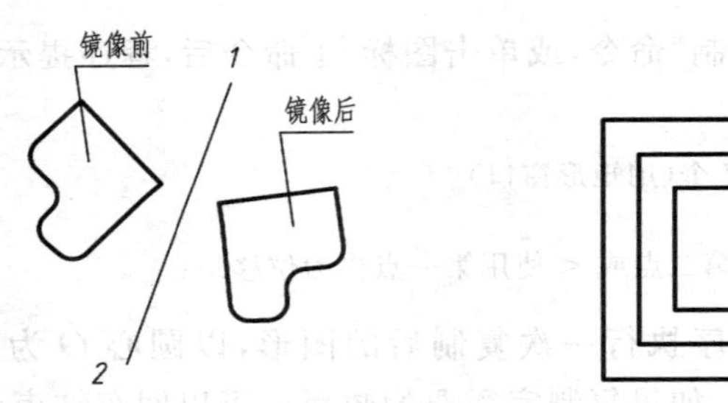

图 8.17　镜像图形

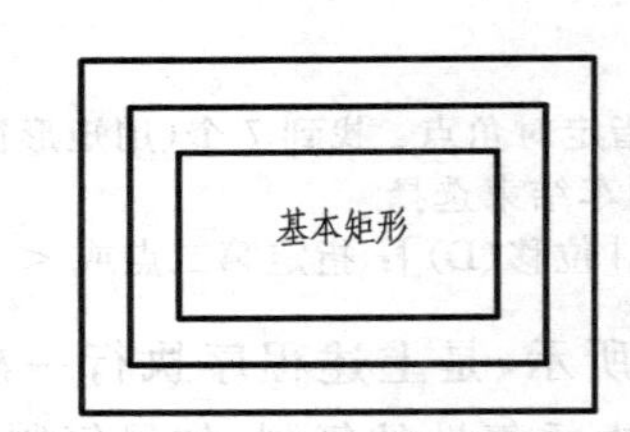

图 8.18　偏移图形

思考要点：“镜像”命令一般用于绘制对称的图形，而“偏移”命令在作图中应用广泛，而且熟练使用可以提高绘图效率。

5. 阵列命令(Array)

阵列也具有复制的功能，即将选中的实体按矩形或环形的分布方式进行复制。在"修改"工具栏上选择"阵列"命令，或单击图标命令后，弹出"阵列"对话框，如图 8.19 所示，用户可以根据实际需要选择其中的选项。

如图 8.20 所示，选择的是"环形阵列"，阵列项目为 6 个，阵列中心为 O 点。图 8.20(a)所示的阵列图是没有选择"复制时旋转项目"，图 8.20(b)所示的阵列图是选择了旋转复制图形，其结果显然不同。一般情况下选择"复制时旋转项目"。

思考要点：在“矩形阵列”时，行、列距的大小必须设置合理，以免图形阵列后发生重叠现象。

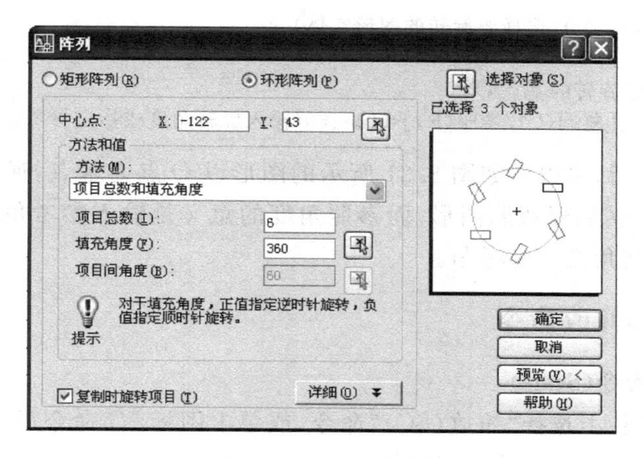

图 8.19　阵列对话框

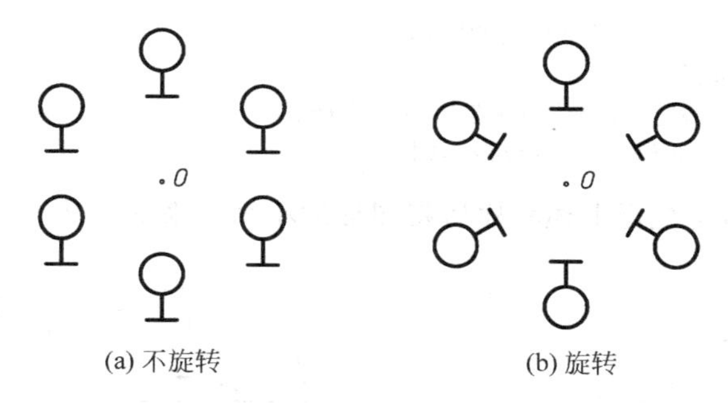

(a) 不旋转　　(b) 旋转

图 8.20　环形阵列实例

8.2.2　移动、旋转命令

1. 移动命令(Move)

“修改”菜单中的“移动”命令，是作图过程中的常用命令，该命令既可以将选中的图形实体从当前位置移动到另一新的位置，也可以对图形进行移动布局。单击图标 后可按下面的程序执行：

```
命令：_move
选择对象：(选择要移动的对象)
选择对象：(结束选择)
指定基点或,[位移(D)]<位移>：(指定移动图形的基准点)
指定位移的第二点或 <使用第一点作位移>：(确定要移动的第 2 个定位点)
```

2. 旋转命令(Rotate)

旋转命令可以使选中的实体绕某一指定点旋转一个角度。从“修改”工具栏上选择“旋转”命令，或单击图标 命令后，可按如下程序执行旋转图形：

```
命令：_rotate
UCS 当前的正角方向：ANGDIR=逆时针 ANGBASE=0
```

选择对象：(找到 3 个)(选择要旋转的图形实体)
选择对象：(结束选择)
指定基点：(指定旋转的基点 O)
指定旋转角度，或[复制(C)/参照(R)]<0>：30(输入旋转角度或指定参考角度)

执行上述程序后，可以将如图 8.21 所示的图形以 O 点为基点，逆时针旋转 30°。其中，“复制(C)”是旋转后保留原图形，而参照角度的意义是输入参考角、新角度来确定旋转角，即旋转角＝新角度－参考角。

8.2.3 图形修改命令

1. 比例缩放命令(Scale)

从“修改”工具栏上选择“缩放(SC)”命令，或单击图标 命令后，AutoCAD 将选中的实体按一定的比例缩放。执行程序如下：

命令：_scale
选择对象：(找到 7 个)(选择要缩放的实体)
选择对象：(结束选择)
指定基点或，[位移(D)]<位移>：(选择不变的基点 O)
指定比例因子或 [参照(R)]：0.5(缩小比例)

如图 8.22 所示，是执行上述程序后将图形缩小为原来的 1/2。

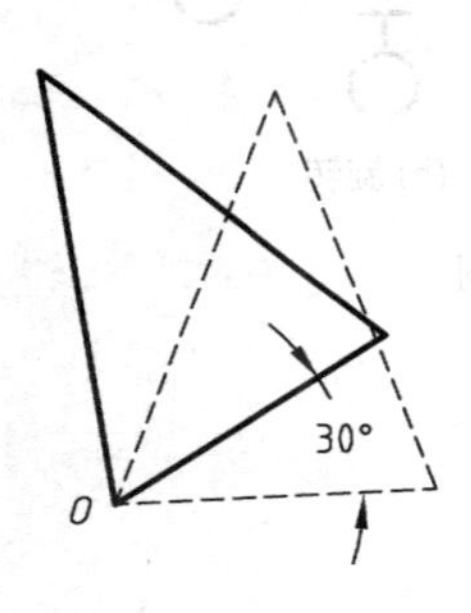

图 8.21　旋转图形

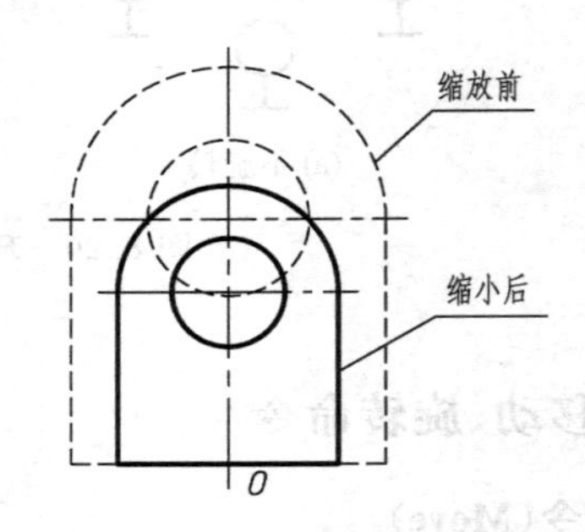

图 8.22　缩放图形

2. 拉伸命令(Stretch)

拉伸命令是一个将图形某一部分进行拉伸、移动和变形综合命令，而其余部分保持不变。“修改”工具栏上选择“拉伸”命令，或单击图标 命令后。如图 8.23 所示，是执行下面程序后拉伸的图形变化。

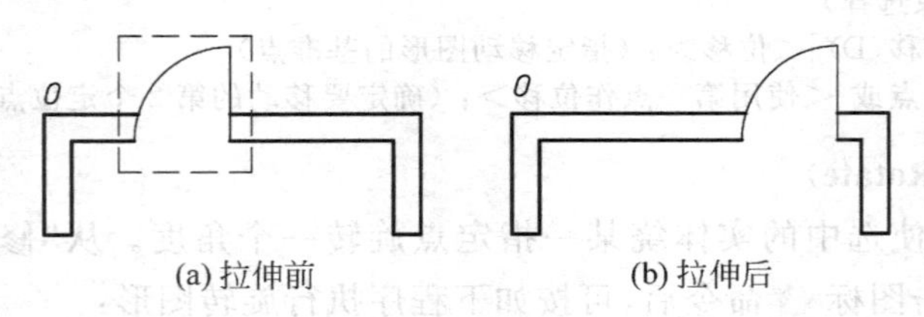

(a) 拉伸前　　(b) 拉伸后

图 8.23　拉伸图形

```
命令：_stretch
以交叉窗口或交叉多边形选择要拉伸的对象…
选择对象：指定对角点：(找到 5 个)(选择要拉伸的部分实体)
选择对象：(结束选择)
指定基点或,[位移(D)]＜位移＞∷(指定图形中的基点)(例如 O 点)
指定位移的第二个点或 ＜用第一个点作位移＞：(确定拉伸后的定位点)
```

如程序中说明，在选择图形某一部分实体时必须使用自右至左的交叉窗口，如图 8.23(a)中虚线框所示。

3. 修剪命令(Trim)

"修剪"命令在作图过程中频繁使用，既可以从"修改"菜单中选择，也可以单击图标 命令，AutoCAD 将提示用户依次先选择修剪边界，然后将另外某些不需要的部分剪掉。

```
命令：_trim
当前设置:投影＝UCS,边＝无
选择剪切边…
选择对象或 ＜全部选择＞：(找到 1 个)(选择修剪第一个边界)
选择对象：(选择第 2 个修剪边界或结束选择)
选择要修剪的对象,或按住 Shift 键选择要延伸的对象,或
[栏选(F)/窗交(C)/投影(P)/边(E)/删除(R)/放弃(U)]：(选择被修剪的对象)
选择要修剪的对象,或按住 Shift 键选择要延伸的对象,或
[栏选(F)/窗交(C)/投影(P)/边(E)/删除(R)/放弃(U)]:(继续修剪,完毕后回车结束)
```

如图 8.24 所示，是执行上述修剪程序后，先选择圆作为修剪边界，再修剪圆内矩形的两个边。如果不选择修剪边界直接回车，就是将当前显示的图形均作为修剪边界和被修剪的对象。

4. 延伸命令(Extend)

延伸命令的功能与修剪相护弥补，在作图过程中不到位的线段可以通过延伸完成。执行"修改"菜单中的"延伸"命令，也可以单击图标 命令，用户可以先选择某些实体作为延伸边界，然后将另外的实体延伸到边界。执行程序如下：

```
命令：_extend
当前设置:投影＝UCS,边＝无
选择延伸边界的边…
选择对象:找到 1 个(选择延伸的边界)
选择对象：(继续选择或结束)
选择要延伸的对象,或按住 Shift 键选择要延伸的对象,或
[栏选(F)/窗交(C)/投影(P)/边(E)/删除(R)/放弃(U)]：(选择被延伸的对象)
选择要延伸的对象,或按住 Shift 键选择要延伸的对象,或
[栏选(F)/窗交(C)/投影(P)/边(E)/删除(R)/放弃(U)]：(继续选择或结束延伸命令)
```

如图 8.25 所示，是执行延伸命令后的图形。同样道理，在选择被延伸的目标时只能单击选取。

思考要点：对于"修剪"和"延伸"命令，在执行命令后直接回车，则 AutoCAD 将所有的图形作为边界，同时都是被修剪或延伸的对象。

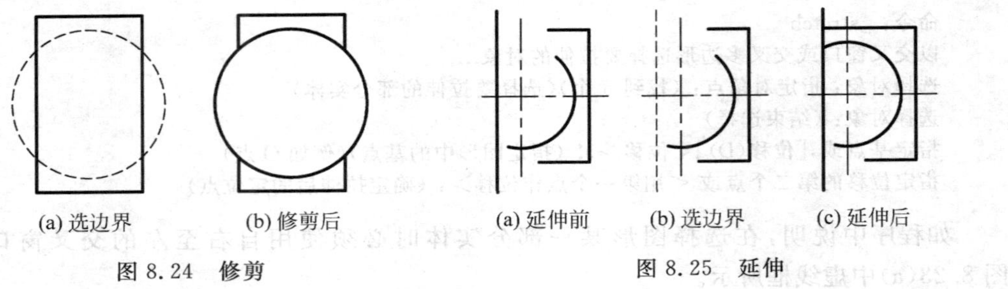

图 8.24　修剪　　　　图 8.25　延伸

5. 打断命令(Break)

打断有两个命令，分别为“打断于点 ”和“打断 ”。无论是执行“修改”菜单中的命令，还是分别单击图标，其执行程序如下：

1）将线段在一点处打断

命令：(_break 选择对象：)
指定第二个打断点或［第一点(F)]：_F(选择要打断的线段)
指定第一个打断点：(指定要打断的点位置)
指定第二个打断点：@（确定第二个点的位置，或直接结束命令）

如图 8.26 所示，直线和圆弧分别被打断为两个实体，其中“@”表示第二断点默认与第一断点重合一点。

2）将线段打断

命令：_break 选择对象：选择实体并确定第一个点的位置
指定第二个打断点或［第一点(F)]:@ 确定第二点的位置

如图 8.27 所示，是执行打断命令后的线段。如果是圆，将按第一、二两点的顺序确定的逆时针方向断开。

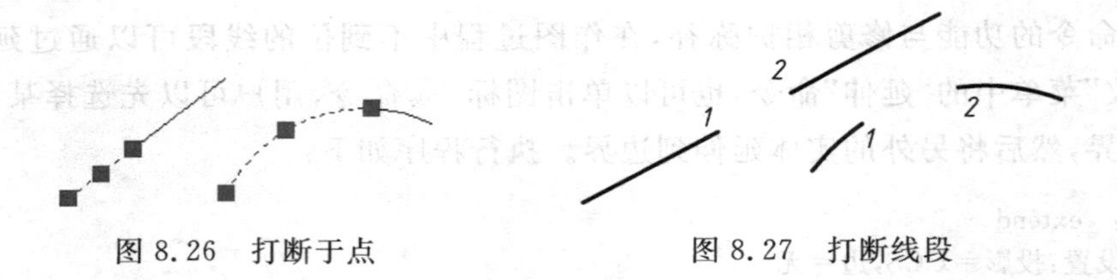

图 8.26　打断于点　　　　图 8.27　打断线段

思考要点：“修改”命令中的“合并” 命令，是将打断的图线再合并为一个实体，是对打断命令的弥补。

6. 倒角命令(Chamfer)

倒角在机械零件图中经常使用，执行“修改”菜单中的“倒角”命令，或单击图标 命令后，可以对两直线或多段线倒斜角。执行程序如下：

命令：_chamfer
(“修剪”模式) 当前倒角距离 1 = 0.0000，距离 2 = 0.0000
选择第一条直线或［放弃(U)/多段线(P)/距离(D)/角度(A)/修剪(T)/方式(E)/多个(M)]：D(设置倒角距离值)
指定第一个倒角距离 <0.0000>：5(设置第一边倒角距离值)

指定第二个倒角距离 <5.0000>:5(设置第二边倒角距离值)
选择第一条直线或[放弃(U)/多段线(P)/距离(D)/角度(A)/修剪(T)/方式(E)/多个(M)]:(选择第一边)
选择第二条直线,或按住 Shift 键选择要应用角点的直线:(选择第二边)

图 8.28 所示为执行倒角命令后的图形。当然,设定倒角距离时,两条线的距离也可以设置不同。对于用“多段线”命令绘制的多段线也可以选择“P”倒角。

7. 圆角命令(Fillet)

圆角命令的功能与倒角相似,是对两实体或多段线倒成圆弧角。执行“修改”菜单中的“圆角”命令,或单击图标命令后,可以对两直线或多段线倒圆角。执行程序如下:

命令:_fillet
当前设置:模式 = 修剪,半径 = 0.0000
选择第一个对象或[放弃(U)/多段线(P)/半径(R)/修剪(T)/多个(M)]:R(设置倒圆半径)
指定圆角半径 <0.0000>:5(输入或确定半径值)
选择第一个对象或[放弃(U)/多段线(P)/半径(R)/修剪(T)/多个(M)]:选择第一边
选择第二个对象,或按住 Shift 键选择要应用角点的对象:选择第二边

如图 8.29 所示,是对两正交直线进行圆角处理。同样道理,选择“P”项也可以对多段线倒圆角。

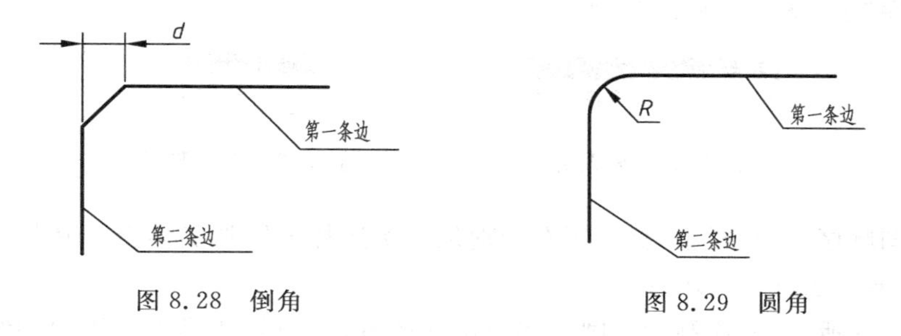

图 8.28　倒角　　　图 8.29　圆角

8. 分解命令(Explode)

“修改”菜单中的“分界”命令,可以将块、尺寸或其他实体分解为单个实体,也可以将具有宽度的多段线分解为失去宽度的单个实体。读者可以自行测试,这里不再赘述。

8.2.4 编辑对象特性

AutoCAD 中的每个图形对象均具有与其类型相对应的特性,如图层、线型、颜色等。因此,用户可以利用 AutoCAD“对象特性”对话框对某一绘图实体进行相应参数的修改。如图 8.30 所示,为圆的特性对话框。

该窗口需要先捕捉要修改的图形实体后再右击鼠标,在快捷菜单的下面选择“特性”就可以弹出该对话框。用户可以将其拖动放在屏幕的任何地方,双击窗口的标题条将停靠在 AutoCAD 工作界面的左边或右边。

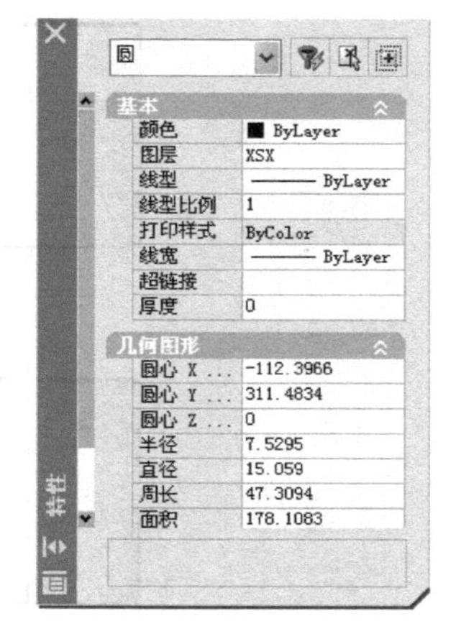

图 8.30　圆的特性对话框

AutoCAD 在“特性”窗口中按分类和字母两种顺序列出对象的特性。用户可以对其中的基本、几何图形、打印样式、视图和其他等对象特性进行修改，既可以设为打开状态便于查询，也可以设为折叠状态。

思考要点：利用关键点编辑修改需要经常开/关“正交”或“对象捕捉”状态，这种灵活的修改技巧既可以伸缩直线的长短，又可以方便地编辑各种曲线的形状。

8.3　AutoCAD 绘图次序命令

在 AutoCAD 二维或三维作图时，需要对一些图形实体规定其上下、前后的显示顺序以保证更好的图形显示和输出效果。

1. 平面图形绘图顺序

在绘制平面图形时，无论是在作图过程中还是最后需要的显示效果都需要将重叠的图形实体指定上下或前后顺序，例如，图案填充区域的线型显示顺序问题，这样既便于图形修改又使图形更加美观。

在 AutoCAD“修改Ⅱ”工具栏中，不仅有图案、多段线、样条曲线编辑功能，同时还有“显示顺序”命令，如图 8.31 所示。实际上“修改Ⅱ”中的“显示顺序”命令功能等同于“绘图顺序”工具栏，如图 8.32 所示。

图 8.31　修改Ⅱ

图 8.32　绘图顺序

在“绘图顺序”工具栏中，自左至右分别是将所选择的图形实体至于其他图形实体之上、之下、之前、之后。

如图 8.33 所示，是绘制的一圆柱体和树叶的着色图形，如果不设置中心线与图案填充的顺序就会像图 8.33(a)一样效果不好，而将中心线设置为图案颜色之上就可得到图 8.33(b)的效果。

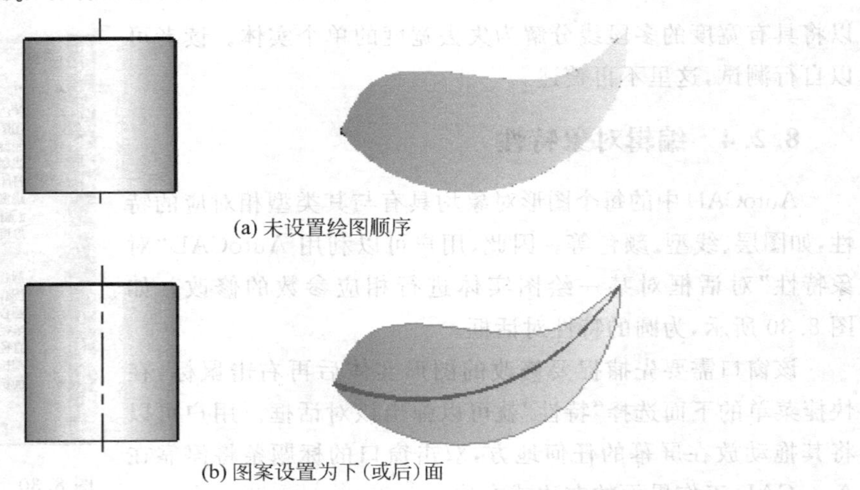

(a) 未设置绘图顺序

(b) 图案设置为下(或后)面

图 8.33　图形显示顺序

思考要点：如果移动或缩放图形后可能看到所设置的图形顺序不起作用，此时可以在“视图”菜单中“重新生成”或“全部重新生成”即可。

2. 三维实体的绘图顺序

在三维建模中，所绘制的三维实体只有在三维线框模式下才可以全部看到每个实体，而在消隐或着色模式下，前面的实体可以自动遮挡后面的实体，绘图顺序不起作用。如图 8.34 所示。

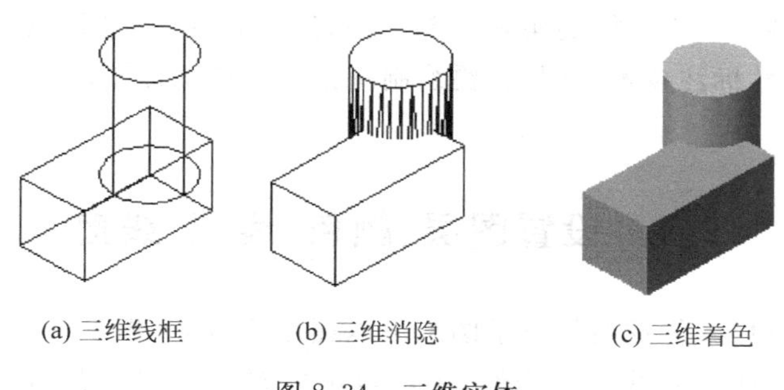

(a) 三维线框　(b) 三维消隐　(c) 三维着色

图 8.34　三维实体

如果在三维实体的某一个表面上绘制图形实体或注释文字，则需要执行绘图顺序以便将所绘制的图形或注释的文字显示出来，如图 8.35 所示。当然这种方法在 AutoCAD 2007 之前的版本中效果并不明显，所以在三维实体表面上显示二维图形和文字不经常使用。

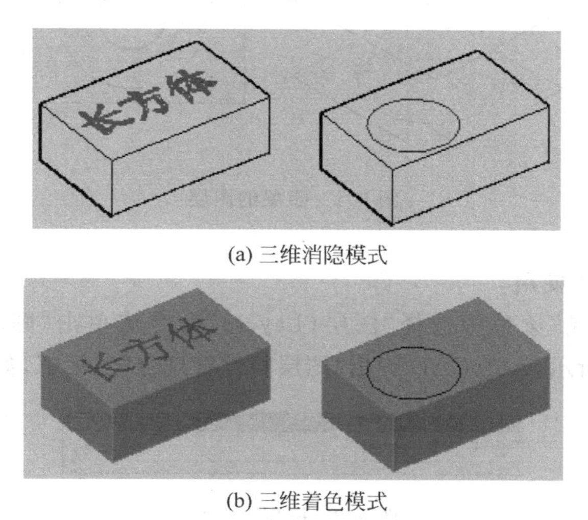

(a) 三维消隐模式

(b) 三维着色模式

图 8.35　在三维实体表面上绘制图形或文字

第 9 章　AutoCAD 文字注释及尺寸标注

AutoCAD 为用户创建的图层、颜色、线型等功能将使得复杂的作图更容易操作表达。另外，为满足各种工程图样的实际需要和注释要求，AutoCAD 具备较强的文字编辑能力和较完美的尺寸标注技术。因此，要绘制一张合格的工程图样，就要熟练掌握本章所介绍的内容。

9.1　设置图层、颜色、线型、线宽

AutoCAD 的图层就像透明的电子图纸可以逐层叠放，如图 9.1 所示，并且可以为每一个图层设置颜色、线型和线宽。当然，用户也可以根据绘图需要增加和删除每一个图层，或者临时关闭冻结某一图层。

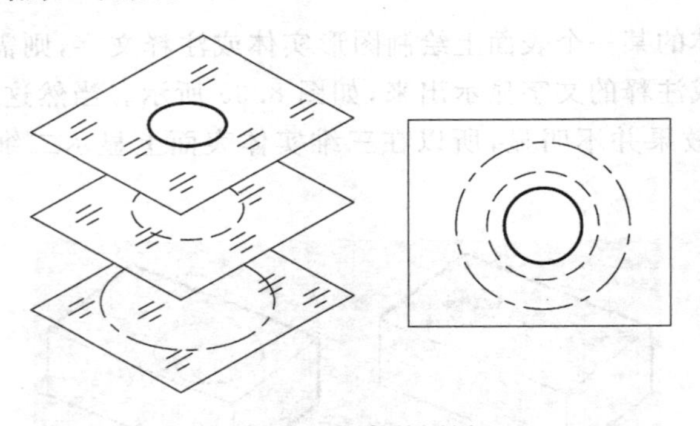

图 9.1　想象的图层

1. 图层的创建和使用

用户可以在“格式”菜单中选择“图层(Layer)”命令或单击“图层”工具栏上的图标命令，如图 9.2 所示，AutoCAD 弹出“图层特性管理器”对话框，如图 9.3 所示。

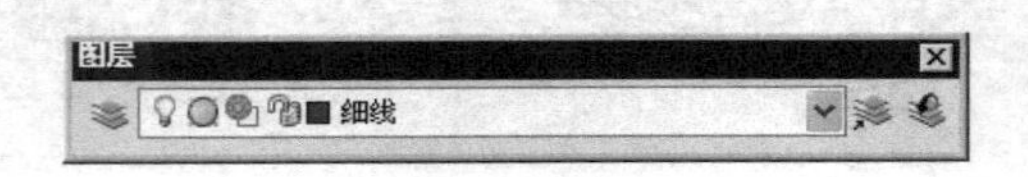

图 9.2　图层工具栏

在图层特性管理器中，用户既可以建立新的图层，删除某一图层，并可以设置各层的名称、颜色、线型、线宽等，也可设定图层状态。开/关(ON/OFF)、冻结/解冻 (Freeze/Thaw)、加锁/解锁(Lock/Unlock)，其意义如下。

(1) 新建图层：用户只要在“图层特性管理器”中右击鼠标，如图 9.4 所示，然后单击“新建图层”就可以增加一个新的图层。

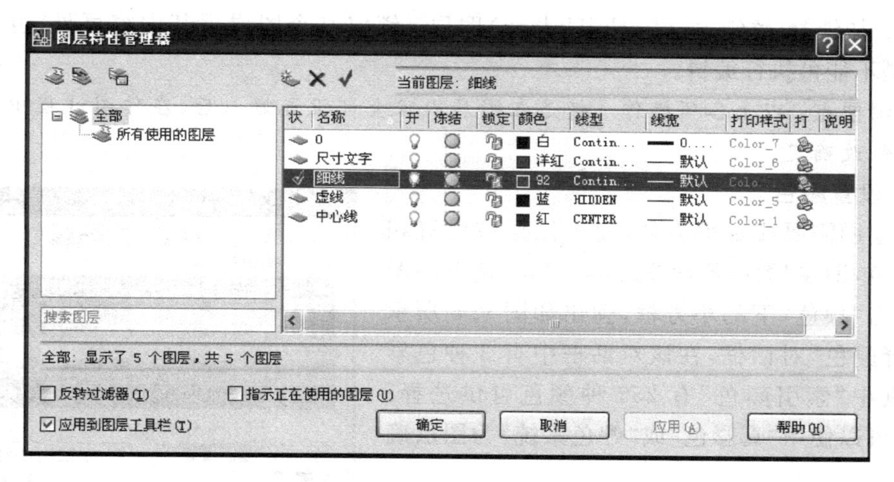

图 9.3　图层特性管理器

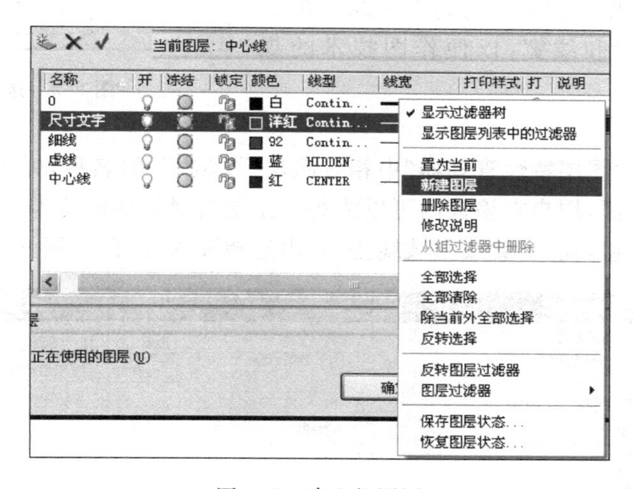

图 9.4　建立新图层

(2) 删除图层：将光标停留在某一图层上，再单击一次图标 ✕ 按钮，AutoCAD 将在图层前的状态栏目下作 ✕ 标记，最后“确定”后即可删除。

(3) 置为当前图层：由于 AutoCAD 只能将某一个图层设置为当前工作图层，所以在绘图时应经常更换当前图层。将某一图层点亮后，再单击“置为当前”就可以设为当前图层，当然也可以在“图层”工具栏的窗口内下拉选择确定更为方便。

(4) 开 /关 (ON/OFF)图层：关闭某个图层，该层上的内容不可见，也不可以输出。关闭当前图层，AutoCAD 将提醒用户是否这样做。用户只需要在图层前的标志按钮上单击就可以开/关图层。

(5) 冻结 /解冻 (Freeze/Thaw)图层：冻结某个图层就使该层上的内容不可见，也不可以输出，但是当前图层不能冻结。如果图层设置过多，冻结某些图层后既利于观察也可以加快系统重新生成图形的速度。

(6) 加锁/解锁(Lock/Unlock)图层：锁定某个图层后其内容可见，也可以输出，但是不能再执行编辑。

思考要点：以上各项操作一般是在图层内容全部设置好以后，在作图过程中根据需要实时修改确定。

2. 设置颜色

为绘图需要或观察方便，每个图层应设置相应的颜色，即在“图层特性管理器”中，在选中的图层上单击“颜色”下的小方框，弹出如图 9.5 所示的“选择颜色”对话框，在该对话框中有 3 种色彩模式，其中“索引颜色”有 255 种颜色可供选择。用户也可以使用“真彩色”或“配色系统”为图层确定颜色。

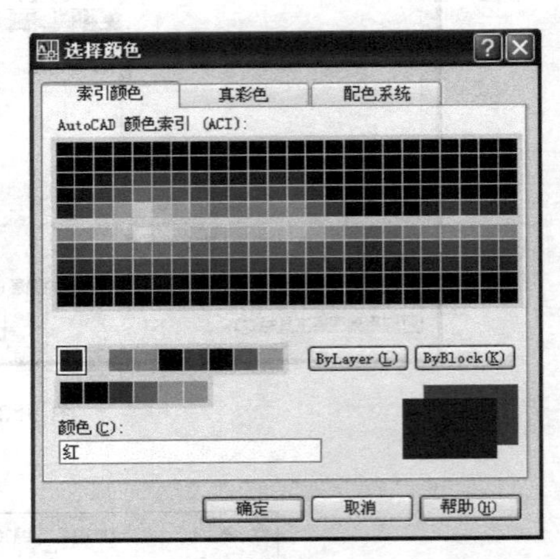

图 9.5　选择颜色

3. 设置线型和线宽

根据工程图样作图的需要为每个图层上的实体设置相应的线型和线宽，以便作图技术的规范性。

1) 设置线型

用户可以单击“图层特性管理器”中相应图层“线型”下的名称，弹出如图 9.6 所示的“线型管理器”对话框，用户在该框内可以为每一图层选择需要的线型。对于没有的线型，可以单击“加载”按钮，在“加载或重载线型”库内选择装入即可，如图 9.7 所示。

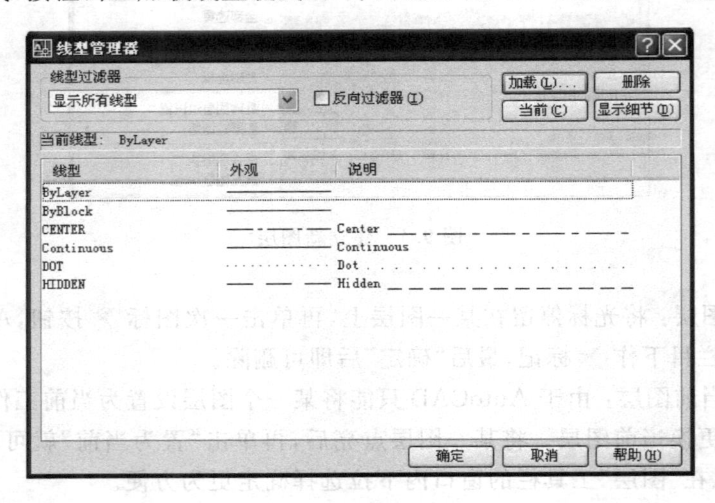

图 9.6　线型管理器

思考要点：根据工程技术制图标准，一般选择中心线线型是“CENTER”，虚线线型是“HIDDEN”或“DASHED”。

2) 设置线宽

要设置图层上线型的宽度，只需要在“图层特性管理器”中的“线宽”下单击相应图层上的线宽，即可弹出“线宽设置”对话框，如图 9.8 所示，用户可以从中选择需要的线型宽度。绘图时，要显示线型宽度可以单击状态栏中的“线宽”按钮命令。

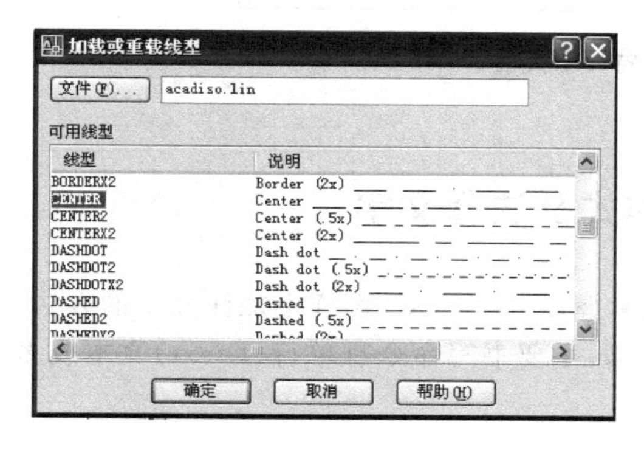

图 9.7　加载新线型

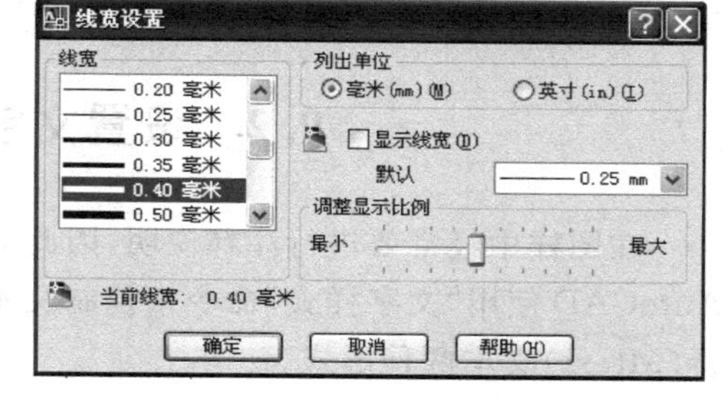

图 9.8　线宽

根据工程制图要求，一般将粗实线的宽度设置为 0.4～0.7mm，各种细线的宽度设置为 0.2～0.25mm。

3）设置线型比例

有时候，用户所设置的线型在屏幕显示或输出时其结果并不符合要求，这是因为线型的比例可能不合适。可以选择“格式”菜单中“线型”命令，打开“线型管理器”对话框并“显示细节”进行设置，如图 9.9 所示。其中，“全局比例因子”为整体图形的线型比例；“当前对象缩放比例”为当前线型对象的局部设置比例。

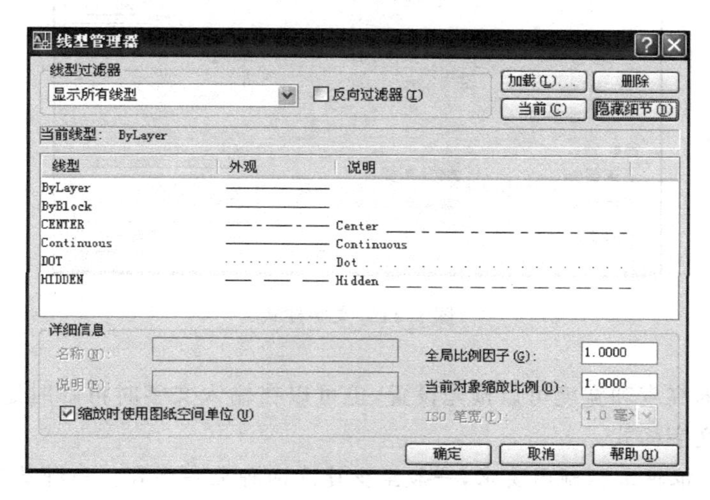

图 9.9　在线型管理器中显示细节

所有图层及其内容设置完毕后，关闭“图层特性管理器”对话框，在作图过程中用户可以在“图层”工具栏的窗口内随意设置某一图层为当前层，也可以在图 9.10 所示的“特性”工具栏中，改变当前所绘图形实体的颜色、线型或线宽。

思考要点：*以上图层、颜色、线型和线宽全部设置完毕后，用户既可以按图层规定作图，也可以在图层特性工具栏上随时修改图层的颜色、线型和线宽。*

图 9.10　图层特性工具栏

9.2　设置文字样式及注释文字

在图样中经常要进行注释说明,因此必须掌握在 AutoCAD 图样上加注文字的方法。AutoCAD 使用“文字样式”命令来控制文本类型,主要书写命令有单行(Dtext)文本或多行(Mtext)文本两种形式。

9.2.1　建立文字样式

在同一个图形文件中可以定义多个文字样式名称,以满足图样注释的需要。执行“格式”菜单中的“文字样式”命令,或单击图标 命令,打开如图 9.11 所示的对话框。然后建立新的文字样式,如图 9.12 所示,确定后在“文字样式”对话框中选择需要的字体,将其设置为“应用”,关闭即可。

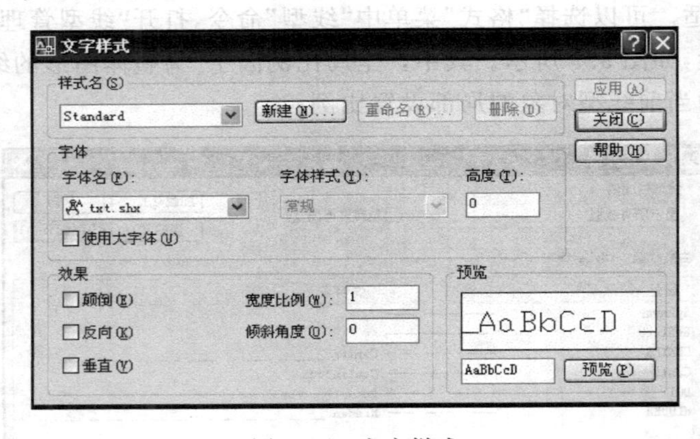

图 9.11　文字样式

其中文字的高度和宽度可以预先设置,也可以在输入文字时再临时定义。用户可以一次定义多种文字样式。

思考要点: 根据工程制图要求,一般至少建立两种文字样式。一种是“宋体”,且将文字宽度比例设置为“0.7”;另一种样式为“Isocp2.shx”,以满足图样文字注释和尺寸标注的需要。

9.2.2　输入编辑文字

AutoCAD 为用户提供单行文字和多行文字输入法,已经完全可以满足绘制各种图样的注释需要。

1. 单行文字(Dtext)

从"绘图"菜单中选择"单行文字",或单击"文字"工具栏上的图标 AI 命令,也可以直接输入"DT(DTEXT)"命令。如图 9.13 所示,用户即可以按如下程序提示输入文字:

命令:_dtext
当前文字样式:Standard,当前文字高度:2.5000
指定文字的起点或 [对正(J)/样式(S)]:(确定文字注释起点位置或选择"S"样式)
指定高度〈2.5000〉:10(确定文字高度,样式中设置此处不再提示。)
指定文字的旋转角度 <0>:输入文字倾斜角度,默认为 0°。
输入文字:计算机工程制图(输入注释的文字,回车换行)
输入文字:是一项实用技术(回车结束)

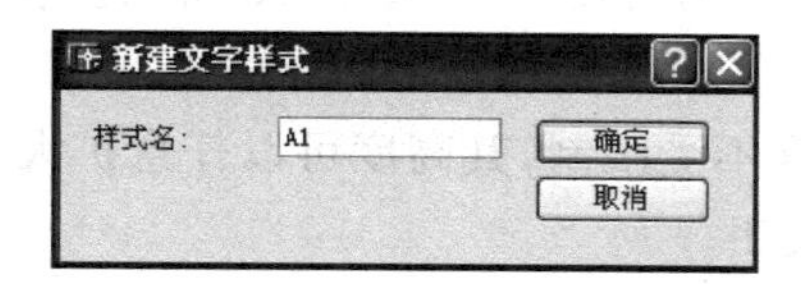

图 9.12　建立文字新样式

计算机工程制图
是一项实用技术

图 9.13　单行输入文字

在上述程序执行时应注意几个方面。

(1) 用户每输入完一行文字后,可以回车继续输入,直至将全部文字输入完毕。每一行文字都是一个独立的图形实体,双击后可以进行修改或编辑。

(2) 在文字书写过程中,不允许执行其他绘图或操作命令。否则,必须退出该命令。

另外,AutoCAD 提供了常用特殊字符的输入形式,主要形式为:

%%% — % 百分号;　　%%p —± 公差符号;
%%c —ϕ 直径符号;　　%%d — °角度符号。

例如,要输入如图 9.14 所示的符号,只需要按如下程序执行即可。

Ø30-45°-70%-±0.052

图 9.14　特殊符号

命令:dt TEXT
当前文字样式:WENZ,当前文字高度:7.0000
指定文字的起点或 [对正(J)/样式(S)]:
指定高度 <2.5000>:10
指定文字的旋转角度 <0>:回车默认
输入文字:%%c30—45%%d—70%%%—%%p0.052(输入内容)
输入文字:结束文本输入

自动保存到 C:\Documents and Settings\guo\Local Settings\Temp\第九章 (保存文件)

思考要点:为了加快图形的缩放、重画、刷新的速度,AutoCAD 提供了快速显示文字"QTEXT"命令,执行该命令并打开(ON)后,输入的文字以矩形框来代替文字。如果重新生成图形则之前输入的所有文字全部显示为空白的矩形框。要恢复文字显示,可以再次执行该命令并关闭(OFF)屏蔽功能。

2. 多行文字(Mtext)

所谓多行文字就是在注释文字之前,先定义一个矩形窗口范围。同样道理,可以从“绘图”菜单中执行“多行文字”命令,或单击“绘图”工具栏上的图标 A ,命令执行程序如下:

命令:_mtext
当前文字样式:"A1",当前文字高度:2
指定第一角点:确定文字框左下角点位置
指定对角点或[高度(H)/对正(J)/行距(L)/旋转(R)/样式(S)/宽度(W)]:选择其中的项目或直接确定文字框右上角点的位置

执行上述程序后,AutoCAD 弹出多行文字书写窗口,如图 9.15 所示。在输入多行文字时还应注意以下几个方面:

(1) 虽然指定了矩形区域,但段落的宽度不受限制,其高度可以任意扩大;

(2) 若指定宽度为 0,文字换行功能将关闭;

(3) 可以单击按钮 ⊙ 命令,在下拉的快捷菜单中选择各种操作,或单击 ⊙ 其中的“符号”选项,从中选择需要的物理符号。

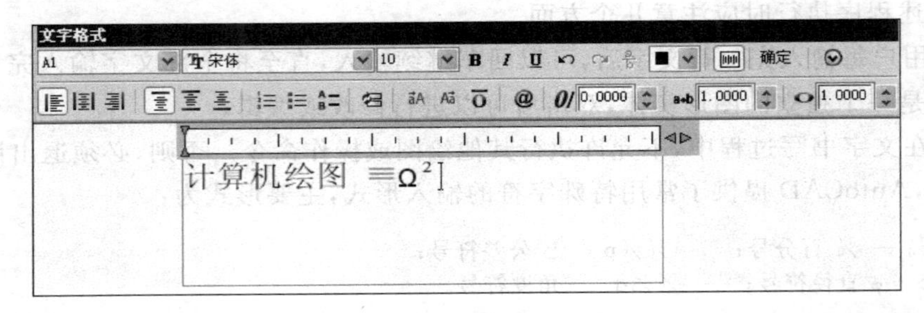

图 9.15 多行文字输入窗口

思考要点:单行和多行文字输入各有优缺点,用户应根据实际需要选择注释方式。

9.3 建立尺寸样式及标注尺寸

AutoCAD 提供了功能较强的尺寸标注命令,用户可以使用这些命令方便地标注图样中的各种尺寸。在尺寸标注时,一般按 AutoCAD 测量图形实体的大小自动标注数值,因此在绘制图形时应按照尺寸大小 1∶1 作图。尺寸标注之前必须设置单独的图层、颜色、线型和文字样式以及相关尺寸标注的其他项目。

9.3.1 尺寸类型

AutoCAD 不仅提供了长度尺寸、半径和直径尺寸、角度尺寸等,还提供了与尺寸相关的其他命令。标注尺寸时,用户最好打开其“标注”工具栏,如图 9.16 所示。各种命令的功能见表 9.1。

图 9.16　标注工具栏

表 9.1　尺寸标注图标及意义

图　标	名　　称	说　　明
	线性尺寸	可以标注水平、垂直尺寸
	对齐尺寸	标注具有一定倾斜度的对象，自动对齐
	弧长尺寸	用于标注圆弧或多段线圆弧的弧长尺寸
	坐标尺寸	用于标注从原点开始的距离，提示的 $X(Y)$ 表示基准标注方式
	半径尺寸	标注半径尺寸
	折弯尺寸	标注大圆弧半径，尺寸线可以折弯一次，弯折角度一般设为 45°
	直径尺寸	标注直径尺寸
	角度尺寸	标注直线间的夹角、圆和圆弧的角度，尺寸文本要水平书写
	快速标注	对图形进行文字说明，不测距离，由箭头、直线等组成
	基线标注	标注具有共同基线的多个尺寸，第一个尺寸的第一条尺寸界线为共有基准
	连续标注	标注多个连续的尺寸，前一尺寸的第二条尺寸界线为下一个尺寸的第一条尺寸界线
	快速引线	标注引线，箭头和文字
	形位公差	标注形状和位置公差，包括框格和符号
	圆心标记	设置圆心标记和线型
	编辑标注	编辑修改尺寸标注的性质
	编辑文字	编辑修改或移动已经标注的尺寸文字
	标注更新	标注更新已有尺寸的特性
	标注样式	打开标注样式对话框

9.3.2　尺寸样式设置

在标注尺寸前，必须对有关尺寸的一系列参数进行设置。首先执行“格式”菜单中的“标注样式”命令，或单击图标，AutoCAD 弹出“标注样式管理器”对话框，如图 9.17 所示。

对话框中“新建”、“修改”按钮用于设置、修改标注样式。在开始标注尺寸之前必须建立自己的尺寸样式，对于已经建立的样式在使用过程中可以根据需要进行修改。

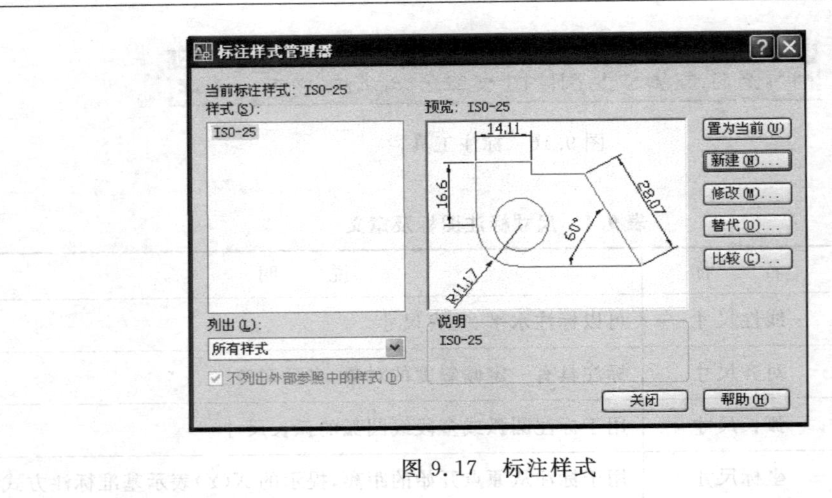

图 9.17　标注样式

1. 创建新的标注样式

单击标注样式管理器对话框的“新建”按钮，系统将打开如图 9.18 所示的“创建新标注样式”对话框。用户在“新样式名”窗口内输入确定的名称，而“基础样式”中必须有一种原样式，第一个尺寸样式一般以 ISO 标准的“ISO-25”默认基础样式，新样式的使用对象可以在“用于”窗口中确定。然后单击“继续”按钮，进行各种参数操作。

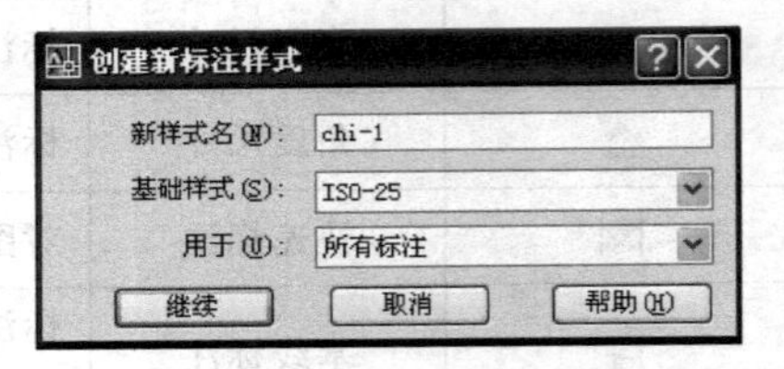

图 9.18　创建新标注样式

2. 设置尺寸标注直线

命名新样式后，单击“继续”命令，AutoCAD 弹出“新建标注样式”对话框，如图 9.19 所示。首先对“直线” 选项参数进行相关设置。

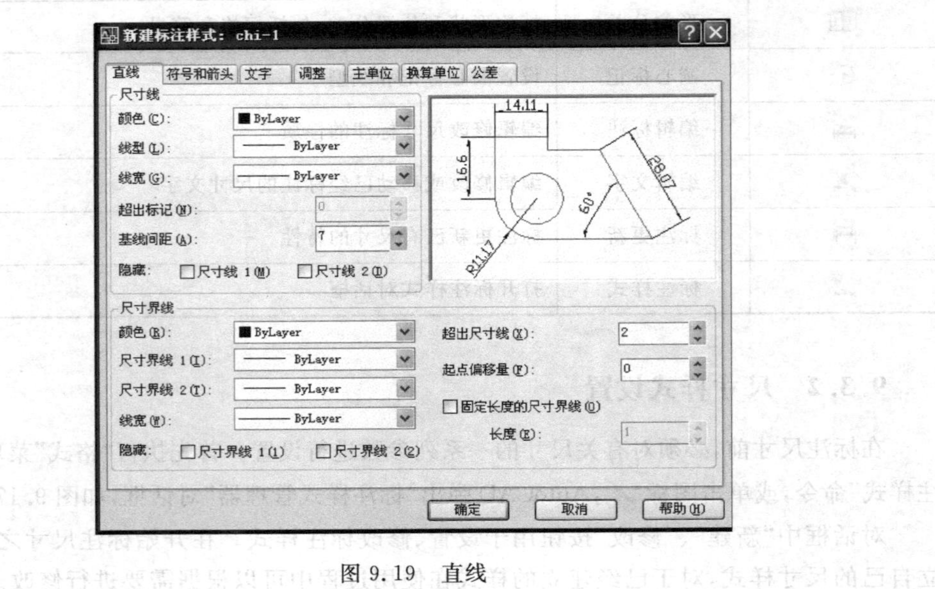

图 9.19　直线

其中“颜色”和“线宽”设置为“随层”即可，“基线间距”设置为 7mm，控制平行尺寸线间的距离符合制图要求。尺寸界线“超出尺寸线”设置 2～3mm，但相对图形轮廓线的“起点偏移量”应设置为 0。

至于控制尺寸线或尺寸界线是否应隐藏，应视标注具体尺寸而定。

3. 设置符号和箭头

单击“符号和箭头”进行设置，在如图 9.20 所示的对话框中，选择“实心”箭头，大小设置为 4～5mm 长。圆心的标记选择“无”，弧长符号选择“标注文字的上方”，而半径标注弯折的角度一般设置为 45°。

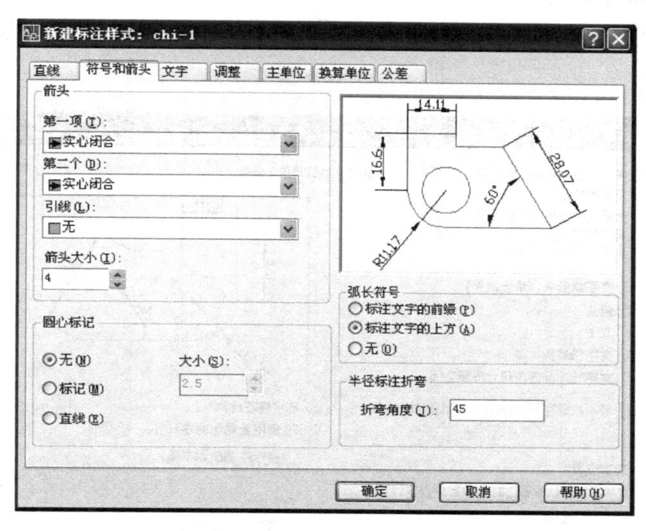

图 9.20　符号和箭头

4. 设置尺寸标注文字

单击“新建标注样式”对话框中的“文字”选项，对如图 9.21 所示的文字参数进行设置。

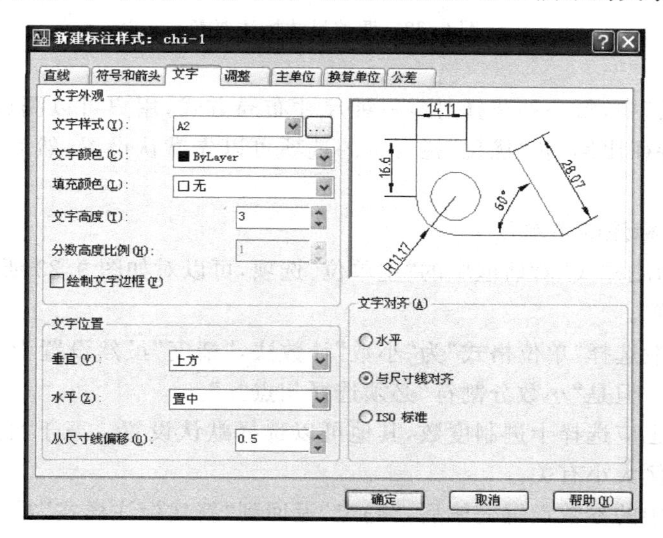

图 9.21　设置文字

“文字样式”可以在建立的样式中选择，“颜色”设置随图层即可。文字的高度可以设置，也可以在标注尺寸时确定。分数高度比例是指在绘图时，用于设置分数相对于标注文字的比例，该值乘以文字高度得到分数文字的高度。文字“填充颜色”一般默认“无”。

至于文字的位置，一般垂直时选择“上方”，水平时选择“置中”。但所标注的文字距离尺寸线不可以为 0，一般设置为 0.5～1mm。

虽然“文字对齐”有 3 种方式，但应根据需要设置，一般选择“与尺寸线对齐”方式，水平注释尺寸文字在机械制图中很少使用。

5. 调整尺寸标注要素

单击“新建标注样式”对话框中的“调整”选项，对如图 9.22 所示的尺寸标注有关参数进行设置。

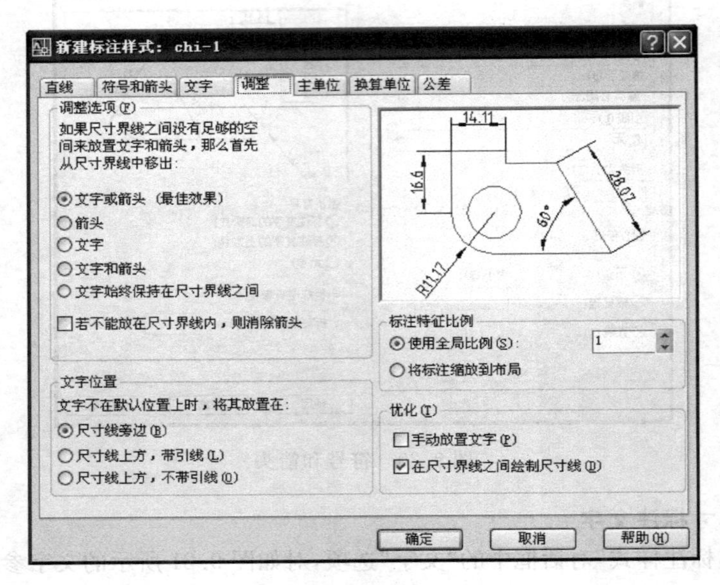

图 9.22 调整尺寸标注要素

在“调整选项”中，每一种选择对应一种尺寸布局方式，用户可以测试选择。对于“文字位置”、“标注特征比例”和“优化”栏目中的选项可以先默认设置，然后再视具体需要进行调整。

6. 设置尺寸标注的主单位

单击“新建标注样式”对话框中的“主单位”选项，可以对如图 9.23 所示的尺寸单位及精度参数进行设置。

机械图样一般选择“单位格式”为“小数”计数法，“精度”虽然设置为 0，但并不影响带小数尺寸的标注。但是“小数分割符”必须选择句点“.”。

“角度标注”也应选择十进制度数，其他可以选择默认设置。至于“比例因子”与打印输出图形时的比例大小有关。

以上各栏目中的参数设置完毕后，“确定”返回到“新建标注样式”对话框的首页，单击“置为当前”并“关闭”，即可对所绘制的图形进行尺寸标注。

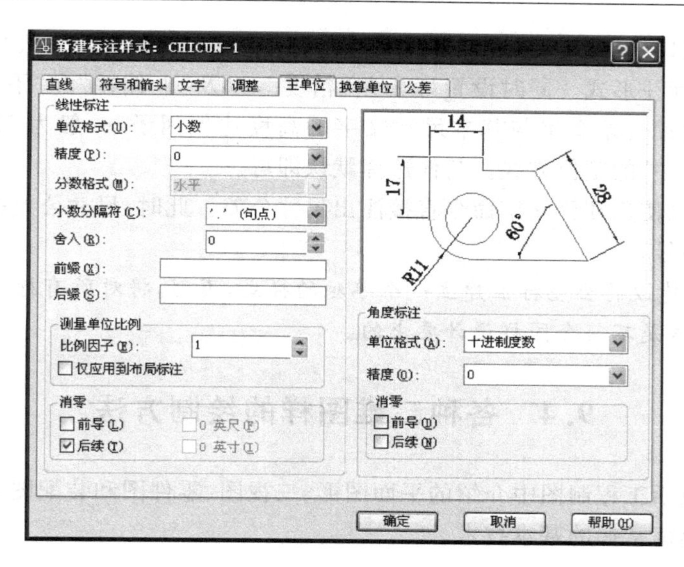

图 9.23　设置主单位

思考要点：标注尺寸前必须建立单独的图层和文字样式，并使尺寸标注的形式符合国家制图标准规定。同时，在标注尺寸时应打开“标注”工具栏，使用捕捉功能进行标注以便提高效益。

9.3.3　公差尺寸标注

在零件图上，对于有配合的表面应在基本尺寸后标注尺寸公差，即上下极限偏差值。AutoCAD 标注尺寸公差，可通过“新建标注样式”对话框中的“公差”界面设置偏差值来实现，如图 9.24 所示。

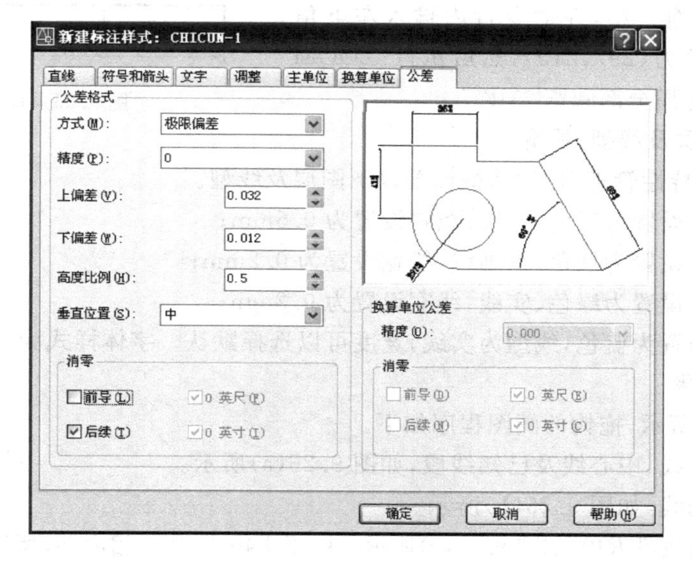

图 9.24　设置尺寸公差

在“方式”窗口中可以下拉设置公差类型,包括“对称”、“极限偏差”、“极限尺寸”、“基本尺寸”等公差标注形式。同时设置好公差“精度”,以及“上偏差”和“下偏差”数值。在“高度比例”中设置公差文字与基本尺寸文字的高度比例因子,一般为 0.5。在“垂直位置”窗口中选择“中”的定位方式。其他选择默认即可。

另外,也可以使用注释文字命令直接注出尺寸公差。此时,尺寸公差的字高应比尺寸数字的字高小一号。

思考要点:建议将公差标注建立一个单独的样式,否则,将对所有标注的尺寸添加尺寸公差。显然,这是不符合图样设计要求的。

9.4 各种二维图样的绘制方法

二维图样包括工程制图中介绍的平面图形、三视图、零件图和装配图。这些是学习计算机绘图必须熟练掌握的基本技术。

9.4.1 绘制平面几何图形

例 试在 A4 图幅范围内绘制如图 9.25 所示的拖钩图形。

在绘制平面图形时,首先要根据图形中的尺寸选择所需要的图形界限,并根据图形中的线型、尺寸、文字和其他内容决定要设置的图层数目、线型种类,然后依据工程制图中的平面图形分析决定作图步骤。下面是拖钩的作图步骤。

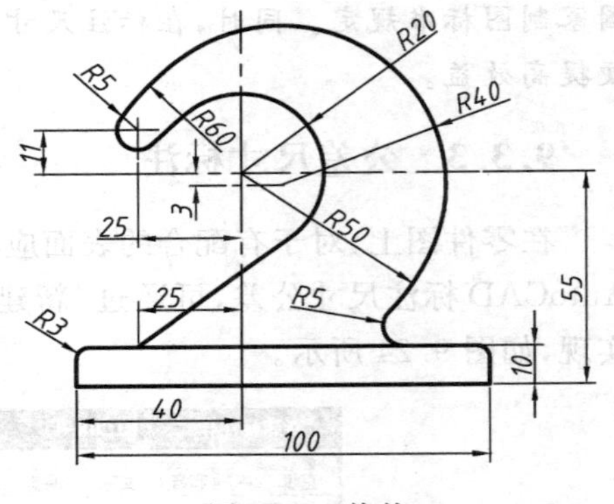

图 9.25 拖钩

1. 设置图形界限

单击“格式”菜单中的“图形界限”命令,根据 A4 竖装图纸幅面大小,在命令行内输入左下角为(0,0),右上角为(297,210),然后执行“ZOOM(缩放)”命令,选择全部阅览“All”。

2. 设置图层及线型、线宽

通过“图层特性管理器”对话框设置以下图层及线型。

粗实线层:设置为黑色、实线,线宽设置为 0.5mm;

中心线层:设置为红色、点画线,线宽设置为 0.2mm;

细实线层:设置为绿色、实线,线宽设置为 0.2mm;

文字层:设置为蓝色,线型为实线,宽度可以选择默认。字体样式为“Isocp2.shx”。

3. 画图步骤

如图 9.26 所示,拖钩的画图程序如下。

(1) 画定位线、中心线及已知线段,如图 9.26(a)所示。

(2) 画公切线,如图 9.26(b)所示。

(3) 画中间线段 $R40$,如图 9.26(c)所示。由于 $R40$ 与 $R50$ 相内切,所以 $R40$ 的圆心轨迹为以 O($R50$ 的圆心)为圆心,半径为 10 的圆。$R10$ 与直线的交点 O_1,即为 $R40$ 的圆心。

(4) 画连接线段 $R60$、$R5$、$R3$，如图 9.26(d)所示。

(5) 用"圆角"命令画半径 $R60$，$R5$，$R3$ 的圆弧并整理图形，如图 9.26(e)所示。

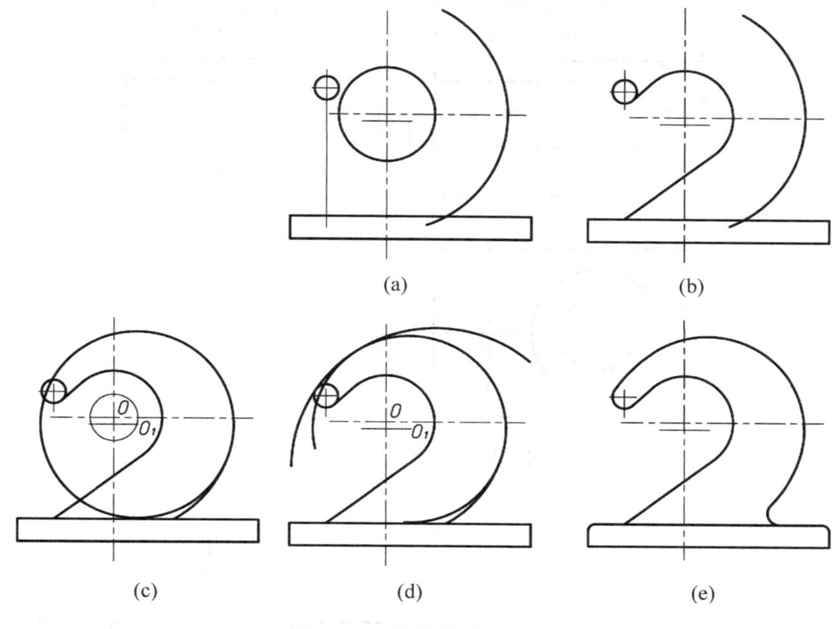

图 9.26　拖钩的作图步骤

4. 填写标题栏

根据工程制图的要求绘制标题栏，并认真选择文字填写。

9.4.2　绘制组合体三视图

绘制组合体三视图是绘制零件图的基础。根据以上所介绍的 AutoCAD 技术可以快速而准确地画出组合体的三视图。对于简单组合体可直接在屏幕上绘制，结构较为复杂的组合体应先画出草图，测绘并标注完尺寸才可以在计算机上绘图，以保证作图效益。

绘制三视图时，应保证主、俯视图长对正，主、左视图高平齐，俯、左视图宽相等的投影特性，这需要频繁使用 AutoCAD 状态栏中的正交模式、对象捕捉、对象追踪以及捕捉点的设置等辅助命令。

计算机绘制三视图的方法有多种，主、左和主、俯视图可以使用构造线命令绘制。为了保证俯、左视图宽相等特性，既可以用"偏移"命令，也可以利用辅助"圆"作为度量工具画图。

图 9.27 所示是支架的三视图。下面是绘制该三视图的方法步骤。

(1) 选比例，使用"图形界限"确定图幅。

(2) 定义图层和线型。建立四个图层，即轮廓线、中心线、虚线和尺寸图层，各层赋予不同的颜色并设定线型。

(3) 打开正交模式，先画中心线以及各水平线、竖直线，绘制主、俯视图的底板和圆柱凸台($\phi22$、$\phi13$)，并画出主要细节部分。如图 9.28(a)、(b)所示。

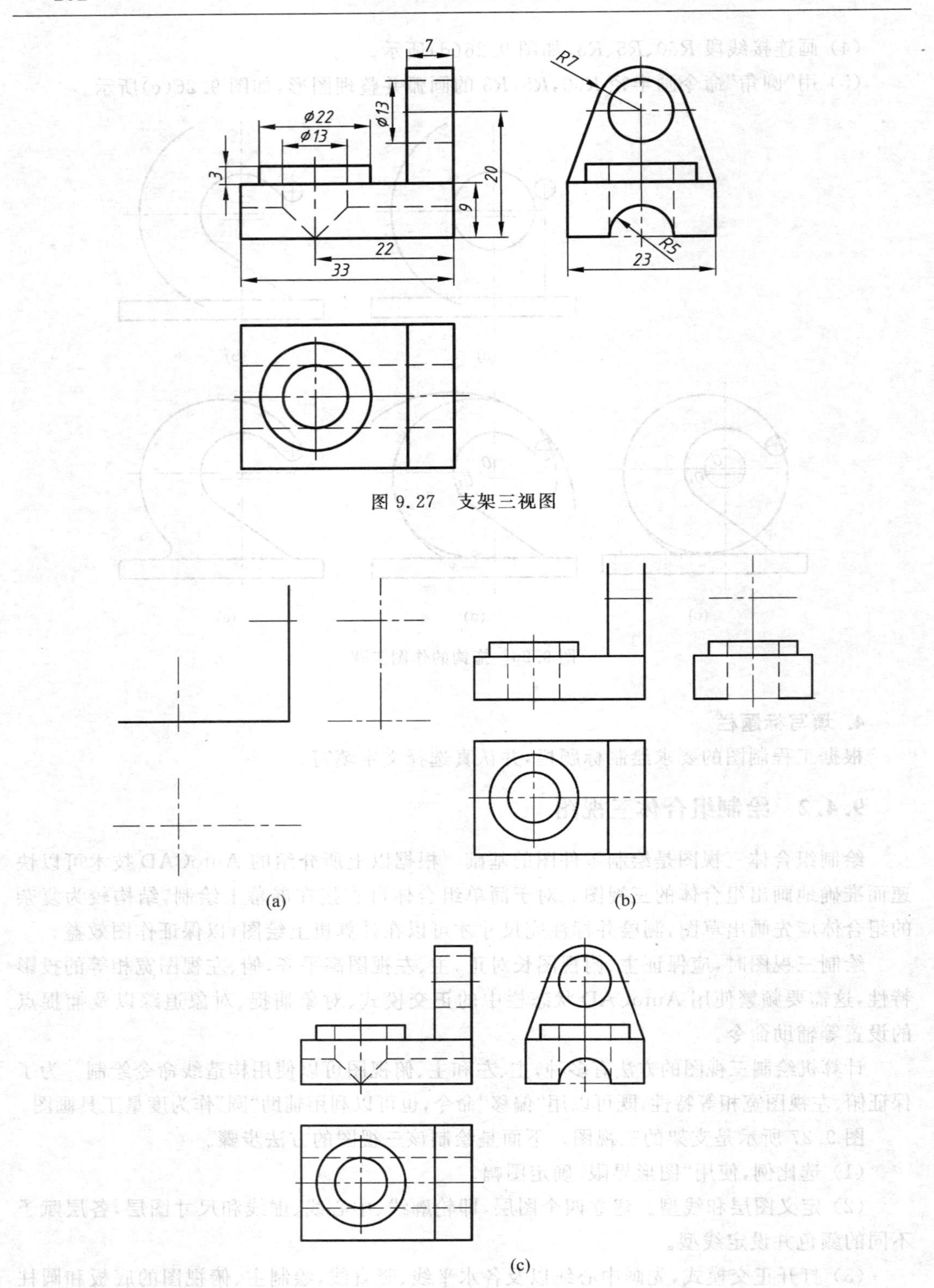

图 9.27 支架三视图

图 9.28 支架三视图作图步骤

(4) 绘制左视图圆孔 $\phi 13$ 和圆柱面 $R7$，然后作两边切线，并绘制底板下面的 $R5$ 半圆柱孔。度量俯、左视图宽相等和主、左视图高平齐完成三视图中所有结构图线。如图 9.28(c) 所示。

(5) 在绘图过程中，为保证作图界面清晰应不断修剪掉多余的辅助线。

在画每一个视图时，对于相互平行的线或同心圆，无论什么线型都可以使用“偏移”命令，绘制完毕后再匹配线型，这样可提高绘图效率。视图中的相贯线找出特殊点位置后，可以使用“圆弧”三点画弧方式近似画出或使用“样条”命令画出相贯线。

9.4.3 建立图块

所谓图块就是将一些常用的结构图形绘制好后，可以作为独立的内部或外部文件保存，在需要时可以随时调用插入到当前的图形文件中，这样就减少了重复绘图的工作。

1. AutoCAD 图块简介

在绘制机械零件图或装配图时，需要绘制许多标准结构、图形符号、标准零件，为了提高实际绘图的效益，AutoCAD 允许将使用频率较高的图形定义成图块存储起来。需要时，在调用插入当前图形文件之前只要给出位置、方向和比例(大小)，即可画出该图形。

无论多么复杂的图形一旦成为一个块，AutoCAD 将其作为一个实体看待，所以编辑处理较为方便。如果用户想编辑一个块中的单个对象，必须首先分解这个块。外部图块实际上是一个独立的图形文件，可供其他 AutoCAD 图形文件引用。

使用图块应注意以下问题：

(1) 正确地为图块命名和进行分类，以便调用和管理；

(2) 正确地选择块的插入基点，以便插入时准确定位；

(3) 可以把不同图层上不同线型和颜色的实体定义为一个块，在块中各实体的图层、线型和颜色等特性保持不变；

(4) 块可以嵌套，AutoCAD 对块嵌套的层数没有限制，可以块中有块，多层调用。例如，可以将螺栓制作成块，还可以将螺栓连接制作成块，后者包含了前者。

2. 建立图块

在建立图块之前，首先绘制好要定义图块的图形。下面以如图 9.29 所示的表面结构要求符号为例，介绍建立图块的操作步骤，另外两个图形变成图块与此方法相同。

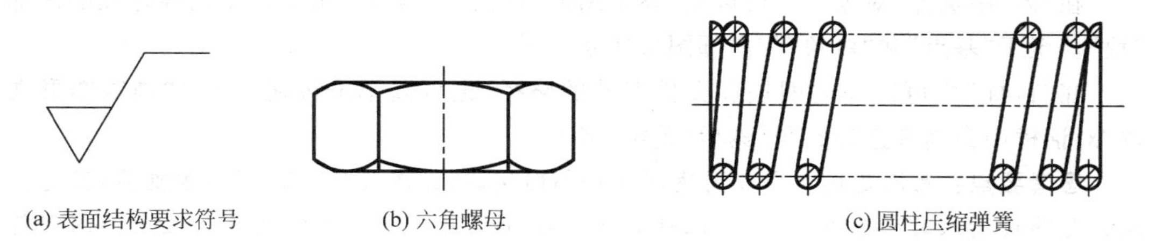

(a) 表面结构要求符号　(b) 六角螺母　(c) 圆柱压缩弹簧

图 9.29　图块图形

1) 建立内部图块

首先，在 AutoCAD 绘图区的任何空白处绘制完成表面结构要求符号图形，然后从

“绘图”菜单中选择“块”的“创建”命令，或单击“绘图”工具栏上的图标命令，将弹出“块定义”对话框，如图 9.30 所示。

定义图块的操作步骤为：

(1) 在“名称”中定义块名，例如，AAA(也可以是汉字名称)；

(2) 单击“基点”区域的“拾取点”按钮，选择图 9.29(a)中的最下顶点为插入基点；

(3) 单击“对象”区域的“选择对象”按钮，选择整个表面结构要求图形，在“名称”后的预览窗口内可以观察到图块形状；

(4) 单击对话框中“确定”按钮，完成内部图块的创建，也可以在说明中注释。

2) 建立外部图块

内部图块仅仅存储在当前图形文件中，也只能在该图形文件中调用。如果要在其他文件中调用建立的图块，则必须使用“WBLOCK”命令建立外部图块。在命令窗口输入“WBLOCK”命令后，AutoCAD 弹出“写块”对话框，如图 9.31 所示。

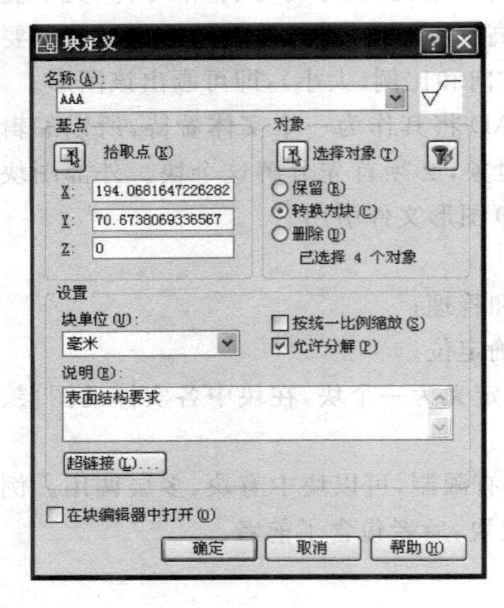

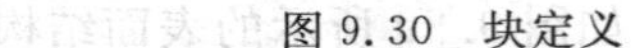
图 9.30　块定义

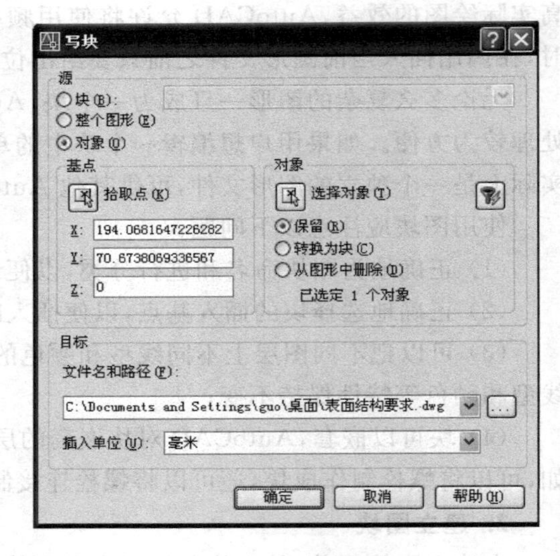

图 9.31　写外部图块

在“源”中选择“对象”，也可以是“整个图形”，或者是当前图形文件中已经存在的内部“块”。至于“基点”和“对象”与内部图块建立一样。

在“目标”中可以命名图块和文件存储的路径，也可以单击按钮 ... 在“浏览图形文件”对话框中命名和选择路径，然后“确定”即可。

思考要点：无论是建立内部图块还是外部图块，选择图块的“基点”非常重要，因为基点就是图块插入时的基准点。同时，读者在学习过程中应将自己所熟悉专业中的图形符号设计成为图块，以增加实际训练水平。

3. 图块的插入

在“插入”菜单中选择“块”命令，或单击“绘图”工具栏上的图标按钮，弹出“插入”对话框，如图 9.32 所示。

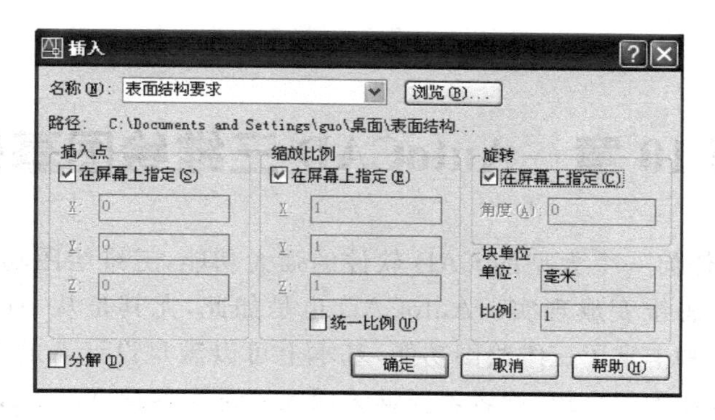

图 9.32 插入图块

在“名称”窗口内选择欲插入的块或文件，或单击“浏览”按钮，系统将弹出“选择图形文件”对话框，从中选取所需要的图块文件，如图 9.33 所示。“插入点”、“缩放比例”和“旋转”角度可以在屏幕上指定，也可以输入具体的数值。图 9.32 中的“分解”选项可确定插入的块是作为单个实体对象，还是分解成若干实体对象插入到当前图形中。

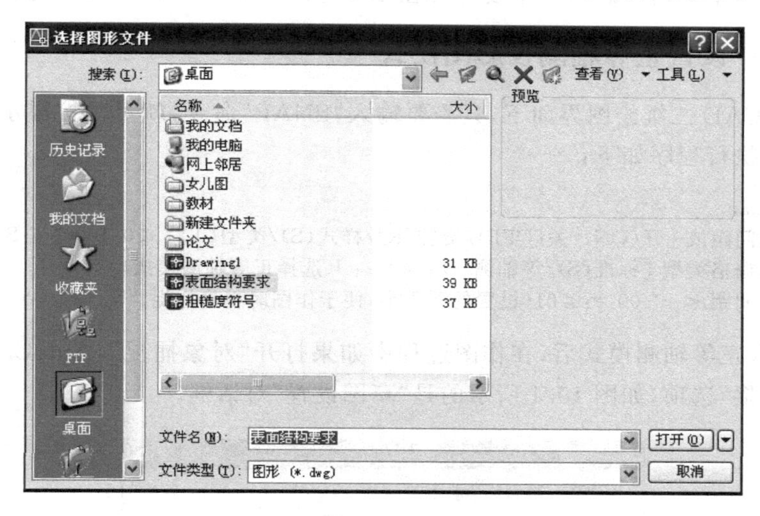

图 9.33 选择图形文件

第 10 章　AutoCAD 三维绘图基础

实际上，评价任何一个大型的 CAD 软件的强大功能，三维绘图功能是其主要部分，它可以使设计者的思维变成现实。AutoCAD 也是如此，尤其是从 AutoCAD 2007 版本以后更进一步完善和丰富了三维绘图功能，基本上可以满足设计者的实际需要。本章只对基本的三维建模作入门介绍，读者若要继续深入探讨请参看 AutoCAD 的有关书籍。

10.1　绘制平面正等轴测图

AutoCAD 提供了绘制正等轴测图的功能，使用相关命令可以方便地绘出形体的轴测图。但所绘的正等轴测图仍然是一个二维状态的三维图形，这种轴测图无法生成 AutoCAD 中的基本视图。本节主要介绍在二维界面下绘制 AutoCAD 的正等轴测图。

10.1.1　设置正等轴测投影图模式

在 AutoCAD 二维绘图界面下，只需要输入"SNAP"命令，就可以按提示进入正等轴测工作界面，执行程序如下：

```
命令：_snap
指定捕捉间距或［开(ON)/关(OFF)/旋转(R)/样式(S)/类型(T)］<0.1000>：S
输入捕捉栅格类型［标准(S)/等轴测(I)］<I>：I(选择正等轴测模式)
指定垂直间距 <10.00>：0.01(设置的间距小，便于作图时精确捕捉)
```

一旦进入正等轴测模式后，在作图过程中如果打开"对象捕捉"，AutoCAD 将自动启用"等轴测捕捉"选项，如图 10.1 所示的是"草图设置"对话框。

图 10.1　草图设置

这里再次提醒读者,一定要将垂直间距设置的小一些,否则,在局部放大图形作图时将给对象捕捉带来困难。

10.1.2　正等轴测面的变换

由于 AutoCAD 正等轴测图只是对三维空间的假想模拟,实际上仍在 X-Y 坐标系内绘图。因此,在作图过程中需要不断变换正等轴测作图的 3 个基本投影面。

如图 10.2 所示,用户只需要按 F5 键就可以在顶、右、左 3 个轴测投影面之间依次切换。

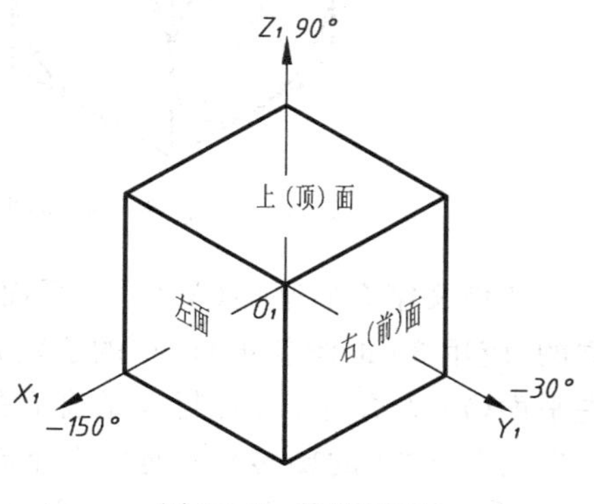

图 10.2　轴测平面

顶平面(top):X_1 轴与 Y_1 轴定义的轴测面;

右平面(right):相当于 X_1 轴与 Z_1 轴定义的轴测面;

左平面(left):相当于 Y_1 轴与 Z_1 轴的定义的轴测面。

10.1.3　绘制正等轴测投影图

1. 画直线

在轴测投影模式下,如果画平行于 3 条轴测轴的任意长度的直线,可用"正交"模式。画其他方向的直线可以使用目标捕捉功能及相对坐标输入。如果使用极坐标画平行于 X_1 轴的线段,其角度可用 30°或 210°;画平行于 Y_1 轴的直线,其角度可用 150°或−30°;画平行于 X_1 轴的直线,其角度可用 90°或−90°。如果不利用目标捕捉功能画不平行于三轴的直线,其结果不一定符合正等轴测图的特性。

2. 画圆和圆弧

在正等轴测模式下,圆的投影应为椭圆。而利用圆命令在正等轴测模式下是不可以绘制椭圆的,必须使用椭圆命令绘制。具体执行程序如下:

```
命令:_ellipse
指定椭圆轴的端点或[圆弧(A)/中心点(C)/等轴测圆(I)]:I(选择正等轴测模式)
指定等轴测圆的圆心:(确定圆心位置)
指定等轴测圆的半径或[直径(D)]:50(只需要给出半径或直径大小)
```

绘制正等轴测圆弧与上述椭圆方法相同,在输入圆心、半径或直径后,提示输入圆弧的起始角和终止角。

如图 10.3 所示,是利用"椭圆"命令绘制的 3 个坐标面上的"圆"。如图 10.4 所示,是根据组合体三视图绘制的正等轴测图,其作图方法与手工绘图是一致的。

思考要点:在轴测投影模式下,不可以使用"镜像"、"偏移"、"倒圆角"等命令。

3. 轴测模式下注释文字

如图 10.5 所示,要在轴测图的某一个表面中添加文字,一般使文字倾斜角与基线旋转角成 30°或−30°。

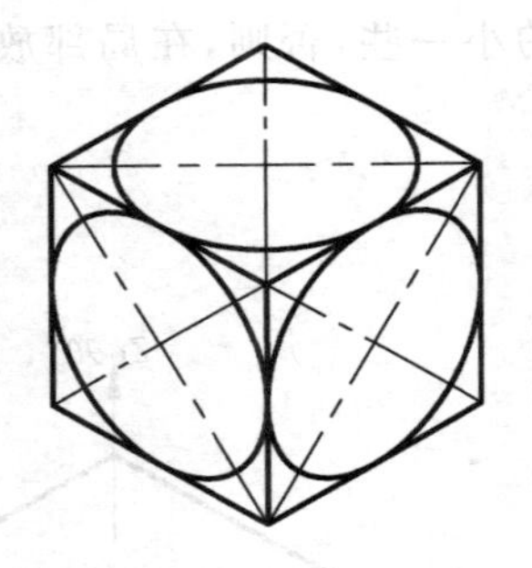

图 10.3　轴测平面与圆

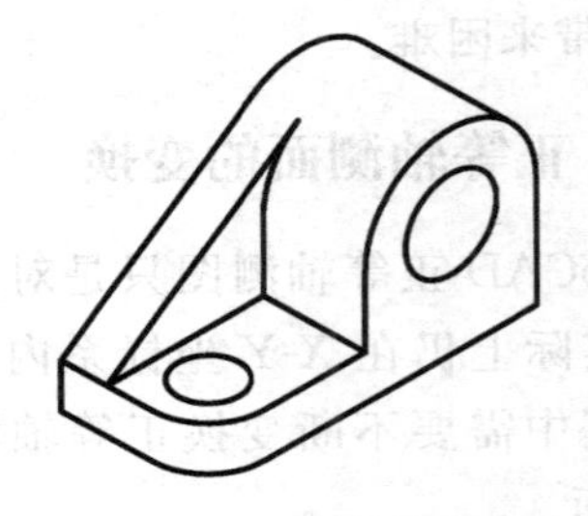

图 10.4　组合体轴测图

要使文字在右平面($X_1O_1Z_1$ 平面)中看起来是直立的,应用 30°的倾斜角与 30°的旋转角;要使文字在左平面($Y_1O_1Z_1$ 平面)看起来是直立的,应用−30°的倾斜角与−30°的旋转角;而使文字看起来在顶平面($X_1O_1Y_1$ 平面)并平行于 X_1 轴,应用 30°的倾斜角与−30°的旋转角;要使文字看起来在顶平面并平行于 X_1轴,应用−30°的倾斜角与 30°的旋转角。

以图 10.5 所示为例说明添加文字的步骤:

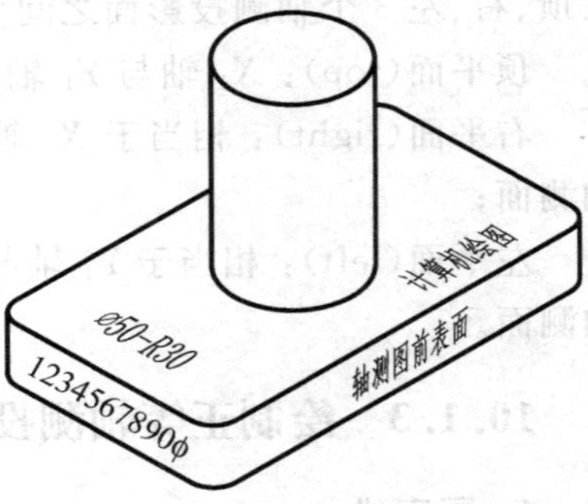

图 10.5　在轴测图上注释文字

(1) 在"格式"菜单中执行"文字样式"命令,在对话框中设置各种文字样式和字体;

(2) 在文字"效果"区输入每种文字样式的倾斜角,关闭对话框;

(3) 使用单行或多行文字命令输入每个轴测面中的文字,并设置旋转角度。

10.2　三维建模简介

本节主要介绍三维空间作图需要的基本知识和实体绘图命令的使用方法。读者应在掌握基本命令的基础上,探索三维绘图的技巧。

10.2.1　三维空间概述

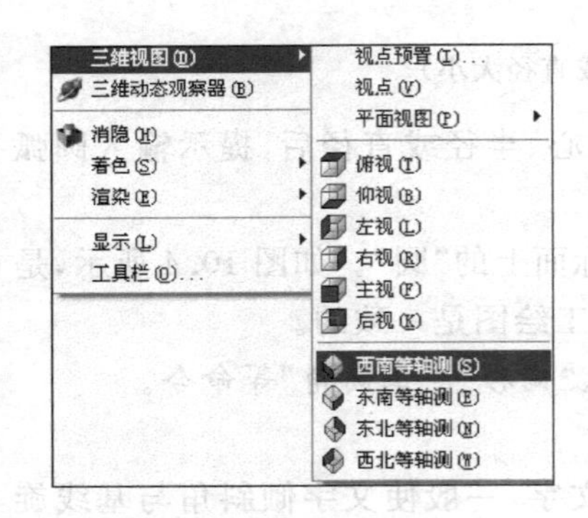

图 10.6　三维视图命令

AutoCAD 三维空间有许多命令,我们只介绍如何进入三维空间以及观察三维空间物体的方法。

1. 三维空间

要进入三维空间只需要在打开 AutoCAD 时选择"三维建模"工作界面就可以,然后在"视图"菜单中选择"三维视图"命令,从四种等轴测视图中选择一种即可。一般选择"西南等轴测"或"东南等轴测"视图,如图 10.6 所示。选择了一种等轴测模式后,AutoCAD 进入三维空间模式,其坐标也变成三维形式,如图 10.7 所示。

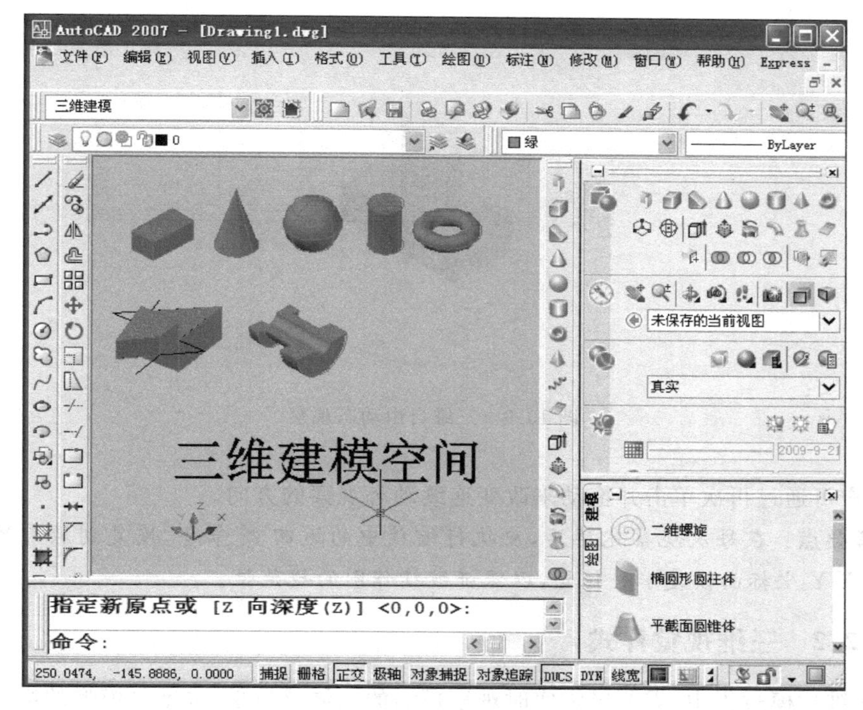

图 10.7　三维建模界面

在三维空间模式下，前面章节中介绍的“绘图”、“修改”和“图层”命令仍可以使用，但一般只能在(*X*-*Y*)平面内作图，除非利用捕捉或使用动态坐标“DUCS”模式改变坐标面的位置和方向。

2. 三维空间观察

在三维作图过程中，要经常适时观察实体的位置和相互之间的关系，用户可以执行“视图”菜单中的“动态观察”命令，或者单击“动态观察”工具栏上的图标命令，如图 10.8 所示。

(1) 三维受约束动态观察：该观察模式是保持三维模型静止，用户可以通过移动光标观察模型，就相当于是照相机围绕目标移动，其效果就像三维模型正在随着鼠标光标拖动而旋转，该方法观察三维模型较为方便。

图 10.8　动态观察

(2) 三维自由动态观察：执行该命令后屏幕上显示一个导航球，它被更小的圆分成四个区域，光标也变成旋转型的样式，用户可以按住鼠标左键并移动进行全方位观察，如图 10.9 所示。

值得提醒读者的是，自由观察的目标点是导航球的中心，而不是正在查看的模型对象的中心，所以，用户最好将模型调整到导航球中心位置才便于观察。

(3) 三维连续观察：执行该观察命令后，允许用户单击鼠标并沿任意方向拖动使模型连续旋转，既可以上下或水平拖动旋转，也可以拖动方向为圆周轨迹旋转。如果改变

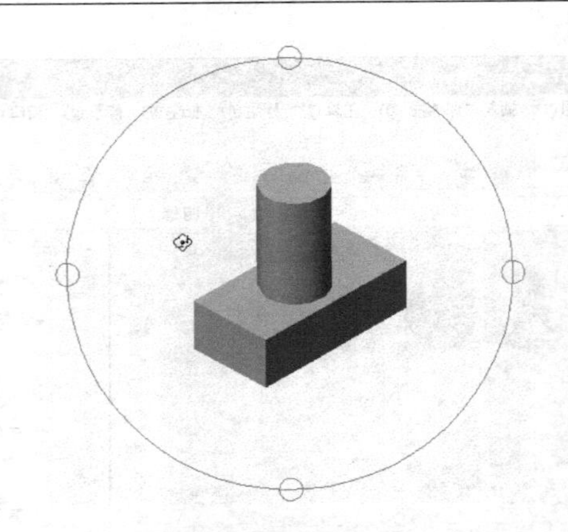

图 10.9　三维自由动态观察

方向，用户可通过再次单击并拖动来改变连续动态观察的方向。

思考要点：在每次观察完毕后，应执行缩放中的返回命令，恢复到原来的作图状态，即将 X-Y 坐标面恢复水平位置，以保证继续作图的规范性。

10.2.2　三维视觉样式

在三维建模过程中，需要经常实时观察模型的立体感效果，也就是模型的组合方式和着色效果，并且要在线框模型和着色模型方式之间频繁切换。为此，用户可以打开“视觉样式”工具栏，如图 10.10 所示，通过单击图标很方便地实现这一要求。

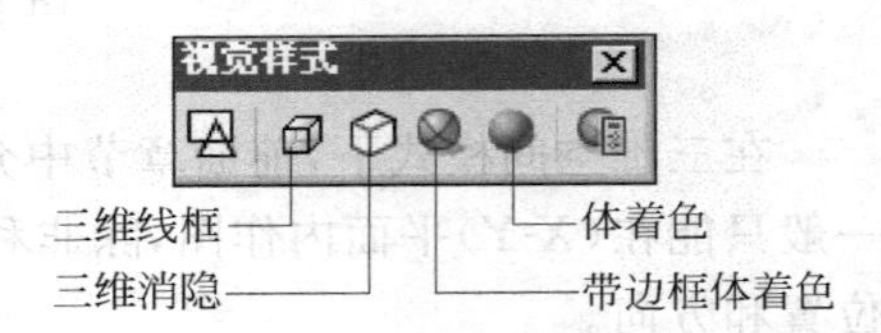

图 10.10　三维视觉样式

(1) 在视觉样式中，三维线框一般为作图模式，用户只有在这种模式下才可以准确绘制或定位每个三维模型，如图 10.11(a)所示；

(2) 三维消隐一般用来观察模型之间的表面交线，在此模式下作图不太方便，如图 10.11(b)所示；

(3) 带边框体着色就是在模型着色时，使其边界线加亮，如图 10.11(c)所示；

(4) 体着色不加亮模型边框，符合观察者视觉模式，如图 10.11(d)所示。

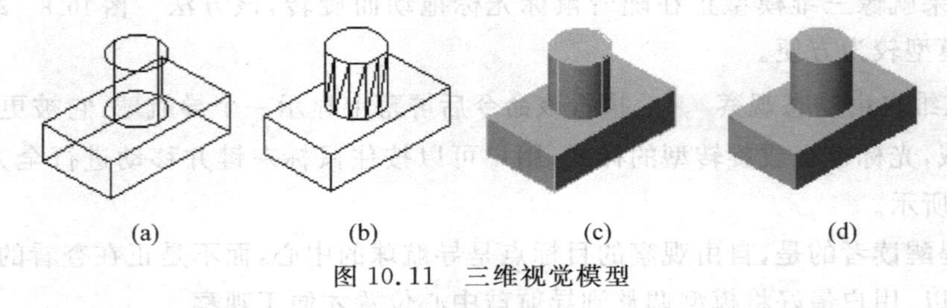

图 10.11　三维视觉模型

思考要点：再次提醒读者，三维建模时一定要在三维线框模式下作图，而在观察三维建模组合效果时仍可以在着色模式下移动每个立体。

10.3　三维建模命令

10.3.1　基本体绘图命令

AutoCAD 2007 提供的三维建模绘图命令完全可以满足用户的实际作图需要，如图 10.12 所示，是三维“建模”绘图工具栏，用户应熟练掌握这些绘图命令。这里先介绍基本体绘图命令。

图 10.12　实体绘图命令

1. 多段实体(Polysolid)

该命令实质上是根据多段线的特性，设置线宽和线厚后绘制的三维实体，用户单击图标 命令，按下面的程序可以绘制如图 10.13 所示的多段实体，图 10.13(a)为线框模式。

命令：_Polysolid 指定起点或 [对象(O)/高度(H)/宽度(W)/对正(J)] <对象>：H
指定高度 <15.0000>：30(指定的厚度)
指定起点或 [对象(O)/高度(H)/宽度(W)/对正(J)] <对象>：W
指定宽度 <3.0000>：10(等同于线宽)
指定起点或 [对象(O)/高度(H)/宽度(W)/对正(J)] <对象>：
指定下一个点或 [圆弧(A)/放弃(U)]：(绘制直线段实体)
指定下一个点或 [圆弧(A)/放弃(U)]：
指定下一个点或 [圆弧(A)/闭合(C)/放弃(U)]：A(切换圆弧)
…(逐段绘制圆柱体)
指定下一个点或 [圆弧(A)/闭合(C)/放弃(U)]：(指定圆弧的端点)或 [闭合(C)/方向(D)/直线(L)/第二个点(S)/放弃(U)]：L(切换直线)
…(绘制直线段实体)
指定下一个点或 [圆弧(A)/闭合(C)/放弃(U)]：(回车结束)

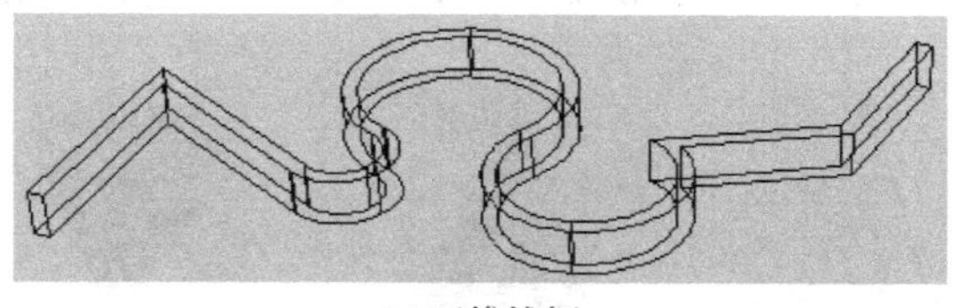

(a) 三维线框

(b) 实体着色

图 10.13　多段实体

2. 长方体(Box)

单击图标命令,即可按命令提示绘制需要的长方体,如图 10.14 所示是执行下面的程序后绘制的。

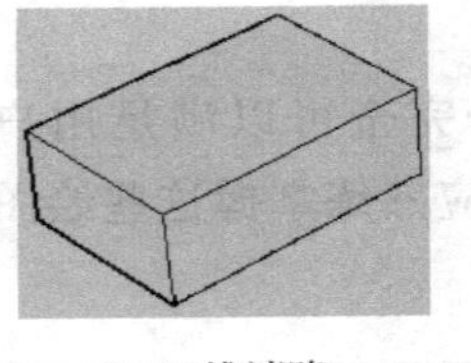

(a) 三维消隐　　(b) 实体着色

图 10.14　长方体

命令：_box
指定第一个角点或[中心(C)]:
指定其他角点或[立方体(C)/长度(L)]：L(按长、宽、高尺寸绘制)
指定长度：300
指定宽度：200
指定高度或[两点(2P)]＜163.3520＞：100(回车结束)

长方体命令既可以绘制正立方体,也可以绘制长方体,同时也可以按立体的中心定位。

至于楔形体(Wedge)命令与长方体使用方法完全一致,不再重复叙述。

思考要点：凡是程序中,开始提示的"指定起点"、"指定第一个角点"或"圆心"位置时,只要是用鼠标拾取的点都位于 *X-Y* 平面内。以下意义相同,不再赘述。

3. 圆锥体(Cone)

单击图标命令,按下面的程序绘制圆锥体,所绘圆锥体如图 11.15 所示,圆锥体的底面圆心在当前 *X-Y* 平面内。

命令：_cone
指定底面的中心点或[三点(3P)/两点(2P)/相切、相切、半径(T)/椭圆(E)]:
指定底面半径或[直径(D)]＜36.6061＞:28(输入底面半径)
指定高度或[两点(2P)/轴端点(A)/顶面半径(T)]＜30.0000＞:100(输入高度)

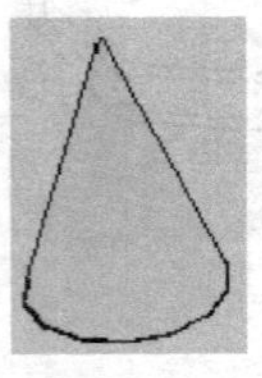

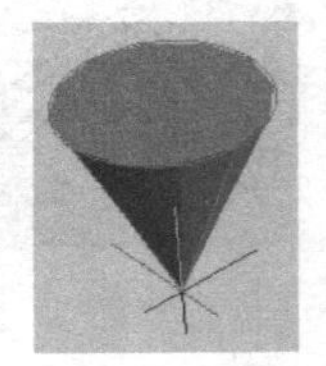

(a) 三维消隐　　(b) 实体着色　　(c) 动态拉伸

图 10.15　圆锥体

如程序所示,在指定底面中心点之时也可以先根据绘制圆的方式绘制底面,然后给出高度或者拖动鼠标上下拉伸成圆锥体。

思考要点：在绘制圆锥体程序中,选择轴端点"*A*"后可以将圆锥体的轴线放置成水平或倾斜位置。如果选择输入顶面半径后,可以绘制圆锥台。

4. 球体(Sphere)

单击图标命令,按下面的程序绘制球体,所绘球体如图 10.16 所示,球体的圆心在当前 *X-Y* 平面内。

命令:_sphere
指定中心点或 [三点(3P)/两点(2P)/相切、相切、半径(T)]:确定球心
指定半径或 [直径(D)] <58.6943>:60(输入球体半径)

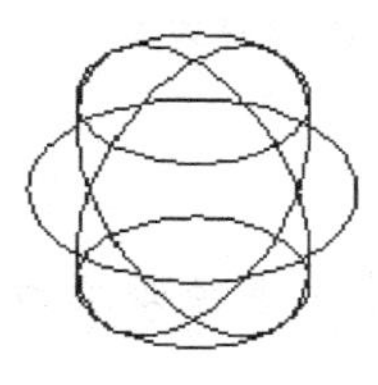

(a) 三维线框

(b) 实体着色

图 10.16　球体

5. 圆柱体(Cylinder)

单击图标命令,按下面的程序绘制圆柱体,所绘圆柱体如图 10.17 所示,圆柱体的底面圆心在当前 *X-Y* 平面内。

命令:_cylinder
指定底面的中心点或 [三点(3P)/两点(2P)/相切、相切、半径(T)/椭圆(E)]:
指定底面半径或 [直径(D)] <58.2175>:50(输入圆柱体底面半径)
指定高度或 [两点(2P)/轴端点(A)] <152.5156>:150(输入圆柱体高度)

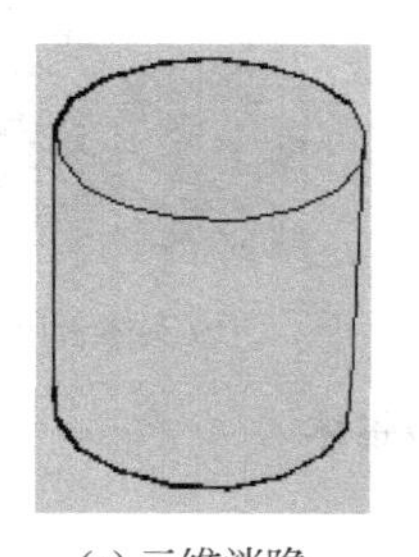

(a) 三维消隐

(b) 实体着色

图 10.17　圆柱体

思考要点:在圆柱体程序中,选择轴端点"*A*"后,可以将圆锥体的轴线放置成水平或倾斜位置。

6. 圆环体(Torus)

单击图标命令,按下面的程序绘制圆环体,所绘圆环体如图 10.18 所示,圆环体的圆心在当前 *X-Y* 平面内。

命令:_torus
指定中心点或 [三点(3P)/两点(2P)/相切、相切、半径(T)]:

```
指定半径或［直径(D)］＜65.8106＞：100(输入圆环体半径)
指定圆管半径或［两点(2P)/直径(D)］：30
```

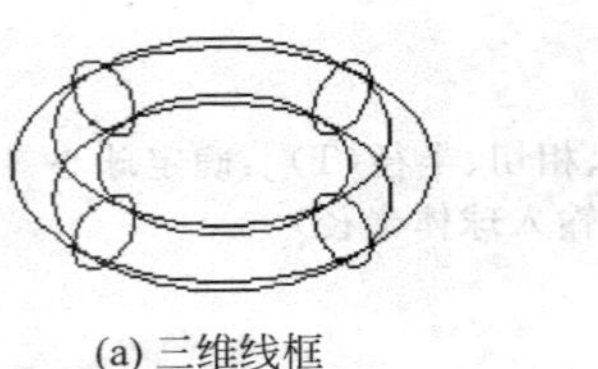

(a) 三维线框

(b) 实体着色

图 10.18　圆环体

思考要点：如果圆环的半径输入为负值，则圆管的半径必须为正值且数值要大于圆环半径的绝对值，这样可以绘制“橄榄”形的圆环体。

7. 棱锥和棱柱体(Pyramid)

单击图标命令，按下面的程序绘制棱锥体，所绘棱锥体如图 10.19 所示，棱锥的底面位于当前 *X-Y* 平面内。

```
命令：_pyramid
4 个侧面　外切
指定底面的中心点或［边(E)/侧面(S)］：6
指定底面半径或［内接(I)］＜115.4701＞：100
指定高度或［两点(2P)/轴端点(A)/顶面半径(T)］＜100.0000＞：200
```

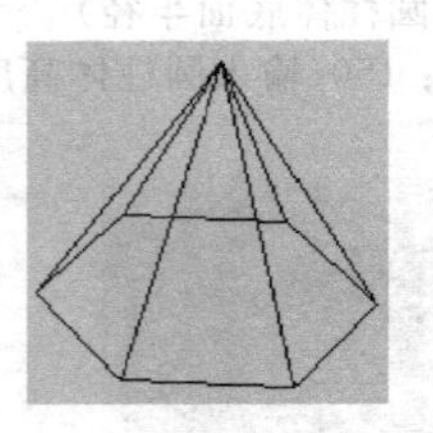

(a) 三维线框

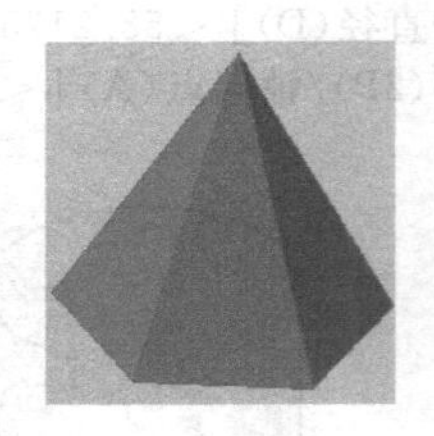

(b) 实体着色

图 10.19　棱锥体

读者已经在程序中看到，在指定高度时如果输入顶面半径可以绘制棱锥台或棱锥，同时选择“*A*”也可以绘制不同方位的棱锥或棱柱。

思考要点：关于螺旋线和平面曲面命令的使用方法，请读者自行练习，这里不再赘述。

10.3.2　由面域生成实体的命令

所谓由面域生成实体，是指这些实体是由面域按照一定的方式拉伸、旋转或扫掠而成的三维实体。

1. 建立面域(Region)

AutoCAD 将“绘图”命令中的正多边形、矩形、圆和椭圆均当作是封闭的平面，这些图形可以直接拉伸、旋转或扫掠成所需要的实体。同时,也允许用户根据需要将自行设计的封闭线框图形转换成为平面,即变为面域。如图 10.20 所示,图 10.20(a)是绘制的封闭线框,而后执行“绘图”工具栏上的面域命令后,可以对面域着色,如图 10.20(b)所示。

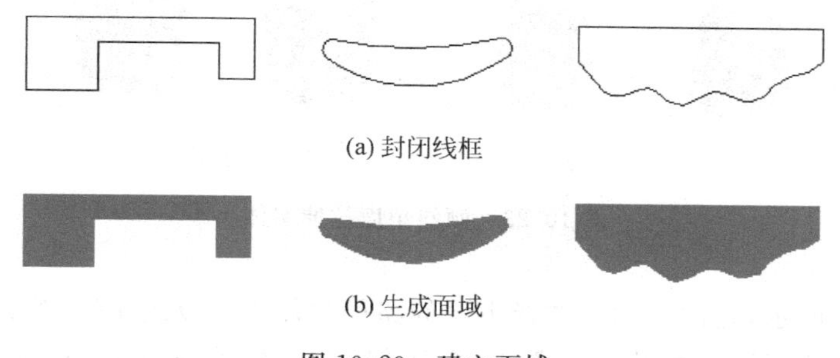

(a) 封闭线框

(b) 生成面域

图 10.20　建立面域

思考要点:如果两个以上面域发生边界重叠或相交,则面域可以通过布尔运算后生成新的面域,这在 10.4 节的三维基本编辑中介绍。

2. 拉伸体(Extrude)

所谓的拉伸体就是将 AutoCAD“绘图”菜单中封闭的图形直接拉伸成三维实体。绘图菜单中的正六边形、圆角矩形、圆和椭圆,如图 10.21(a)所示。执行下列程序后生成的三维实体,如图 10.21(b)所示。

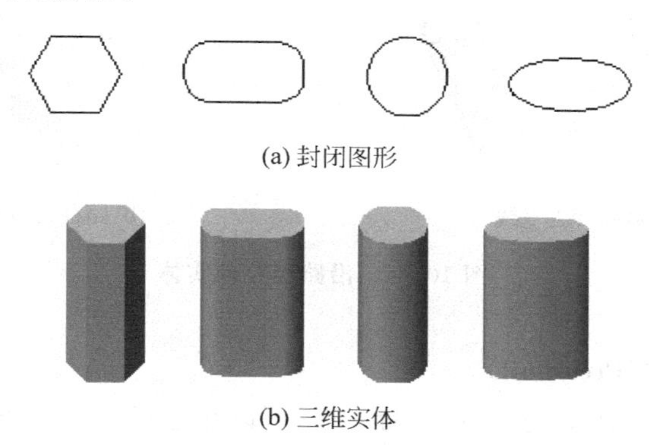

(a) 封闭图形

(b) 三维实体

图 10.21　基本图形拉伸实体

命令:_extrude
当前线框密度:ISOLINES=4(可以输入此变量改变线框密度数值)
选择对象:指定对角点:找到 4 个(选择了 4 个图形)
选择对象:结束选择
指定拉伸高度或[路径(P)]:50(拉伸高度或选择“P”路径进行拉伸)
指定拉伸的倾斜角度 <0>:0(倾斜角度)

如图 10.22 所示,是图 10.20 面域拉伸后生成的实体,高度为 50,倾斜角度为 0°。而图 10.23 所示,是正六边形和圆拉伸高度为 50,而倾斜角度分别为 5°和 −5°的三维实体。

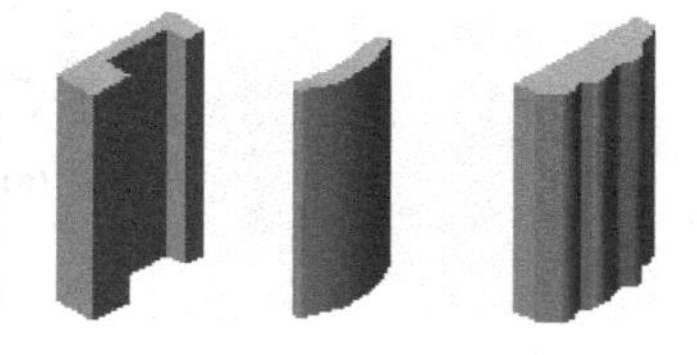

图 10.22　面域拉伸实体

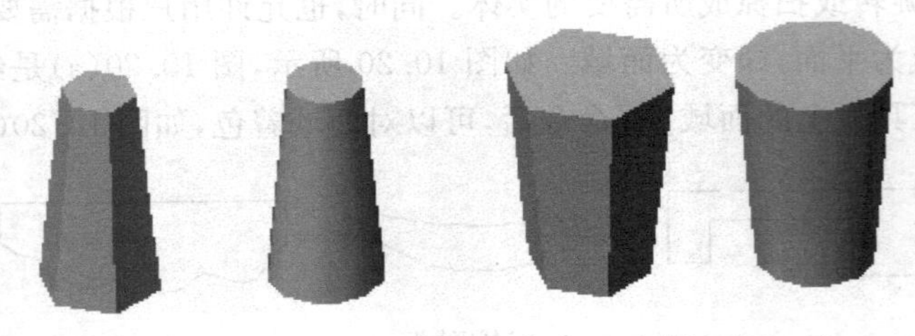

(a) 倾斜角度为5°　　(b) 倾斜角度为-5°

图 10.23　倾斜角度拉伸实体

如图 10.24 所示，是同一面域选择不同的路径拉伸后形成的实体，执行两次如下程序即可。需要提醒读者注意的是：面域和路径不能共面，否则，AutoCAD 视为无效。

命令：_extrude
当前线框密度：ISOLINES=4
选择对象：找到 1 个(选择圆图形)
选择对象：(回车结束选择)
指定拉伸高度或［路径(P)］：P(选择路径拉伸)
选择拉伸路径或［倾斜角］：(捕捉拉伸路径，结束)

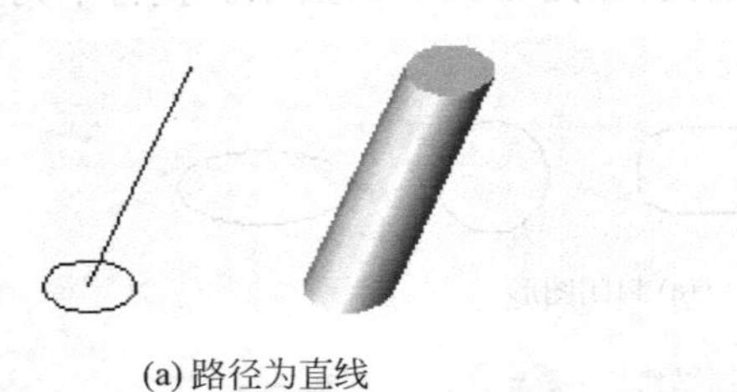

(a) 路径为直线　　(b) 路径为多段线

图 10.24　沿路径拉伸实体

3. 拖动拉伸实体(Presspull)

所谓的拖动拉伸实体就是执行 命令后，可以在任意封闭的线框内单击并自动生成面域，再按住鼠标键拖动拉伸成实体，并可以沿 Z 轴方向上下拉伸。如图 10.25 所示，图 10.25(a)是随意画的图形，执行拖动命令后分别单击 1、2 区域即可拉伸成实体，程序如下：

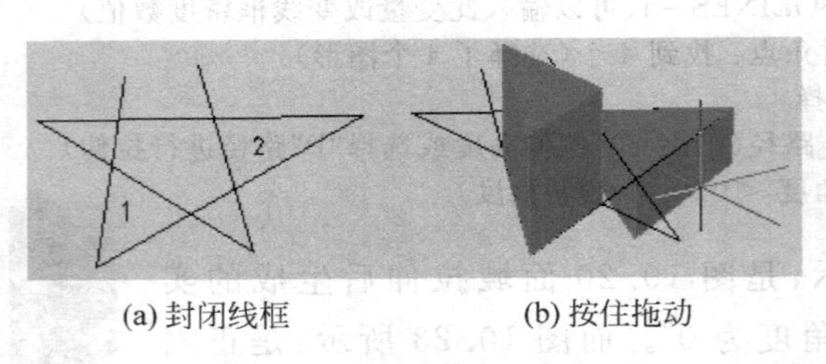

(a) 封闭线框　　(b) 按住拖动

图 10.25　按住拖动拉伸实体

命令：_presspull
单击有限区域以进行按住或拖动操作。
已提取 1 个环。(点击 1 区)
已创建 1 个面域。(按住拖动拉伸实体 1)
命令:PRESSPULL(再次执行命令)
单击有限区域以进行按住或拖动操作。
已提取 1 个环。(点击 2 区)
已创建 1 个面域。(按住拖动拉伸实体 2)

4. 扫掠实体(Sweep)

所谓的扫掠实体，就是执行扫掠命令后可以将开放或封闭的平面曲线沿着开放或闭合的二维或三维路径扫掠生成一个曲面或实体。如图 10.26 所示，是将一正三角形沿着不与其共面的圆弧扫掠，并发生扭转后生成的实体。其程序如下：

命令：_sweep
当前线框密度：ISOLINES＝4
选择要扫掠的对象：(找到 1 个)
选择要扫掠的对象：
选择扫掠路径或 [对齐(A)/基点(B)/比例(S)/扭曲(T)]：T
输入扭曲角度或允许非平面扫掠路径倾斜 [倾斜(B)] ＜倾斜＞：20
选择扫掠路径或 [对齐(A)/基点(B)/比例(S)/扭曲(T)]：

自动保存到 C:\DOCUME—1\HP\LOCALS—1\Temp\Drawing2(文件已经保存到当前目录下)。

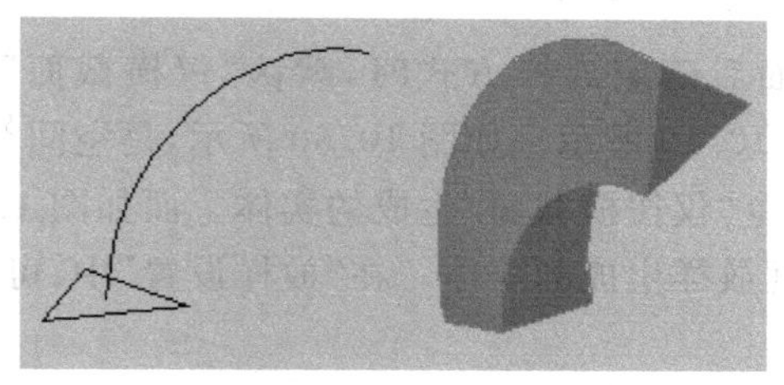

(a) 封闭图形与路径　　(b) 扫掠成实体

图 10.26　扫掠实体

5. 旋转体(Revolve)

旋转体与拉伸体一样，先将封闭的线框执行面域命令变成一个平面，如图 10.27(a)所示。然后再单击图标命令，按下面的程序绘制旋转体，所绘旋转体如图 10.27(b)所示。

命令：_revolve
当前线框密度：ISOLINES＝4
选择对象：(找到 1 个)(捕捉面域)
选择对象：(结束选择)
指定旋转轴的起点或定义轴依照 [对象(O)/X 轴(X)/Y 轴(Y)]：O(选择确定旋转轴，也可以分别绕坐标轴旋转。)
选择对象：(捕捉旋转轴直线上任意点)
指定旋转角度 ＜360＞：－180(输入旋转体的包含角度，可以为负值。)

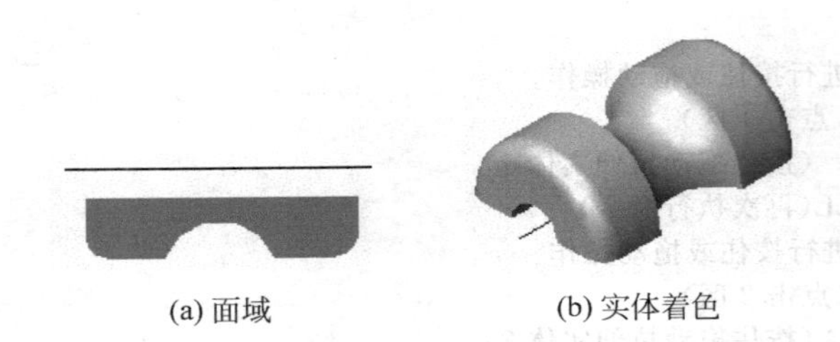

(a) 面域　(b) 实体着色

图 10.27　旋转实体

思考要点：拉伸体的高度值可以为正、负，旋转体的包含角度也可以为正、负角度值，但拉伸或旋转后的实体方向不同。

6. 放样实体(Loft)

放样就是将开放或封闭的且不在一个层次上的平面图形，执行放样命令后，依据不同的方式放样生成三维曲面或实体。如图 10.28 所示，是两个封闭的三角形和圆平面图形，执行下面的程序后，按路径方式放样生成的实体。

命令：_loft
按放样次序选择横截面：(找到 1 个)(选择三角形)
按放样次序选择横截面：(找到 1 个，总计 2 个)(选择圆)
按放样次序选择横截面：(结束选择)
输入选项［导向(G)/路径(P)/仅横截面(C)］<仅横截面>：P(选择路径放样)
选择路径曲线：(选择圆弧曲线，生成实体)

如果在选择完横截面后确定放样方式时，默认"仅横截面"方式，AutoCAD 将弹出"放样设置"对话框，如图 10.29 所示。如图 10.30 所示，是空间 3 个不在同一层次上的封闭矩形线框，执行放样命令"仅按横截面"生成的实体。而如图 10.31 所示，是空间四个不在同一层次上的封闭线框放样生成的实体。在"放样设置"中，可以选择"直纹"和"平滑拟合"的实体效果。

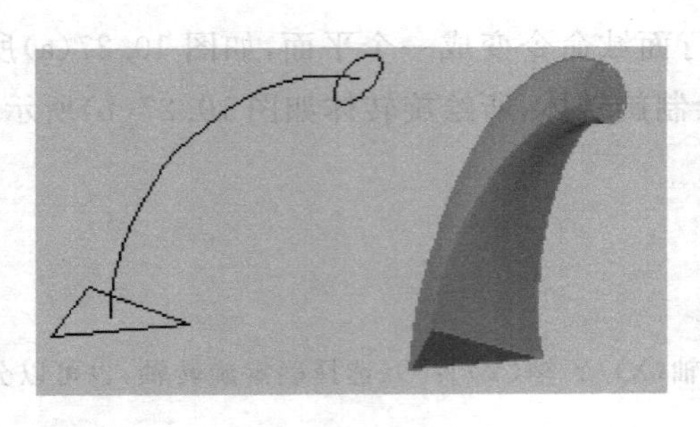

图 10.28　两横截面沿路径放样成实体

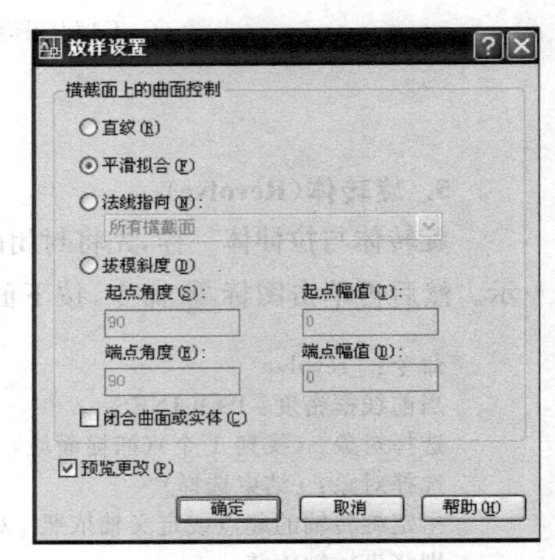

图 10.29　放样设置

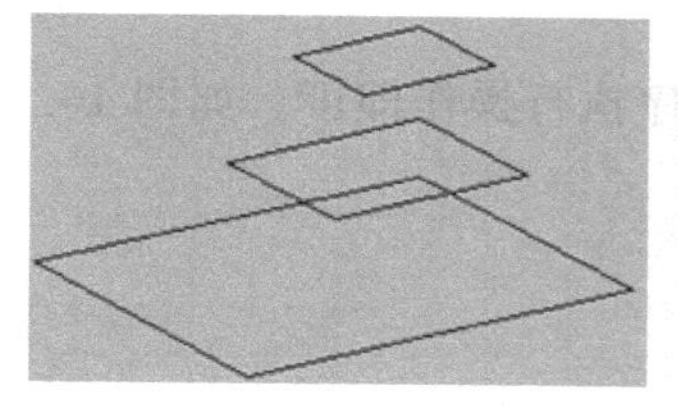

(a) 封闭线框

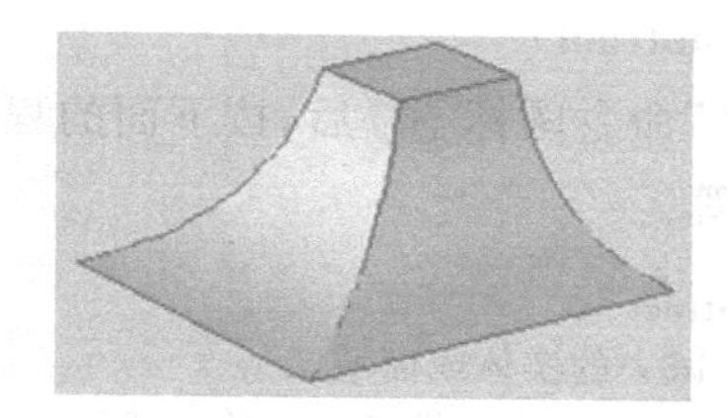

(b) 放样实体

图 10.30　直纹放样曲面实体

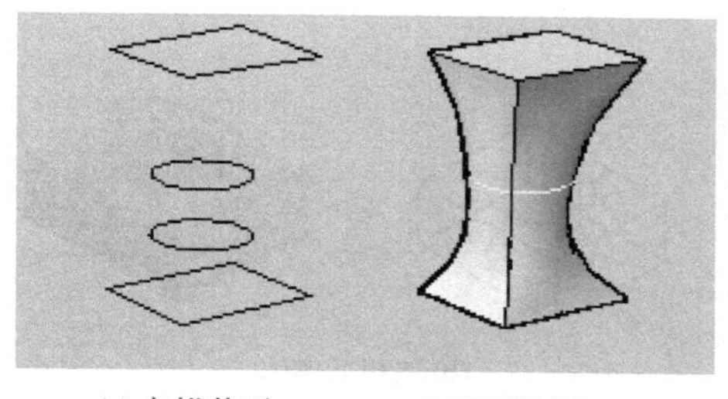

(a) 各横截面　　(b) 平滑拟合

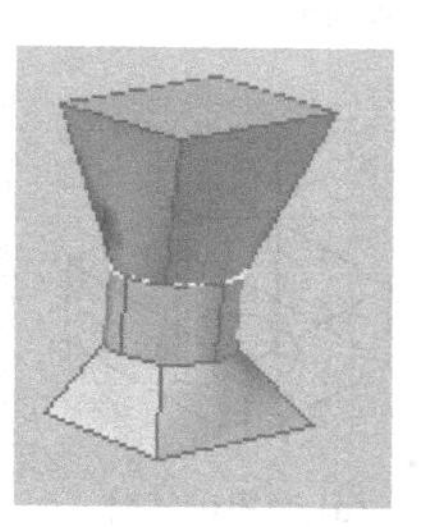

(c) 直纹

图 10.31　选择放样设置

10.4　三维实体组合的布尔运算

前面介绍的三维实体命令只可以绘制一个独立的实体，要想绘制各种组合体必须掌握一些实体运算或编辑技术，本节只简单介绍 AutoCAD 的布尔运算和组合体造型方法。

10.4.1　布尔运算概述

计算机的布尔运算就是将两个或两个以上实体或面域进行“并集”、“差集”、“交集”运算，然后形成新的形体。布尔运算的工具栏如图 10.12 所示，这些命令也在“修改”菜单的“实体编辑”工具栏内。

1. 并集(Union)

如图 10.32 所示，图 10.32(a)是绘制好的两个实体，单击图标命令后，按命令提示选择要合并的实体后回车，所有的实体成为一个整体，如图 10.32(b)所示。

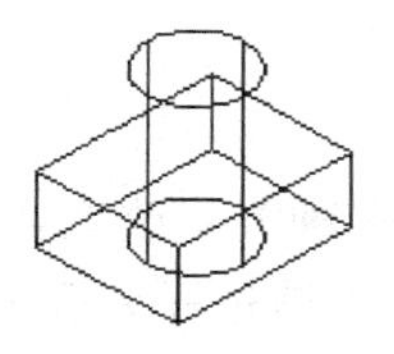

(a) 并集前实体

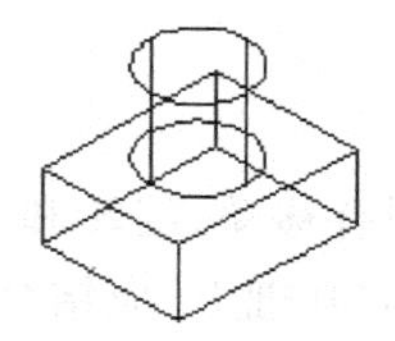

(b) 并集后实体

图 10.32　实体合并

2. 差集(Subtract)

单击“差集”命令图标后，按下面的程序执行操作即可。如图 10.33 所示，是两个实体的差集运算。

命令：_subtract
选择要从中减去的实体或面域…
选择对象：(找到 1 个)(选择被减的实体)
选择对象：(结束选择)
选择要减去的实体或面域…
选择对象：(找到 1 个)(选择要减去的实体)
选择对象：(结束选择)

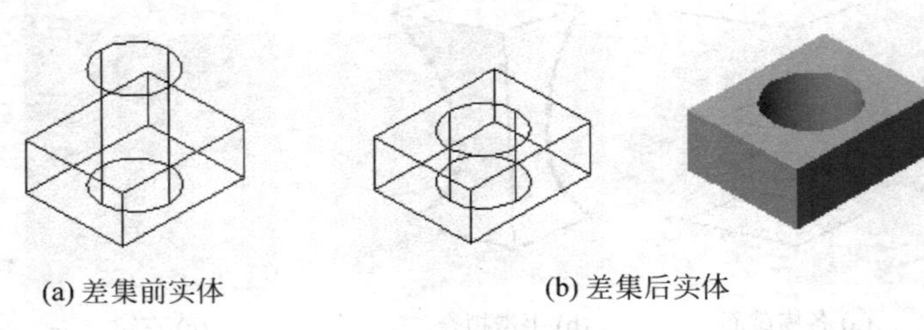

(a) 差集前实体　　(b) 差集后实体

图 10.33　实体差集

3. 交集(Subtract)

单击“交集”命令图标后，命令提示用户选择要进行交集运算的实体，选择完结束即可。如图 10.34(a)所示，是两个正交的圆柱体，执行交集运算后保存两个实体的共有部分，如图 10.34(b)所示。

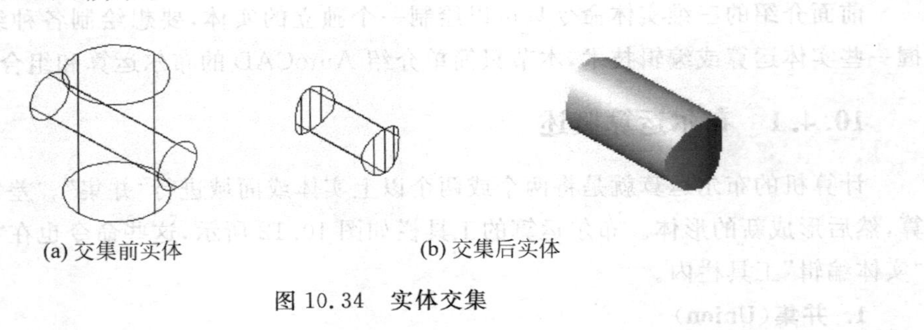

(a) 交集前实体　　(b) 交集后实体

图 10.34　实体交集

思考要点：并、差、交布尔运算在三维组合建模中用途十分广泛，其蕴藏的技巧也很多，所以读者应多加训练探讨。

10.4.2　三维操作

在三维“建模”工具栏中，分别有移动、旋转和对齐三种方式改变实体的位置，下面一一介绍。读者在掌握其命令使用的基础上，应结合实际作图过程灵活应用每一个命令，从而提高三维建模设计中的定位要求。

1. 三维移动(3DMove)

在三维建模过程中,“移动”命令经常使用,虽然“修改”工具栏中的移动命令也可以使用,但不如三维移动命令直观方便。如图 10.35 所示,执行下面的程序即可移动实体。

命令:_3dmove
选择对象:(找到 1 个)(选择实体)
选择对象:(结束选择)
指定基点或[位移(D)]＜位移＞:(指定第二个点)或＜使用第一个点作为位移＞:(正在重生成模型)(移动实体)

2. 三维旋转(3DRotate)

在三维建模中,经常需要调整实体的观察角度或定位方位,“旋转”命令是非常有用的。如图 10.36 所示,要旋转实体可以执行如下程序。

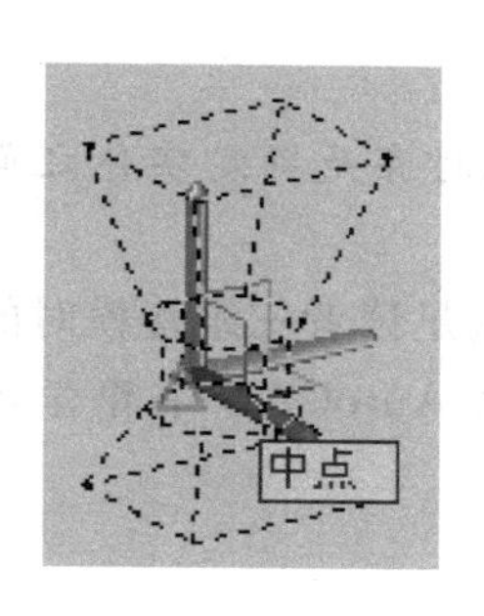

图 10.35　移动

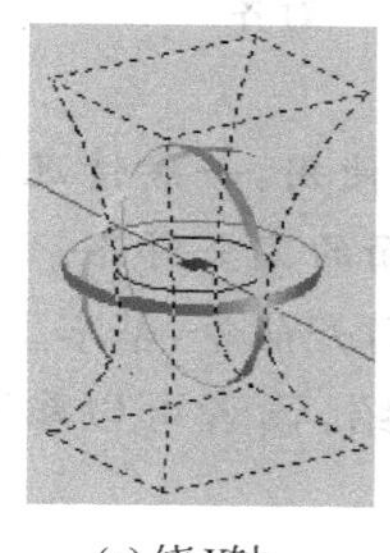

(a) 绕X轴

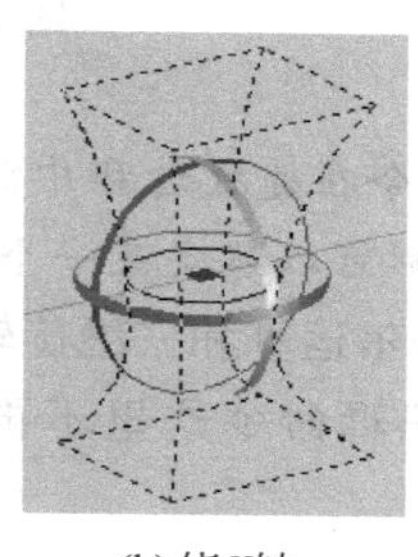

(b) 绕Y轴

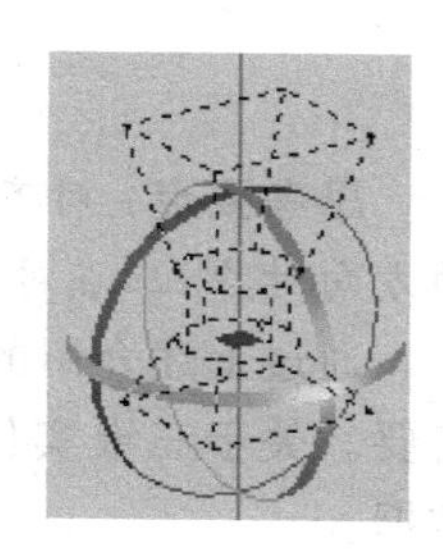

(c) 绕Z轴

图 10.36　旋转

命令:_3drotate
UCS 当前的正角方向:ANGDIR=逆时针 ANGBASE=0(报告选择设置)
选择对象:(找到 1 个)(选择实体)
选择对象:(结束选择)
指定基点:(捕捉实体的旋转基点)
拾取旋转轴:(拾取某一旋转轴)
指定角的起点:(指定旋转的起点)
指定角的端点:(确定旋转角度或拾取第二点)(正在重生成模型)

选择实体并确定基点后,可以在 3 个圆上移动光标选择 X、Y、Z 某一坐标轴作为旋转轴。旋转角度的起点和端点既可以在屏幕上随意单击光标动态观察,也可以输入角度值精确旋转。

3. 三维对齐(3DAlign)

所谓“三维对齐”命令,实质上是移动和旋转两命令的结合。如图 10.37 所示,是将圆柱体与楔形体上棱对齐的过程。

命令:_3dalign
选择对象:(找到 1 个)(选择圆柱体)
选择对象:(结束选择)
指定源平面和方向 ...提示选择要移动对齐的实体
指定基点或[复制(C)]:(选择圆柱体上的 1 点)

指定第二个点或［继续(C)］<C>:(选择圆柱体上的 1 点)
指定第三个点或［继续(C)］<C>:(结束选择)
指定目标平面和方向 ...提示要与之对齐的目标实体
指定第一个目标点:(选择楔形体上的 1′点)
指定第二个目标点或［退出(X)］<X>:(选择楔形体上的 2′点)
指定第三个目标点或［退出(X)］<X>:(结束选择)

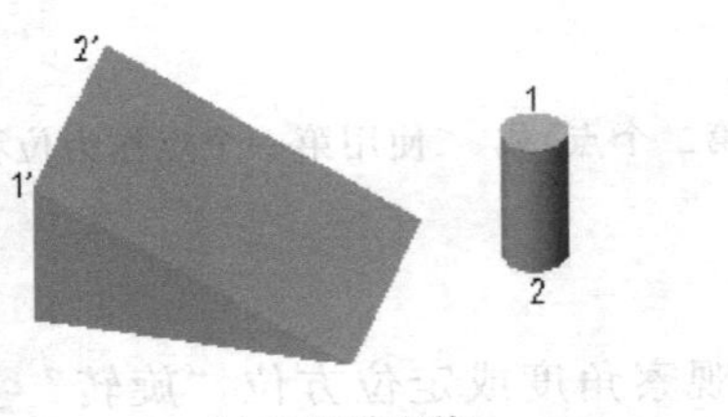

(a) 对齐前实体

(b) 对齐后实体

图 10.37　对齐

思考要点：对齐命令在建模过程中经常使用，一般情况下两点对齐是确定实体之间的方向对应，三点对齐则可以确定某一个平面的完全对齐。

通过上述介绍的布尔运算和三维旋转、对齐命令，基本上可以满足读者三维建模时的需要。关于三维实体编辑命令这里不再介绍，读者可以参考其他 AutoCAD 书籍学习掌握。

10.4.3　三维建模构形举例

根据以上介绍的三维建模绘图命令和布尔运算技巧，要绘制复杂的组合体，首先分析组合体应分解的线框，并建立面域后拉伸各实体，然后再利用三维操作命令进行组合成整体。

在形体之间定位时，不仅要使用三维操作命令和布尔运算进行组合。有时候，对于组合体中的一些通孔要注意先后顺序，假如组合后形体之间的孔是不通的，可以用相同直径的圆柱体进行差集运算开成通孔。

同时，在三维实体造型过程中，为了观察和作图捕捉定位方便还要在“消隐”、“三维线框”或“体着色”命令之间频繁更换。

图 10.38 所示是组合体的主、俯视图，其生成三维实体的步骤如下：

(1) 分别提取绘制底板和“U”立板的线框并生成面域，如图 10.39 所示；

(2) 根据底板的厚度和立板的宽度分别拉伸成实体，如图 10.40(a)所示；

(3) 利用对齐命令将两实体组合定位，观察无误后再合并成组合体，如图 10.40(b)所示。

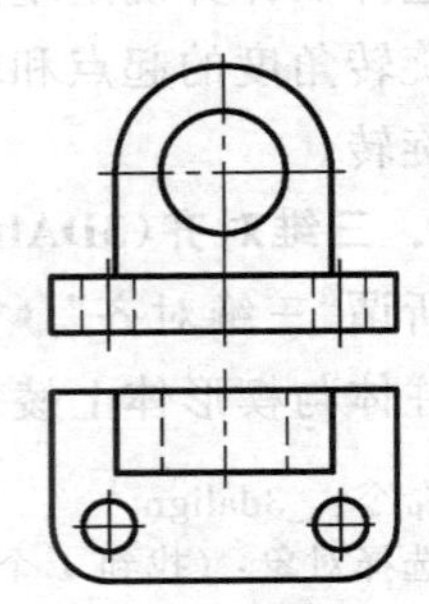
图 10.38　组合体视图

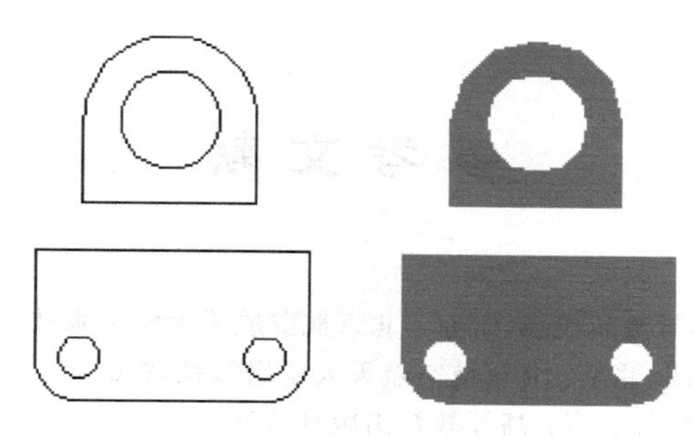

图 10.39　分解线框见面域

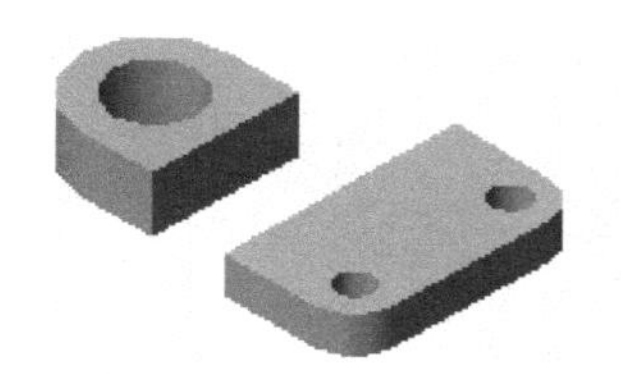

(a) 拉伸成实体

(b) 组合成实体

图 10.40　拉伸实体并组合

参 考 文 献

[1] 郭钦贤等. 机械制图与计算机绘图. 北京：北京航空航天大学出版社，2008
[2] 顾东明等. 现代工程制图. 北京：北京航空航天大学出版社，2008
[3] 何铭新，钱可强. 机械制图. 北京：高等教育出版社，2004
[4] 郭钦贤. AutoCAD 实用问答与技巧. 北京：北京航空航天大学出版社，2008